올림포스 유형편

공통수학1

정답과 풀이는 EBS*i* 사이트(www.ebs*i*.co.kr)에서 내려받으실 수 있습니다.

교재 내용 문의 교재 및 강의 내용 문의는 EBS*i* 사이트 (www.ebs*i*.co.kr)의 학습 Q&A 서비스를 이용하시기 바랍니다.

교재 정오표 공지 발행 이후 발견된 정오 사항을 EBS*i* 사이트 정오표 코너에서 알려 드립니다.
교재 ▶ 교재 자료실 ▶ 교재 정오표

교재 정정 신청 공지된 정오 내용 외에 발견된 정오 사항이 있다면 EBS*i* 사이트를 통해 알려 주세요.
교재 ▶ 교재 정정 신청

올림포스 유형편

공통수학1

이 책의 구성과 특징

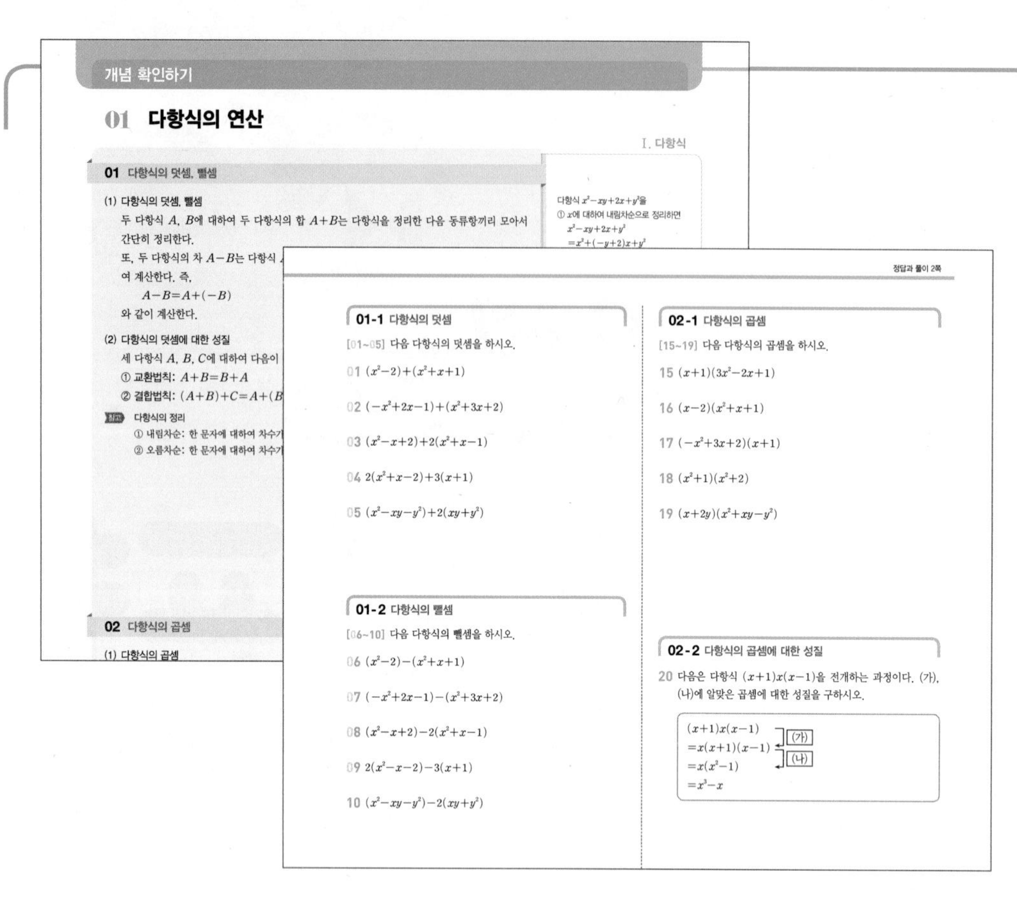

개념 확인하기

핵심 개념 정리

교과서의 내용을 철저히 분석하여 핵심 개념만을 꼼꼼하게 정리하고, 설명, 참고, 예 등의 추가 자료를 제시하였습니다.

개념 확인 문제

학습한 내용을 바로 적용하여 풀 수 있는 기본적인 문제를 제시하여 핵심 개념을 제대로 파악했는지 확인할 수 있도록 구성하였습니다.

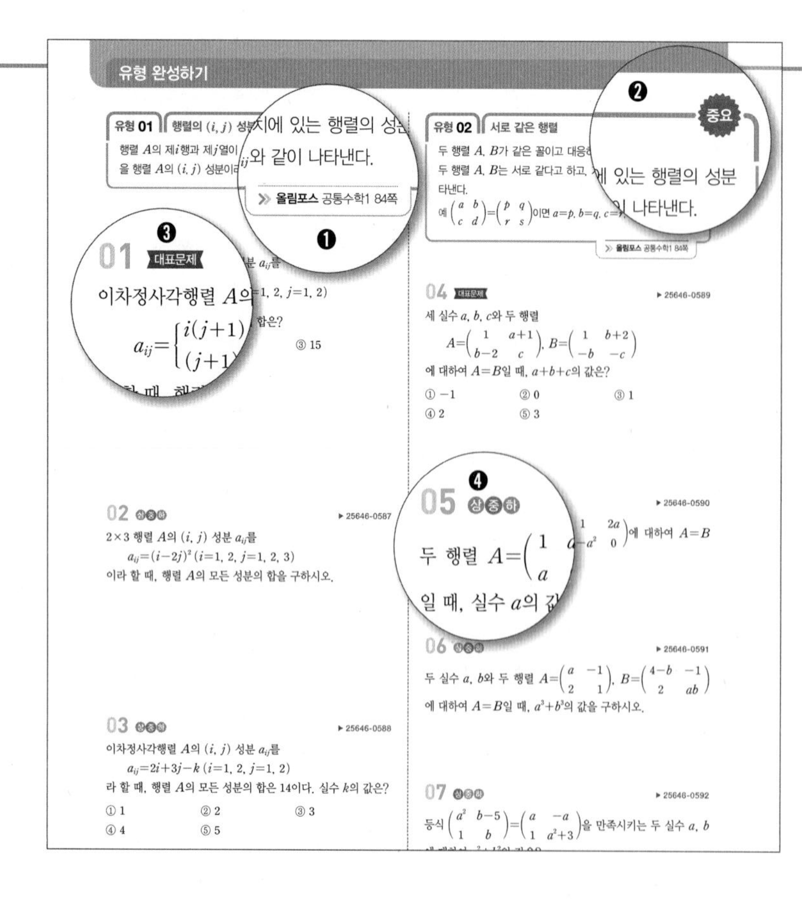

유형 완성하기

핵심 유형 정리

각 유형에 따른 핵심 개념 및 해결 전략을 제시하여 해당 유형을 완벽히 학습할 수 있도록 하였습니다.

❶ ≫ 올림포스 공통수학 1 55쪽

올림포스의 '기본 유형 익히기' 쪽수와 연계하였습니다.

❷ 중요

핵심 유형 중 시험 출제율이 70% 이상인 유형은 중요 유형으로 선별하여 반드시 익힐 수 있도록 하였습니다.

❸ 대표문제

각 유형에서 가장 자주 출제되는 문제를 대표문제로 선정하였습니다.

❹ 상중하

각 문제마다 상, 중, 하 3단계로 난이도를 표시하였습니다.

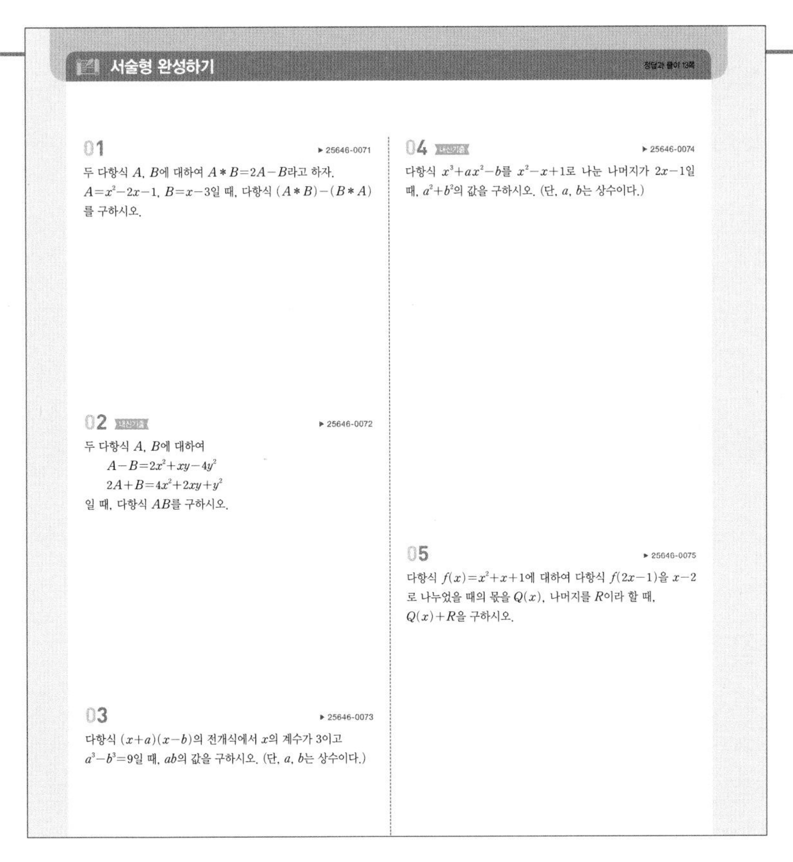

서술형 완성하기

정답과 풀이 13쪽

01 ▸ 25646-0071

두 다항식 A, B에 대하여 $A*B=2A-B$라고 하자. $A=x^2-2x-1$, $B=x-3$일 때, 다항식 $(A*B)-(B*A)$를 구하시오.

02 내신기출 ▸ 25646-0072

두 다항식 A, B에 대하여

$A-B=2x^2+xy-4y^2$

$2A+B=4x^2+2xy+y^2$

일 때, 다항식 AB를 구하시오.

03 ▸ 25646-0073

다항식 $(x+a)(x-b)$의 전개식에서 x의 계수가 3이고 $a^3-b^3=9$일 때, ab의 값을 구하시오. (단, a, b는 상수이다.)

04 내신기출 ▸ 25646-0074

다항식 x^3+ax^2-b를 x^2-x+1로 나눈 나머지가 $2x-1$일 때, a^2+b^2의 값을 구하시오. (단, a, b는 상수이다.)

05 ▸ 25646-0075

다항식 $f(x)=x^2+x+1$에 대하여 다항식 $f(2x-1)$을 $x-2$로 나누었을 때의 몫을 $Q(x)$, 나머지를 R이라 할 때, $Q(x)+R$을 구하시오.

서술형 완성하기

시험에서 비중이 높아지는 서술형 문제를 제시하였습니다. 실제 시험과 유사한 형태의 서술형 문제로 시험을 더욱 완벽하게 대비할 수 있습니다.

▶ 내신기출

학교 시험에서 출제되고 있는 실제 시험 문제를 엿볼 수 있습니다.

내신+수능 고난도 도전

정답과 풀이 14쪽

01 ▸ 25646-0076

두 다항식 $f(x)$, $g(x)$에 대하여

$f(x)☆g(x)=\{f(x)-g(x)\}^3-\{f(x)\}^3+\{g(x)\}^3+6\{f(x)\}^2g(x)$

$f(x)⊙g(x)=\{f(x)+g(x)\}^3-[\{f(x)\}^3+\{g(x)\}^3]$

라고 하자. $f(x)=ax+1$, $g(x)=x-a$에 대하여 다항식 $f(x)☆g(x)+f(x)⊙g(x)$의 전개식에서 최고차항의 계수가 36일 때, 상수항은? (단, $a>0$)

① 11 ② 12 ③ 13 ④ 14 ⑤ 15

02 ▸ 25646-0077

오른쪽 그림과 같이 한 모서리의 길이가 각각 $x-1$, $x+1$, $2x+3$인 세 개의 정육면체가 있다. 세 개의 정육면체가 면과 면이 완전히 맞닿도록 새로운 입체도형을 만들 때, 이 입체도형의 겉넓이의 최솟값을 $S(x)$라 고 하자. 다항식 $(x+1)S(x)$의 전개식에서 차수가 홀수인 모든 항의 계수의 합은? (단, $x>1$)

$x-1$ $x+1$ $2x+3$

① 154 ② 158 ③ 162 ④ 166 ⑤ 170

03 ▸ 25646-0078

$x-y=2$, $x^3-y^3=26$을 만족시키는 두 양수 x, y에 대하여 x^6+y^6의 값은?

① 710 ② 720 ③ 730 ④ 740 ⑤ 750

내신+수능 고난도 도전

수학적 사고력과 문제 해결 능력을 함양할 수 있는 난이도 높은 문제를 풀어 봄으로써 실전에 대비할 수 있습니다.

이 책의 차례

Ⅰ. 다항식

Ⅱ. 방정식과 부등식

Ⅲ. 경우의 수

Ⅳ. 행렬

다항식

01 다항식의 연산

02 나머지정리

03 인수분해

01 다항식의 연산

01 다항식의 덧셈, 뺄셈

(1) 다항식의 덧셈, 뺄셈

두 다항식 A, B에 대하여 두 다항식의 합 $A+B$는 다항식을 정리한 다음 동류항끼리 모아서 간단히 정리한다.

또, 두 다항식의 차 $A-B$는 다항식 A에 다항식 B의 각 항의 부호를 바꾼 다항식 $-B$를 더하여 계산한다. 즉,

$$A-B=A+(-B)$$

와 같이 계산한다.

(2) 다항식의 덧셈에 대한 성질

세 다항식 A, B, C에 대하여 다음이 성립한다.

① 교환법칙: $A+B=B+A$

② 결합법칙: $(A+B)+C=A+(B+C)$

참고 다항식의 정리

① 내림차순: 한 문자에 대하여 차수가 높은 항부터 낮은 항의 순서로 나열하는 방법

② 오름차순: 한 문자에 대하여 차수가 낮은 항부터 높은 항의 순서로 나열하는 방법

다항식 $x^2-xy+2x+y^2$을

① x에 대하여 내림차순으로 정리하면

$x^2-xy+2x+y^2$
$=x^2+(-y+2)x+y^2$

② y에 대하여 내림차순으로 정리하면

$x^2-xy+2x+y^2$
$=y^2-xy+x^2+2x$

02 다항식의 곱셈

(1) 다항식의 곱셈

두 다항식 A, B에 대하여 두 다항식의 곱 AB는 분배법칙을 이용하여 전개한 다음 동류항끼리 모아서 간단히 정리한다.

(2) 다항식의 곱셈에 대한 성질

세 다항식 A, B, C에 대하여 다음이 성립한다.

① 교환법칙: $AB=BA$

② 결합법칙: $(AB)C=A(BC)$

③ 분배법칙: $A(B+C)=AB+AC$, $(A+B)C=AC+BC$

다항식의 곱셈에서는 중학교에서 배운 다음의 지수법칙을 이용한다.

0이 아닌 두 실수 a, b와 두 자연수 m, n에 대하여

① $a^m\times a^n=a^{m+n}$

② $(a^m)^n=a^{mn}$

③ $(ab)^m=a^mb^m$

01-1 다항식의 덧셈

[01~05] 다음 다항식의 덧셈을 하시오.

01 $(x^2-2)+(x^2+x+1)$

02 $(-x^2+2x-1)+(x^2+3x+2)$

03 $(x^2-x+2)+2(x^2+x-1)$

04 $2(x^2+x-2)+3(x+1)$

05 $(x^2-xy-y^2)+2(xy+y^2)$

01-2 다항식의 뺄셈

[06~10] 다음 다항식의 뺄셈을 하시오.

06 $(x^2-2)-(x^2+x+1)$

07 $(-x^2+2x-1)-(x^2+3x+2)$

08 $(x^2-x+2)-2(x^2+x-1)$

09 $2(x^2-x-2)-3(x+1)$

10 $(x^2-xy-y^2)-2(xy+y^2)$

01-3 다항식의 덧셈에 대한 성질

[11~14] 두 다항식 $A=x^2+2xy-y^2$, $B=x^2-xy+2y^2$에 대하여 다음을 구하시오.

11 $A+(A+B)$

12 $A+2(A-B)$

13 $2A-(A-B)$

14 $A+2B+(A+B)$

02-1 다항식의 곱셈

[15~19] 다음 다항식의 곱셈을 하시오.

15 $(x+1)(3x^2-2x+1)$

16 $(x-2)(x^2+x+1)$

17 $(-x^2+3x+2)(x+1)$

18 $(x^2+1)(x^2+2)$

19 $(x+2y)(x^2+xy-y^2)$

02-2 다항식의 곱셈에 대한 성질

20 다음은 다항식 $(x+1)x(x-1)$을 전개하는 과정이다. (가), (나)에 알맞은 곱셈에 대한 성질을 구하시오.

$(x+1)x(x-1)$
$=x(x+1)(x-1)$ ← (가)
$=x(x^2-1)$ ← (나)
$=x^3-x$

[21~23] 세 다항식 $A=x-1$, $B=x+1$, $C=x^2+1$에 대하여 다음을 계산하시오.

21 $A(B+C)-AC$

22 $A(B-C)-BA$

23 $(A+B)C-A(B+C)$

03 곱셈 공식과 곱셈 공식의 변형

(1) 곱셈 공식

① $(a+b+c)^2=a^2+b^2+c^2+2ab+2bc+2ca$

② $(a+b)^3=a^3+3a^2b+3ab^2+b^3$, $(a-b)^3=a^3-3a^2b+3ab^2-b^3$

③ $(a+b)(a^2-ab+b^2)=a^3+b^3$, $(a-b)(a^2+ab+b^2)=a^3-b^3$

(2) 곱셈 공식의 변형

① $a^2+b^2=(a+b)^2-2ab=(a-b)^2+2ab$

② $(a+b)^2=(a-b)^2+4ab$, $(a-b)^2=(a+b)^2-4ab$

③ $a^2+b^2+c^2=(a+b+c)^2-2(ab+bc+ca)$

④ $a^3+b^3=(a+b)^3-3ab(a+b)$, $a^3-b^3=(a-b)^3+3ab(a-b)$

$a+b=1$, $ab=-1$일 때

① $a^2+b^2=(a+b)^2-2ab$
$=1^2-2\times(-1)$
$=1+2=3$

② $a^3+b^3=(a+b)^3-3ab(a+b)$
$=1^3-3\times(-1)\times1$
$=1+3=4$

04 다항식의 나눗셈

(1) 다항식의 나눗셈

다항식을 다항식으로 나눌 때에는 각 다항식을 내림차순으로 정리한 다음 자연수의 나눗셈과 같은 방법으로 계산한다.

(2) 다항식의 나눗셈의 표현

다항식 A를 다항식 B $(B\neq0)$로 나누었을 때의 몫을 Q, 나머지를 R이라 하면

$A=BQ+R$

이 성립한다.

이때 R의 차수는 B의 차수보다 낮다.

특히 $R=0$이면 A는 B로 나누어떨어진다고 한다.

다항식의 나눗셈에서

① 나누는 식이 일차식이면 나머지는 항상 상수이다.

② 나누는 식이 이차식이면 나머지는 상수 또는 일차식이다.

③ 나누는 식이 삼차식이면 나머지는 상수 또는 일차식 또는 이차식이다.

03-1 곱셈 공식

[24~25] 다음 식을 전개하시오.

24 $(x+y-z)^2$

25 $(x^2+x+1)^2$

[26~29] 다음 식을 전개하시오.

26 $(x+2)^3$

27 $(x-1)^3$

28 $(3x+2y)^3$

29 $(2x-3y)^3$

[30~33] 다음 식을 전개하시오.

30 $(x+2)(x^2-2x+4)$

31 $(2x+1)(4x^2-2x+1)$

32 $(2x-1)(4x^2+2x+1)$

33 $(x+3y)(x^2-3xy+9y^2)$

03-2 곱셈 공식의 변형

[34~35] 다음 식의 값을 구하시오.

34 $a+b=4$, $ab=-2$일 때, a^3+b^3의 값

35 $x+y+z=3$, $xy+yz+zx=-1$일 때, $x^2+y^2+z^2$의 값

04-1 다항식의 나눗셈

[36~39] 다항식 A를 다항식 B로 나누었을 때의 몫과 나머지를 구하시오.

36 $A=x^2-x+1$, $B=x+1$

37 $A=x^3+x^2+x-2$, $B=x-2$

38 $A=4x^2-8x+1$, $B=2x+1$

39 $A=x^3-2x^2+x+1$, $B=x^2+x-1$

04-2 다항식의 나눗셈의 표현

[40~41] 다항식 A를 다항식 B로 나누었을 때의 몫이 Q, 나머지가 R일 때, 다항식 A를 구하시오.

40 $B=x+1$, $Q=x-1$, $R=2$

41 $B=x^2-1$, $Q=2x^3+x-1$, $R=x-1$

유형 01 다항식의 덧셈과 뺄셈

(1) **다항식의 덧셈**

두 다항식 A, B의 덧셈 $A+B$는 다항식을 정리한 다음 동류항끼리 모아서 간단히 정리한다.

(2) **다항식의 뺄셈**

두 다항식 A, B의 뺄셈 $A-B$는 다항식 A에 다항식 B의 각 항의 부호를 바꾼 다항식 $-B$를 더하여 계산한다. 즉,

$$A-B=A+(-B)$$

» 올림포스 공통수학1 8쪽

01 대표문제 ▶ 25646-0001

두 다항식 $A=x^2+axy-2y^2$, $B=-2x^2+3xy+2ay^2$에 대하여 다항식 $A+B$의 모든 항의 계수의 합이 6일 때, 다항식 $A-B$의 모든 항의 계수의 합은? (단, a는 상수이다.)

① -5 ② -4 ③ -3
④ -2 ⑤ -1

02 상중하 ▶ 25646-0002

두 다항식 $A=x^2+x-1$, $B=-x^2-2x+3$에 대하여 다항식 $2A+B$를 간단히 한 것은?

① x^2+1 ② x^2-1
③ x^2+x+1 ④ x^2-x+1
⑤ x^2-x-1

03 상중하 ▶ 25646-0003

두 다항식 $A=x^3-x+2$, $B=x^2-x+2$에 대하여 다항식 $A+kB$의 x^2의 계수가 2일 때, 다항식 $kA-B$의 차수가 홀수인 모든 항의 계수의 합은? (단, k는 상수이다.)

① -2 ② -1 ③ 0
④ 1 ⑤ 2

04 상중하 ▶ 25646-0004

두 다항식 $A=x^2+ax+b$, $B=x^2+bx+a$에 대하여 다항식 $A+B$의 상수항을 포함한 모든 항의 계수의 합이 8일 때, 다항식 $A+2B$의 상수항을 포함한 모든 항의 계수의 합은?

(단, a, b는 상수이다.)

① 11 ② 12 ③ 13
④ 14 ⑤ 15

05 상중하 ▶ 25646-0005

자연수 n에 대하여 두 다항식 A, B가

$$A=2x^{3n}+3x^{n+1}-3,\ B=3x^{3n}+2x^n+2$$

이다. 다항식 $3A-2B$의 차수가 3일 때, 다항식 $2A+3B$의 x^2의 계수는?

① 2 ② 4 ③ 6
④ 8 ⑤ 10

유형 02 다항식의 덧셈에 대한 성질

세 다항식 A, B, C에 대하여 다음이 성립한다.
(1) 교환법칙: $A+B=B+A$
(2) 결합법칙: $(A+B)+C=A+(B+C)$

올림포스 공통수학1 8쪽

06 대표문제 ▶ 25646-0006

세 다항식 $A=2x^2+3xy-y^2$, $B=x^2-5xy+3y^2$, $C=-x^2+2xy$에 대하여 다항식 $(A+3B-C)-2(B-C)$를 간단히 한 것은?

① x^2+2y^2 ② $2x^2+2y^2$
③ $x^2+xy+2y^2$ ④ $x^2+2xy+4y^2$
⑤ $x^2+4xy+8y^2$

07 상중하 ▶ 25646-0007

두 다항식 $A=x^2-ax+2$, $B=x^2+2x+a$에 대하여 다항식 $A-B+2(A-B)$의 x의 계수가 3일 때, 상수항은?
(단, a는 상수이다.)

① 11 ② 12 ③ 13
④ 14 ⑤ 15

08 상중하 ▶ 25646-0008

세 다항식 $A=x^3-x^2+x-1$, $B=2x^3-3x+3$, $C=-x^3+2x^2-x+1$에 대하여 다항식 $A-2B+3C+3A-2B+C$를 간단히 한 것은?

① $-8x^3+4x^2+12x-12$ ② $-8x^3-4x^2+12x-12$
③ $-8x^3-4x^2-12x-12$ ④ $-8x^3+4x^2-12x+12$
⑤ $-8x^3+4x^2-12x-12$

09 상중하 ▶ 25646-0009

다항식

$$x^2+x^3+2\{x+1-2(1+x)+x^2\}-2(x^2+1)$$

을 간단히 한 것은?

① x^3+x^2+2x-1 ② x^3+x^2+2x-2
③ x^3+x^2-2x-4 ④ x^3-x^2-3x-4
⑤ x^3-2x^2-3x-4

10 상중하 ▶ 25646-0010

두 다항식 $A=x^2+2x+3$, $B=-\sqrt{2}x^2+3\sqrt{2}x-2\sqrt{2}$에 대하여 다항식 $(\sqrt{2}-1)(A+B)-(\sqrt{2}+1)(A-B)$를 간단히 한 것은?

① $-6x^2+5x-11$ ② $-6x^2+6x-12$
③ $-6x^2+7x-13$ ④ $-6x^2+8x-14$
⑤ $-6x^2+9x-15$

유형 03 다항식의 덧셈에 대한 성질의 활용 중요

다항식의 덧셈에 대한 성질을 이용하여 방정식과 관련된 문제를 풀 수 있다.
즉, $X+A=B$를 풀면

$$(X+A)+(-A)=B+(-A)$$
$$X+\{A+(-A)\}=B-A$$
$$X=B-A$$

≫ 올림포스 공통수학1 8쪽

11 대표문제 ▶ 25646-0011

두 다항식 $A=4x^2+3xy-5y^2$, $B=x^2-xy+y^2$에 대하여 등식 $X+2(2A-B)=A$를 만족시키는 다항식 X는?

① $-6x^2-7xy+13y^2$
② $-7x^2-8xy+14y^2$
③ $-8x^2-9xy+15y^2$
④ $-9x^2-10xy+16y^2$
⑤ $-10x^2-11xy+17y^2$

12 상중하 ▶ 25646-0012

두 다항식 $A=2x^2-x+3$, $B=3x^2+3x-1$에 대하여 등식 $X+A-2(X-B)=3A$를 만족시키는 다항식 X는?

① $2x^2+5x-5$
② $2x^2+6x-6$
③ $2x^2+7x-7$
④ $2x^2+8x-8$
⑤ $2x^2+9x-9$

13 상중하 ▶ 25646-0013

두 다항식 A, B에 대하여

$$A+2B=x^2+xy-2y^2$$
$$A-2B=x^2-3xy$$

일 때, 다항식 $2A+B$의 모든 항의 계수의 합은?

① $-\frac{1}{2}$
② -1
③ $-\frac{3}{2}$
④ -2
⑤ $-\frac{5}{2}$

14 상중하 ▶ 25646-0014

두 다항식 A, B에 대하여

$$2A+3B=x^2+3x+1$$
$$3A-2B=-2x^2+2x-3$$

일 때, 다항식 $A-2B$의 최고차항의 계수와 상수항의 합은?

① $-\frac{41}{13}$
② $-\frac{43}{13}$
③ $-\frac{45}{13}$
④ $-\frac{47}{13}$
⑤ $-\frac{49}{13}$

15 상중하 ▶ 25646-0015

세 다항식 A, B, C에 대하여

$$A+B=x^3+x^2-x-1$$
$$B+C=x^3-x^2+x-1$$
$$C+A=x^3-x^2-x+1$$

일 때, 다항식 $A+B+C$의 차수가 홀수인 모든 항의 계수의 합은?

① $\frac{1}{2}$
② 1
③ $\frac{3}{2}$
④ 2
⑤ $\frac{5}{2}$

유형 04 다항식의 곱셈

두 다항식의 곱은 분배법칙을 이용하여 전개한 다음 동류항끼리 모아서 간단히 정리한다.

올림포스 공통수학1 8쪽

16 대표문제 ▶ 25646-0016

다항식 $(x^2+x-1)(x+2)-(x^2-x+1)(x-2)$의 전개식에서 최고차항의 계수는?

① 6 ② 7 ③ 8
④ 9 ⑤ 10

17 상중하 ▶ 25646-0017

다항식 $(x^3-2x^2+x-2)(x^3+x^2-2x+2)$의 전개식에서 x^3의 계수를 a, x^2의 계수를 b라 할 때, $a+b$의 값은?

① -5 ② -4 ③ -3
④ -2 ⑤ -1

18 상중하 ▶ 25646-0018

다항식 $(x+1)(x-2)(x^2+x+1)$의 전개식에서 x^2의 계수는?

① -2 ② -1 ③ 0
④ 1 ⑤ 2

19 상중하 ▶ 25646-0019

다항식 $(x-2y-3)(x+ay+b)$의 전개식에서 xy의 계수가 2, x의 계수가 3일 때, ab의 값은? (단, a, b는 상수이다.)

① 21 ② 22 ③ 23
④ 24 ⑤ 25

20 상중하 ▶ 25646-0020

다항식 $(x^6+2x^5+3x^4+4x^3+5x^2+6x+a)^2$의 전개식에서 x^4의 계수가 1일 때, x^3의 계수는? (단, a는 상수이다.)

① -40 ② -36 ③ -32
④ -28 ⑤ -24

유형 05 다항식의 곱셈에 대한 교환법칙, 결합법칙, 분배법칙

세 다항식 A, B, C에 대하여 다음이 성립한다.
(1) 교환법칙: $AB=BA$
(2) 결합법칙: $(AB)C=A(BC)$
(3) 분배법칙: $A(B+C)=AB+AC$
$(A+B)C=AC+BC$

» 올림포스 공통수학1 8쪽

21 대표문제 ▶ 25646-0021

두 다항식 $A=x^2-2$, $B=x+1$에 대하여 다항식 $\frac{3}{2}AB-\frac{1}{2}BA$를 간단히 한 것은?

① x^3+x^2-2x-1 ② x^3+x^2-2x-2
③ x^3+x^2-3x-3 ④ x^3+x^2-3x-4
⑤ x^3+x^2-4x-4

22 상중하 ▶ 25646-0022

두 다항식 $A=2x^2+x-1$, $B=3x-2$에 대하여 다항식 $AB-2BA+A$의 전개식에서 일차항의 계수는?

① 2 ② 4 ③ 6
④ 8 ⑤ 10

23 상중하 ▶ 25646-0023

다항식 $x(x+2)(x^2+ax+a)$의 전개식에서 x^2의 계수와 x^3의 계수가 서로 같을 때, 상수 a의 값은?

① -2 ② -1 ③ 0
④ 1 ⑤ 2

24 상중하 ▶ 25646-0024

두 다항식 A, B에 대하여 $A+B=x^2+ax+1$이다. 다항식 $A(A+B)+B(A+B)$의 전개식에서 x의 계수가 2일 때, x^2의 계수는? (단, a는 상수이다.)

① 1 ② 2 ③ 3
④ 4 ⑤ 5

25 상중하 ▶ 25646-0025

두 다항식 A, B에 대하여

$A+B=x+1$
$A-2B=x^2-2x+1$

일 때, 다항식 $(A+B)A-2B(A+B)$의 전개식에서 일차항의 계수는?

① -2 ② -1 ③ 0
④ 1 ⑤ 2

유형 06 다항식의 곱셈에 대한 교환법칙, 결합법칙의 활용 중요

세 다항식 A, B, C에 대하여 다음이 성립한다.

(1) **교환법칙:** $AB=BA$

(2) **결합법칙:** $(AB)C=A(BC)$

이 성질을 활용하면 중학교에서 배운 지수법칙을 다항식에도 이용할 수 있다.

즉, 두 다항식 A, B와 자연수 n에 대하여 $(AB)^n=A^nB^n$이 성립한다.

≫ 올림포스 공통수학1 8쪽

26 대표문제 ▶ 25646-0026

두 다항식 A, B에 대하여 $A^2=x^2-2x+1$, $B=x-2$일 때, 다항식 $(AB)^2$의 전개식에서 이차항의 계수는?

① 11 ② 12 ③ 13
④ 14 ⑤ 15

27 상중하 ▶ 25646-0027

두 다항식 A, B에 대하여 $AB=x^2-2x-3$일 때, 다항식 A^2B^2의 전개식에서 일차항의 계수는?

① 11 ② 12 ③ 13
④ 14 ⑤ 15

28 상중하 ▶ 25646-0028

두 다항식 A, B에 대하여 $AB=x^2-3$일 때, 다항식 AB^2A의 전개식에서 상수항을 포함한 모든 항의 계수의 합은?

① 1 ② 2 ③ 3
④ 4 ⑤ 5

29 상중하 ▶ 25646-0029

세 다항식 A, B, C에 대하여

$A^2B=x^3+x^2-x-1$

$BC^2=x^3+3x^2-4$

일 때, 다항식 $(ABC)^2$의 전개식에서 차수가 홀수인 모든 항의 계수의 합은?

① -2 ② -1 ③ 0
④ 1 ⑤ 2

30 상중하 ▶ 25646-0030

세 다항식 A, B, C에 대하여

$A^2B^2=x^4+2x^3-3x^2-4x+4$

$C=x+1$

일 때, 다항식 $(AB+C)^2-2CBA$의 전개식에서 상수항은?

① 1 ② 2 ③ 3
④ 4 ⑤ 5

유형 07 곱셈 공식(1)

$(a+b+c)^2=a^2+b^2+c^2+2ab+2bc+2ca$

≫ 올림포스 공통수학1 9쪽

31 대표문제 ▶ 25646-0031

다항식 $(x+2y-3z)^2$의 전개식을 y에 대한 내림차순으로 정리하면 $4y^2+\square\times y+x^2+9z^2-6zx$이다. □ 안에 알맞은 식은?

① $x-9z$ ② $2x-10z$ ③ $3x-11z$
④ $4x-12z$ ⑤ $5x-13z$

32 상중하 ▶ 25646-0032

다항식 $(a-2b+c)^2$의 전개식에서 계수가 양수인 서로 다른 항의 개수는?

① 1 ② 2 ③ 3
④ 4 ⑤ 5

33 상중하 ▶ 25646-0033

다항식 $(x-1)^2(x-2)^2$의 전개식에서 차수가 2 이상인 모든 항의 계수의 합은?

① 6 ② 7 ③ 8
④ 9 ⑤ 10

34 상중하 ▶ 25646-0034

세 다항식 A, B, C에 대하여

$A-B=x-2$
$2B+C=x^2+2x-1$

일 때, 다항식 $(A+B+C)^2$의 전개식에서 상수항을 제외한 모든 항의 계수의 합은?

① -2 ② -4 ③ -6
④ -8 ⑤ -10

35 상중하 ▶ 25646-0035

2 이상의 자연수 n에 대하여 다항식 $\{nx^n+(n+1)x+1\}^2$의 전개식에서 서로 다른 항의 개수가 5이다. 최고차항의 계수를 a, 차수를 b라 할 때, $a+b$의 값은?

① 8 ② 9 ③ 10
④ 11 ⑤ 12

유형 08 곱셈 공식(2)

(1) $(a+b)^3=a^3+3a^2b+3ab^2+b^3$

(2) $(a-b)^3=a^3-3a^2b+3ab^2-b^3$

» 올림포스 공통수학1 9쪽

36 대표문제 ▶ 25646-0036

두 다항식 $A=(x^2-2x+2)^2$, $B=(x+2)^3$에 대하여 다항식 $B-A$의 전개식에서 x^3의 계수를 a, x^2의 계수를 b라 할 때, $a+b$의 값은?

① 1 ② 2 ③ 3
④ 4 ⑤ 5

37 상중하 ▶ 25646-0037

다항식 $(x-ay)^3$을 x에 대한 내림차순으로 전개하면 $x^3+\square\times x^2+3a^2y^2x-a^3y^3$이다. □ 안에 알맞은 식이 $-2y$일 때, 상수 a의 값은?

① $\frac{1}{3}$ ② $\frac{2}{3}$ ③ 1
④ $\frac{4}{3}$ ⑤ $\frac{5}{3}$

38 상중하 ▶ 25646-0038

다항식 $(x-1)^3(x+1)^3$의 전개식에서 계수가 양수인 모든 항의 차수의 합은?

① 4 ② 5 ③ 6
④ 7 ⑤ 8

39 상중하 ▶ 25646-0039

두 다항식 A, B에 대하여

$A+2B=x^2-2$
$2A+B=2x^2+8$

일 때, 다항식 $(A+B)^3$의 전개식에서 각 항의 계수와 상수항 중 가장 큰 값은?

① 8 ② 12 ③ 16
④ 20 ⑤ 24

40 상중하 ▶ 25646-0040

자연수 n에 대하여 다항식 $(x-3)^{3n}$의 전개식에서 차수가 6일 때, x^3의 계수는?

① -510 ② -520 ③ -530
④ -540 ⑤ -550

유형 09 곱셈 공식(3)

(1) $(a+b)(a^2-ab+b^2)=a^3+b^3$

(2) $(a-b)(a^2+ab+b^2)=a^3-b^3$

≫ 올림포스 공통수학1 9쪽

41 대표문제

▶ 25646-0041

다항식 $(x+y)(x-y)(x^2-xy+y^2)(x^2+xy+y^2)$의 전개식에서 서로 다른 항의 개수는?

① 2 ② 3 ③ 4
④ 5 ⑤ 6

42 상중하

▶ 25646-0042

두 다항식 A, B에 대하여

$$A=(2x+y)(4x^2-2xy+y^2)$$
$$B=(x-2y)(x^2+2xy+4y^2)$$

이다. $A-B=ax^3+by^3$일 때, ab의 값은? (단, a, b는 상수이다.)

① 45 ② 54 ③ 63
④ 72 ⑤ 81

43 상중하

▶ 25646-0043

다항식 $(x-2)^3(x^2+2x+4)^2$의 전개식에서 차수가 4 이상인 모든 항의 계수의 합은?

① -16 ② -17 ③ -18
④ -19 ⑤ -20

44 상중하

▶ 25646-0044

다항식 $(a+b)(a^2-3ab+b^2)-(a-b)(a^2+3ab+b^2)$을 간단히 한 것은?

① $2b^3-4a^2b$ ② $3b^3-5a^2b$
③ $4b^3-6a^2b$ ④ $2a^3-4ab^2$
⑤ $3a^3-5ab^2$

45 상중하

▶ 25646-0045

다항식 $(x-1)(x^2+x+1)^2+(x^3-x^2+x-1)^2$의 전개식에서 일차항의 계수는?

① -1 ② -2 ③ -3
④ -4 ⑤ -5

유형 10 공통부분 치환하기

중요

다항식을 전개할 때 곱셈 공식을 바로 이용할 수 없으면 다음 방법으로 해결한다.

(1) 공통부분을 한 문자로 치환한 후 곱셈 공식을 이용한다.

(2) 공통부분이 나오도록 곱셈의 순서를 바꾼 후 짝을 지어 곱셈 공식을 이용한다.

» 올림포스 공통수학1 9쪽

46 대표문제

▶ 25646-0046

다항식 $(x+1)(x+3)(x-2)(x-4)$의 전개식에서 x^2의 계수를 a, x의 계수를 b라 할 때, $b-a$의 값은?

① 26 ② 27 ③ 28 ④ 29 ⑤ 30

47 상중하

▶ 25646-0047

다항식 $(x^2+x-1)(x^2+x+k)$의 전개식에서 x의 계수가 2일 때, 상수 k의 값은?

① 1 ② 2 ③ 3 ④ 4 ⑤ 5

48 상중하

▶ 25646-0048

다항식 $(x^3+x^2-x+1)^3$의 전개식에서 x^2의 계수는?

① 2 ② 4 ③ 6 ④ 8 ⑤ 10

49 상중하

▶ 25646-0049

삼각형 ABC의 세 변의 길이 a, b, c가 다음 조건을 만족시킬 때, 삼각형 ABC의 넓이를 구하시오.

(가) $ac=6$

(나) $(a+b+c)(a+c-b)=(a+b-c)(b+c-a)$

50 상중하

▶ 25646-0050

다항식 $(x+y+z)\{(x+y+z)^2-3yz-3zx\}$를 전개하여 x에 대한 내림차순으로 정리하면

$$x^3+\boxed{(가)}x^2+\boxed{(나)}x+\boxed{(다)}$$

이다. (가), (나), (다)에 알맞은 식을 모두 곱하면?

① $8y^3(y^3+2z^3)$ ② $9y^3(y^3+2z^3)$ ③ $7y^3(y^3+z^3)$ ④ $8y^3(y^3+z^3)$ ⑤ $9y^3(y^3+z^3)$

유형 11 곱셈 공식의 변형(1)

$a^2+b^2+c^2=(a+b+c)^2-2(ab+bc+ca)$

≫ 올림포스 공통수학1 9쪽

51 대표문제

▶ 25646-0051

세 실수 a, b, c에 대하여

$a+b+c=\sqrt{3}$, $a^2+b^2+c^2=9$

일 때, $ab+bc+ca$의 값은?

① -5 ② -4 ③ -3
④ -2 ⑤ -1

52 상중하

▶ 25646-0052

세 실수 a, b, c에 대하여

$a+2b+3c=2$, $2ab+6bc+3ca=-11$

일 때, $a^2+4b^2+9c^2$의 값은?

① 14 ② 18 ③ 22
④ 26 ⑤ 30

53 상중하

▶ 25646-0053

세 실수 a, b, c에 대하여

$a+b+c=2$, $ab+bc+ca=-5$, $abc=-6$

일 때, $a^4+b^4+c^4$의 값은?

① 96 ② 98 ③ 100
④ 102 ⑤ 104

54 상중하

▶ 25646-0054

세 실수 a, b, c에 대하여

$a+b+c=2$, $a^2+b^2+c^2=4$, $abc=-1$

일 때, $a^2b^2+b^2c^2+c^2a^2$의 값은?

① 1 ② 2 ③ 3
④ 4 ⑤ 5

55 상중하

▶ 25646-0055

오른쪽 그림과 같은 직육면체 ABCD−EFGH가 다음 조건을 만족시킬 때, 이 직육면체의 겉넓이를 구하시오.

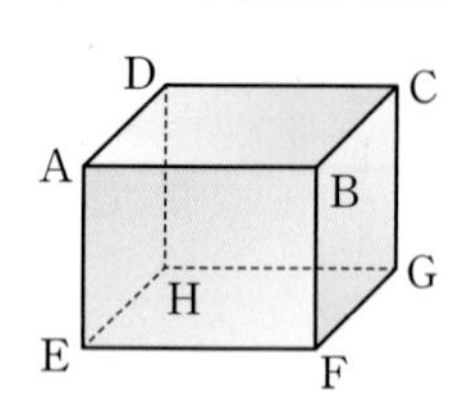

(가) 모든 모서리의 길이의 합은 48이다.
(나) 두 꼭짓점 사이의 거리의 최댓값은 $5\sqrt{2}$이다.

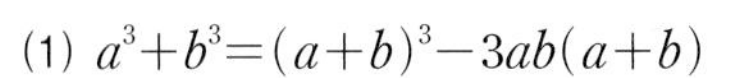

유형 12 곱셈 공식의 변형(2)

중요

(1) $a^3+b^3=(a+b)^3-3ab(a+b)$

(2) $a^3-b^3=(a-b)^3+3ab(a-b)$

≫ 올림포스 공통수학1 9쪽

56 대표문제 ▶ 25646-0056

$x+y=2$, $x^2+y^2=6$일 때, x^3+y^3의 값은?

① 11 ② 12 ③ 13
④ 14 ⑤ 15

57 상중하 ▶ 25646-0057

$x-y=1$, $x^2+y^2=6$일 때, x^3-y^3의 값은?

① 8 ② $\frac{17}{2}$ ③ 9
④ $\frac{19}{2}$ ⑤ 10

58 상중하 ▶ 25646-0058

$x+y=5$, $x^2-xy+y^2=7$을 만족시키는 두 실수 x, y에 대하여 x^3-y^3의 값은? (단, $x>y$)

① 16 ② 17 ③ 18
④ 19 ⑤ 20

59 상중하 ▶ 25646-0059

두 실수 x, y가 다음 조건을 만족시킬 때, $(x+y)^3+3(x+y)$의 값은?

(가) xy는 정수이다.
(나) $x^3=2-\sqrt{5}$, $y^3=2+\sqrt{5}$

① 1 ② 2 ③ 3
④ 4 ⑤ 5

60 상중하 ▶ 25646-0060

두 실수 x, y에 대하여

$$(x-y)^2=\frac{1}{2}xy,\ x^3-y^3=56$$

일 때, $(x-y)^3$의 값은?

① 6 ② 7 ③ 8
④ 9 ⑤ 10

유형 13 다항식의 나눗셈

다항식을 다항식으로 나눌 때에는 각 다항식을 내림차순으로 정리한 다음 자연수의 나눗셈과 같은 방법으로 계산한다.

» 올림포스 공통수학1 9쪽

61 대표문제 ▶ 25646-0061

다항식 x^3+x^2+ax+b가 x^2+x+1로 나누어떨어질 때, $a-b$의 값은? (단, a, b는 상수이다.)

① -2　② -1　③ 0　④ 1　⑤ 2

62 상중하 ▶ 25646-0062

다항식 $2x^3+x^2-x+2$를 x^2-x+1로 나누었을 때의 몫을 $Q(x)$, 나머지를 $R(x)$라 할 때, $Q(2)+R(-2)$의 값은?

① 6　② 7　③ 8　④ 9　⑤ 10

63 상중하 ▶ 25646-0063

다항식 x^4-x^2+2x+1을 x^2+2x+a로 나눈 나머지가 $-4x+b$일 때, $a+b$의 값은? (단, a, b는 상수이다.)

① 1　② 2　③ 3　④ 4　⑤ 5

64 상중하 ▶ 25646-0064

오른쪽은 다항식 $2x^3+ax^2+x-1$을 $2x+b$로 나누는 과정의 일부일 때, 세 상수 a, b, c에 대하여 $a+b+c$의 값은?

$$
\begin{array}{r}
\boxed{\quad} \\
2x+b\,\big)\,\overline{2x^3+ax^2+x-1} \\
\underline{\boxed{\quad}} \\
2x^2+x-1 \\
\underline{\boxed{\quad}} \\
-2x-1 \\
\underline{\boxed{\quad}} \\
c
\end{array}
$$

① 6　② 7　③ 8　④ 9　⑤ 10

65 상중하 ▶ 25646-0065

$x^2+2x+3=0$일 때, $2x^3+3x^2+4x-1$의 값은?

① 1　② 2　③ 3　④ 4　⑤ 5

유형 14 다항식의 나눗셈의 표현

다항식 A를 다항식 B $(B\neq0)$로 나누었을 때의 몫을 Q, 나머지를 R이라고 하면

$A=BQ+R$

이 성립한다.

이때 R의 차수는 B의 차수보다 낮다.

특히 $R=0$이면 A는 B로 나누어떨어진다고 한다.

» 올림포스 공통수학1 9쪽

66 대표문제 ▶ 25646-0066

다항식 $2x^3-x^2-2x+1$을 다항식 $f(x)$로 나누었을 때의 몫이 $2x-3$, 나머지가 $x+1$일 때, $f(x)$의 일차항의 계수는?

① 0 ② 1 ③ 2
④ 3 ⑤ 4

67 상중하 ▶ 25646-0067

다항식 $f(x)$를 $2x-1$로 나누었을 때의 몫을 $Q(x)$, 나머지를 R이라고 할 때, $f(x)$를 $x-\frac{1}{2}$로 나누었을 때의 몫과 나머지를 차례대로 구한 것은?

① $2Q(x)$, R ② $2Q(x)$, $2R$
③ $3Q(x)$, R ④ $3Q(x)$, $2R$
⑤ $4Q(x)$, R

68 상중하 ▶ 25646-0068

다항식 $f(x)$를 x^2+1로 나누었을 때의 몫이 $x-1$, 나머지가 $x-2$일 때, $f(2)$의 값은?

① 1 ② 2 ③ 3
④ 4 ⑤ 5

69 상중하 ▶ 25646-0069

다항식 $f(x)$를 x^2-2x-3으로 나누었을 때의 몫이 $x+1$, 나머지가 $2x+1$일 때, $f(x)$를 x^2+2x+1로 나누었을 때의 몫은?

① $x-1$ ② $x-2$ ③ $x-3$
④ $x-4$ ⑤ $x-5$

70 상중하 ▶ 25646-0070

다항식 $x^4+x^3-2x^2+4x-8$을 다항식 $f(x)$로 나누었을 때의 몫이 x^2+x-3, 나머지가 $3x-5$일 때, $f(x)$의 일차항의 계수는?

① -2 ② -1 ③ 0
④ 1 ⑤ 2

01

▶ 25646-0071

두 다항식 A, B에 대하여 $A*B=2A-B$라고 하자. $A=x^2-2x-1$, $B=x-3$일 때, 다항식 $(A*B)-(B*A)$를 구하시오.

02 내신기출

▶ 25646-0072

두 다항식 A, B에 대하여

$$A-B=2x^2+xy-4y^2$$
$$2A+B=4x^2+2xy+y^2$$

일 때, 다항식 AB를 구하시오.

03

▶ 25646-0073

다항식 $(x+a)(x-b)$의 전개식에서 x의 계수가 3이고 $a^3-b^3=9$일 때, ab의 값을 구하시오. (단, a, b는 상수이다.)

04 내신기출

▶ 25646-0074

다항식 x^3+ax^2-b를 x^2-x+1로 나눈 나머지가 $2x-1$일 때, a^2+b^2의 값을 구하시오. (단, a, b는 상수이다.)

05

▶ 25646-0075

다항식 $f(x)=x^2+x+1$에 대하여 다항식 $f(2x-1)$을 $x-2$로 나누었을 때의 몫을 $Q(x)$, 나머지를 R이라 할 때, $Q(x)+R$을 구하시오.

정답과 풀이 14쪽

▶ 25646-0076

01 두 다항식 $f(x)$, $g(x)$에 대하여

$$f(x)☆g(x)=\{f(x)-g(x)\}^3-\{f(x)\}^3+\{g(x)\}^3+6\{f(x)\}^2g(x)$$

$$f(x)⊙g(x)=\{f(x)+g(x)\}^3-[\{f(x)\}^3+\{g(x)\}^3]$$

라고 하자. $f(x)=ax+1$, $g(x)=x-a$에 대하여 다항식 $f(x)☆g(x)+f(x)⊙g(x)$의 전개식에서 최고차항의 계수가 36일 때, 상수항은? (단, $a>0$)

① 11 ② 12 ③ 13 ④ 14 ⑤ 15

▶ 25646-0077

02 오른쪽 그림과 같이 한 모서리의 길이가 각각 $x-1$, $x+1$, $2x+3$인 세 개의 정육면체가 있다. 세 개의 정육면체가 면과 면이 완전히 맞닿도록 새로운 입체도형을 만들 때, 이 입체도형의 겉넓이의 최솟값을 $S(x)$라고 하자. 다항식 $(x+1)S(x)$의 전개식에서 차수가 홀수인 모든 항의 계수의 합은? (단, $x>1$)

$x-1$

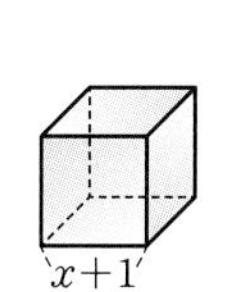

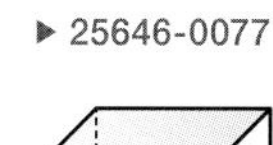

$2x+3$

① 154 ② 158 ③ 162 ④ 166 ⑤ 170

▶ 25646-0078

03 $x-y=2$, $x^3-y^3=26$을 만족시키는 두 양수 x, y에 대하여 x^6+y^6의 값은?

① 710 ② 720 ③ 730 ④ 740 ⑤ 750

02 나머지정리

01 항등식

(1) 항등식

주어진 등식의 문자에 어떤 값을 대입해도 항상 성립하는 등식을 그 문자에 대한 항등식이라고 한다.

(2) 항등식의 성질

① $ax^2+bx+c=0$이 x에 대한 항등식이면 $a=0$, $b=0$, $c=0$이다.

② $ax^2+bx+c=a'x^2+b'x+c'$이 x에 대한 항등식이면 $a=a'$, $b=b'$, $c=c'$이다.

(3) 미정계수법

① 계수비교법: 양변의 동류항의 계수를 비교하여 미정계수를 정하는 방법이다.

② 수치대입법: 주어진 등식의 문자에 어떤 값을 대입해도 항상 성립함을 이용하여 미정계수를 정하는 방법이다.

(1) 다음은 'x에 대한 항등식'과 같은 표현이다.
① 모든 x에 대하여
② 임의의 x에 대하여
③ x의 값에 관계없이
④ 어떤 x의 값에 대하여도

(2) 다항식의 곱셈 공식은 모두 항등식이다.

(3) 다항식 $f(x)$를 다항식 $g(x)$로 나누었을 때의 몫과 나머지를 각각 $Q(x)$, $R(x)$라고 하면 $f(x)=g(x)Q(x)+R(x)$이고 이 식은 x에 대한 항등식이다.

02 나머지정리

① x에 대한 다항식 $f(x)$를 일차식 $x-a$로 나누었을 때의 나머지를 R이라 하면 $R=f(a)$이다.

② x에 대한 다항식 $f(x)$를 일차식 $ax+b$ $(a\neq0)$로 나누었을 때의 나머지를 R이라 하면 $R=f\left(-\frac{b}{a}\right)$이다.

나머지정리는 다항식을 일차식으로 나누었을 때의 나머지를 직접 나눗셈을 하지 않고 간단하게 구하는 방법이다.

03 인수정리

(1) 인수정리

x에 대한 다항식 $f(x)$에 대하여 $f(a)=0$이면 $f(x)$는 일차식 $x-a$로 나누어떨어진다.
즉, $x-a$는 $f(x)$의 인수이다.

(2) '다항식 $f(x)$는 일차식 $x-a$로 나누어떨어진다.'와 같은 표현

① $f(x)$를 $x-a$로 나눈 나머지는 0이다.

② $f(a)=0$

③ $x-a$는 $f(x)$의 인수이다.

④ $f(x)$는 모든 x에 대하여 등식 $f(x)=(x-a)Q(x)$를 만족시킨다. (단, $Q(x)$는 다항식)

다항식 $f(x)$가 $ax+b$ $(a\neq0)$로 나누어떨어지면 $f\left(-\frac{b}{a}\right)=0$이다.

04 조립제법

다항식 $a_0x^3+a_1x^2+a_2x+a_3$을 일차식 $x-\alpha$로 나눌 때, 실제로 나눗셈을 하지 않고도 몫과 나머지를 구하는 방법을 조립제법이라고 한다.
이때 $a_0x^3+a_1x^2+a_2x+a_3$을 $x-\alpha$로 나누었을 때의 몫은 $b_0x^2+b_1x+b_2$이고 나머지는 R이다.

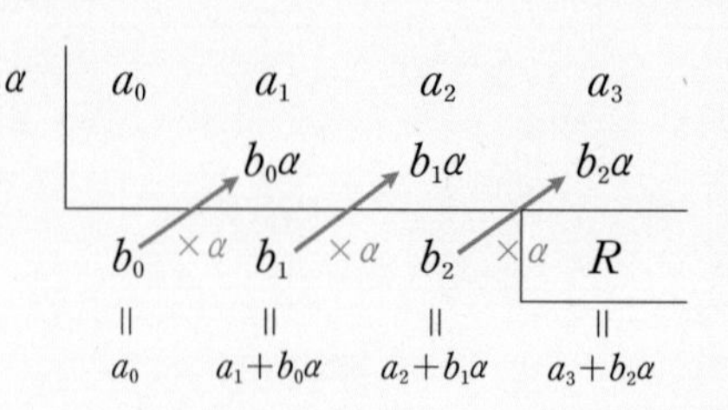

조립제법에서 각 항의 계수를 나열할 때 내림차순으로 나열하고 계수가 0인 것도 반드시 적도록 한다.

01 항등식

[01~05] 다음 등식이 x에 대한 항등식일 때, 세 상수 a, b, c의 값을 구하시오.

01 $2x^2+ax+b=cx^2+3x-1$

02 $ax^2+2x+b=cx-1$

03 $a(x-1)^2+b(x-1)+cx+1=0$

04 $ax+b=c(x-1)^2+(x-1)$

05 $ax(x+1)+b(x+1)(x+2)=x^2+2x+c$

02 나머지정리

[06~09] 다항식 $f(x)=x^2-4x-1$을 다음 일차식으로 나누었을 때의 나머지를 구하시오.

06 $x-2$

07 $x+1$

08 $x-3$

09 $x+3$

[10~13] 다항식 $f(x)=6x^2-3x-1$을 다음 일차식으로 나누었을 때의 나머지를 구하시오.

10 $2x-1$

11 $2x+1$

12 $3x-1$

13 $3x+1$

03 인수정리

[14~17] 다항식 $f(x)=2x^2+4x+k$가 다음 다항식으로 나누어떨어질 때, 상수 k의 값을 구하시오.

14 $x-1$

15 $x+1$

16 $2x-1$

17 $2x+1$

[18~19] 다항식 $f(x)=x^3+2x^2+ax+b$가 다음 이차식으로 나누어떨어질 때, 두 상수 a, b의 값을 구하시오.

18 $x(x-1)$

19 $(x-2)(x+2)$

04 조립제법

[20~21] 조립제법을 이용하여 다항식 x^3+2x^2-x+1을 다음 다항식으로 나누었을 때의 몫과 나머지를 구하시오.

20 $x+1$

21 $x-2$

유형 01 항등식

(1) **계수비교법:** 양변의 동류항의 계수를 비교하여 미정계수를 정하는 방법이다.
(2) **수치대입법:** 주어진 등식의 문자에 어떤 값을 대입해도 항상 성립함을 이용하여 미정계수를 정하는 방법이다.

» 올림포스 공통수학1 16쪽

01 대표문제 ▸ 25646-0079

등식 $x^3+ax^2+x+b=(x+1)^2(x+c)$가 x에 대한 항등식일 때, $a+b+c$의 값은? (단, a, b, c는 상수이다.)

① 1 ② 2 ③ 3
④ 4 ⑤ 5

02 상중하 ▸ 25646-0080

다음 등식이 x에 대한 항등식일 때, $a-b$의 값은?
(단, a, b는 상수이다.)

$$a(x-1)(x-2)+b(x-2)(x-3)=3x-6$$

① 1 ② 2 ③ 3
④ 4 ⑤ 5

03 상중하 ▸ 25646-0081

등식 $a(x-1)(x-2)+b(x-1)+c=x^2+x+1$이 x에 대한 항등식일 때, abc의 값은? (단, a, b, c는 상수이다.)

① 12 ② 14 ③ 16
④ 18 ⑤ 20

04 상중하 ▸ 25646-0082

등식 $(a+b)x^2+(b-c)x+(c-a)=3x^2-1$이 x에 대한 항등식일 때, $a+b+c$의 값은? (단, a, b, c는 상수이다.)

① 1 ② 2 ③ 3
④ 4 ⑤ 5

05 상중하 ▸ 25646-0083

등식 $(x+2)(x^2+x+a)=x^3+ax^2+bx+c$가 x에 대한 항등식일 때, abc의 값은? (단, a, b, c는 상수이다.)

① 70 ② 75 ③ 80
④ 85 ⑤ 90

유형 02 여러 가지 표현의 항등식

중요

'x에 대한 항등식'과 같은 표현
① 모든 x에 대하여 성립하는 등식
② 임의의 x에 대하여 성립하는 등식
③ x의 값에 관계없이 항상 성립하는 등식
④ x가 어떤 값을 갖더라도 항상 성립하는 등식

≫ 올림포스 공통수학1 16쪽

06 대표문제

▶ 25646-0084

임의의 두 실수 x, y에 대하여 등식

$$a(x+2y)+b(y+2x)=3x-3y$$

가 성립할 때, ab의 값은? (단, a, b는 상수이다.)

① -1 ② -3 ③ -5
④ -7 ⑤ -9

07 상중하

▶ 25646-0085

모든 실수 x에 대하여 등식

$$(x-a)(x-b)=x^2-3x+1$$

이 성립할 때, a^2+b^2의 값은? (단, a, b는 상수이다.)

① 6 ② 7 ③ 8
④ 9 ⑤ 10

08 상중하

▶ 25646-0086

x의 값에 관계없이 등식

$$3x^2-4x+2=ax(x-1)+bx+c(x+1)$$

이 항상 성립할 때, $a+2b+3c$의 값은?

(단, a, b, c는 상수이다.)

① 1 ② 2 ③ 3
④ 4 ⑤ 5

09 상중하

▶ 25646-0087

등식 $(k+1)x+(k-1)y+k-3=0$이 k의 값에 관계없이 항상 성립할 때, x^3-y^3의 값은?

① 6 ② 7 ③ 8
④ 9 ⑤ 10

10 상중하

▶ 25646-0088

다항식 $f(x)$에 대하여 x가 어떤 값을 갖더라도 등식

$$x^3-ax^2+bx+5=(x+1)(x-2)f(x)+x+1$$

이 항상 성립할 때, $f(ab)$의 값은? (단, a, b는 상수이다.)

① 1 ② 2 ③ 3
④ 4 ⑤ 5

유형 03 조건식이 주어진 항등식

조건식을 한 문자에 대하여 정리한 후 주어진 등식에 대입하여 항등식의 성질을 이용한다.

» 올림포스 공통수학1 16쪽

11 대표문제 ▶ 25646-0089

$x+2y=1$을 만족시키는 모든 실수 x, y에 대하여 등식

$ax^2+by^2+2x-4y=0$

이 항상 성립할 때, $a+b$의 값은? (단, a, b는 상수이다.)

① 2 ② 4 ③ 6 ④ 8 ⑤ 10

12 상중하 ▶ 25646-0090

$x+y=2$를 만족시키는 모든 실수 x, y에 대하여 등식

$ax+by+4=0$

이 항상 성립할 때, $a-2b$의 값은? (단, a, b는 상수이다.)

① 1 ② 2 ③ 3 ④ 4 ⑤ 5

13 상중하 ▶ 25646-0091

$x+y=2$를 만족시키는 임의의 x, y에 대하여 등식

$ax^2+xy+bx+cy+1=0$

이 항상 성립할 때, $a^2+b^2+c^2$의 값은?

(단, a, b, c는 상수이다.)

① $\frac{11}{2}$ ② 6 ③ $\frac{13}{2}$ ④ 7 ⑤ $\frac{15}{2}$

14 상중하 ▶ 25646-0092

$(x+1):y=2:3$을 만족시키는 모든 양수 x, y에 대하여 등식

$ax+by-6=0$

이 항상 성립할 때, a^2+b^2의 값은? (단, a, b는 상수이다.)

① 51 ② 52 ③ 53 ④ 54 ⑤ 55

15 상중하 ▶ 25646-0093

$2x-y=k$를 만족시키는 모든 실수 x, y에 대하여 등식

$ax^2+bx-2xy+3y+6=0$

이 항상 성립할 때, $k(a-b)$의 값은? (단, a, b, k는 상수이다.)

① 20 ② 24 ③ 28 ④ 32 ⑤ 36

유형 04 항등식에서 계수의 합 구하기

x에 적절한 값을 대입하여 상수항 또는 특정한 항들의 계수의 합을 구한다.

» 올림포스 공통수학1 16쪽

16 대표문제 ▶ 25646-0094

등식

$$x^{10}=a_1(x-1)^{10}+a_2(x-1)^9+a_3(x-1)^8+\cdots+a_{10}(x-1)+a_{11}$$

이 x의 값에 관계없이 항상 성립할 때,

$$a_2+a_4+a_6+a_8+a_{10}$$

의 값은? (단, a_1, a_2, $\cdots$, a_{11}은 상수이다.)

① 128 ② 256 ③ 512 ④ 1024 ⑤ 2048

17 상중하 ▶ 25646-0095

등식

$$(x-1)^9=a_9x^9+a_8x^8+\cdots+a_1x+a_0$$

이 모든 x에 대하여 성립할 때,

$$a_1+a_3+a_5+a_7+a_9$$

의 값은? (단, a_0, a_1, $\cdots$, a_9는 상수이다.)

① 128 ② 256 ③ 512 ④ 1024 ⑤ 2048

18 상중하 ▶ 25646-0096

다항식 $(x^4+2x^3-x^2-x+2)(2x-1)^6$을 전개하였을 때, 상수항을 제외한 모든 항의 계수의 합은?

① 1 ② 2 ③ 3 ④ 4 ⑤ 5

19 상중하 ▶ 25646-0097

등식

$$(x^2-2x-1)^4=a_0+a_1x+a_2x^2+\cdots+a_8x^8$$

이 x에 대한 항등식일 때,

$$a_0-a_1+a_2-a_3+a_4-a_5+a_6-a_7$$

의 값을 구하시오. (단, a_0, a_1, $\cdots$, a_8은 상수이다.)

20 상중하 ▶ 25646-0098

등식

$$(1-2x-x^2)^7=a_{14}(x+1)^{14}+a_{13}(x+1)^{13}+\cdots+a_1(x+1)+a_0$$

이 모든 x에 대하여 성립할 때,

$$a_0+a_2+a_4+\cdots+a_{14}$$

의 값은? (단, a_0, a_1, $\cdots$, a_{14}는 상수이다.)

① -2 ② -1 ③ 0 ④ 1 ⑤ 2

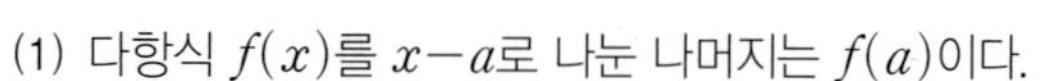

유형 05 나머지정리 – 일차식으로 나누는 경우

중요

(1) 다항식 $f(x)$를 $x-a$로 나눈 나머지는 $f(a)$이다.

(2) 다항식 $f(x)$를 $ax+b$ $(a\neq 0)$으로 나눈 나머지는 $f\left(-\frac{b}{a}\right)$이다.

» 올림포스 공통수학1 16쪽

21 대표문제

▶ 25646-0099

다항식 $f(x)$를 $x-2$로 나눈 나머지가 3일 때, 다항식 $xf(x)$를 $x-2$로 나눈 나머지는?

① 6　② 7　③ 8　④ 9　⑤ 10

22 상중하

▶ 25646-0100

다항식 $(x+1)^3+(x+1)^2+(x+1)$을 $x+2$로 나눈 나머지는?

① -2　② -1　③ 0　④ 1　⑤ 2

23 상중하

▶ 25646-0101

다항식 $f(x)$를 $2x+3$으로 나눈 나머지가 R일 때, 다항식 $f(2x)-x$를 $x+\frac{3}{4}$으로 나눈 나머지는?

① $R+\frac{3}{2}$　② $R+1$　③ $R+\frac{3}{4}$　④ $2R+\frac{3}{2}$　⑤ $2R+\frac{3}{4}$

24 상중하

▶ 25646-0102

다항식 $f(x)$를 $x-2$로 나눈 나머지가 8이고 다항식 $f(x)$를 $x+2$로 나눈 나머지가 -2일 때, 다항식 $f\left(\frac{1}{2}x-2\right)+f\left(2-\frac{1}{2}x\right)$를 $x-8$로 나눈 나머지는?

① 6　② 7　③ 8　④ 9　⑤ 10

25 상중하

▶ 25646-0103

다항식 $f(x)$를 $2x-1$로 나눈 나머지가 2일 때, 다항식 $(x+1)f(2x)$를 $4x-1$로 나눈 나머지는?

① $\frac{1}{2}$　② 1　③ $\frac{3}{2}$　④ 2　⑤ $\frac{5}{2}$

유형 06 나머지정리−이차 이상의 식으로 나누는 경우

(1) 다항식 $f(x)$를 n $(n\ge2)$차식으로 나눈 나머지는 $(n-1)$차 이하의 다항식이다.

(2) 다항식 $f(x)$를 $(x-a_1)(x-a_2)\cdots(x-a_n)$으로 나눈 나머지는 $f(a_1)$, $f(a_2)$, $\cdots$, $f(a_n)$의 값을 이용하여 구한다.

≫ 올림포스 공통수학1 16쪽

26 대표문제 ▸ 25646-0104

다항식 $f(x)$를 $x-1$, $x+2$로 나눈 나머지가 각각 2, 3일 때, $f(x)$를 x^2+x-2로 나눈 나머지는?

① $-\frac{1}{3}x+\frac{5}{3}$ ② $-\frac{1}{3}x+2$ ③ $-\frac{1}{3}x+\frac{7}{3}$
④ $-\frac{1}{3}x+\frac{8}{3}$ ⑤ $-\frac{1}{3}x+3$

27 상중하 ▸ 25646-0105

다항식 $f(x)$를 $x-2$, $x-3$으로 나눈 나머지가 각각 1, 2일 때, $f(x)$를 $(x-2)(x-3)$으로 나눈 나머지는?

① $x-2$ ② $x-1$ ③ x
④ $x+1$ ⑤ $x+2$

28 상중하 ▸ 25646-0106

다항식 x^3+ax^2+bx+c를 x^2+x로 나눈 나머지가 $2x$이고 다항식 x^3+ax^2+bx+c를 $x-2$로 나눈 나머지가 2일 때, $3a-6b+c$의 값은? (단, a, b, c는 상수이다.)

① -2 ② -1 ③ 0
④ 1 ⑤ 2

29 상중하 ▸ 25646-0107

다항식 $f(x)$를 x^2-x로 나눈 나머지가 $2x+1$이고, 다항식 $f(x)$를 $x-2$로 나눈 나머지가 3이다. 다항식 $f(x)$를 $x(x-1)(x-2)$로 나눈 나머지는?

① $3x+1$ ② $3x+2$ ③ $-x^2+3x-1$
④ $-x^2+3x$ ⑤ $-x^2+3x+1$

30 상중하 ▸ 25646-0108

최고차항의 계수가 1인 삼차식 $f(x)$에 대하여

$f(0)=-1$, $f(1)=2$, $f(2)=1$

이다. $f(x)$를 x^2-2x로 나눈 나머지를 $R(x)$라고 할 때, $R(f(3))$의 값은?

① 1 ② 2 ③ 3
④ 4 ⑤ 5

유형 07 인수정리-일차식으로 나누는 경우

중요

'다항식 $f(x)$는 $x-\alpha$로 나누어떨어진다.'와 같은 표현
(1) $f(x)$를 $x-\alpha$로 나눈 나머지는 0이다.
(2) $f(\alpha)=0$
(3) $x-\alpha$는 $f(x)$의 인수이다.
(4) $f(x)$를 $x-\alpha$로 나누었을 때의 몫을 $Q(x)$라고 하면
$f(x)=(x-\alpha)Q(x)$

» 올림포스 공통수학1 17쪽

31 대표문제

▶ 25646-0109

다항식 x^3-3x^2+ax+b는 $x-1$로 나누어떨어지고, 다항식 x^3-3x^2+ax+b를 $x+1$로 나눈 나머지가 2일 때, ab의 값은? (단, a, b는 상수이다.)

① -2　② -4　③ -6
④ -8　⑤ -10

32 상중하

▶ 25646-0110

다항식 $f(x)=x^3+ax^2-2x+3$에 대하여 다항식 $f(x-1)$이 $x+1$로 나누어떨어질 때, 상수 a의 값은?

① $\frac{1}{2}$　② $\frac{1}{3}$　③ $\frac{1}{4}$
④ $\frac{1}{5}$　⑤ $\frac{1}{6}$

33 상중하

▶ 25646-0111

다항식 $f(x)$를 $x-2$로 나눈 나머지가 2이고, $x+1$은 다항식 $(x+2)g(x+1)$의 인수일 때, 다항식 $f(x)+g(x-2)$를 $x-2$로 나눈 나머지는?

① -2　② -1　③ 0
④ 1　⑤ 2

34 상중하

▶ 25646-0112

다항식 $f(x)+2g(x)$는 $x-2$로 나누어떨어지고 다항식 $f(x)-g(x)$를 $x-2$로 나눈 나머지가 -1이다. 다항식 $3xf(2x)-6xg(2x)$를 $x-1$로 나눈 나머지는?

① -5　② -4　③ -3
④ -2　⑤ -1

35 상중하

▶ 25646-0113

최고차항의 계수가 1인 이차식 $f(x)$가 다음 조건을 만족시킬 때, $f(3)$의 값은?

(가) $f(x)$를 $2x-1$과 $2x+1$로 나눈 나머지가 서로 같다.
(나) $f(x)$를 $x-2$로 나눈 나머지는 0이다.

① 1　② 2　③ 3
④ 4　⑤ 5

유형 08 인수정리-이차식으로 나누는 경우

다항식 $f(x)$에 대하여 $f(\alpha)=f(\beta)=0\ (\alpha\neq\beta)$이면 $f(x)$를 $(x-\alpha)(x-\beta)$로 나누었을 때의 몫을 $Q(x)$라 할 때,

$$f(x)=(x-\alpha)(x-\beta)Q(x)$$

» 올림포스 공통수학1 17쪽

36 대표문제 ▸ 25646-0114

최고차항의 계수가 1인 삼차식 $f(x)$를 $(x+1)(x-2)$로 나누었을 때의 몫이 $Q(x)$이고 나머지는 0이다. $Q(x)$가 $x-1$로 나누어떨어질 때, $f(5)$의 값은?

① 60 ② 64 ③ 68
④ 72 ⑤ 76

37 상중하 ▸ 25646-0115

다항식 $f(x)=x^3+ax^2+bx-2$가 x^2-3x+2로 나누어떨어질 때, $b-a$의 값은? (단, a, b는 상수이다.)

① 6 ② 7 ③ 8
④ 9 ⑤ 10

38 상중하 ▸ 25646-0116

다항식 $f(x)=x^4+ax^2+b$가 $x-2$, x^2-2로 모두 나누어떨어질 때, $f(1)$의 값은? (단, a, b는 상수이다.)

① 1 ② 2 ③ 3
④ 4 ⑤ 5

39 상중하 ▸ 25646-0117

다항식 $f(x+2)$는 x^2-x-2로 나누어떨어지고, 모든 실수 x에 대하여 $f(-x)=f(x)$가 성립한다. 다항식 $f(2x-2)+f(2x+3)+2x$를 $x-\frac{1}{2}$로 나눈 나머지는?

① 1 ② 2 ③ 3
④ 4 ⑤ 5

40 상중하 ▸ 25646-0118

최고차항의 계수가 1이고 $f(4)=6$인 삼차식 $f(x)$가 다음 조건을 만족시킬 때, $f(5)$의 값은?

(가) $f(x)$는 $x-1$로 나누어떨어진다.
(나) $f(x)$를 x^2-3x+2로 나누었을 때의 몫이 $x-3$이다.

① 21 ② 22 ③ 23
④ 24 ⑤ 25

유형 09 조립제법(1)

중요

다항식 $f(x)$를 $x-a$로 나누었을 때, 직접 나누지 않고 조립제법을 이용하여 몫과 나머지를 구한다.

» 올림포스 공통수학1 17쪽

41 대표문제 ▸ 25646-0119

다항식 $2x^3-4x+3$을 $x-\frac{1}{2}$로 나누었을 때의 몫과 나머지를 구하기 위하여 조립제법을 이용하면 다음과 같다.

a	2	0	-4	3
		1	b	$-\frac{7}{4}$
	2	1	c	d

$a+b+c+d$의 값은? (단, a, b, c, d는 상수이다.)

① $-\frac{1}{4}$ ② $-\frac{1}{2}$ ③ $-\frac{3}{4}$
④ -1 ⑤ $-\frac{5}{4}$

42 상중하 ▸ 25646-0120

다항식 $2x^3-x^2+3x+1$을 $x+1$로 나누었을 때의 몫과 나머지를 조립제법을 이용하여 구하시오.

43 상중하 ▸ 25646-0121

다항식 $2x^3+ax^2+6$을 $x-2$로 나누었을 때의 몫을 $Q(x)$라 할 때, $Q(x)$를 $x-1$로 나눈 나머지가 -4이다. 다항식 $2x^3+ax^2+6$을 $x-2$로 나눈 나머지는? (단, a는 상수이다.)

① -2 ② -1 ③ 0
④ 1 ⑤ 2

44 상중하 ▸ 25646-0122

다음은 다항식 x^3+mx^2+n을 $x+2$로 나누었을 때의 몫과 나머지를 조립제법을 이용하여 구하는 과정의 일부이다.

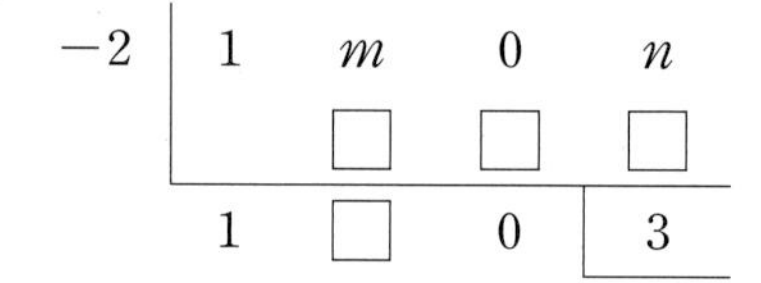

mn의 값은? (단, m, n은 상수이다.)

① 2 ② 4 ③ 6
④ 8 ⑤ 10

45 상중하 ▸ 25646-0123

다음은 다항식 x^3+2x^2+ax+b를 $(x-1)(x-2)$로 나누었을 때의 몫과 나머지를 구하기 위하여 조립제법을 2번 반복한 과정의 일부이다.

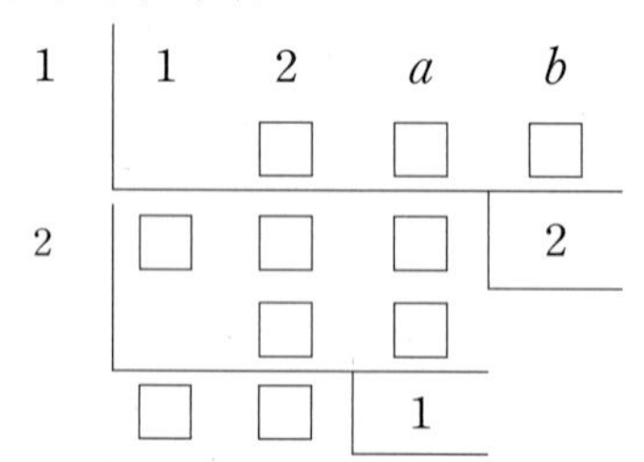

$b-a$의 값은? (단, a, b는 상수이다.)

① 21 ② 22 ③ 23
④ 24 ⑤ 25

유형 10 조립제법(2)

다항식 $f(x)$를 $ax+b$ $(a\neq 0)$로 나누었을 때의 몫과 나머지는 조립제법을 이용하여 다항식 $f(x)$를 $x+\frac{b}{a}$로 나누었을 때의 몫과 나머지를 구한 후 이를 이용하여 구한다.

» 올림포스 공통수학1 17쪽

46 대표문제 ▸ 25646-0124

다항식 $2x^3-4x+3$을 $2x-1$로 나누었을 때의 몫을 $Q(x)$, 나머지를 a라고 할 때, 다항식 $Q(x)$를 $x-a$로 나눈 나머지는?

① $\frac{3}{8}$ ② $\frac{7}{16}$ ③ $\frac{1}{2}$
④ $\frac{9}{16}$ ⑤ $\frac{5}{8}$

47 상중하 ▸ 25646-0125

다항식 $2x^3+x^2-2x+1$을 $2x+1$로 나누었을 때의 몫과 나머지는?

① 몫: $2x^2-2$, 나머지: 1
② 몫: $2x^2-2$, 나머지: 2
③ 몫: x^2-1, 나머지: 1
④ 몫: x^2-1, 나머지: 2
⑤ 몫: x^2-1, 나머지: 3

48 상중하 ▸ 25646-0126

다항식 $3x^3-2x+1$을 $3x+1$로 나누었을 때의 몫을 $Q(x)$, 다항식 $3x^3-2x+1$을 $x+1$로 나눈 나머지를 a라 할 때, $Q(a)$의 값은?

① $-\frac{1}{9}$ ② $-\frac{2}{9}$ ③ $-\frac{1}{3}$
④ $-\frac{4}{9}$ ⑤ $-\frac{5}{9}$

49 상중하 ▸ 25646-0127

다항식 $4x^3-ax+2$를 $4x-2$로 나누었을 때의 몫을 $Q(x)$, 다항식 $Q(x)$를 $2x-1$로 나눈 나머지가 2일 때, 상수 a의 값은?

① -1 ② -2 ③ -3
④ -4 ⑤ -5

50 상중하 ▸ 25646-0128

다항식 $3x^3+7x^2+3ax+b$가 $(3x-2)^2$을 인수로 가질 때, $a+b$의 값은? (단, a, b는 상수이다.)

① $\frac{1}{9}$ ② $\frac{2}{9}$ ③ $\frac{1}{3}$
④ $\frac{4}{9}$ ⑤ $\frac{5}{9}$

유형 11 조립제법과 항등식

조립제법을 세 번 이상 반복하여 다항식 $f(x)$를 $(x-a)^n\,(n\geq3)$항의 합으로 나타낼 수 있다.

≫ 올림포스 공통수학1 17쪽

51 대표문제 ▶ 25646-0129

임의의 실수 x에 대하여 등식

$$3x^3+2x^2-x+2=a(x-1)^3+b(x-1)^2+c(x-1)+d$$

가 성립할 때, $ad+bc$의 값은? (단, a, b, c, d는 상수이다.)

① 110 ② 120 ③ 130 ④ 140 ⑤ 150

52 상중하 ▶ 25646-0130

임의의 실수 x에 대하여 등식

$$x^3+2x^2+3x-1=a(x-1)^3+b(x-1)^2+c(x-1)+d$$

가 성립할 때, $ab+cd$의 값은? (단, a, b, c, d는 상수이다.)

① 55 ② 60 ③ 65 ④ 70 ⑤ 75

53 상중하 ▶ 25646-0131

등식

$$x^4+4x^2-x-2=a(x-2)^4+b(x-2)^3+c(x-2)^2+d(x-2)+e$$

가 x에 대한 항등식일 때, $ad-bc+e$의 값은?

(단, a, b, c, d, e는 상수이다.)

① -148 ② -149 ③ -150 ④ -151 ⑤ -152

54 상중하 ▶ 25646-0132

최고차항의 계수가 1인 삼차식 $f(x)$가

$$f(1)=f(2)=f(3)=0$$

을 만족시킨다.

$$f(x)=a(x-1)^3+b(x-1)^2+c(x-1)+d$$

일 때, $f(1.1)+ab+cd$의 값을 조립제법을 이용하여 구하시오. (단, a, b, c, d는 상수이다.)

55 상중하 ▶ 25646-0133

다음은 삼차식 $f(x)$에 대하여 조립제법을 여러 번 반복한 것의 일부이다.

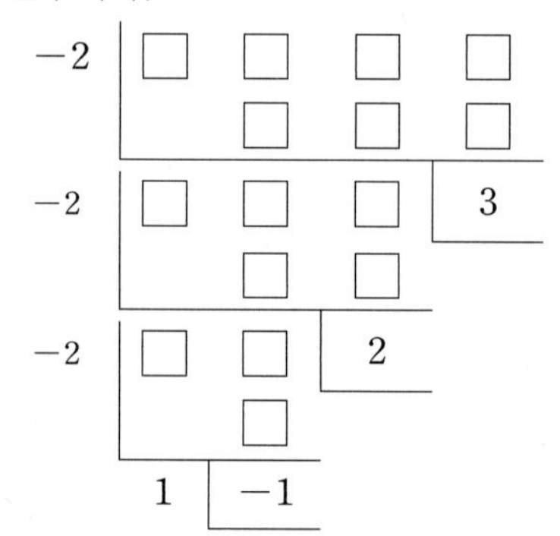

$f(x)$를 $x+1$로 나눈 나머지는?

① 1 ② 2 ③ 3 ④ 4 ⑤ 5

유형 12 나머지정리를 이용한 수의 나눗셈

나머지정리를 이용하여 복잡한 수의 나눗셈을 간단히 구할 수 있다.

» 올림포스 공통수학1 16쪽

56 대표문제

▶ 25646-0134

32^{10}을 30으로 나눈 나머지는?

① 2 ② 4 ③ 6
④ 8 ⑤ 10

57 상중하

▶ 25646-0135

97^{10}을 98로 나눈 나머지는?

① 1 ② 2 ③ 3
④ 4 ⑤ 5

58 상중하

▶ 25646-0136

다음은 $11^{20}+20$을 12로 나눈 나머지를 구하는 과정이다.

> 다항식 $x^{20}+20$을 $x+1$로 나누었을 때의 몫을 $Q(x)$, 나머지를 R이라고 하면
> $x^{20}+20=(x+1)Q(x)+R$
> 양변에 $x=$ (가) 를 대입하면 $R=$ (나) 이다.
> 이때 등식
> $x^{20}+20=(x+1)Q(x)+$ (나)
> 에 $x=$ (다) 를 대입하면
> $11^{20}+20=12\times Q(11)+$ (나)
> $=12\times\{Q(11)+$ (라) $\}+$ (마)
> 이다. 따라서 $11^{20}+20$을 12로 나눈 나머지는 (마) 이다.

다음 중 (가), (나), (다), (라), (마)에 들어갈 값으로 옳은 것은?

① (가): 1 ② (나): 20 ③ (다): -1
④ (라): 2 ⑤ (마): 9

59 상중하

▶ 25646-0137

$9^{10}+9^{11}+9^{12}$을 80으로 나눈 나머지는?

① 11 ② 12 ③ 13
④ 14 ⑤ 15

60 상중하

▶ 25646-0138

$10^{20}+10^{18}+10^{16}+\cdots+10^{2}+1$을 11로 나눈 나머지는?

① 0 ② 1 ③ 2
④ 3 ⑤ 4

01 내신기출

▶ 25646-0139

모든 실수 x에 대하여 등식

$$(x+1)^3+a(x+1)+2=(x-1)(x+b)(x+c)$$

가 성립할 때, $a+b+c$의 값을 구하시오.

(단, a, b, c는 상수이다.)

02

▶ 25646-0140

임의의 실수 x에 대하여

$$x^{10}+x=a_0+a_1(x-3)+a_2(x-3)^2+\cdots+a_{10}(x-3)^{10}$$

이 성립할 때, $a_1+a_3+a_5+a_7+a_9=2^m-2^9+1$이다. 자연수 m의 값을 구하시오. (단, a_0, a_1, a_2, $\cdots$, a_{10}은 상수이다.)

03

▶ 25646-0141

다항식 $f(x)$를 $(x-1)(x-2)$로 나눈 나머지는 $x+3$이고 $f(x)$는 $(x+1)(x+2)$로 나누어떨어질 때, $f(x)$를 $(x-1)(x+2)$로 나눈 나머지를 구하시오.

04 내신기출

▶ 25646-0142

다항식 $f(x)$에 대하여 다항식 $x^2f(x)$를 $x+1$로 나눈 나머지가 2이고 다항식 $x^2f(x+1)$이 $x-1$을 인수로 가질 때, $f(x)$를 $(x+1)(x-2)$로 나눈 나머지를 구하시오.

05

▶ 25646-0143

다항식 $f(x)=x^3+2x^2+ax+b$가 $(x-2)^2$으로 나누어떨어질 때, 조립제법을 이용하여 $f(x)$를 $x+2$로 나눈 나머지를 구하시오. (단, a, b는 상수이다.)

정답과 풀이 25쪽

▶ 25646-0144

01 최고차항의 계수가 1인 다항식 $f(x)$가 모든 실수 x에 대하여

$$f(x^2+1)=(x^2-x+3)f(x)-2x$$

가 성립할 때, $f(2)$의 값은?

① 6　② 7　③ 8　④ 9　⑤ 10

▶ 25646-0145

02 두 다항식 $f(x)$, $g(x)$가 다음 조건을 만족시킨다.

(가) $f(x)+g(x)=1$
(나) $\{f(x)\}^2-\{g(x)\}^2=2x^2-4x-3$

다항식 $f(x+1)g(x-1)$을 $x-2$로 나눈 나머지는?

① 2　② 4　③ 6　④ 8　⑤ 10

▶ 25646-0146

03 다항식 $f(x)$가 모든 실수 x에 대하여 등식

$$f(x)\times f(-x)=f(x^2)$$

이 성립할 때, **| 보기 |**에서 옳은 것만을 있는 대로 고른 것은?

| 보기 |

ㄱ. $f(0)=1$
ㄴ. $f(x)$가 $x-1$을 인수로 갖지 않으면 $f(x)-1$은 $x+1$을 인수로 갖는다.
ㄷ. 차수가 2인 $f(x)$의 개수는 4이다.

① ㄱ　② ㄴ　③ ㄱ, ㄴ　④ ㄴ, ㄷ　⑤ ㄱ, ㄴ, ㄷ

03 인수분해

01 인수분해 공식

인수분해는 다항식의 전개 과정을 거꾸로 생각한 것이므로 곱셈 공식으로부터 다음과 같은 인수분해 공식을 얻을 수 있다.

(1) $a^3+3a^2b+3ab^2+b^3=(a+b)^3$

(2) $a^3-3a^2b+3ab^2-b^3=(a-b)^3$

(3) $a^3+b^3=(a+b)(a^2-ab+b^2)$

(4) $a^3-b^3=(a-b)(a^2+ab+b^2)$

(5) $a^2+b^2+c^2+2ab+2bc+2ca=(a+b+c)^2$

① $a^2+2ab+b^2=(a+b)^2$
② $a^2-2ab+b^2=(a-b)^2$
③ $a^2-b^2=(a-b)(a+b)$
④ $x^2+(a+b)x+ab$
$=(x+a)(x+b)$
⑤ $acx^2+(ad+bc)x+bd$
$=(ax+b)(cx+d)$

02 공통부분이 있는 식의 인수분해

(1) 공통부분이 있는 식의 인수분해

공통부분을 하나의 문자로 치환하여 인수분해한다.

(2) ax^4+bx^2+c (a, b, c는 상수, $a\neq0$) 꼴의 식의 인수분해

① $x^2=X$로 치환한 이차식 aX^2+bX+c를 인수분해한다.

② $x^2=X$로 치환하여 인수분해가 되지 않으면 적당한 식을 더하거나 빼서 A^2-B^2의 꼴로 변형하여 인수분해한다.

① ax^4+bx^2+c (a, b, c는 상수, $a\neq0$)는 x에 대한 사차식이지만 $x^2=X$로 치환하면 X에 대한 이차식이 되므로 인수분해하기가 편해진다.
② A^2-B^2의 꼴로 고칠 때 완전제곱꼴로 변형하면 편리하다.

03 여러 개의 문자를 포함한 식의 인수분해

두 개 이상의 문자가 들어 있는 다항식의 인수분해는 다음과 같은 과정으로 인수분해한다.

(i) 차수가 가장 낮은 문자에 대하여 내림차순으로 정리한다.

(ii) 상수항을 인수분해한다.

(iii) 주어진 식을 인수분해한다.

여러 개의 문자의 차수가 서로 같을 때에는 최고차항의 계수가 간단한 한 문자에 대하여 내림차순으로 정리한 후 인수분해한다.

04 인수정리를 이용한 인수분해

삼차 이상의 다항식 $f(x)$는 다음과 같은 순서로 인수정리와 조립제법을 이용하여 인수분해한다.

(i) $f(\alpha)=0$을 만족시키는 상수 α를 찾는다.

(ii) 조립제법을 이용하여 $f(x)$를 $x-\alpha$로 나누었을 때의 몫 $Q(x)$를 구하여 $f(x)=(x-\alpha)Q(x)$로 인수분해한다.

(iii) $Q(x)$를 인수분해한다.

일반적으로 $f(\alpha)=0$인 상수 α의 값은 $\pm\dfrac{(f(x)\text{의 상수항의 약수})}{(f(x)\text{의 최고차항의 계수의 약수})}$ 중에서 찾는다.

01 인수분해 공식

[01~03] 다음 식을 인수분해하시오.

01 $x^3+9x^2y+27xy^2+27y^3$

02 $x^3-6x^2+12x-8$

03 $8x^3+36x^2y+54xy^2+27y^3$

[04~07] 다음 식을 인수분해하시오.

04 x^3+8

05 $27x^3+8y^3$

06 x^3-1

07 $8x^3-27y^3$

[08~11] 다음 식을 인수분해하시오.

08 $x^2+y^2+z^2-2xy-2yz+2zx$

09 $x^2+y^2+2xy+2x+2y+1$

10 $x^2+y^2+4z^2+2xy+4yz+4zx$

11 $x^2+4y^2+4z^2-4xy+8yz-4zx$

02 공통부분이 있는 식의 인수분해

[12~15] 다음 식을 인수분해하시오.

12 $(x+1)^2-3(x+1)+2$

13 $(x^2+5x+4)(x^2+5x+2)-24$

14 $(x-1)^3-3(x-1)^2+3(x-1)-1$

15 $x(x+1)(x+2)(x+3)+1$

[16~17] 다음 식을 인수분해하시오.

16 x^4+3x^2+4

17 x^4-14x^2+25

03 여러 개의 문자를 포함한 식의 인수분해

[18~19] 다음 식을 인수분해하시오.

18 $x^2+y^2-2xy-3x+3y+2$

19 $a^2b-ab^2+b^2c-abc$

04 인수정리를 이용한 인수분해

[20~21] 다음 식을 인수분해하시오.

20 x^3-3x^2+2

21 $x^4-3x^3+3x^2+x-6$

유형 01 인수분해 공식을 이용한 인수분해(1)

(1) $a^3+3a^2b+3ab^2+b^3=(a+b)^3$

(2) $a^3-3a^2b+3ab^2-b^3=(a-b)^3$

» 올림포스 공통수학1 24쪽

01 대표문제 ▸ 25646-0147

다음 중 $8x^3-36x^2y+54xy^2-27y^3$의 인수인 것은?

① $2x-y$ ② $2x+y$
③ $2x-3y$ ④ $3x+y$
⑤ $3x-3y$

02 상중하 ▸ 25646-0148

다음 중 $27x^3-27x^2y+9xy^2-y^3$의 인수인 것은?

① $3x+2y$ ② $3x+y$
③ $3x$ ④ $3x-y$
⑤ $3x-2y$

03 상중하 ▸ 25646-0149

$4x(2x^2+3xy)+y^2(6x+y)$를 인수분해하면?

① $(x+y)^3$ ② $(2x+y)^3$
③ $(2x+3y)^3$ ④ $(3x+2y)^3$
⑤ $(x+3y)^3$

04 상중하 ▸ 25646-0150

$2(4x^3+3xy^2)-y(12x^2+y^2)$을 인수분해하면 $(ax+by)^3$일 때, ab의 값은? (단, a, b는 상수이다.)

① -2 ② -1 ③ 0
④ 1 ⑤ 2

05 상중하 ▸ 25646-0151

두 다항식 A, B에 대하여 $x^3-y^3-3xy(x-y)$를 인수분해하면 A^3이고 $x^3+8y^3+6xy(x+2y)$를 인수분해하면 B^3이다. $AB=ax^2+bxy+cy^2$일 때, $a^2+b^2+c^2$의 값은?
(단, a, b, c는 상수이다.)

① 2 ② 4 ③ 6
④ 8 ⑤ 10

유형 02 인수분해 공식을 이용한 인수분해(2)

(1) $a^3+b^3=(a+b)(a^2-ab+b^2)$
(2) $a^3-b^3=(a-b)(a^2+ab+b^2)$

≫ 올림포스 공통수학1 24쪽

06 대표문제 ▶ 25646-0152

다음 중 $(x+1)^3+8y^3$의 인수인 것은?

① $x+y+1$ ② $x+2y+1$
③ $x+3y+1$ ④ $x+4y+1$
⑤ $x+5y+1$

07 상중하 ▶ 25646-0153

다음 중 $27x^3+8y^3$의 인수인 것은?

① $9x^2-2xy+4y^2$ ② $9x^2-3xy+4y^2$
③ $9x^2-4xy+4y^2$ ④ $9x^2-5xy+4y^2$
⑤ $9x^2-6xy+4y^2$

08 상중하 ▶ 25646-0154

다음 중 $(x+1)^3-(x-1)^3$의 인수인 것은?

① $3x^2+1$ ② $3x^2+2$
③ $3x^2+3$ ④ $3x^2+4$
⑤ $3x^2+5$

09 상중하 ▶ 25646-0155

다음 중 $(x+2y)^3-(2x-y)^3$의 인수인 것은?

① $-x+3y$ ② $-x+4y$
③ $5x^2+2xy+2y^2$ ④ $6x^2+3xy+3y^2$
⑤ $7x^2+4xy+4y^2$

10 상중하 ▶ 25646-0156

$(x^2+x+1)^3+(x+1)^3$을 인수분해하면
$(x^2+2x+2)(x^4+ax^3+bx^2+cx+d)$이다. $ad-bc$의 값은?
(단, a, b, c, d는 상수이다.)

① -5 ② -4 ③ -3
④ -2 ⑤ -1

유형 03 인수분해 공식을 이용한 인수분해(3)

$a^2+b^2+c^2+2ab+2bc+2ca=(a+b+c)^2$

≫ 올림포스 공통수학1 24쪽

11 대표문제 ▶ 25646-0157

다음 중 $x(x-4y)+4y(y+z)+z(z-2x)$의 인수인 것은?

① $x+2y-z$　② $x-2y-z$
③ $x-2y+z$　④ $2x+y-z$
⑤ $2x-y-z$

12 상중하 ▶ 25646-0158

$x^2+y^2+z^2-2xy-2yz+2zx$를 인수분해하면?

① $(x+y+z)^2$　② $(x-y+z)^2$
③ $(x-y-z)^2$　④ $(x+y-2z)^2$
⑤ $(x+2y-z)^2$

13 상중하 ▶ 25646-0159

$(x+2y)^2+3z(2x+4y+3z)$를 인수분해하면 $(ax+by+cz)^2$일 때, $a+2b+3c$의 값은? (단, a, b, c는 양의 상수이다.)

① 11　② 12　③ 13
④ 14　⑤ 15

14 상중하 ▶ 25646-0160

$x^4+2x^3+3x^2+2x+1$을 인수분해하면 $\{f(x)\}^2$일 때 $f(x)$를 $x+2$로 나누었을 때의 나머지를 구하시오.
(단, $f(x)$는 최고차항의 계수가 1인 다항식이다.)

15 상중하 ▶ 25646-0161

$x^2(x^2-4z)+(y-2z)^2+2x^2y$를 인수분해하면 $(ax^2+by+cz)^2$일 때, $a^2+b^2+c^2$의 값은? (단, a, b, c는 상수이고 $a>0$이다.)

① 6　② 7　③ 8
④ 9　⑤ 10

유형 04 공통부분이 있는 다항식의 인수분해(1)

공통부분이 있는 다항식은 묶거나 그 식을 하나의 문자로 치환하여 인수분해한다.

≫ 올림포스 공통수학1 24쪽

16 대표문제
▶ 25646-0162

다항식

$$(x-1)^3-3(x^2-2x+1)(y+1)+3(x-1)(y^2+2y+1)-(y+1)^3$$

을 인수분해하면?

① $(x-y+1)^3$　② $(x-y-1)^3$
③ $(x+y+2)^3$　④ $(x-y-2)^3$
⑤ $(x-y+3)^3$

17 상중하
▶ 25646-0163

$(x+1)^3-3(x+1)+2$를 인수분해하면?

① $x^2(x+1)$　② $x^2(x+2)$
③ $x^2(x+3)$　④ $x^2(x+4)$
⑤ $x^2(x+5)$

18 상중하
▶ 25646-0164

x^3+2x^2-x-2를 인수분해한 식이 세 개의 일차식의 곱일 때, 이 세 개의 일차식의 합은?

(단, 세 개의 일차식의 일차항의 계수는 모두 1이다.)

① $3x-2$　② $3x-1$　③ $3x$
④ $3x+1$　⑤ $3x+2$

19 상중하
▶ 25646-0165

$(x-2)^2(x+2)^2+2x^2-7$을 인수분해한 식이 $(ax^2+bx+c)^2$일 때, $a+2b-3c$의 값은? (단, a, b, c는 상수이고 $a>0$이다.)

① 6　② 7　③ 8
④ 9　⑤ 10

20 상중하
▶ 25646-0166

다음 중

$$(x+1)^2+(y-1)^2+(z-2)^2+2(xy-x+y-1)+2(yz-2y-z+2)+2(zx-2x+z-2)$$

의 인수인 것은?

① $x+y+z-2$　② $x+y+z-1$
③ $x+y+z$　④ $x+y+z+1$
⑤ $x+y+z+2$

유형 05 공통부분이 있는 다항식의 인수분해(2) 중요

공통부분이 있는 다항식은 그 식을 하나의 문자로 생각한다.
특히 ( )( )( )( ) 꼴의 식은 공통부분이 생기도록 짝을 지어 전개한 후 인수분해한다.

» 올림포스 공통수학1 24쪽

21 대표문제 ▸ 25646-0167

$x(x+1)(x+2)(x+3)-8$을 인수분해하면 $(x^2+ax+b)(x^2+ax+c)$일 때, $a+b+c$의 값은?
(단, a, b, c는 상수이다.)

① 1 ② 2 ③ 3
④ 4 ⑤ 5

22 상중하 ▸ 25646-0168

다음 중 $(x-2)(x-1)x(x+1)+1$을 인수분해한 것으로 옳은 것은?

① $(x^2-x-1)^2$ ② $(x^2+x-1)^2$
③ $(x^2+x+1)^2$ ④ $(x^2-x-2)^2$
⑤ $(x^2+x-2)^2$

23 상중하 ▸ 25646-0169

다음 **| 보기 |**에서

$$(x-1)(x-3)(x+2)(x+4)+24$$

의 인수인 것만을 있는 대로 고른 것은?

| 보기 |

ㄱ. $x-2$
ㄴ. $x+3$
ㄷ. x^2+x-8

① ㄱ ② ㄷ ③ ㄱ, ㄴ
④ ㄴ, ㄷ ⑤ ㄱ, ㄴ, ㄷ

24 상중하 ▸ 25646-0170

$x+a$가 $(x+1)(x+2)(x+6)(x+7)-336$의 인수가 되도록 하는 모든 정수 a의 값의 합은?

① 2 ② 4 ③ 6
④ 8 ⑤ 10

25 상중하 ▸ 25646-0171

$(x-1)x(x+1)(x+2)+a$가 이차식의 완전제곱식으로 인수분해될 때, 상수 a의 값을 구하시오.

유형 06 x^4+ax^2+b 꼴의 다항식의 인수분해(1)

$x^2=X$로 치환하여 인수분해하거나 공통부분을 치환하여 인수분해한다.

≫ 올림포스 공통수학1 24쪽

26 대표문제 ▶ 25646-0172

x^4-2x^2-8의 인수 중 일차식인 모든 인수들의 합은?

(단, 일차인 인수의 일차항의 계수는 모두 1이다.)

① x ② $2x$ ③ $x+1$
④ $2x+1$ ⑤ $2x+2$

27 상중하 ▶ 25646-0173

다음 중 x^4+2x^2-15의 인수인 것은?

① x^2+1 ② x^2+2 ③ x^2+3
④ x^2+4 ⑤ x^2+5

28 상중하 ▶ 25646-0174

다음 중 $x^4+6x^2y^2-16y^4$을 인수분해한 것으로 옳은 것은?

① $(x^2+4y^2)(x^2-4y^2)$ ② $(x^2-8y^2)(x^2+2y^2)$
③ $(x^2+8y^2)(x^2+2y^2)$ ④ $(x^2+8y^2)(x^2-2y^2)$
⑤ $(x^2+y^2)(x^2-16y^2)$

29 상중하 ▶ 25646-0175

$(x+1)^4-6(x+1)^2+5$를 인수분해하면
$(x+a)(x+b)(x^2+2x+c)$일 때, $a+b+c$의 값은?

(단, a, b, c는 정수이다.)

① -1 ② -2 ③ -3
④ -4 ⑤ -5

30 상중하 ▶ 25646-0176

$(x+y)^4-(x^2-y^2)^2-12(x-y)^4$을 인수분해하면

$$-4(3x-y)(ax+by)(x^2-xy+cy^2)$$

일 때, abc의 값은? (단, a, b, c는 상수이다.)

① -1 ② -2 ③ -3
④ -4 ⑤ -5

유형 07 x^4+ax^2+b 꼴의 다항식의 인수분해(2)

$x^2=X$로 치환하여 인수분해가 되지 않으면 이차항을 적당히 더하거나 빼서 A^2-B^2의 꼴로 변형하여 인수분해한다.

≫ 올림포스 공통수학1 24쪽

31 대표문제 ▶ 25646-0177

x^4-3x^2+1을 인수분해하면 $(x^2+ax-b)(x^2-ax-b)$일 때, ab의 값은? (단, a, b는 양의 상수이다.)

① 1 ② 2 ③ 3
④ 4 ⑤ 5

32 상중하 ▶ 25646-0178

다음 중 x^4-11x^2+1을 인수분해한 것으로 옳은 것은?

① $(x^2-x-1)(x^2+x-1)$
② $(x^2-2x-1)(x^2+2x-1)$
③ $(x^2-3x-1)(x^2+3x-1)$
④ $(x^2-4x-1)(x^2+4x-1)$
⑤ $(x^2-5x-1)(x^2+5x-1)$

33 상중하 ▶ 25646-0179

다음 중 x^4+4의 인수인 것은?

① x^2-2x+1 ② x^2-2x+2
③ x^2-2x+3 ④ x^2-2x+4
⑤ x^2-2x+5

34 상중하 ▶ 25646-0180

$x^4-11x^2y^2+25y^4$을 인수분해하시오.

35 상중하 ▶ 25646-0181

x^4+x^2+25를 인수분해하면 $(x^2+ax+b)(x^2-ax+b)$일 때, a^2+b^2의 값은? (단, a, b는 양의 상수이다.)

① 31 ② 32 ③ 33
④ 34 ⑤ 35

유형 08 여러 개의 문자를 포함한 다항식의 인수분해

두 개 이상의 문자가 들어 있는 다항식은 다음과 같은 과정으로 인수분해한다.
(i) 차수가 가장 낮은 문자에 대하여 내림차순으로 정리한다.
(ii) 상수항이 있는 경우 상수항을 인수분해한다.
(iii) 주어진 식을 인수분해한다.

참고 모든 문자의 차수가 같으면 최고차항의 계수가 간단한 한 문자에 대하여 내림차순으로 정리한 후 인수분해한다.

» 올림포스 공통수학1 25쪽

36 대표문제 ▶ 25646-0182

다음 식을 인수분해하시오.

$$ca(c+a)+ab(a+b)+bc(b+c)+2abc$$

37 상중하 ▶ 25646-0183

$x^2+y^2+x-y-2xy-2$를 인수분해하면?

① $(x-y-1)(x-y+2)$
② $(x-2y-1)(x-y+2)$
③ $(x-y-1)(x-2y+2)$
④ $(x-y-2)(x+y+1)$
⑤ $(x+y-1)(x+y+2)$

38 상중하 ▶ 25646-0184

$x^2-xy-2y^2-4x+5y+3$이 $(x+ay-1)(x+by+c)$로 인수분해될 때, $a^2+b^2+c^2$의 값은? (단, a, b, c는 상수이다.)

① 11 ② 12 ③ 13
④ 14 ⑤ 15

39 상중하 ▶ 25646-0185

$x^3+3x^2y+x^2+2xy^2+3xy+2y^2$을 인수분해하면?

① $(x+1)(x+y)^2$
② $(x+1)(x+y)(x+2y)$
③ $(x+2)(x+y)^2$
④ $(x+2)(x+y)(x+2y)$
⑤ $(x+1)(x+2y)^2$

40 상중하 ▶ 25646-0186

$x^2+2y^2+3xy+kx+5y+3$이 x, y에 대한 두 일차식의 곱으로 인수분해될 때, 자연수 k의 값은?

① 1 ② 2 ③ 3
④ 4 ⑤ 5

유형 09 인수정리를 이용한 다항식의 인수분해(1) 중요

삼차 이상의 다항식 $f(x)$가 인수분해 공식으로 인수분해되지 않을 때에는 다음과 같은 과정으로 인수분해한다.

(i) $f(\alpha)=0$을 만족시키는 상수 α를 찾는다.

(ii) 조립제법을 이용하여 $f(x)$를 $x-\alpha$로 나누었을 때의 몫 $Q(x)$를 구하여

$$f(x)=(x-\alpha)Q(x)$$

로 인수분해한다.

(iii) $Q(x)$를 인수분해한다.

» 올림포스 공통수학1 25쪽

41 대표문제 ▸ 25646-0187

x^3-7x-6이 $(x-3)f(x)$로 인수분해될 때, $f(x)$의 상수항을 제외한 모든 항의 계수의 합은?

① 2 ② 4 ③ 6 ④ 8 ⑤ 10

42 상중하 ▸ 25646-0188

$x^4+5x^3+5x^2-5x-6$을 인수분해하시오.

43 상중하 ▸ 25646-0189

$2x^3-3x^2-3x+2$를 인수분해하면 $(x+a)(x+b)(2x+c)$일 때, $a^2+b^2+c^2$의 값은? (단, a, b, c는 정수이다.)

① 6 ② 7 ③ 8 ④ 9 ⑤ 10

44 상중하 ▸ 25646-0190

사차다항식 $f(x)$에 대하여 $f(2)=0$이고 $f(x)$를 $x-2$로 나누었을 때의 몫이 x^3-3x^2-6x+8일 때, 다음 중 $f(x)$의 인수인 것은?

① $x-3$ ② $x-1$ ③ $x+1$ ④ $x+3$ ⑤ $x+4$

45 상중하 ▸ 25646-0191

최고차항의 계수가 모두 1인 두 다항식 $f(x)$, $g(x)$가 다음 조건을 만족시킬 때, $f(1)-g(1)$의 최댓값은?

(가) $f(x)g(x)=x^3+2x^2-5x-6$
(나) $g(x)-f(x)$는 이차식이다.

① 6 ② 7 ③ 8 ④ 9 ⑤ 10

유형 10 인수정리를 이용한 다항식의 인수분해(2) 중요

미정계수가 있는 다항식의 인수가 주어져 있을 때에는 인수정리, 조립제법 등을 이용하여 미정계수를 구하고 인수분해한다.

≫ 올림포스 공통수학1 25쪽

46 대표문제 ▶ 25646-0192

상수 a에 대하여 다항식 $f(x)=2x^3-7x^2+ax+3$이 $2x+1$을 인수로 갖는다. 다항식 $f(x)$의 다른 일차인 인수들의 일차항의 계수가 모두 1일 때, $f(x)$의 일차인 인수들의 합은?

① $4x-1$ ② $4x-2$ ③ $4x-3$
④ $4x-4$ ⑤ $4x-5$

47 상중하 ▶ 25646-0193

다항식 $f(x)=x^3+3x^2+2x+a$가 $x+1$로 나누어떨어질 때, $f(x)$를 인수분해하시오. (단, a는 상수이다.)

48 상중하 ▶ 25646-0194

다항식 $x^4+ax^3-6x^2-4x+b$를 인수분해하면 $(x-1)(x-2)(x+c)^2$일 때, $a+b+c$의 값은?

(단, a, b, c는 상수이다.)

① 11 ② 12 ③ 13
④ 14 ⑤ 15

49 상중하 ▶ 25646-0195

다항식 x^3+ax+b를 인수분해하면 $(x+1)^2f(x)$일 때, $f(ab)$의 값은? (단, a, b는 상수이다.)

① 1 ② 2 ③ 3
④ 4 ⑤ 5

50 상중하 ▶ 25646-0196

다항식 $x^4+ax^3-7x^2-8x+b$를 인수분해하면 $(x^2+5x+6)f(x)$이다. $f(x)$의 일차인 인수를 $g(x)$, $h(x)$라고 할 때, $g(x)-h(x)=1$이다. $g(a)\times h(b)$의 값은?

(단, a, b는 상수이다.)

① 10 ② 11 ③ 12
④ 13 ⑤ 14

유형 11 인수분해의 활용

다항식을 인수분해한 후 주어진 조건을 만족시키는 식 또는 값을 구한다.

» 올림포스 공통수학1 25쪽

51 대표문제 ▶ 25646-0197

서로 다른 세 실수 a, b, c에 대하여 $a+b+c=0$일 때, **보기** 에서 옳은 것만을 있는 대로 고른 것은?

보기

ㄱ. $a<b<c$이면 $a<0$이다.
ㄴ. $ab+bc+ca>0$
ㄷ. $a^2+b^2+c^2+2ab+2bc+2ca=0$

① ㄱ ② ㄴ ③ ㄱ, ㄷ
④ ㄴ, ㄷ ⑤ ㄱ, ㄴ, ㄷ

52 상중하 ▶ 25646-0198

$x-2y=4$일 때, $x^2+4y^2-4xy-9$의 값은?

① 6 ② 7 ③ 8
④ 9 ⑤ 10

53 상중하 ▶ 25646-0199

$a-b=p$, $b+c=q$일 때, $a^2b+a^2c-ab^2+ac^2-b^2c-bc^2$을 p, q를 이용하여 나타내면?

① $p+q$ ② $p-q$ ③ pq
④ $pq(p-q)$ ⑤ $pq(p+q)$

54 상중하 ▶ 25646-0200

$x-2y-z=3$일 때, 인수분해를 이용하여

$$x^2-(4y+1)x+4y^2+2(2z+1)y+z^2-2(x-1)z-z$$

의 값을 구하시오.

55 상중하 ▶ 25646-0201

두 자연수 x, y에 대하여 $x^3-y^3=37$일 때, $x+y$의 값은?

① 5 ② 7 ③ 9
④ 11 ⑤ 13

유형 12 인수분해를 이용한 복잡한 수의 계산

수를 문자로 치환하여 인수분해한 후 그 수를 다시 대입하여 복잡한 수를 간단히 계산한다.

≫ 올림포스 공통수학1 24쪽, 25쪽

56 대표문제 ▶ 25646-0202

$\dfrac{2025^3+1}{2025^2-2024}$의 값은?

① 2024 ② 2026 ③ 2028
④ 2030 ⑤ 2032

57 상중하 ▶ 25646-0203

$\sqrt{10\times11\times12\times13+1}$의 값은?

① 111 ② 121 ③ 131
④ 141 ⑤ 151

58 상중하 ▶ 25646-0204

99^6-1을 99^4+99^2+1로 나누었을 때의 몫은?

① 9400 ② 9500 ③ 9600
④ 9700 ⑤ 9800

59 상중하 ▶ 25646-0205

$N=2\times19^3+6\times19^2+6\times19+2$라고 할 때, 자연수 N의 양의 약수의 개수는?

① 20 ② 24 ③ 28
④ 32 ⑤ 36

60 상중하 ▶ 25646-0206

다항식 $x^3-0.6x^2+0.12x-0.008$을 $x-2.2$로 나눈 나머지는?

① 8 ② 9 ③ 10
④ 11 ⑤ 12

유형 13 도형에의 활용(1) 중요

삼각형의 세 변의 길이가 a, b, c인 경우 주어진 식을 인수분해한 후 삼각형의 모양을 판단할 수 있다.

참고 ① 삼각형의 성립 조건
세 변의 길이 a, b, c는 모두 양수이고, 한 변의 길이는 다른 두 변의 길이의 합보다 작다.
② $a^2=b^2+c^2$이면 빗변의 길이가 a인 직각삼각형이다.
③ $a=b$이면 이등변삼각형이다.
④ $a=b=c$이면 정삼각형이다.

≫ 올림포스 공통수학1 24쪽, 25쪽

61 대표문제
▶ 25646-0207

삼각형의 세 변의 길이 a, b, c에 대하여

$$a^2b-ab^2-b^2c-a^2c-ac^2+bc^2+2abc=0$$

일 때, 다음 중 이 삼각형이 될 수 없는 삼각형은?

① $a=b$인 이등변삼각형
② $b=c$인 이등변삼각형
③ 정삼각형
④ b가 빗변인 직각삼각형
⑤ c가 빗변인 직각삼각형

62 상중하
▶ 25646-0208

세 변의 길이가 a, b, c인 삼각형이

$$a^4+b^4+c^4+2a^2b^2-2b^2c^2-2c^2a^2=0$$

을 만족시킬 때, 이 삼각형은 어떤 삼각형인지 구하시오.

63 상중하
▶ 25646-0209

세 변의 길이가 a, b, c인 삼각형이

$$(a^2+b^2-c^2)b^3=a^3(c^2-b^2-a^2)$$

을 만족시킬 때, 이 삼각형은 어떤 삼각형인지 구하시오.

64 상중하
▶ 25646-0210

세 변의 길이가 a, b, c인 삼각형이 다음 조건을 만족시킬 때, 모든 순서쌍 (a, b, c)의 개수는?

(단, a, b, c는 10 이하의 자연수이다.)

(가) $b^3-c^3+cb^2-bc^2=0$
(나) $b+c<a+3$

① 9 ② 10 ③ 11
④ 12 ⑤ 13

65 상중하
▶ 25646-0211

세 변의 길이가 a, b, c인 삼각형이 다음 조건을 만족시킬 때, 이 삼각형의 넓이는?

(가) $ba^3-ca^3-a^2b^2+a^2bc+ab^3-ab^2c-b^4+b^3c=0$
(나) $a=c$
(다) 삼각형의 둘레의 길이는 12이다.

① $\sqrt{3}$ ② $2\sqrt{3}$ ③ $3\sqrt{3}$
④ $4\sqrt{3}$ ⑤ $5\sqrt{3}$

유형 14 도형에의 활용(2)

주어진 도형의 넓이, 부피에 대한 식을 인수분해한 후 자연수, 정수 등의 조건에 유의하여 길이, 넓이, 부피 등을 구한다.

≫ 올림포스 공통수학1 24쪽, 25쪽

66 대표문제

▶ 25646-0212

아래 그림과 같이 반지름의 길이가 각각 a, b인 구 모양의 두 용기에 가득 들어 있는 물을 밑면의 반지름의 길이가 $a+b$인 원기둥 모양의 물통에 모두 부었을 때, 다음 중 이 원기둥의 수면의 높이를 나타낸 식은?

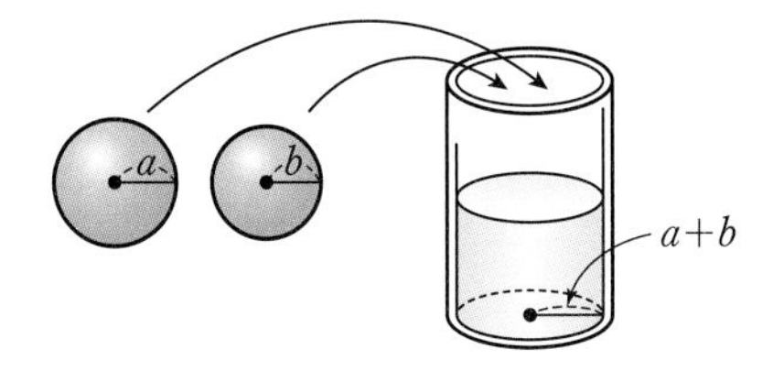

① $\dfrac{4(a^2-ab+b^2)}{3(a+b)}$　② $\dfrac{4(a^2+ab+b^2)}{3(a+b)}$

③ $\dfrac{4(a^2-ab+b^2)}{3(a^2+b^2)}$　④ $\dfrac{4(a^2+ab+b^2)}{3(a^2+b^2)}$

⑤ $\dfrac{4(a^2-ab+b^2)}{3(a^3+b^3)}$

67 상중하

▶ 25646-0213

어느 직육면체의 모든 모서리의 길이는 최고차항의 계수가 1인 일차식이다. 이 직육면체의 부피가 $x^3+7x^2+14x+8$일 때, 다음 중 이 직육면체의 겉넓이를 나타낸 식은?

① $6x^2+24x+24$　② $6x^2+26x+26$

③ $6x^2+28x+28$　④ $6x^2+30x+30$

⑤ $6x^2+32x+32$

68 상중하

▶ 25646-0214

세 자연수 a, b, c에 대하여 다음 그림과 같이 $\overline{AB}=x+a$, $\overline{BC}=x+b$, $\overline{CD}=x+c$인 전개도를 접어서 직육면체 모양의 상자를 만들었다. 이 직육면체 모양의 상자의 부피가 $x^3+9x^2+26x+24$일 때, 이 상자의 모든 모서리의 길이의 합을 구하시오. (단, a, b, c는 상수이다.)

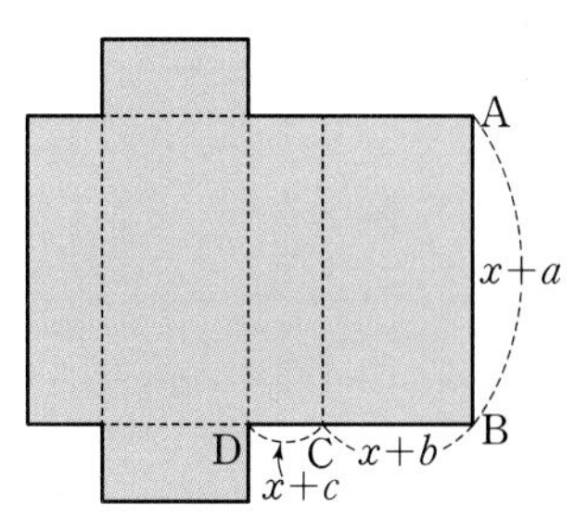

69 상중하

▶ 25646-0215

오른쪽 그림과 같은 입체도형은 한 모서리의 길이가 $2x+y$인 정육면체의 각 면의 중앙에 한 모서리의 길이가 $x+y$인 정사각형 모양의 구멍을 뚫은 것이다. 다음 중 이 입체도형의 부피를 x, y로 나타낸 식을 인수분해한 것은?

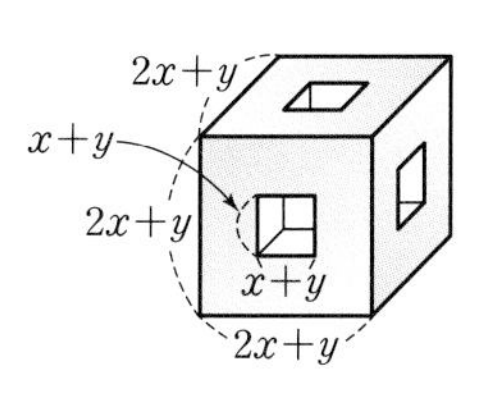

① $(2x+y)x^2$　② $(3x+2y)x^2$

③ $(4x+3y)x^2$　④ $(5x+4y)x^2$

⑤ $(6x+5y)x^2$

서술형 완성하기

01 ▶ 25646-0216

일차식 $ax-by$가 다항식 $27(x-y)^3-8(x+y)^3$의 한 인수일 때, $a-b$의 값을 구하시오. (단, a, b는 서로소인 자연수이다.)

02 ▶ 25646-0217

다항식 $x^2+axy-2y^2+3y-1$이 x, y에 대한 두 일차식의 곱으로 인수분해될 때, 양의 상수 a의 값과 두 일차식을 각각 구하시오. (단, 두 일차식의 x의 계수는 모두 1이다.)

03 내신기출 ▶ 25646-0218

다항식 $x^4-4x^3+ax^2+bx-4$가 $(x-1)(x+1)$을 인수로 가질 때, x^3+ax^2+bx-8을 인수분해하시오.

(단, a, b는 상수이다.)

04 내신기출 ▶ 25646-0219

다항식 $2x^3+ax^2+ax+2$를 인수분해하면 $(2x-1)(x+1)f(x)$일 때, 다항식 x^4-3x^2+2x-1을 다항식 $f(x)$로 나눈 나머지와 상수 a의 값을 구하시오.

05 ▶ 25646-0220

자연수 n에 대하여 등식

$$n(n+1)(n+2)(n+3)+1=11^2$$

이 성립할 때, n의 값을 구하시오.

06

▶ 25646-0221

$\frac{(20^6-1)(20^2+20+1)}{(20^2-1)(20^2-20+1)}=n^2$일 때, 자연수 n의 값을 구하시오.

07 내신기출

▶ 25646-0222

삼각형의 세 변의 길이 a, b, c가

$$b^3+b^2c-a^2b+bc^2+c^3-ca^2=0$$

을 만족시킬 때, 이 삼각형의 모양을 구하시오.

08

▶ 25646-0223

삼각형의 세 변의 길이 a, b, c가 다음 조건을 만족시킨다.

(가) $a^2b+b^2c-b^3-a^2c=0$
(나) $c^2=a^2+b^2$

이 삼각형의 넓이가 2일 때, 둘레의 길이를 구하시오.

09

▶ 25646-0224

다음 식을 인수분해하시오.

$$ab(a+b)+bc(b+c)+ca(c+a)+2abc$$

10

▶ 25646-0225

두 다항식 $x^4-x^3-3x^2+x+2$, x^2-5x+a의 공통인 인수가 $x+b$뿐일 때, $a+b$의 최댓값을 구하시오.

(단, a, b는 상수이다.)

▶ 25646-0226

01 α, β, n이 모두 100 이하의 자연수일 때, 다항식 $f(x)=x^3-10x^2+(\alpha^2+2\alpha\beta)x-n$이 $(x-\alpha)^2(x-\beta)$로 인수분해된다. $\alpha+\beta+n$이 최대일 때, 다항식 $x^3-\alpha x^2+\beta x-12$를 인수분해한 것은?

① $(x-6)(x^2+2)$　② $(x-4)(x^2+3)$　③ $(x-3)(x^2+4)$
④ $(x-2)(x^2+6)$　⑤ $(x-1)(x^2+12)$

▶ 25646-0227

02 오른쪽 그림과 같이 한 모서리의 길이가 $x+a$인 정육면체 위에 한 모서리의 길이가 $x+b$인 정육면체가 놓여 있다. 이 입체도형의 부피를 나타내는 식을 $f(x)$라고 할 때, $f(x)$의 일차식인 인수는 $x+2$뿐이다. $f(x)$를 $x+2$로 나누었을 때의 몫 $g(x)$에 대하여 $g(2)=38$일 때, a^3+b^3의 값은? (단, $a>b$)

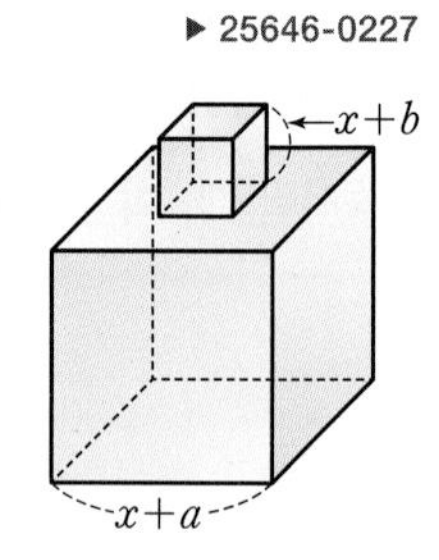

① 28　② 30　③ 32　④ 34　⑤ 36

▶ 25646-0228

03 자연수 n에 대하여 $n^4+2n^3-5n^2-6n+5$가 소수일 때, $f(x)=x^3-2x^2+3x+5$를 $x-n$으로 나눈 나머지는?

① 11　② 12　③ 13　④ 14　⑤ 15

방정식과 부등식

04 복소수와 이차방정식

01 복소수

(1) 허수단위: 제곱하여 -1이 되는 수를 i로 나타내고, 이것을 허수단위라고 한다. 즉, $i^2=-1$이고 $i=\sqrt{-1}$로 나타낸다.

(2) 복소수: 두 실수 a, b에 대하여 $a+bi$의 꼴로 나타낼 수 있는 수를 복소수라 하고, a를 실수부분, b를 허수부분이라고 한다.
이때 복소수 $a+bi$는 $b=0$이면 실수, $b\neq0$이면 허수이다.

$$a+bi\begin{cases}\text{실수 }(b=0)\\ \text{허수 }(b\neq0)\end{cases}(a,\ b\text{는 실수})$$

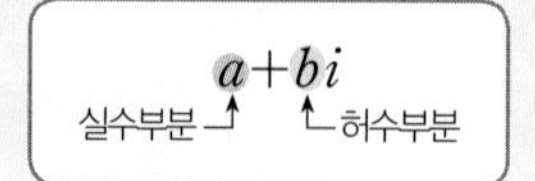

허수단위 i는 imaginary number의 첫 글자이다.

허수는 크기가 없는 수이므로 두 허수의 대소를 비교할 수 없다.

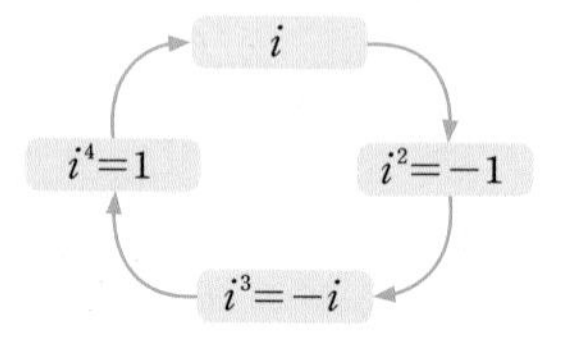

02 두 복소수가 서로 같을 조건

네 실수 a, b, c, d에 대하여

(1) $a+bi=c+di$이면 $a=c$, $b=d$이다.

(2) $a=c$, $b=d$이면 $a+bi=c+di$이다.

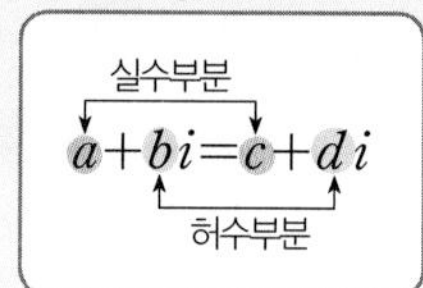

두 실수 a, b에 대하여 $a+bi=0$이면 $a=0$, $b=0$이다.

03 켤레복소수

복소수 $a+bi$ (a, b는 실수)에 대하여 $a-bi$를 복소수 $a+bi$의 켤레복소수라 하고, 이것을 기호로 $\overline{a+bi}$와 같이 나타낸다.
즉, $\overline{a+bi}=a-bi$이다.

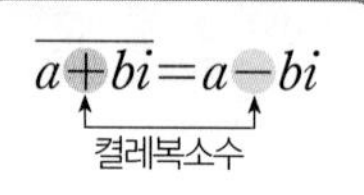

04 복소수의 사칙연산

a, b, c, d가 실수일 때

(1) $(a+bi)+(c+di)=(a+c)+(b+d)i$

(2) $(a+bi)-(c+di)=(a-c)+(b-d)i$

(3) $(a+bi)(c+di)=(ac-bd)+(ad+bc)i$

(4) $\dfrac{a+bi}{c+di}=\dfrac{ac+bd}{c^2+d^2}+\dfrac{bc-ad}{c^2+d^2}i$ (단, $c+di\neq0$)

복소수의 덧셈과 뺄셈은 허수단위 i를 문자처럼 생각하고 다항식의 덧셈과 뺄셈에서와 같은 방법으로 계산한다.

복소수의 곱셈은 허수단위 i를 문자처럼 생각하고 다항식의 곱셈에서와 같은 방법으로 전개한 후 $i^2=-1$임을 이용하여 계산한다.

복소수의 나눗셈은 분모의 켤레복소수를 분모와 분자에 각각 곱하여 분모를 실수로 고친 후 계산한다.

05 음수의 제곱근

(1) 음수의 제곱근: $a>0$일 때

① $\sqrt{-a}=\sqrt{a}i$

② $-a$의 제곱근은 $\sqrt{a}i$, $-\sqrt{a}i$이다.

(2) 음수의 제곱근의 성질

① $a<0$, $b<0$일 때, $\sqrt{a}\sqrt{b}=-\sqrt{ab}$이다.

② $a>0$, $b<0$일 때, $\dfrac{\sqrt{a}}{\sqrt{b}}=-\sqrt{\dfrac{a}{b}}$이다.

$\sqrt{a}\sqrt{b}=-\sqrt{ab}$이면 $a<0$, $b<0$ 또는 $ab=0$이다.

$\dfrac{\sqrt{a}}{\sqrt{b}}=-\sqrt{\dfrac{a}{b}}$이면 $a>0$, $b<0$ 또는 $a=0$, $b\neq0$이다.

01 복소수

[01~04] 다음 복소수의 실수부분과 허수부분을 각각 구하시오. (단, $i=\sqrt{-1}$)

01 $2+3i$

02 $-6+4i$

03 5

04 $-7i$

05 복소수 $-1+\sqrt{3}i$의 실수부분을 a, 허수부분을 b라 할 때, a^2-b^2의 값을 구하시오. (단, $i=\sqrt{-1}$)

06 다음 복소수 중 실수인 것과 허수인 것을 각각 구하시오. (단, $i=\sqrt{-1}$)

$$-4,\ \frac{i}{2},\ 1+i^2,\ -2+\sqrt{2}i,\ 1-i$$

02 두 복소수가 서로 같을 조건

[07~10] 다음 등식을 만족시키는 두 실수 a, b의 값을 구하시오. (단, $i=\sqrt{-1}$)

07 $a+i=2+bi$

08 $2a+(b+1)i=-4+3i$

09 $a+(2a+b)i=5+6i$

10 $(a-b)+3bi=1-12i$

03 켤레복소수

[11~14] 다음 복소수의 켤레복소수를 구하시오. (단, $i=\sqrt{-1}$)

11 $4+5i$

12 $5-2i$

13 $-3+6i$

14 $-1-\sqrt{2}i$

[15~16] 다음 등식을 만족시키는 두 실수 a, b의 값을 구하시오. (단, $i=\sqrt{-1}$)

15 $\overline{5-3i}=a+bi$

16 $\overline{-2+ai}=b+9i$

04 복소수의 사칙연산

[17~22] 다음을 계산하여 $a+bi$ (a, b는 실수)의 꼴로 나타내시오. (단, $i=\sqrt{-1}$)

17 $(3+2i)+(5+4i)$

18 $(7-i)-(4+6i)$

19 $(1+i)^2$

20 $(1+i)(3-2i)$

21 $\frac{1-i}{1+i}$

22 $\frac{1+3i}{2-i}$

05 음수의 제곱근

[23~24] 다음 수를 허수단위 i를 사용하여 나타내시오.

23 $\sqrt{-5}$

24 $-\sqrt{-16}$

[25~26] 다음 수의 제곱근을 구하시오.

25 -9

26 $-\frac{3}{4}$

[27~30] 다음을 계산하시오.

27 $\sqrt{-2}\sqrt{-8}$

28 $\sqrt{3}\sqrt{-6}$

29 $\frac{\sqrt{-12}}{\sqrt{-3}}$

30 $\frac{\sqrt{6}}{\sqrt{-2}}$

06 이차방정식의 판별식

(1) 이차방정식의 근

이차방정식 $ax^2+bx+c=0$ (a, b, c는 실수)는 복소수의 범위에서 항상 근을 갖는다.

이때 이차방정식의 근 중에서 실수인 것을 실근, 허수인 것을 허근이라고 한다.

(2) 이차방정식의 판별식

이차방정식 $ax^2+bx+c=0$ (a, b, c는 실수)에서 b^2-4ac를 이차방정식의 판별식이라 하고, 기호 D로 나타낸다. 즉, $D=b^2-4ac$이다.

(3) 이차방정식의 근의 판별

① $D>0$이면 서로 다른 두 실근을 갖고, 서로 다른 두 실근을 가지면 $D>0$이다.

② $D=0$이면 중근 (서로 같은 두 실근)을 갖고, 중근 (서로 같은 두 실근)을 가지면 $D=0$이다.

③ $D<0$이면 서로 다른 두 허근을 갖고, 서로 다른 두 허근을 가지면 $D<0$이다.

a, b, c가 실수일 때, 이차방정식 $ax^2+bx+c=0$의 근은 $x=\frac{-b\pm\sqrt{b^2-4ac}}{2a}$ 이므로 b^2-4ac의 값의 부호에 따라 이차방정식의 근이 실근인지 허근인지 판별할 수 있다.

D는 판별식을 뜻하는 Discriminant의 첫 글자이다.

$D\geq 0$이면 이차방정식은 실근을 갖는다.

a, b', c가 실수일 때, 이차방정식 $ax^2+2b'x+c=0$의 근은 $\frac{D}{4}=(b')^2-ac$ 의 부호로 판별할 수 있다.

07 이차방정식의 근과 계수의 관계

(1) 이차방정식 $ax^2+bx+c=0$ (a, b, c는 상수)의 두 근을 α, β라 하면

$$\alpha+\beta=-\frac{b}{a},\ \alpha\beta=\frac{c}{a}$$

(2) 두 수 α, β를 근으로 갖고, 이차항의 계수가 a $(a\neq 0)$인 이차방정식은

$$a\{x^2-(\alpha+\beta)x+\alpha\beta\}=0$$

특히 $a=1$이면 $x^2-(\alpha+\beta)x+\alpha\beta=0$이다.

(3) 이차식의 인수분해

이차방정식 $ax^2+bx+c=0$ (a, b, c는 상수)의 두 근을 α, β라 하면 $ax^2+bx+c=a(x-\alpha)(x-\beta)$와 같이 인수분해된다.

(4) 이차방정식의 켤레근의 성질

a, b, c가 실수일 때, 이차방정식 $ax^2+bx+c=0$의 한 근이 $p+qi$이면 다른 한 근은 $p-qi$이다. (단, p, q는 실수이고, $q\neq 0$, $i=\sqrt{-1}$이다.)

$|\alpha-\beta|=\frac{\sqrt{b^2-4ac}}{|a|}$

두 수 α, β를 근으로 갖고, x^2의 계수가 1인 이차방정식은 $(x-\alpha)(x-\beta)=0$ 이다. 이때 이 이차방정식의 좌변을 전개하여 정리하면 $x^2-(\alpha+\beta)x+\alpha\beta=0$이다.

a, b, c가 유리수일 때, 이차방정식 $ax^2+bx+c=0$의 한 근이 $p+q\sqrt{m}$이면 다른 한 근은 $p-q\sqrt{m}$이다. (단, p, q는 유리수이고, $q\neq 0$, $\sqrt{m}$은 무리수이다.)

06 이차방정식의 판별식

[31~34] 다음 이차방정식의 근을 구하고, 그 근이 실근인지 허근인지 판별하시오.

31 $x^2-x-6=0$

32 $x^2+9=0$

33 $x^2-4x+4=0$

34 $x^2-x+2=0$

[35~38] 다음 이차방정식의 판별식 D의 값을 구하시오.

35 $x^2-3x+5=0$

36 $4x^2-x-1=0$

37 $x^2+5=0$

38 $x^2-6x+9=0$

[39~42] 다음 이차방정식의 근을 판별하시오.

39 $x^2+2x-1=0$

40 $x^2-3x+4=0$

41 $4x^2-4x+1=0$

42 $x^2-6x+7=0$

[43~45] 다음 x에 대한 이차방정식이 주어진 근을 갖도록 하는 실수 a의 값 또는 범위를 구하시오.

43 $x^2-3x+a=0$ (서로 다른 두 실근)

44 $2x^2+ax+8=0$ (중근)

45 $x^2+4x+a=0$ (허근)

[46~47] 다음 x에 대한 이차식이 완전제곱식이 되도록 하는 실수 a의 값을 구하시오.

46 x^2+ax+4

47 $3x^2-4x+a$

07 이차방정식의 근과 계수의 관계

[48~49] 다음 이차방정식의 두 근의 합과 곱을 각각 구하시오.

48 $x^2+2x+3=0$

49 $3x^2-7x-6=0$

50 이차방정식 $2x^2-6x+1=0$의 두 근을 α, β라 할 때, 다음 식의 값을 구하시오.

(1) $(\alpha-1)(\beta-1)$

(2) $\dfrac{1}{\alpha}+\dfrac{1}{\beta}$

[51~54] 다음 두 수를 근으로 갖고, 최고차항의 계수가 1인 이차방정식을 구하시오. (단, $i=\sqrt{-1}$)

51 1, 2

52 -5, 3

53 $2+i$, $2-i$

54 $3-2\sqrt{2}$, $3+2\sqrt{2}$

[55~56] 다음 두 수를 근으로 갖고, 최고차항의 계수가 2인 이차방정식을 구하시오. (단, $i=\sqrt{-1}$)

55 -3, 4

56 $1+2i$, $1-2i$

[57~58] 다음 이차식을 복소수의 범위에서 인수분해하시오.

57 x^2-2x+6

58 x^2-4x+5

59 x에 대한 이차방정식 $x^2+ax+b=0$의 한 근이 $3+4i$일 때, 두 실수 a, b의 값을 구하시오. (단, $i=\sqrt{-1}$)

60 x에 대한 이차방정식 $x^2+ax+b=0$의 한 근이 $5-2\sqrt{3}$일 때, 두 유리수 a, b의 값을 구하시오.

유형 01 복소수

(1) 복소수 $a+bi$ (a, b는 실수)에 대하여

$$a+bi\begin{cases}\text{실수 } (b=0)\\ \text{허수 } (b\neq 0)\end{cases}$$

(2) **켤레복소수**

복소수 $a+bi$ (a, b는 실수)에 대하여 복소수 $a-bi$를 $a+bi$의 켤레복소수라 하고, 이것을 기호 $\overline{a+bi}$로 나타낸다. 즉, $\overline{a+bi}=a-bi$이다.

» 올림포스 공통수학1 37쪽

01 대표문제

▶ 25646-0229

복소수 $z=x+1+(3-2x)i$의 실수부분이 0일 때, 복소수 z의 허수부분은? (단, x는 실수이고, $i=\sqrt{-1}$이다.)

① 1　② 2　③ 3　④ 4　⑤ 5

02 상중하

▶ 25646-0230

복소수 $z=4+2i$에 대하여 $\bar{z}=a+bi$일 때, $a+b$의 값은? (단, a, b는 실수이고, $i=\sqrt{-1}$이다.)

① -4　② -2　③ 0　④ 2　⑤ 4

03 상중하

▶ 25646-0231

두 실수 x, y에 대하여 복소수 $z=x+2+(xy-9)i$가 다음 조건을 만족시킬 때, $x+y$의 값은? (단, $i=\sqrt{-1}$)

> (가) $z+\bar{z}=0$
> (나) 복소수 $\bar{z}$의 허수부분은 3이다.

① -5　② -1　③ 0　④ 1　⑤ 5

유형 02 복소수의 덧셈과 뺄셈

a, b, c, d가 실수일 때

(1) $(a+bi)+(c+di)=(a+c)+(b+d)i$

(2) $(a+bi)-(c+di)=(a-c)+(b-d)i$

참고 복소수의 덧셈과 뺄셈은 허수단위 i를 문자처럼 생각하여 실수부분은 실수부분끼리, 허수부분은 허수부분끼리 계산한다.

» 올림포스 공통수학1 37쪽

04 대표문제

▶ 25646-0232

$(5-4i)+\{(1+4i)-(3-2i)\}$의 값은? (단, $i=\sqrt{-1}$)

① $3+i$　② $3+2i$　③ $5-3i$　④ $5+i$　⑤ $5+4i$

05 상중하

▶ 25646-0233

$\overline{5-2i}-\overline{6+i}$의 값은? (단, $i=\sqrt{-1}$)

① $-1+3i$　② $-2+3i$　③ $-3+i$　④ $1+i$　⑤ $2+3i$

06 상중하

▶ 25646-0234

복소수 $z=a+bi$가 다음 조건을 만족시킬 때, 두 실수 a, b에 대하여 ab의 값을 구하시오. (단, $i=\sqrt{-1}$)

> (가) $z+4i$는 실수이다.
> (나) $z+5-3i$의 실수부분은 0이다.

유형 03 복소수의 곱셈

a, b, c, d가 실수일 때

$$(a+bi)(c+di)=(ac-bd)+(ad+bc)i$$

참고 복소수의 곱셈은 허수단위 i를 문자처럼 생각하여 다항식의 곱셈과 같이 전개하고, $i^2=-1$임을 이용하여 계산한다.

≫ 올림포스 공통수학1 37쪽

07 대표문제 ▸ 25646-0235

$(3+2i)(1-2i)+i(4-3i)$의 값은? (단, $i=\sqrt{-1}$)

① 8 ② 9 ③ 10 ④ 11 ⑤ 12

08 상중하 ▸ 25646-0236

$(2+i)^2+(2-i)^2$의 값은? (단, $i=\sqrt{-1}$)

① 4 ② 5 ③ 6 ④ 7 ⑤ 8

09 상중하 ▸ 25646-0237

두 복소수 $\alpha=1+i$, $\beta=-1+2i$에 대하여 $\alpha^2+\beta^2-\alpha\beta$의 값은? (단, $i=\sqrt{-1}$)

① $-3i$ ② $-2i$ ③ $1-i$ ④ $2-i$ ⑤ $2+i$

유형 04 복소수의 나눗셈

a, b, c, d가 실수일 때

$$\frac{a+bi}{c+di}=\frac{ac+bd}{c^2+d^2}+\frac{bc-ad}{c^2+d^2}i \text{ (단, } c+di\neq 0)$$

참고 복소수의 나눗셈은 분모의 켤레복소수를 분자와 분모에 각각 곱하여 계산한다.

≫ 올림포스 공통수학1 37쪽

10 대표문제 ▸ 25646-0238

두 복소수 $\alpha=\frac{1-i}{1+i}$, $\beta=\frac{1+i}{1-i}$에 대하여 $(2+\alpha)(2+\beta)$의 값은? (단, $i=\sqrt{-1}$)

① 5 ② 6 ③ 7 ④ 8 ⑤ 9

11 상중하 ▸ 25646-0239

$(1+i)^2-\frac{4}{1-i}$의 값은? (단, $i=\sqrt{-1}$)

① $-2i$ ② $-i$ ③ -2 ④ 0 ⑤ 2

12 상중하 ▸ 25646-0240

복소수 $\frac{a-i}{2+3i}$의 실수부분과 허수부분의 합이 -1일 때, 실수 a의 값은? (단, $i=\sqrt{-1}$)

① 4 ② 5 ③ 6 ④ 7 ⑤ 8

유형 05 복소수가 실수가 되기 위한 조건 (중요)

복소수 $z=a+bi$ (a, b는 실수)에 대하여

(1) z가 실수 ➡ $b=0$

(2) z^2이 음의 실수 ➡ $a=0$, $b\neq0$

≫ 올림포스 공통수학1 37쪽

13 대표문제 ▶ 25646-0241

복소수 $z=-2x+(8i-x)i-(x^2i+2)i$에 대하여 z^2이 음의 실수가 되도록 하는 실수 x의 값은? (단, $i=\sqrt{-1}$)

① -4　② -2　③ 0　④ 2　⑤ 4

14 상중하 ▶ 25646-0242

복소수 $z=\dfrac{x+i}{1+i}+(3xi+4)i$에 대하여 z^2이 음의 실수일 때, 복소수 z의 허수부분은? (단, x는 실수이고, $i=\sqrt{-1}$이다.)

① $\dfrac{22}{5}$　② $\dfrac{27}{5}$　③ $\dfrac{32}{5}$　④ $\dfrac{37}{5}$　⑤ $\dfrac{42}{5}$

15 상중하 ▶ 25646-0243

복소수 $z=\dfrac{7i-x^2}{i}+(1+2i)(xi-3)$에 대하여 z^2이 0이 아닌 실수가 되도록 하는 실수 x의 값은? (단, $i=\sqrt{-1}$)

① -1　② -2　③ -3　④ -4　⑤ -5

유형 06 두 복소수가 서로 같을 조건

네 실수 a, b, c, d에 대하여

(1) $a+bi=c+di$이면 $a=c$, $b=d$이다.

(2) $a=c$, $b=d$이면 $a+bi=c+di$이다.

참고 $a+bi=0$이면 $a=0$, $b=0$이다.

≫ 올림포스 공통수학1 37쪽

16 대표문제 ▶ 25646-0244

등식 $(1+5i)x+(6i-y)i=-2+3i$를 만족시키는 두 실수 x, y에 대하여 $x+y$의 값은? (단, $i=\sqrt{-1}$)

① 21　② 22　③ 23　④ 24　⑤ 25

17 상중하 ▶ 25646-0245

등식 $(5+3i)+(2-6i)=a+bi$를 만족시키는 두 실수 a, b에 대하여 $a+b$의 값은? (단, $i=\sqrt{-1}$)

① 3　② 4　③ 5　④ 6　⑤ 7

18 상중하 ▶ 25646-0246

등식 $(ab+bi)i+\dfrac{2+4i}{1-i}=a-6+2abi$를 만족시키는 두 실수 a, b에 대하여 a^3+b^3의 값은? (단, $i=\sqrt{-1}$)

① 56　② 62　③ 68　④ 74　⑤ 80

유형 07 복소수에 대한 식의 값

복소수 $z=a+bi$ (a, b는 실수)가 주어졌을 때, z에 대한 식의 값은 다음과 같은 방법으로 구할 수 있다.

$z-a=bi \Rightarrow (z-a)^2=-b^2 \Rightarrow z^2-2az+a^2=-b^2$

$\Rightarrow z^2=2az-a^2-b^2$

» 올림포스 공통수학1 37쪽

19 대표문제 ▶ 25646-0247

복소수 $z=2+\sqrt{3}i$에 대하여 z^2-4z-1의 값은? (단, $i=\sqrt{-1}$)

① -10 ② -8 ③ -6
④ -4 ⑤ -2

20 상중하 ▶ 25646-0248

복소수 $z=-1+2i$에 대하여 $(z^2+2z)^2-3(z^2+2z)+4$의 값은? (단, $i=\sqrt{-1}$)

① 41 ② 42 ③ 43
④ 44 ⑤ 45

21 상중하 ▶ 25646-0249

복소수 $z=\dfrac{3+4i}{2+i}$에 대하여 z^3-4z^2+6z-2의 값은? (단, $i=\sqrt{-1}$)

① $-2i$ ② $-i$ ③ i
④ $2i$ ⑤ $4i$

유형 08 켤레복소수의 성질 (중요)

복소수 z의 켤레복소수를 $\bar{z}$라 할 때

(1) $z+\bar{z}$, $z\bar{z}$는 실수이다.

(2) $z=\bar{z}$이면 z는 실수이다.

(3) $z=-\bar{z}$이면 z의 실수부분은 0이다.

» 올림포스 공통수학1 37쪽

22 대표문제 ▶ 25646-0250

0이 아닌 복소수 $z=(x^2-3i)i+(x-i)(2+i)$에 대하여 $z=\bar{z}$가 성립하도록 하는 실수 x의 값을 구하시오. (단, $i=\sqrt{-1}$)

23 상중하 ▶ 25646-0251

복소수 $z=x+1+(2y-6)i$에 대하여 $z-\bar{z}=0$이고 복소수 $i(z+5i)$의 허수부분이 7일 때, 두 실수 x, y에 대하여 $x+y$의 값은? (단, $i=\sqrt{-1}$)

① 6 ② 7 ③ 8
④ 9 ⑤ 10

24 상중하 ▶ 25646-0252

복소수 z에 대하여

$(z+i)(\bar{z}+i)=12-6i$

일 때, $(z+1)(\bar{z}+1)$의 값은? (단, $i=\sqrt{-1}$)

① 6 ② 8 ③ 10
④ 12 ⑤ 14

유형 09 켤레복소수의 성질을 이용한 연산

두 복소수 z_1, z_2와 각각의 켤레복소수 $\overline{z_1}$, $\overline{z_2}$에 대하여

(1) $\overline{z_1+z_2}=\overline{z_1}+\overline{z_2}$, $\overline{z_1-z_2}=\overline{z_1}-\overline{z_2}$

(2) $\overline{z_1z_2}=\overline{z_1}\times\overline{z_2}$

(3) $\overline{\left(\dfrac{z_1}{z_2}\right)}=\dfrac{\overline{z_1}}{\overline{z_2}}$ (단, $z_2\neq0$)

(4) $\overline{(\overline{z_1})}=z_1$

≫ 올림포스 공통수학1 37쪽

25 대표문제 ▸ 25646-0253

두 복소수 $\alpha=2+i$, $\beta=1-2i$에 대하여 $\alpha\overline{\alpha}+\alpha\overline{\beta}+\overline{\alpha}\beta+\beta\overline{\beta}$의 값은? (단, $i=\sqrt{-1}$)

① 10 ② 12 ③ 14
④ 16 ⑤ 18

26 상중하 ▸ 25646-0254

복소수 $z=3+2i$에 대하여 $z^2\overline{z}+z\overline{z}^2$의 값은? (단, $i=\sqrt{-1}$)

① 54 ② 60 ③ 66
④ 72 ⑤ 78

27 상중하 ▸ 25646-0255

두 복소수 α, β에 대하여

$$\overline{\alpha}+\beta=3i,\ \overline{\alpha}\beta=-2$$

일 때, $\left(\alpha+\dfrac{1}{\alpha}\right)\left(\overline{\beta}+\dfrac{1}{\overline{\beta}}\right)$의 값은? (단, $i=\sqrt{-1}$)

① -2 ② -1 ③ 0
④ 1 ⑤ 2

유형 10 등식을 만족시키는 복소수 구하기

복소수 z를 포함하는 등식이 주어질 때, z에 대하여 등식을 풀거나 $z=a+bi$ (a, b는 실수)로 놓고 등식에 대입한 후, 두 복소수가 서로 같을 조건을 이용하여 a, b의 값을 구한다.

≫ 올림포스 공통수학1 37쪽

28 대표문제 ▸ 25646-0256

복소수 z에 대하여 등식 $z(1-i)+\overline{z}=3+4i$가 성립할 때, $z-\overline{z}$의 값은? (단, $i=\sqrt{-1}$)

① $18i$ ② $20i$ ③ $22i$
④ $24i$ ⑤ $26i$

29 상중하 ▸ 25646-0257

복소수 $z=a+bi$ (a, b는 실수)에 대하여 등식

$$zi-2\overline{z}=1+7i$$

가 성립할 때, $a+b$의 값은? (단, $i=\sqrt{-1}$)

① 1 ② 2 ③ 3
④ 4 ⑤ 5

30 상중하 ▸ 25646-0258

복소수 z가 다음 조건을 만족시킬 때, $z\overline{z}$의 값은? (단, $i=\sqrt{-1}$)

(가) $iz=-\overline{z}$ (나) $z-\overline{z}=4i$

① 2 ② 4 ③ 6
④ 8 ⑤ 10

유형 11 허수단위 i의 거듭제곱

자연수 n에 대하여

$$i^{4n-3}=i,\ i^{4n-2}=-1,\ i^{4n-1}=-i,\ i^{4n}=1$$

참고 $i=i^5=i^9=\cdots=i$
$i^2=i^6=i^{10}=\cdots=-1$
$i^3=i^7=i^{11}=\cdots=-i$
$i^4=i^8=i^{12}=\cdots=1$

» 올림포스 공통수학1 37쪽

31 대표문제 ▶ 25646-0259

두 실수 a, b에 대하여

$$i^{10}+i^{11}+i^{20}+i^{21}+i^{30}+i^{31}=a+bi$$

일 때, $a+b$의 값은? (단, $i=\sqrt{-1}$)

① -2 ② -1 ③ 0
④ 1 ⑤ 2

32 상중하 ▶ 25646-0260

$i+i^2+i^3+\cdots+i^{15}$의 값은? (단, $i=\sqrt{-1}$)

① -1 ② 0 ③ 1
④ $-i$ ⑤ i

33 상중하 ▶ 25646-0261

두 실수 a, b에 대하여

$$i+i^2-i^3-i^4+i^5+i^6-i^7-i^8=a+bi$$

일 때, $a-b$의 값은? (단, $i=\sqrt{-1}$)

① -8 ② -4 ③ 0
④ 4 ⑤ 8

34 상중하 ▶ 25646-0262

복소수 $z=\frac{1-i}{\sqrt{2}}$에 대하여 $z^2+z^4+z^6+z^8+z^{10}$의 값은?

(단, $i=\sqrt{-1}$)

① -1 ② 0 ③ 1
④ $-i$ ⑤ i

35 상중하 ▶ 25646-0263

$\left(\frac{1+i}{i}\right)^4+\left(\frac{i}{1-i}\right)^4$의 값은? (단, $i=\sqrt{-1}$)

① $-\frac{11}{4}$ ② $-\frac{13}{4}$ ③ $-\frac{15}{4}$
④ $-\frac{17}{4}$ ⑤ $-\frac{19}{4}$

36 상중하 ▶ 25646-0264

$\left(\frac{1+i}{1-i}\right)^n+\left(\frac{1-i}{1+i}\right)^n>0$을 만족시키는 20 이하의 모든 자연수 n의 값의 합을 구하시오. (단, $i=\sqrt{-1}$)

유형 12 음수의 제곱근

(1) 음수의 제곱근은 허수단위 i를 사용하여 나타낸다.
즉, $a>0$일 때, $\sqrt{-a}=\sqrt{a}i$

(2) $a>0$일 때,
$-a$의 제곱근은 $\sqrt{a}i$와 $-\sqrt{a}i$이다.

» 올림포스 공통수학1 38쪽

37 대표문제 ▸ 25646-0265

$\sqrt{-3}\times\sqrt{3}+\dfrac{\sqrt{12}}{\sqrt{-3}}$의 값은? (단, $i=\sqrt{-1}$)

① $-i$ ② i ③ $1-i$
④ -1 ⑤ 1

38 상중하 ▸ 25646-0266

-4의 제곱근을 α, β $(\alpha\neq\beta)$라고 할 때, $\dfrac{(\alpha-\beta)^2}{\alpha^2+\beta^2}$의 값은?
(단, $i=\sqrt{-1}$)

① $-4i$ ② $2i$ ③ -4
④ 2 ⑤ 4

39 상중하 ▸ 25646-0267

$(\sqrt{-3}+\sqrt{-2})(\sqrt{-3}-\sqrt{-2})+\dfrac{\sqrt{-8}+\sqrt{8}}{\sqrt{-2}}$의 값은?
(단, $i=\sqrt{-1}$)

① $-1-2i$ ② $-1+i$ ③ $1-2i$
④ $1-i$ ⑤ $1+i$

유형 13 음수의 제곱근의 성질

두 실수 a, b에 대하여

(1) $a<0$, $b<0$일 때, $\sqrt{a}\sqrt{b}=-\sqrt{ab}$

(2) $a>0$, $b<0$일 때, $\dfrac{\sqrt{a}}{\sqrt{b}}=-\sqrt{\dfrac{a}{b}}$

참고 ① $\sqrt{a}\sqrt{b}=-\sqrt{ab}$ ➡ $a<0$, $b<0$ 또는 $ab=0$

② $\dfrac{\sqrt{a}}{\sqrt{b}}=-\sqrt{\dfrac{a}{b}}$ ➡ $a>0$, $b<0$ 또는 $a=0$, $b\neq0$

» 올림포스 공통수학1 38쪽

40 대표문제 ▸ 25646-0268

$ab\neq0$인 두 실수 a, b에 대하여

$\sqrt{a}\sqrt{b}=-\sqrt{ab}$

일 때, $|a+b|+|1-a|-|b-1|$을 간단히 하면?

① $-2a$ ② $2a-2b$ ③ $2b$
④ $-a+2$ ⑤ $2-b$

41 상중하 ▸ 25646-0269

0이 아닌 서로 다른 세 실수 a, b, c에 대하여

$\sqrt{a}\sqrt{b-a}=-\sqrt{a(b-a)}$, $\dfrac{\sqrt{-b}}{\sqrt{-c}}=-\sqrt{\dfrac{b}{c}}$

일 때, 다음 중 세 수 a, b, c의 대소 관계로 옳은 것은?

① $a<b<c$ ② $a<c<b$ ③ $b<a<c$
④ $b<c<a$ ⑤ $c<b<a$

42 상중하 ▸ 25646-0270

0이 아닌 두 실수 a, b가 다음 조건을 만족시킬 때, $a+b$의 값을 구하시오. (단, $i=\sqrt{-1}$)

(가) $\dfrac{\sqrt{a}}{\sqrt{b}}=-\sqrt{\dfrac{a}{b}}$

(나) $-a+bi+(2i+b^2)i=-8+6i$

유형 14 이차방정식이 실근을 가질 조건

이차방정식 $ax^2+bx+c=0$ (a, b, c는 실수)의 판별식을 $D=b^2-4ac$라 할 때,

(1) $D>0$이면 서로 다른 두 실근을 갖고, 서로 다른 두 실근을 가지면 $D>0$이다.

(2) $D\geq0$이면 실근을 갖고, 실근을 가지면 $D\geq0$이다.

참고 이차방정식 $ax^2+2b'x+c=0$ (a, b', c는 실수)의 판별식 D 대신 $\frac{D}{4}=(b')^2-ac$를 이용하면 계산이 편리하다.

≫ 올림포스 공통수학1 38쪽

43 대표문제 ▸ 25646-0271

x에 대한 이차방정식 $x^2+5x+a=0$이 실근을 갖도록 하는 자연수 a의 개수는?

① 3 ② 4 ③ 5
④ 6 ⑤ 7

44 상중하 ▸ 25646-0272

x에 대한 이차방정식 $x^2+2ax+a^2-a+6=0$이 서로 다른 두 실근을 갖도록 하는 정수 a의 최솟값을 구하시오.

45 상중하 ▸ 25646-0273

x에 대한 이차방정식 $x^2+2(k-1)x+k^2-k-3=0$이 실근을 갖도록 하는 모든 자연수 k의 값의 합은?

① 6 ② 10 ③ 15
④ 21 ⑤ 28

유형 15 이차방정식이 중근을 가질 조건 (중요)

이차방정식 $ax^2+bx+c=0$ (a, b, c는 실수)의 판별식을 $D=b^2-4ac$라 할 때,

$D=0$이면 중근 (서로 같은 실근)을 갖고, 중근 (서로 같은 실근)을 가지면 $D=0$이다.

≫ 올림포스 공통수학1 38쪽

46 대표문제 ▸ 25646-0274

x에 대한 이차방정식 $2x^2+ax+a^2-14=0$이 중근 α를 가질 때, $a+\alpha$의 값은? (단, a는 양수이다.)

① 3 ② 4 ③ 5
④ 6 ⑤ 7

47 상중하 ▸ 25646-0275

x에 대한 이차방정식 $x^2-ax+a+3=0$이 중근을 갖도록 하는 모든 실수 a의 값의 합은?

① -4 ② -2 ③ 0
④ 2 ⑤ 4

48 상중하 ▸ 25646-0276

x에 대한 이차방정식 $x^2+2(m+a)x+m^2-8m+b=0$이 실수 m의 값에 관계없이 항상 중근을 가질 때, 두 실수 a, b에 대하여 $a+b$의 값은?

① 12 ② 14 ③ 16
④ 18 ⑤ 20

유형 16 이차방정식이 허근을 가질 조건

이차방정식 $ax^2+bx+c=0$ (a, b, c는 실수)의 판별식을
$D=b^2-4ac$라 할 때,
$D<0$이면 서로 다른 두 허근을 갖고, 서로 다른 두 허근을 가지면 $D<0$이다.

≫ 올림포스 공통수학1 38쪽

49 대표문제 ▶ 25646-0277

x에 대한 이차방정식 $x^2-7x+a+2=0$이 서로 다른 두 허근을 갖도록 하는 정수 a의 최솟값은?

① 8 ② 9 ③ 10
④ 11 ⑤ 12

50 상중하 ▶ 25646-0278

x에 대한 이차방정식 $x^2-3x+a=0$의 한 근이 2이고,
x에 대한 이차방정식 $x^2+ax+b-3=0$은 서로 다른 두 허근을 갖도록 하는 두 정수 a, b에 대하여 $a+b$의 최솟값은?

① 5 ② 6 ③ 7
④ 8 ⑥ 9

51 상중하 ▶ 25646-0279

x에 대한 이차방정식 $x^2+ax-a+\frac{5}{4}=0$은 중근을 갖고,
x에 대한 이차방정식 $x^2+ax-2a-3=0$은 서로 다른 두 허근을 갖도록 하는 실수 a의 값을 구하시오.

유형 17 이차방정식과 이차식의 인수분해

(1) 이차식이 완전제곱식이 될 조건
이차식 ax^2+bx+c (a, b, c는 실수)가 완전제곱식이다.
➡ 이차방정식 $ax^2+bx+c=0$이 중근을 갖는다.
➡ $b^2-4ac=0$

(2) x, y에 대한 이차식의 인수분해
(i) x (또는 y)에 대하여 내림차순으로 정리한다.
(ii) x에 대한 이차방정식의 판별식 D가 y에 대한 완전제곱식임을 이용한다.

≫ 올림포스 공통수학1 38쪽

52 대표문제 ▶ 25646-0280

x에 대한 이차식 $x^2-(k+2)x+16$이 완전제곱식이 되도록 하는 실수 k의 최댓값을 구하시오.

53 상중하 ▶ 25646-0281

x, y에 대한 이차식 $x^2+4xy+3y^2+4x-4y+2-k$가 x, y에 대한 두 일차식의 곱으로 인수분해될 때, 실수 k의 값은?

① 30 ② 34 ③ 38
④ 42 ⑤ 46

54 상중하 ▶ 25646-0282

x에 대한 이차식 $x^2+5ax+ka-2k+b$가 실수 k의 값에 관계없이 항상 완전제곱식이 되도록 하는 두 실수 a, b에 대하여 $b-a$의 값은?

① 15 ② 17 ③ 19
④ 21 ⑤ 23

유형 18 이차방정식의 근과 계수의 관계 중요

이차방정식 $ax^2+bx+c=0$ (a, b, c는 실수)의 두 근을 α, β라 하면

$$\alpha+\beta=-\frac{b}{a},\ \alpha\beta=\frac{c}{a}$$

≫ 올림포스 공통수학1 39쪽

55 대표문제 ▶ 25646-0283

이차방정식 $x^2-2x-1=0$의 두 근을 α, β라 할 때, $\alpha^3+\beta^3$의 값은?

① 11 ② 12 ③ 13 ④ 14 ⑤ 15

56 상중하 ▶ 25646-0284

이차방정식 $2x^2-16x-11=0$의 두 근의 합을 구하시오.

57 상중하 ▶ 25646-0285

이차방정식 $x^2-4x+2=0$의 두 근을 α, β라 할 때, $\frac{\alpha}{\beta}+\frac{\beta}{\alpha}$의 값은?

① 6 ② 8 ③ 10 ④ 12 ⑤ 14

58 상중하 ▶ 25646-0286

x에 대한 이차방정식 $2x^2-6x+k+1=0$의 두 근을 α, β라 하자. $|\alpha-\beta|=\sqrt{15}$일 때, 상수 k의 값은?

① -7 ② -4 ③ -1 ④ 2 ⑤ 5

59 상중하 ▶ 25646-0287

이차방정식 $x^2+2x-1=0$의 두 근을 α, β라 할 때, $2\alpha^4+4\alpha^3-4\beta+2$의 값은?

① 6 ② 8 ③ 10 ④ 12 ⑤ 14

60 상중하 ▶ 25646-0288

x에 대한 이차방정식 $ax^2+bx+c=0$을 푸는 데, x의 계수를 잘못 보고 풀어 두 근 -3, 4를 얻었고, 상수항을 잘못 보고 풀어 두 근 -3, -1을 얻었다. x에 대한 이차방정식 $ax^2+bx+c=0$의 두 근을 α, β $(\alpha>\beta)$라 할 때, $\alpha^2-\beta^2$의 값은? (단, a, b, c는 상수이다.)

① -24 ② -28 ③ -32 ④ -36 ⑤ -40

61 상중하 ▶ 25646-0289

x에 대한 이차방정식 $x^2+ax-a-1=0$의 두 근을 α, β라 하고, x에 대한 이차방정식 $x^2+4ax-5a-b=0$의 두 근을 α, γ라 하자. $\alpha(\beta+1)=4-\gamma$, $\beta+\gamma>4$일 때, $a+b$의 값은?

(단, a, b는 상수이다.)

① -4 ② -2 ③ 0 ④ 2 ⑤ 4

유형 19 이차방정식의 두 근의 조건이 주어졌을 때 미정계수 구하기 (1)

중요

이차방정식의 두 근의 조건이 주어졌을 때, 다음과 같이 두 근을 나타낸 후, 이차방정식의 근과 계수의 관계를 이용하여 미정계수를 구한다.

(1) 두 근의 차가 k ➡ α, $\alpha+k$

(2) 두 근이 연속인 정수 ➡ α, $\alpha+1$ (단, α는 정수)

(3) 두 근이 연속인 홀수 ➡ $2\alpha-1$, $2\alpha+1$ (단, α는 자연수)

≫ 올림포스 공통수학1 39쪽

62 대표문제 ▶ 25646-0290

x에 대한 이차방정식 $x^2-2x+k-1=0$의 두 근의 차가 6이 되도록 하는 실수 k의 값을 구하시오.

63 상중하 ▶ 25646-0291

x에 대한 이차방정식 $x^2-(2k+1)x+2k^2+5k-12=0$의 두 근이 연속된 정수가 되도록 하는 모든 실수 k의 값의 합은?

① -1 ② -2 ③ -3
④ -4 ⑤ -5

64 상중하 ▶ 25646-0292

x에 대한 이차방정식 $x^2-2kx+12k-33=0$의 두 근이 연속된 홀수인 자연수가 되도록 하는 실수 k의 최댓값은?

① 4 ② 5 ③ 6
④ 7 ⑤ 8

유형 20 이차방정식의 두 근의 조건이 주어졌을 때 미정계수 구하기 (2)

중요

이차방정식의 두 근의 조건이 주어졌을 때, 다음과 같이 두 근을 나타낸 후, 이차방정식의 근과 계수의 관계를 이용하여 미정계수를 구한다.

0이 아닌 상수 α에 대하여

① 한 근이 다른 한 근의 k배 ➡ α, $k\alpha$

② 두 근의 비가 $m : n$ ➡ $m\alpha$, $n\alpha$

③ 두 근의 절댓값이 같고 부호가 서로 다를 때 ➡ α, $-\alpha$

≫ 올림포스 공통수학1 39쪽

65 대표문제 ▶ 25646-0293

x에 대한 이차방정식 $x^2-6kx+10k+12=0$의 한 근이 다른 한 근의 2배가 되도록 하는 정수 k의 값은?

① -2 ② -1 ③ 0
④ 1 ⑤ 2

66 상중하 ▶ 25646-0294

x에 대한 이차방정식 $x^2-kx+k-1=0$의 두 근의 비가 $3 : 4$가 되도록 하는 실수 k의 최댓값을 M, 최솟값을 m이라 하자. $M-m=\frac{q}{p}$일 때, $p+q$의 값을 구하시오.

(단, p와 q는 서로소인 자연수이다.)

67 상중하 ▶ 25646-0295

x에 대한 이차방정식 $x^2-(a^2-2a-3)x-6a+2=0$의 두 실근은 절댓값이 같고 부호가 서로 다를 때, 이 이차방정식의 서로 다른 두 실근의 곱은 b이다. $a-b$의 값은? (단, a는 상수이다.)

① 18 ② 19 ③ 20
④ 21 ⑤ 22

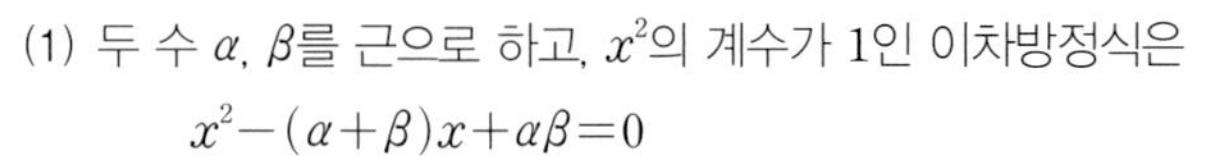

(1) 두 수 α, β를 근으로 하고, x^2의 계수가 1인 이차방정식은

$$x^2-(\alpha+\beta)x+\alpha\beta=0$$

(2) 두 수 α, β를 근으로 하고, x^2의 계수가 a $(a\neq0)$인 이차방정식은

$$a\{x^2-(\alpha+\beta)x+\alpha\beta\}=0$$

≫ 올림포스 공통수학1 39쪽

68 대표문제 ▸ 25646-0296

이차방정식 $x^2-4x-3=0$의 두 근을 α, β라 하자. 두 수 $\alpha+1$, $\beta+1$을 근으로 하고, 이차항의 계수가 1인 이차방정식은 $x^2+ax+b=0$이다. 두 상수 a, b에 대하여 ab의 값은?

① -6 ② -12 ③ -18
④ -24 ⑤ -30

69 상중하 ▸ 25646-0297

두 수 -2, 5를 근으로 하고, x^2의 계수가 1인 이차방정식은 $x^2+ax+b=0$이다. 두 상수 a, b에 대하여 $a+b$의 값은?

① -13 ② -14 ③ -15
④ -16 ⑤ -17

70 상중하 ▸ 25646-0298

이차방정식 $4x^2+x-2=0$의 두 근을 α, β라고 하자.
두 수 $\frac{1}{\alpha}$, $\frac{1}{\beta}$을 근으로 하고, x^2의 계수가 2인 이차방정식을 구하시오.

71 상중하 ▸ 25646-0299

x에 대한 이차방정식 $x^2+ax+b=0$의 두 근이 -2, 1일 때, 두 수 $a+b$, $a-b$를 두 근으로 하고, 이차항의 계수가 1인 이차방정식은? (단, a, b는 상수이다.)

① $x^2+x-4=0$ ② $x^2-x-2=0$
③ $x^2-2x-8=0$ ④ $x^2-2x-3=0$
⑤ $x^2-2x-1=0$

72 상중하 ▸ 25646-0300

x에 대한 이차방정식 $5x^2-7x+a=0$의 두 근이 1, b일 때, 두 수 $5a$, $5b$를 두 근으로 하고, x^2의 계수가 1인 이차방정식을 $f(x)=0$이라 하자. $f(1)$의 값은? (단, a는 상수이다.)

① 8 ② 9 ③ 10
④ 11 ⑤ 12

73 상중하 ▸ 25646-0301

x에 대한 이차방정식 $x^2+2ax-a-1=0$의 두 근 α, β가 다음 조건을 만족시킬 때, $a+b+c$의 값은?

(단, a, b, c는 상수이다.)

(가) $\alpha^2\beta+\alpha\beta^2=12$, $\alpha\beta<0$
(나) 두 수 $2\alpha-1$, $2\alpha+1$을 근으로 하고, 이차항의 계수가 1인 이차방정식은 $x^2+bx+c=0$이다.

① 5 ② 6 ③ 7
④ 8 ⑤ 9

유형 22 이차식의 인수분해

중요

이차방정식 $ax^2+bx+c=0$ (a, b, c는 상수)의 두 근이 α, β이면

$$ax^2+bx+c=a(x-\alpha)(x-\beta)$$

와 같이 인수분해된다.

» 올림포스 공통수학1 39쪽

74 대표문제

▶ 25646-0302

다음 중 이차식 $x^2+6x+10$을 복소수의 범위에서 인수분해한 것은? (단, $i=\sqrt{-1}$)

① $(x-1-i)(x-1+i)$
② $(x-1-3i)(x-1+3i)$
③ $(x-3-i)(x-3+i)$
④ $(x+1-i)(x+1+i)$
⑤ $(x+3-i)(x+3+i)$

75 상중하

▶ 25646-0303

이차식 x^2-2x+5를 복소수의 범위에서 인수분해하시오.

76 상중하

▶ 25646-0304

이차항의 계수가 2인 이차식 $f(x)$에 대하여

$$f(-2)=0,\ f(4)=0$$

일 때, $f(1)$의 값은?

① -10 ② -12 ③ -14
④ -16 ⑤ -18

77 상중하

▶ 25646-0305

이차항의 계수가 1인 이차식 $f(x)$에 대하여 이차방정식 $f(x)=0$의 두 근이 $1+i$, $1-i$일 때, $f(4)$의 값은? (단, $i=\sqrt{-1}$)

① 8 ② 10 ③ 12
④ 14 ⑤ 16

78 상중하

▶ 25646-0306

최고차항의 계수가 1인 이차식 $f(x)$에 대하여 이차방정식 $f(x)=0$의 두 근은 α, β이고

$$(\alpha-1)(\beta-1)=0,\ (\alpha+2)(\beta+2)=0$$

일 때, 다음 중 이차식 $f(x)-4$의 인수인 것은?

① $x+4$ ② $x+1$ ③ x
④ $x-2$ ⑤ $x-3$

79 상중하

▶ 25646-0307

이차방정식 $x^2+5x-4=0$의 두 근이 α, β이다. x^2의 계수가 1인 이차식 $f(x)$에 대하여

$$f(\alpha)=\alpha,\ f(\beta)=\beta$$

일 때, $f(1)$의 값은?

① 3 ② 4 ③ 5
④ 6 ⑤ 7

유형 23 이차방정식 $f(x)=0$의 두 근을 이용하여 방정식 $f(ax+b)=0$ $(a\neq 0)$의 근 구하기

이차방정식 $f(x)=0$의 두 근을 α, β라 하면
이차방정식 $f(ax+b)=0$ (a, b는 상수이고, $a\neq 0$)의 두 근은
$\alpha=ax+b$, $\beta=ax+b$에서
$x=\dfrac{\alpha-b}{a}$ 또는 $x=\dfrac{\beta-b}{a}$

≫ 올림포스 공통수학1 39쪽

80 대표문제 ▸ 25646-0308

이차방정식 $f(x)=0$의 두 근을 α, β라 할 때, $\alpha+\beta=6$, $\alpha\beta=-3$이다. 방정식 $f(2x+1)=0$의 두 근의 곱은?

① -10 ② -8 ③ -6
④ -4 ⑤ -2

81 상중하 ▸ 25646-0309

이차방정식 $f(x)=0$의 두 근의 합이 16일 때, 방정식 $f(2x)=0$의 두 근의 합은?

① 8 ② 9 ③ 10
④ 11 ⑤ 12

82 상중하 ▸ 25646-0310

이차방정식 $f(x)=0$의 두 근의 합은 7이고, 두 근의 곱은 -2일 때, 방정식 $f(4x-2)=0$의 두 근의 곱은?

① 1 ② 2 ③ 3
④ 4 ⑤ 5

유형 24 이차방정식의 켤레근

a, b, c가 실수일 때,
이차방정식 $ax^2+bx+c=0$의 한 근이 $p+qi$이면
다른 한 근은 $p-qi$이다.
(단, p, q는 실수이고, $q\neq 0$, $i=\sqrt{-1}$이다.)

참고 a, b, c가 유리수일 때,
이차방정식 $ax^2+bx+c=0$의
한 근이 $p+q\sqrt{m}$이면 다른 한 근은 $p-q\sqrt{m}$이다.
(단, p, q는 유리수이고, $q\neq 0$, $\sqrt{m}$은 무리수이다.)

≫ 올림포스 공통수학1 39쪽

83 대표문제 ▸ 25646-0311

x에 대한 이차방정식 $x^2+ax+b=0$의 한 근이 $3+2i$일 때, $a+b$의 값은? (단, a, b는 실수이고, $i=\sqrt{-1}$이다.)

① 4 ② 5 ③ 6
④ 7 ⑤ 8

84 상중하 ▸ 25646-0312

x에 대한 이차방정식 $x^2+ax+b=0$의 한 근이 $4+2\sqrt{3}$일 때, $b-a$의 값은? (단, a, b는 유리수이다.)

① 11 ② 12 ③ 13
④ 14 ⑤ 15

85 상중하 ▸ 25646-0313

x에 대한 이차방정식 $2x^2+ax+b=0$의 한 근이 $1-i$일 때, ab의 값은? (단, a, b는 실수이고, $i=\sqrt{-1}$이다.)

① -8 ② -12 ③ -16
④ -20 ⑤ -24

01

▶ 25646-0314

복소수 $z=\frac{1+i}{1-i}$에 대하여

$$z+2z^2+3z^3+4z^4+\cdots+30z^{30}=a+bi$$

일 때, $b-a$의 값을 구하시오.

(단, a, b는 실수이고, $i=\sqrt{-1}$이다.)

02 내신기출

▶ 25646-0315

이차방정식 $x^2-4x-2=0$의 두 근을 α, β라 할 때, $\frac{\beta+1}{\alpha}+\frac{\alpha+1}{\beta}$의 값을 구하시오.

03 내신기출

▶ 25646-0316

x에 대한 이차방정식 $x^2+2ax-a+6=0$은 중근을 갖고, x에 대한 이차방정식 $x^2+3x+a+1=0$은 서로 다른 두 허근을 갖도록 하는 실수 a의 값을 구하시오.

04

▶ 25646-0317

x에 대한 이차방정식 $x^2-2ax+a^2-2a+5=0$이 서로 다른 두 실근 α, β를 가질 때, $\alpha+\beta$의 최솟값을 구하시오.

(단, a는 정수이다.)

정답과 풀이 54쪽

▶ 25646-0318

01 $\frac{4a}{1+i}+i(1-2i)=\overline{6+bi}$일 때, 두 실수 a, b에 대하여 $a+b$의 값은? (단, $i=\sqrt{-1}$)

① 1 ② 2 ③ 3 ④ 4 ⑤ 5

▶ 25646-0319

02 복소수 $z=\left(\frac{1-i}{1+i}\right)^n$에 대하여 $z^2<0$, $iz>0$이 되도록 하는 15 이하의 모든 자연수 n의 값의 합은? (단, $i=\sqrt{-1}$)

① 24 ② 28 ③ 32 ④ 36 ⑤ 40

▶ 25646-0320

03 x에 대한 이차방정식 $x^2+(a-2)x-6=0$의 두 근을 α, β라 할 때, x에 대한 이차방정식 $x^2+2ax+b=0$의 두 근은 $\alpha+\beta$, $\alpha\beta$이다. 두 상수 a, b에 대하여 $a+b$의 값은?

① 13 ② 14 ③ 15 ④ 16 ⑤ 17

▶ 25646-0321

04 x에 대한 이차방정식 $x^2+ax+b=0$의 한 근이 $-1+2i$이고, x에 대한 이차방정식 $x^2-2bx-a+k=0$은 중근 $x=\alpha$를 가질 때, $k+\alpha$의 값은? (단, a, b, k는 실수이고, $i=\sqrt{-1}$이다.)

① 24 ② 28 ③ 32 ④ 36 ⑤ 40

05 이차방정식과 이차함수

01 이차방정식과 이차함수의 관계

(1) 이차함수 $y=ax^2+bx+c$ (a, b, c는 상수)의 그래프와 x축의 교점의 x좌표는 이차방정식 $ax^2+bx+c=0$의 실근과 같다.

(2) 이차함수 $y=ax^2+bx+c$ (a, b, c는 상수)의 그래프와 x축의 위치 관계

$D=b^2-4ac$ 라 할 때, D의 부호	$ax^2+bx+c=0$ 의 근	$y=ax^2+bx+c$의 그래프		$y=ax^2+bx+c$의 그래프와 x축의 위치 관계
		$a>0$	$a<0$	
$D>0$	서로 다른 두 실근 α, β ($\alpha<\beta$)			서로 다른 두 점에서 만난다.
$D=0$	중근 α			한 점에서 만난다. (접한다.)
$D<0$	서로 다른 두 허근			만나지 않는다.

이차방정식 $ax^2+bx+c=0$ (a, b, c는 실수)의 판별식을 D라 할 때, 이차함수 $y=ax^2+bx+c$의 그래프가 x축과 만나면 $D\geq0$이고, $D\geq0$이면 이차함수 $y=ax^2+bx+c$의 그래프가 x축과 만난다.

02 이차함수의 그래프와 직선의 위치 관계

(1) 이차함수 $y=ax^2+bx+c$ (a, b, c는 상수)의 그래프와 직선 $y=mx+n$ (m, n은 상수)의 교점의 x좌표는 이차방정식 $ax^2+bx+c=mx+n$, 즉 $ax^2+(b-m)x+c-n=0$의 실근과 같다.

(2) 이차함수 $y=ax^2+bx+c$ (a, b, c는 상수)의 그래프와 직선 $y=mx+n$ (m, n은 상수)의 위치 관계는 이차방정식 $ax^2+(b-m)x+c-n=0$의 판별식 $D=(b-m)^2-4a(c-n)$의 값의 부호에 따라 다음과 같다.

① $D>0$이면 서로 다른 두 점에서 만난다.

② $D=0$이면 한 점에서 만난다. (접한다.)

③ $D<0$이면 만나지 않는다.

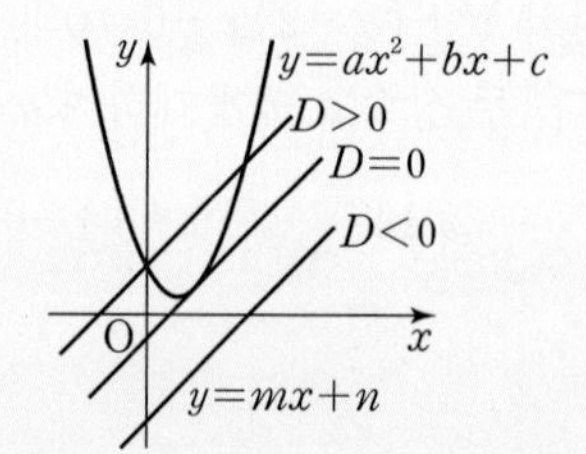

이차함수의 그래프와 y축에 평행하지 않은 직선이 한 점에서 만날 때, 직선과 이차함수의 그래프가 접한다고 한다. 이때 이 직선을 이차함수의 그래프의 접선이라 하고, 이차함수의 그래프와 접선의 교점을 접점이라고 한다.

03 제한된 범위에서 이차함수의 최대 · 최소

x의 값의 범위가 $\alpha\leq x\leq\beta$일 때, 이차함수 $y=a(x-p)^2+q$ (a, p, q는 상수)의 최댓값과 최솟값은 이차함수의 그래프의 꼭짓점의 x좌표 p가 주어진 범위에 포함되는지 조사하여 다음과 같이 구한다.

	$a>0$	$a<0$	최댓값과 최솟값
$\alpha\leq p\leq\beta$인 경우	최댓값 $f(\beta)$, 최솟값 $f(p)$	최댓값 $f(p)$, 최솟값 $f(\beta)$	$f(\alpha)$, $f(\beta)$, $f(p)$ 중에서 가장 큰 값이 최댓값이고, 가장 작은 값이 최솟값이다.
$p<\alpha$ 또는 $p>\beta$인 경우	최댓값 $f(\beta)$, 최솟값 $f(\alpha)$	최댓값 $f(\beta)$, 최솟값 $f(\alpha)$	$f(\alpha)$, $f(\beta)$ 중에서 큰 값이 최댓값이고, 작은 값이 최솟값이다.

01 이차방정식과 이차함수의 관계

[01~02] 이차함수 $y=x^2+ax+b$의 그래프와 x축의 교점의 x좌표가 다음과 같을 때, 두 실수 a, b의 값을 구하시오.

01 -2, 4

02 1, 5

[03~05] 다음 이차함수의 그래프와 x축의 교점의 x좌표를 구하시오.

03 $y=x^2+3x-4$

04 $y=x^2-8x+16$

05 $y=-2x^2+x+3$

[06~09] 다음 이차함수의 그래프와 x축의 교점의 개수를 구하시오.

06 $y=x^2+6x+8$

07 $y=2x^2-x+1$

08 $y=x^2-x+\frac{1}{4}$

09 $y=-4x^2-5x+1$

10 이차함수 $y=x^2-4x+k+1$의 그래프와 x축의 위치 관계가 다음과 같을 때, 실수 k의 값 또는 범위를 구하시오.

(1) 서로 다른 두 점에서 만난다.

(2) 한 점에서 만난다.

(3) 만나지 않는다.

02 이차함수의 그래프와 직선의 위치 관계

[11~13] 다음 이차함수의 그래프와 직선의 교점의 x좌표를 구하시오.

11 $y=x^2+4x$, $y=3x+2$

12 $y=x^2-5x+9$, $y=x$

13 $y=-x^2+3x+2$, $y=5x-6$

[14~17] 다음 이차함수의 그래프와 직선의 위치 관계를 말하시오.

14 $y=2x^2-x-1$, $y=4x-2$

15 $y=x^2+6x$, $y=x-3$

16 $y=-x^2+3x+4$, $y=-x+8$

17 $y=-3x^2+8x+8$, $y=2x+12$

18 이차함수 $y=\frac{1}{2}x^2-4x+k$의 그래프와 직선 $y=x+1$의 위치 관계가 다음과 같을 때, 실수 k의 값 또는 범위를 구하시오.

(1) 서로 다른 두 점에서 만난다.

(2) 한 점에서 만난다.

(3) 만나지 않는다.

03 제한된 범위에서 이차함수의 최대·최소

[19~22] 주어진 x의 값의 범위에서 다음 이차함수의 최댓값과 최솟값을 구하시오.

19 $f(x)=x^2-2x$ $(-2\le x\le 2)$

20 $f(x)=2x^2-8x+3$ $(-1\le x\le 1)$

21 $f(x)=-x^2+2x+2$ $(-2\le x\le 3)$

22 $f(x)=-2x^2-4x+10$ $(1\le x\le 3)$

유형 01 이차함수의 그래프와 x축의 교점

이차함수 $y=ax^2+bx+c$ (a, b, c는 상수)의 그래프와 x축의 교점의 x좌표는 이차방정식 $ax^2+bx+c=0$의 실근과 같다.

» 올림포스 공통수학1 46쪽

01 대표문제
▶ 25646-0322

이차함수 $y=x^2+ax+b$의 그래프가 x축과 두 점 A$(1, 0)$, B$(4, 0)$에서 만날 때, 두 상수 a, b에 대하여 $b-a$의 값은?

① 8 ② 9 ③ 10
④ 11 ⑤ 12

02 상중하
▶ 25646-0323

이차함수 $y=x^2+3x-10$의 그래프와 x축이 만나는 두 점의 x좌표를 각각 a, b라 할 때, ab의 값은?

① -2 ② -4 ③ -6
④ -8 ⑤ -10

03 상중하
▶ 25646-0324

x에 대한 이차방정식 $ax^2+bx+c=0$의 두 실근이 $x=-4$ 또는 $x=5$일 때, 이차함수 $y=ax^2+bx+c$의 그래프가 x축과 만나는 두 점 사이의 거리는? (단, a, b, c는 상수이다.)

① 6 ② 7 ③ 8
④ 9 ⑤ 10

04 상중하
▶ 25646-0325

이차함수 $y=x^2+ax+b$의 그래프와 x축이 만나는 두 점의 x좌표가 각각 -1, 3일 때, x에 대한 이차방정식 $x^2+bx+2a=0$의 두 근을 α, β라고 하자. $\alpha^2+\beta^2$의 값을 구하시오.

(단, a, b는 상수이다.)

05 상중하
▶ 25646-0326

이차함수 $y=ax^2+bx+c$의 그래프가 점 $(-1, 0)$을 지나고 꼭짓점의 x좌표가 2이다. x에 대한 이차방정식 $ax^2+bx+c=0$의 서로 다른 두 실근을 α, β라 할 때, $|\alpha-\beta|$의 값은?

(단, a, b, c는 상수이다.)

① 6 ② 7 ③ 8
④ 9 ⑤ 10

06 상중하
▶ 25646-0327

이차함수 $y=-x^2+ax+b$의 그래프와 x축의 두 교점의 x좌표가 각각 $a-2$, $a-1$이고, 이차함수 $y=x^2+bx-a$의 그래프와 x축의 두 교점이 각각 $(c, 0)$, $(d, 0)$이다. $a+b+c+d$의 값은? (단, a, b는 상수이다.)

① 1 ② 2 ③ 3
④ 4 ⑤ 5

유형 02 이차함수의 그래프와 x축의 위치 관계

이차함수 $y=ax^2+bx+c$ (a, b, c는 상수)의 그래프와 x축의 위치 관계는 이차방정식 $ax^2+bx+c=0$의 판별식을 D라 할 때, 다음과 같다.

① $D>0$이면 서로 다른 두 점에서 만난다.
② $D=0$이면 한 점에서 만난다. (접한다.)
③ $D<0$이면 만나지 않는다.

» 올림포스 공통수학1 46쪽

07 대표문제 ▶ 25646-0328

이차함수 $y=x^2+2kx+k^2+2k-8$의 그래프가 x축과 서로 다른 두 점에서 만나도록 하는 자연수 k의 개수는?

① 1 ② 2 ③ 3
④ 4 ⑤ 5

08 상중하 ▶ 25646-0329

이차함수 $y=2x^2-2kx+k+12$의 그래프가 x축에 접하도록 하는 양수 k의 값을 구하시오.

09 상중하 ▶ 25646-0330

이차함수 $y=-x^2+3x+2-k$의 그래프와 x축이 만나지 않도록 하는 정수 k의 최솟값은?

① 4 ② 5 ③ 6
④ 7 ⑤ 8

10 상중하 ▶ 25646-0331

이차함수 $y=x^2+4kx+4k-1$의 그래프가 x축과 점 $(p,\ 0)$에서 접할 때, $k+p$의 값은? (단, k는 상수이다.)

① $-\frac{1}{4}$ ② $-\frac{1}{2}$ ③ -1
④ -2 ⑤ -4

11 상중하 ▶ 25646-0332

이차함수 $y=-x^2+ax+4$의 그래프와 x축이 만나는 두 점을 각각 A, B라 하고, y축과 만나는 점을 C라 하자. 삼각형 ABC의 넓이가 10일 때, a^2의 값을 구하시오.
(단, a는 상수이다.)

12 상중하 ▶ 25646-0333

이차함수 $y=x^2+kx-k+3$의 그래프는 x축과 접하고, 이차함수 $y=x^2-3x+k+5$의 그래프는 x축과 두 점에서 만나도록 하는 상수 k의 값을 구하시오.

유형 03 이차함수의 그래프와 직선의 위치 관계 – 두 점에서 만나는 경우

중요

이차함수 $y=ax^2+bx+c$ (a, b, c는 상수)의 그래프와 직선 $y=mx+n$ (m, n은 상수)가 서로 다른 두 점에서 만나려면 이차방정식 $ax^2+bx+c=mx+n$, 즉 $ax^2+(b-m)x+c-n=0$의 판별식을 D라 할 때, $D>0$이어야 한다.

» 올림포스 공통수학1 47쪽

13 대표문제 ▶ 25646-0334

이차함수 $y=x^2-4x+3$의 그래프와 직선 $y=2x+k$가 서로 다른 두 점에서 만나도록 하는 정수 k의 최솟값은?

① -1　② -2　③ -3　④ -4　⑤ -5

14 상중하 ▶ 25646-0335

이차함수 $y=-x^2+x+6$의 그래프와 직선 $y=-4x+k$가 만나도록 하는 정수 k의 최댓값은?

① 11　② 12　③ 13　④ 14　⑤ 15

15 상중하 ▶ 25646-0336

이차함수 $y=x^2+2x-4$의 그래프와 직선 $y=x+2$가 두 점 A, B에서 만난다. 두 점 A, B의 x좌표를 각각 a, b라 할 때, $(a-b)^2$의 값을 구하시오.

16 상중하 ▶ 25646-0337

이차함수 $y=2x^2+ax-5$의 그래프와 직선 $y=-2x+a$가 두 점 A, B에서 만난다. 두 점 A, B의 x좌표의 합이 1일 때, 두 점 A, B의 x좌표의 곱은? (단, a는 상수이다.)

① $-\frac{1}{2}$　② -1　③ $-\frac{3}{2}$　④ -2　⑤ $-\frac{5}{2}$

17 상중하 ▶ 25646-0338

이차함수 $y=-2x^2+ax+4$의 그래프와 직선 $y=x+b$가 두 점 A, B에서 만난다. 점 A의 x좌표가 $2-\sqrt{3}$일 때, $a+b$의 값은? (단, a, b는 유리수이다.)

① 11　② 12　③ 13　④ 14　⑤ 15

18 상중하 ▶ 25646-0339

이차함수 $f(x)=x^2-4x$의 그래프와 직선 $y=-2x+3$이 만나는 두 점을 A, B라 하고, 점 A를 지나고 x축에 평행한 직선이 이차함수 $y=f(x)$의 그래프와 만나는 점 중 A가 아닌 점을 C, 점 B를 지나고 x축에 평행한 직선이 이차함수 $y=f(x)$의 그래프와 만나는 점 중 B가 아닌 점을 D라 할 때, 사각형 ADBC의 넓이를 구하시오.

(단, 점 A의 x좌표는 점 B의 x좌표보다 작다.)

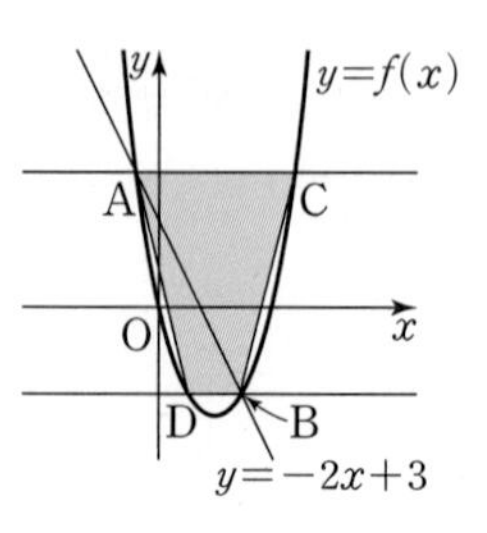

유형 04 이차함수의 그래프와 직선의 위치 관계 – 접하는 경우

이차함수 $y=ax^2+bx+c$ (a, b, c는 상수)의 그래프와 직선 $y=mx+n$ (m, n은 상수)가 접하려면 이차방정식 $ax^2+bx+c=mx+n$, 즉 $ax^2+(b-m)x+c-n=0$의 판별식을 D라 할 때, $D=0$이어야 한다.

» 올림포스 공통수학1 47쪽

19 대표문제 ▸ 25646-0340

이차함수 $y=x^2+1$의 그래프와 직선 $y=4x+k$가 접하도록 하는 상수 k의 값은?

① -1　② -2　③ -3
④ -4　⑤ -5

20 상중하 ▸ 25646-0341

이차함수 $y=-2x^2+x+4$의 그래프에 접하고 기울기가 3인 직선이 점 $\left(\frac{1}{2}, a\right)$를 지날 때, a의 값은?

① 3　② 4　③ 5
④ 6　⑤ 7

21 상중하 ▸ 25646-0342

이차함수 $y=3x^2-12x+a$의 그래프가 x축 및 직선 $y=-9x+b$에 모두 접할 때, 두 상수 a, b에 대하여 ab의 값은?

① 115　② 120　③ 125
④ 130　⑤ 135

유형 05 이차함수의 그래프와 직선의 위치 관계 – 만나지 않는 경우

이차함수 $y=ax^2+bx+c$ (a, b, c는 상수)의 그래프와 직선 $y=mx+n$ (m, n은 상수)가 만나지 않으려면 이차방정식 $ax^2+bx+c=mx+n$, 즉 $ax^2+(b-m)x+c-n=0$의 판별식을 D라 할 때, $D<0$이어야 한다.

» 올림포스 공통수학1 47쪽

22 대표문제 ▸ 25646-0343

이차함수 $y=-3x^2+5x+1$의 그래프와 직선 $y=-x+k$가 만나지 않도록 하는 실수 k의 값의 범위를 구하시오.

23 상중하 ▸ 25646-0344

이차함수 $y=-2x^2+8x$의 그래프와 직선 $y=4x+m$이 만나지 않도록 하는 자연수 m의 최솟값은?

① 1　② 2　③ 3
④ 4　⑤ 5

24 상중하 ▸ 25646-0345

실수 a와 정수 b에 대하여 이차함수 $f(x)=x^2+ax+b$의 그래프가 다음 조건을 만족시킬 때, $f(1)$의 최솟값은?

(가) $f(2)=f(6)$
(나) 이차함수 $y=f(x)$의 그래프와 직선 $y=2x-4$는 만나지 않는다.

① 13　② 14　③ 15
④ 16　⑤ 17

유형 06 이차함수의 그래프와 이차방정식의 실근

(1) 방정식 $f(x)=0$의 실근은 함수 $y=f(x)$의 그래프와 x축의 교점의 x좌표이다.
(2) 방정식 $f(x)=g(x)$의 실근은 함수 $y=f(x)$의 그래프와 함수 $y=g(x)$의 그래프의 교점의 x좌표이다.

≫ 올림포스 공통수학1 47쪽

25 대표문제 ▸ 25646-0346

이차함수 $y=f(x)$의 그래프가 그림과 같을 때, x에 대한 이차방정식 $f(2x+3)=0$의 서로 다른 모든 실근의 합은?

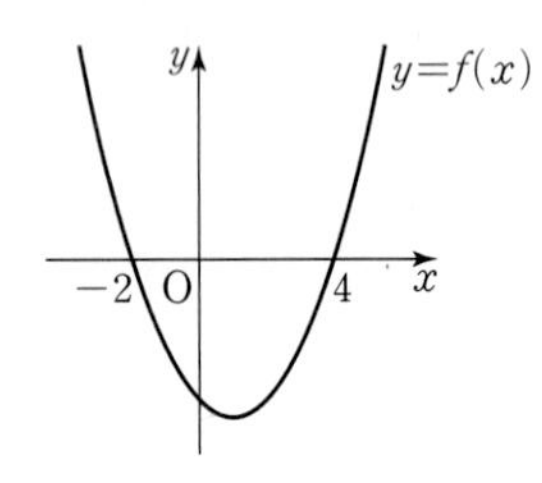

① -4 ② $-\frac{7}{2}$ ③ -3
④ $-\frac{5}{2}$ ⑤ -2

26 상중하 ▸ 25646-0347

이차함수 $y=f(x)$의 그래프가 그림과 같을 때, x에 대한 이차방정식 $f\left(\frac{x-a}{2}\right)=0$의 서로 다른 두 실근의 곱이 a^2+13a가 되도록 하는 상수 a의 값을 구하시오.

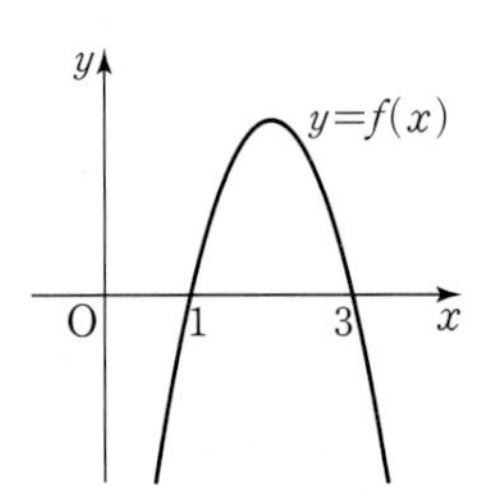

27 상중하 ▸ 25646-0348

두 이차함수 $y=f(x)$, $y=g(x)$의 그래프가 만나는 두 점의 x좌표가 각각 -2, 1일 때, x에 대한 방정식 $f(3x)=g(3x)$의 서로 다른 모든 실근의 합은?

① $-\frac{1}{3}$ ② $-\frac{1}{2}$ ③ -1
④ -2 ⑤ -3

유형 07 제한된 범위에서 이차함수의 최대 · 최소 (중요)

$\alpha\le x\le\beta$일 때, 이차함수 $y=a(x-p)^2+q$의 최댓값과 최솟값은
(1) $\alpha\le p\le\beta$일 때, $f(\alpha)$, $f(\beta)$, $f(p)$ 중에서 가장 큰 값이 최댓값이고, 가장 작은 값이 최솟값이다.
(2) $p<\alpha$ 또는 $p>\beta$일 때, $f(\alpha)$, $f(\beta)$ 중에서 큰 값이 최댓값이고, 작은 값이 최솟값이다.

≫ 올림포스 공통수학1 47쪽

28 대표문제 ▸ 25646-0349

$-1\le x\le 2$에서 이차함수 $f(x)=x^2-2x+a$의 최솟값이 2이고 최댓값은 M일 때, $a+M$의 값은? (단, a는 상수이다.)

① 5 ② 6 ③ 7
④ 8 ⑤ 9

29 상중하 ▸ 25646-0350

$0\le x\le 5$에서 이차함수 $f(x)=x^2-4x+3$의 최댓값을 M, 최솟값을 m이라 할 때, $M-m$의 값은?

① 5 ② 7 ③ 9
④ 11 ⑤ 13

30 상중하 ▸ 25646-0351

$-2\le x\le 2$에서 이차함수 $f(x)=-2x^2-12x+a$의 최댓값이 20이고 $f(x)$의 최솟값이 m일 때, m의 값은?
(단, a는 상수이다.)

① -22 ② -24 ③ -26
④ -28 ⑤ -30

31 상중하

▶ 25646-0352

이차함수 $f(x)=-3x^2+6x+a$의 그래프와 직선 $y=2$가 접한다. $-1\le x\le 1$에서 이차함수 $f(x)$의 최댓값과 최솟값의 합은? (단, a는 상수이다.)

① -2 ② -4 ③ -6
④ -8 ⑤ -10

32 상중하

▶ 25646-0353

$-3\le x\le 3$에서 이차함수 $f(x)=ax^2+4ax+b$ $(a>0)$의 최솟값이 1, 최댓값이 26일 때, $a+b$의 값은?
(단, a, b는 상수이다.)

① 6 ② 7 ③ 8
④ 9 ⑤ 10

33 상중하

▶ 25646-0354

최고차항의 계수가 양수인 이차함수 $f(x)$가 다음 조건을 만족시킨다.

(가) x에 대한 이차방정식 $f(x)=0$의 두 근은 -1, 3이다.
(나) $-3\le x\le 4$에서 이차함수 $f(x)$의 최댓값은 48이다.

$f(4)$의 값을 구하시오.

유형 08 제한된 범위에서 이차함수의 그래프의 축의 위치와 이차함수의 최대·최소

중요

이차함수의 그래프의 꼭짓점의 x좌표가 미지수 k인 경우, 즉 축의 방정식이 $x=k$인 경우나 제한된 범위에 미지수 k가 있는 경우
➡ 범위에 이차함수의 꼭짓점의 x좌표가 포함되는 경우와 포함되지 않는 경우로 나누어 값을 구한다.

» 올림포스 공통수학1 47쪽

34 대표문제

▶ 25646-0355

$x\ge 0$에서 이차함수 $f(x)=2x^2-4kx$의 최솟값이 -32일 때, 상수 k의 값은?

① -4 ② -2 ③ 1
④ 2 ⑤ 4

35 상중하

▶ 25646-0356

$-2\le x\le a$에서 이차함수 $f(x)=x^2-2x-1$의 최댓값은 14이고 최솟값은 m일 때, $a+m$의 값은? (단, $a>-2$)

① 3 ② 4 ③ 5
④ 6 ⑤ 7

36 상중하

▶ 25646-0357

$0\le x\le 2$에서 이차함수 $f(x)=x^2-2ax+a^2-2a-4$의 최솟값은 0이고 최댓값이 M일 때, $a+M$의 값은? (단, $a>0$)

① 22 ② 24 ③ 26
④ 28 ⑤ 30

유형 09 공통부분이 있는 이차함수의 최대·최소

공통부분이 있는 이차함수의 최대·최소는 다음과 같은 순서로 구한다.

(i) 공통부분을 t로 치환한 후 t의 값의 범위를 구한다.

(ii) (i)에서 구한 범위에서 최댓값과 최솟값을 구한다.

≫ 올림포스 공통수학1 47쪽

37 대표문제

▶ 25646-0358

$-1 \le x \le 2$에서 함수 $y=(x^2-2x)^2+4(x^2-2x)-3$의 최댓값과 최솟값을 각각 M, m이라 할 때, $M-m$의 값은?

① 24 ② 28 ③ 32 ④ 36 ⑤ 40

38 상중하

▶ 25646-0359

$0 \le x \le 1$에서 함수 $y=-(x^2+4x)^2+6(x^2+4x)$의 최댓값과 최솟값의 합은?

① 6 ② 7 ③ 8 ④ 9 ⑤ 10

39 상중하

▶ 25646-0360

$-1 \le x \le 1$에서 함수 $y=(x^2-6x+5)^2+2(x^2-6x+5)+k$의 최솟값이 -6일 때, 상수 k의 값을 구하시오.

유형 10 완전제곱식을 이용한 이차식의 최대·최소

x, y가 실수일 때, 주어진 식을

$$a(x-p)^2+b(y-q)^2+k$$

(p, q, a, b, k는 실수이고 $ab \ge 0$)

의 꼴로 변형한 후 $(\text{실수})^2 \ge 0$임을 이용한다.

$x=p$, $y=q$일 때, 주어진 식의 최댓값 또는 최솟값은 k이다.

≫ 올림포스 공통수학1 47쪽

40 대표문제

▶ 25646-0361

두 실수 x, y에 대하여 $x^2+6x+2y^2-4y+5$은 $x=\alpha$, $y=\beta$일 때, 최솟값 m을 갖는다. $\alpha+\beta+m$의 값은? (단, α, β는 실수이다.)

① -9 ② -8 ③ -7 ④ -6 ⑤ -5

41 상중하

▶ 25646-0362

두 실수 x, y에 대하여 $-3x^2+12x-4y^2-8y-10$의 최댓값은?

① 3 ② 4 ③ 5 ④ 6 ⑤ 7

42 상중하

▶ 25646-0363

두 실수 x, y에 대하여 $2x^2-4ax+y^2+2by-b^2+3$의 최솟값이 -47일 때, a^2+b^2의 값을 구하시오. (단, a, b는 실수이다.)

유형 11 조건을 만족시키는 이차함수의 최대 · 최소

등식이 조건으로 주어진 경우 다음과 같은 순서로 구한다.
(i) 주어진 조건을 한 문자에 대하여 정리한다.
(ii) (i)의 식을 이차식에 대입하여 한 문자에 대한 이차식으로 나타낸다.
(iii) (ii)의 이차식의 최댓값과 최솟값을 구한다.

» 올림포스 공통수학1 47쪽

43 대표문제 ▶ 25646-0364

$x+y=6$을 만족시키는 두 실수 x, y에 대하여 $2x^2+y^2-10$의 최솟값은?

① 10 ② 12 ③ 14 ④ 16 ⑤ 18

44 상중하 ▶ 25646-0365

두 실수 x, y에 대하여 $2x+3y=4$일 때, x^2+3xy의 최댓값은?

① 1 ② 2 ③ 3 ④ 4 ⑤ 5

45 상중하 ▶ 25646-0366

두 실수 x, y에 대하여 $1\le x\le 5$이고 $2x+y=8$일 때, xy의 최댓값과 최솟값의 합을 구하시오.

유형 12 이차함수의 최대 · 최소의 활용

이차함수의 최대·최소의 활용 문제는 다음과 같은 순서로 구한다.
(i) 구하고자 하는 값을 x로 놓고, x에 대한 식을 세운다.
(ii) 주어진 조건을 만족시키는 x의 값의 범위를 구한다.
(iii) (ii)에서 구한 범위에서 최댓값과 최솟값을 구한다.

» 올림포스 공통수학1 47쪽

46 대표문제 ▶ 25646-0367

그림과 같이 이차함수 $f(x)=-x^2+4$의 그래프와 직선 $x=a$ $(0<a<2)$가 만나는 점을 A, 점 A를 지나고 x축에 평행한 직선이 이차함수 $y=f(x)$의 그래프와 만나는 점 중 A가 아닌 점을 B, 두 점 B, A에서 x축에 내린 수선의 발을 각각 C, D라 하자. 직사각형 ABCD의 둘레의 길이의 최댓값은?

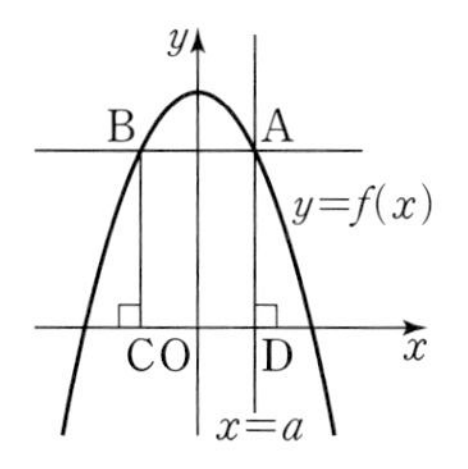

① 6 ② 8 ③ 10 ④ 12 ⑤ 14

47 상중하 ▶ 25646-0368

이차함수 $f(x)=-x^2+4x$의 그래프와 직선 $y=x$가 만나는 두 점 중 원점이 아닌 점을 A라 하고, 점 A의 x좌표를 a라 하자. $0<t<a$인 실수 t에 대하여 직선 $x=t$가 이차함수 $y=f(x)$의 그래프, 직선 $y=x$와 만나는 점을 각각 P, Q라 할 때, 선분 PQ의 길이의 최댓값은 $\frac{q}{p}$이다. $p+q$의 값을 구하시오. (단, p와 q는 서로소인 자연수이다.)

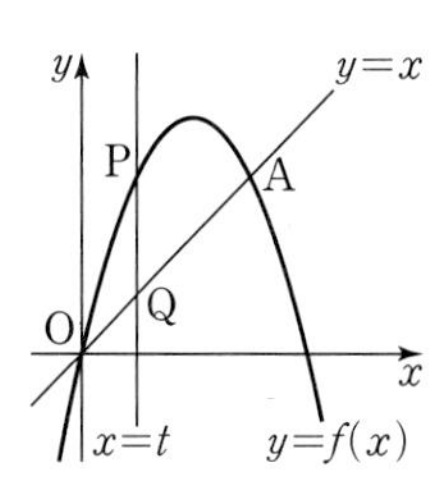

서술형 완성하기

01 ▶ 25646-0369

이차함수 $f(x)=x^2+ax+b$의 그래프와 x축이 만나는 두 점의 x좌표가 1, 4일 때, 이차함수 $y=f(x)$의 그래프와 직선 $y=2x$가 만나는 두 점의 x좌표의 합을 구하시오.

(단, a, b는 상수이다.)

02 내신기출 ▶ 25646-0370

이차함수 $f(x)=x^2+8x+a$의 그래프가 x축 및 직선 $y=3x+b$에 모두 접할 때, 두 상수 a, b에 대하여 ab의 값을 구하시오.

03 ▶ 25646-0371

이차함수 $f(x)=x^2-ax$의 그래프와 x축이 만나는 두 점 중 원점이 아닌 점을 A라 하고, 이차함수 $y=f(x)$의 그래프와 직선 $y=3ax$가 만나는 두 점 중 원점이 아닌 점을 B라 하자. 점 B의 x좌표와 y좌표의 합이 $20a$일 때, 삼각형 OAB의 넓이를 구하시오. (단, a는 양수이고 O는 원점이다.)

04 내신기출 ▶ 25646-0372

$a\leq x\leq a+3$에서 이차함수 $f(x)=x^2-2x+3$의 최댓값과 최솟값의 합을 $g(a)$라 하자. $g(-2)+g(0)$의 값을 구하시오.

(단, a는 실수이다.)

▶ 25646-0373

01 이차함수 $f(x)=x^2-2x-3$에 대하여 함수 $g(x)$를

$$g(x)=\begin{cases} f(x) & (x<-1 \text{ 또는 } x>3) \\ -f(x) & (-1\le x\le 3) \end{cases}$$

라 하자. 함수 $y=g(x)$의 그래프와 직선 $y=\frac{1}{2}x+k$가 만나는 점의 개수가 3이 되도록 하는 모든 실수 k의 값의 합은?

① $\frac{61}{16}$ ② $\frac{63}{16}$ ③ $\frac{65}{16}$ ④ $\frac{67}{16}$ ⑤ $\frac{69}{16}$

▶ 25646-0374

02 $0<a<1$인 상수 a에 대하여 이차함수 $f(x)=x^2-2ax$의 그래프가 x축과 만나는 점 중 원점이 아닌 점을 A, 이차함수 $y=f(x)$의 그래프가 직선 $y=-2ax+4$와 만나는 두 점 중 제1사분면에 있는 점을 B, 제2사분면에 있는 점을 C라 하자. 삼각형 OAB의 넓이를 S_1, 삼각형 OAC의 넓이를 S_2라 하자. $S_2=12S_1$일 때, $a=\frac{q}{p}$이다. $p+q$의 값을 구하시오. (단, p와 q는 서로소인 자연수이다.)

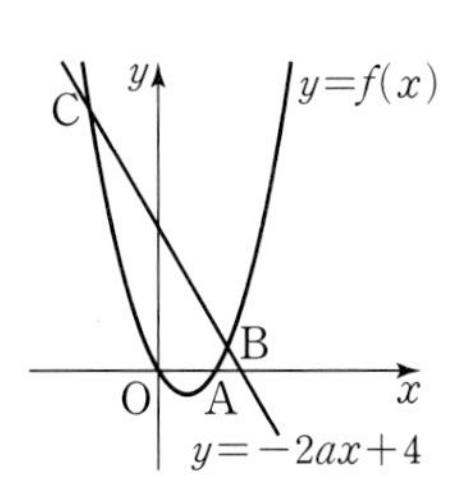

▶ 25646-0375

03 최고차항의 계수가 -1인 이차함수 $f(x)$가 다음 조건을 만족시킨다.

(가) $f(-4)=0$
(나) 모든 실수 x에 대하여 $f(x)\le f(-1)$이다.

$-2\le x\le 3$에서 이차함수 $f(x)$의 최댓값을 M, 최솟값을 m이라 할 때, $M+m$의 값은?

① 1 ② 2 ③ 3 ④ 4 ⑤ 5

▶ 25646-0376

04 이차함수 $f(x)=x^2-2x+a$가 다음 조건을 만족시킬 때, 두 상수 a, b에 대하여 $a+b$의 값을 구하시오. (단, $b>-2$)

(가) 이차함수 $y=f(x)$의 그래프와 직선 $y=2$는 접한다.
(나) $-2\le x\le b$에서 이차함수 $f(x)$의 최댓값은 18이다.

06 여러 가지 방정식과 부등식

01 삼차방정식과 사차방정식

주어진 식을 $f(x)=0$의 꼴로 정리한 후 다음의 방법 중 한 가지를 택하여 푼다.

① $f(x)$를 인수분해 공식을 이용하여 인수분해한 후, 방정식의 해를 구한다.

② $f(x)$를 공통인수로 묶어 인수분해한 후, 방정식의 해를 구한다.

③ $f(x)$가 간단히 인수분해되지 않을 경우에는 $f(\alpha)=0$을 만족시키는 α를 찾고 인수정리와 조립제법을 이용하여 $f(x)$를 인수분해한 후, 방정식의 해를 구한다.

④ 사차방정식 $ax^4+bx^2+c=0$은

(i) $x^2=X$로 치환하여 aX^2+bX+c를 인수분해한 후, 사차방정식의 해를 구한다.

(ii) 사차식 ax^4+bx^2+c를 A^2-B^2의 꼴로 변형하여 인수분해한 후, 사차방정식의 해를 구한다.

$AB=0$이면 $A=0$ 또는 $B=0$이다.

$ABC=0$이면 $A=0$ 또는 $B=0$ 또는 $C=0$이다.

$f(\alpha)=0$이면 인수정리에 의하여 $f(x)$는 $x-\alpha$를 인수로 가지므로 $f(x)=(x-\alpha)Q(x)$의 꼴로 인수분해된다.

02 삼차방정식 $x^3=1$의 허근의 성질

삼차방정식 $x^3=1$의 한 허근을 ω라 하고 ω의 켤레복소수를 $\bar{\omega}$라 하면

① $\omega^3=1$, $\bar{\omega}^3=1$

② $\omega^2+\omega+1=0$, $\bar{\omega}^2+\bar{\omega}+1=0$

③ $\bar{\omega}=\omega^2$, $\omega+\bar{\omega}=-1$, $\omega\bar{\omega}=1$

$x^3=1$, 즉 $x^3-1=0$에서 $(x-1)(x^2+x+1)=0$ 이므로 ω는 이차방정식 $x^2+x+1=0$의 근이다.

03 미지수가 2개인 연립이차방정식

(1) 연립방정식 $\begin{cases}(\text{일차식})=0\\(\text{이차식})=0\end{cases}$의 풀이

일차방정식을 한 미지수에 대하여 정리한 다음 이차방정식에 대입하여 푼다.

(2) 연립방정식 $\begin{cases}(\text{이차식})=0\\(\text{이차식})=0\end{cases}$의 풀이

인수분해가 쉽게 되는 이차방정식을 인수분해하여 얻은 두 일차방정식을 다른 이차방정식에 대입하여 푼다.

(3) 연립방정식 $\begin{cases}x+y=a\\xy=b\end{cases}$의 풀이

합과 곱이 주어진 연립방정식은 x, y가 t에 대한 이차방정식 $t^2-at+b=0$의 두 근임을 이용하여 푼다.

04 연립일차부등식

(1) 연립부등식 $\begin{cases}f(x)>0\\g(x)<0\end{cases}$은 다음 순서로 푼다.

(i) $f(x)>0$의 해와 $g(x)<0$의 해를 각각 구한다.

(ii) 두 해의 공통인 부분을 구해 연립부등식의 해를 구한다.

(2) 부등식 $f(x)<g(x)<h(x)$의 꼴은 연립부등식 $\begin{cases}f(x)<g(x)\\g(x)<h(x)\end{cases}$로 고쳐서 푼다.

부등식 $A<B<C$를 연립부등식 $\begin{cases}A<B\\A<C\end{cases}$ 또는 $\begin{cases}A<C\\B<C\end{cases}$의 꼴로 놓고 풀지 않도록 주의한다.

01 삼차방정식과 사차방정식

[01~05] 다음 방정식을 푸시오.

01 $x^3-8=0$

02 $x^3+4x^2-5x=0$

03 $x^3-6x^2=0$

04 $x^3-3x^2-x+3=0$

05 $x^3-2x^2-5x+6=0$

[06~10] 다음 방정식을 푸시오.

06 $x^4-16=0$

07 $x^4+x^3-3x^2-5x-2=0$

08 $(x^2-2x)^2-11(x^2-2x)+24=0$

09 $x^4-5x^2+4=0$

10 $x^4-7x^2+9=0$

02 삼차방정식 $x^3=1$의 허근의 성질

11 방정식 $x^3=1$의 한 허근을 ω라 할 때, 다음 식의 값을 구하시오.

(1) $\dfrac{1}{\omega}+\dfrac{1}{\overline{\omega}}$

(2) $\omega^2+\overline{\omega}^2$

(3) $\omega^2+\omega^6+\omega^{10}$

(4) $(\omega-\overline{\omega})\omega+(\overline{\omega}-\omega)\overline{\omega}$

03 미지수가 2개인 연립이차방정식

[12~16] 다음 연립방정식을 푸시오.

12 $\begin{cases} x-y=1 \\ x^2+y^2=25 \end{cases}$

13 $\begin{cases} 2x+y=3 \\ x^2-2y^2=2 \end{cases}$

14 $\begin{cases} x+y=4 \\ xy=-12 \end{cases}$

15 $\begin{cases} x^2-y^2=0 \\ 4x^2+xy-y^2=4 \end{cases}$

16 $\begin{cases} x^2-xy-2y^2=0 \\ x^2+xy+y^2=28 \end{cases}$

04 연립일차부등식

[17~20] 다음 연립부등식을 푸시오.

17 $\begin{cases} x+3>2 \\ 2x-1\geq 3x-5 \end{cases}$

18 $\begin{cases} x-1\leq 3x+5 \\ -x+8\geq 2x-7 \end{cases}$

19 $\begin{cases} 4x+1\geq 3x-2 \\ -x+3<x-7 \end{cases}$

20 $\begin{cases} x+4>2x+6 \\ -4x+5<3x-9 \end{cases}$

21 부등식 $x-2<4x+7<-2x+19$를 푸시오.

05 절댓값 기호를 포함한 일차부등식

(1) 양의 실수 a에 대하여 절댓값의 정의에 따라 다음이 성립한다.

① $|x|<a$의 해는 $-a<x<a$

② $|x|>a$의 해는 $x<-a$ 또는 $x>a$

(2) $a<b$일 때, 부등식 $|x-a|+|x-b|<c$의 해는 세 구간

(i) $x<a$ (ii) $a\le x<b$ (iii) $x\ge b$

로 나누어 푼다. (단, a, b, c는 상수이다.)

참고 절댓값의 성질

① $|x|=\begin{cases} x & (x\ge 0) \\ -x & (x<0) \end{cases}$

② $|x-a|=\begin{cases} x-a & (x\ge a) \\ -x+a & (x<a) \end{cases}$ (단, a는 상수이다.)

절댓값 기호 안의 식의 값이 0이 되는 x의 값을 경계로 구간을 나눈다.
예를 들어 부등식
$|x+1|+|x-2|<3$
의 해는 다음과 같이 구간을 나눈 후 푼다.
(i) $x<-1$일 때
(ii) $-1\le x<2$일 때
(iii) $x\ge 2$일 때

06 이차부등식과 연립이차부등식

(1) 이차부등식의 해와 이차함수의 그래프

이차방정식 $ax^2+bx+c=0$ (a, b, c는 실수, $a>0$)의 판별식을 $D=b^2-4ac$라 하면 이차부등식의 해와 이차함수의 그래프 사이에는 다음과 같은 관계가 있다.

	$D>0$	$D=0$	$D<0$
이차방정식 $ax^2+bx+c=0$ 의 해	서로 다른 두 실근 α, β ($\alpha<\beta$)	중근 α	서로 다른 두 허근
이차함수 $y=ax^2+bx+c$ 의 그래프	α β x	α x	x
$ax^2+bx+c>0$의 해	$x<\alpha$ 또는 $x>\beta$	$x\ne\alpha$인 모든 실수	모든 실수
$ax^2+bx+c<0$의 해	$\alpha<x<\beta$	해가 없다.	해가 없다.
$ax^2+bx+c\ge 0$의 해	$x\le\alpha$ 또는 $x\ge\beta$	모든 실수	모든 실수
$ax^2+bx+c\le 0$의 해	$\alpha\le x\le\beta$	$x=\alpha$	해가 없다.

(2) 연립이차부등식

① 연립이차부등식

연립부등식을 이루고 있는 부등식 중에서 차수가 가장 높은 부등식이 이차부등식일 때, 이 연립부등식을 연립이차부등식이라고 한다.

② 연립이차부등식의 풀이

연립부등식을 이루고 있는 각 부등식의 해의 공통인 부분을 구한다.

이차부등식 $ax^2+bx+c\le 0$에서 $a<0$인 경우는 부등식의 양변에 -1을 곱하여 최고차항의 계수가 양수가 되도록 바꾸어 푼다.
이때 부등호의 방향이 바뀌는 것에 주의한다.
예를 들어 이차부등식
$-2x^2-x+3\le 0$
의 해를 구해 보자.
이차부등식의 양변에 -1을 곱하면
$2x^2+x-3\ge 0$이므로
$(2x+3)(x-1)\ge 0$
따라서 $x\le -\frac{3}{2}$ 또는 $x\ge 1$

05 절댓값 기호를 포함한 일차부등식

[22~27] 다음 부등식을 푸시오.

22 $|x-2|<3$

23 $|x+1|>4$

24 $|2x+5|\le 7$

25 $|4x-6|\ge 2$

26 $|3x+6|<x+10$

27 $|2x-2|\ge -x+10$

[28~29] 다음 부등식을 푸시오.

28 $1<|x-2|<4$

29 $4\le |3x+1|\le 10$

[30~32] 다음 부등식을 푸시오.

30 $|x|+|x-2|\le 6$

31 $|x+2|+|x-1|>5$

32 $|x+1|-|x-3|\le 2$

06-1 이차부등식

[33~36] 다음 이차부등식을 푸시오.

33 $x^2-x-2<0$

34 $x^2-3x-10>0$

35 $-x^2+4x+5\ge 0$

36 $x^2+2x-8\ge 0$

[37~42] 다음 이차부등식을 푸시오.

37 $x^2-4x+4\ge 0$

38 $x^2+6x+9>0$

39 $x^2-10x+26\ge 0$

40 $x^2-12x+36\le 0$

41 $-x^2+8x-16>0$

42 $-x^2-2x-1\le 0$

43 이차부등식 $x^2+kx+4>0$의 해가 모든 실수가 되도록 하는 실수 k의 값의 범위를 구하시오.

44 이차부등식 $x^2+2kx-k+6<0$의 해가 없을 때, 실수 k의 값의 범위를 구하시오.

06-2 연립이차부등식

[45~46] 다음 연립부등식을 푸시오.

45 $\begin{cases} 4x+7>-5 \\ x^2+5x-6<0 \end{cases}$

46 $\begin{cases} x^2-3x>0 \\ x^2+x-20\le 0 \end{cases}$

47 부등식 $-x^2+2x+10<x^2-6x<-4x+24$를 푸시오.

유형 01 삼차방정식과 사차방정식

(1) 인수분해공식, 조립제법, 인수정리 등을 이용하여 $f(x)$를 인수분해한다.

참고 $ABC=0$이면 $A=0$ 또는 $B=0$ 또는 $C=0$

(2) $f(\alpha)=0$을 만족시키는 α를 찾고, 조립제법을 이용하면 인수정리에 의하여 $f(x)=(x-\alpha)Q(x)$의 꼴로 인수분해된다.

참고 다항식 $f(x)$의 계수가 모두 정수일 때 $f(\alpha)=0$을 만족시키는 α의 값은 $\pm\frac{(\text{상수항의 약수})}{(\text{최고차항의 계수의 약수})}$ 중에서 찾는다.

» 올림포스 공통수학1 55쪽

01 대표문제 ▶ 25646-0377

삼차방정식 $x^3-2x^2-x+2=0$의 세 근을 α, β, γ라 할 때, $\alpha^3+\beta^3+\gamma^3$의 값은?

① 6 ② 8 ③ 10 ④ 12 ⑤ 14

02 상중하 ▶ 25646-0378

사차방정식 $x^4-x^3-2x-4=0$의 서로 다른 모든 실근의 합은?

① -2 ② -1 ③ 0 ④ 1 ⑤ 2

03 상중하 ▶ 25646-0379

삼차방정식 $x^3+2x-12=0$의 한 허근이 $a+bi$일 때, a^2-b^2의 값은? (단, a, b는 실수이고, $i=\sqrt{-1}$이다.)

① -1 ② -2 ③ -3 ④ -4 ⑤ -5

04 상중하 ▶ 25646-0380

삼차방정식 $x^3-x^2-2x+8=0$이 한 실근 α와 서로 다른 두 허근 β, γ를 가질 때, $\alpha\beta+\alpha\gamma$의 값은?

① -6 ② -2 ③ 2 ④ 6 ⑤ 10

05 상중하 ▶ 25646-0381

사차방정식 $x^4+x^3-5x^2+x-6=0$의 한 허근을 α라 할 때, $\alpha^4+\overline{\alpha}^4$의 값은?

① 2 ② 4 ③ 8 ④ 16 ⑤ 32

06 상중하 ▶ 25646-0382

사차방정식 $x^4+2x^3-6x^2+2x+1=0$의 서로 다른 실근의 개수를 a, 가장 큰 실근을 b라 할 때, $a+b$의 값은?

① 3 ② 4 ③ 5 ④ 6 ⑤ 7

유형 02 공통부분이 있는 사차방정식

(1) 사차방정식에서 공통부분을 한 문자로 치환하여 그 문자에 대한 방정식으로 변형한 후 인수분해한다.
(2) $(x-a)(x-b)(x-c)(x-d)-k=0$ (a, b, c, d, k는 상수)의 꼴의 사차방정식은 두 일차식의 상수항의 합과 나머지 두 일차식의 상수항의 합이 서로 같도록 짝을 지어 짝 지어진 식끼리 전개한 후 공통부분을 한 문자로 치환한다.

≫ 올림포스 공통수학1 55쪽

07 대표문제 ▸ 25646-0383

사차방정식 $(x^2+x)^2+2(x^2+x)-8=0$의 서로 다른 모든 실근의 곱을 a, 서로 다른 모든 허근의 곱을 b라 할 때, a^2+b^2의 값을 구하시오.

08 상중하 ▸ 25646-0384

사차방정식 $(2x^2-3x-3)(2x^2-3x-4)-2=0$의 근 중 양수인 서로 다른 모든 실근의 합은?

① $\frac{3}{2}$ ② $\frac{5}{2}$ ③ $\frac{7}{2}$
④ $\frac{9}{2}$ ⑤ $\frac{11}{2}$

09 상중하 ▸ 25646-0385

사차방정식 $(x+1)(x+2)(x-3)(x-4)-84=0$의 서로 다른 두 실근을 α, β $(\alpha<\beta)$라 할 때, $\beta-\alpha$의 값은?

① 4 ② 5 ③ 6
④ 7 ⑤ 8

유형 03 $ax^4+bx^2+c=0$ (a, b, c는 상수)의 꼴의 사차방정식

(1) $x^2=X$로 치환하여 좌변을 인수분해한다.
(2) 좌변을 A^2-B^2의 꼴로 변형하여 인수분해한다.

≫ 올림포스 공통수학1 55쪽

10 대표문제 ▸ 25646-0386

사차방정식 $x^4-10x^2+9=0$의 서로 다른 네 실근을 α, β, γ, δ $(\alpha<\beta<\gamma<\delta)$라 할 때, $(\alpha+\beta)(\gamma+\delta)$의 값은?

① -20 ② -16 ③ -12
④ -8 ⑤ -4

11 상중하 ▸ 25646-0387

사차방정식 $x^4-3x^2-4=0$의 서로 다른 두 실근을 α, β $(\alpha<\beta)$라 할 때, $\beta-\alpha$의 값은?

① 4 ② 6 ③ 8
④ 10 ⑤ 12

12 상중하 ▸ 25646-0388

x에 대한 사차방정식 $x^4-(4k^2-6)x^2+9=0$의 서로 다른 실근의 개수가 2가 되도록 하는 서로 다른 모든 실수 k의 값의 곱은? (단, $k\neq0$)

① -11 ② -9 ③ -7
④ -5 ⑤ -3

유형 04 근이 주어진 삼차방정식 · 사차방정식의 미정계수 구하기

α가 방정식 $f(x)=0$의 한 근이면 $f(\alpha)=0$임을 이용하여 미정계수를 구한다.

» 올림포스 공통수학1 55쪽

13 대표문제 ▶ 25646-0389

x에 대한 삼차방정식 $x^3+ax^2-x-4=0$의 한 근이 1일 때, 나머지 두 근을 α, β라 하자. $a+\alpha\beta$의 값은? (단, a는 상수이다.)

① 4 ② 6 ③ 8
④ 10 ⑤ 12

14 상중하 ▶ 25646-0390

x에 대한 삼차방정식 $x^3-2x^2-4x+a=0$의 한 근이 -2일 때, 삼차방정식 $x^3-2x^2-4x+a=0$의 서로 다른 모든 근의 곱을 구하시오. (단, a는 상수이다.)

15 상중하 ▶ 25646-0391

x에 대한 사차방정식 $x^4+2x^2+ax-10=0$의 두 실근 중 하나가 1이고, 두 허근 중 하나가 α일 때, $\alpha^2-\alpha$의 값은? (단, a는 상수이다.)

① -1 ② -2 ③ -3
④ -4 ⑤ -5

유형 05 삼차방정식의 근의 조건을 이용하여 미정계수 구하기 (중요)

$f(\alpha)=0$을 만족시키는 상수 α를 찾고
$(x-\alpha)(x^2+ax+b)=0$ (a, b는 상수)의 꼴로 변형한 후 이차방정식 $x^2+ax+b=0$의 판별식을 이용하여 문제를 해결한다.

» 올림포스 공통수학1 55쪽

16 대표문제 ▶ 25646-0392

x에 대한 삼차방정식 $x^3-5x^2+ax+a+6=0$이 한 실근과 서로 다른 두 허근을 갖도록 하는 정수 a의 최솟값은?

① 3 ② 4 ③ 5
④ 6 ⑤ 7

17 상중하 ▶ 25646-0393

x에 대한 삼차방정식 $2x^3-10x^2+ax=0$이 서로 다른 세 실근을 갖도록 하는 자연수 a의 개수는?

① 11 ② 12 ③ 13
④ 14 ⑤ 15

18 상중하 ▶ 25646-0394

x에 대한 삼차방정식 $x^3+ax^2+2(a-1)x+a-1=0$의 서로 다른 실근의 개수가 2가 되도록 하는 모든 실수 a의 값의 합은?

① 4 ② 5 ③ 6
④ 7 ⑤ 8

유형 06 세 수를 근으로 하는 삼차방정식

(1) 세 수 α, β, γ를 근으로 하고, 삼차항의 계수가 a인 삼차방정식은

$$a(x-\alpha)(x-\beta)(x-\gamma)=0$$

(2) 세 수 α, β, γ를 근으로 하고, 삼차항의 계수가 1인 삼차방정식은

$$(x-\alpha)(x-\beta)(x-\gamma)=0$$

이므로

$$x^3-(\alpha+\beta+\gamma)x^2+(\alpha\beta+\beta\gamma+\gamma\alpha)x-\alpha\beta\gamma=0$$

참고 삼차방정식 $ax^3+bx^2+cx+d=0$ (a, b, c, d는 상수)의 세 근을 α, β, γ라 하면

$$\alpha+\beta+\gamma=-\frac{b}{a}$$

$$\alpha\beta+\beta\gamma+\gamma\alpha=\frac{c}{a}$$

$$\alpha\beta\gamma=-\frac{d}{a}$$

» 올림포스 공통수학1 55쪽

19 대표문제 ▶ 25646-0395

삼차방정식 $x^3+5x-6=0$의 세 근을 α, β, γ라 할 때, $(2-\alpha)(2-\beta)(2-\gamma)$의 값은?

① 6　② 8　③ 10　④ 12　⑤ 14

20 상중하 ▶ 25646-0396

삼차방정식 $2x^3-3x^2-4x+4=0$의 세 근을 α, β, γ라 할 때, $(1+\alpha)(1+\beta)(1+\gamma)$의 값은?

① $-\frac{3}{2}$　② $-\frac{1}{2}$　③ $\frac{1}{2}$　④ $\frac{3}{2}$　⑤ $\frac{5}{2}$

21 상중하 ▶ 25646-0397

삼차방정식 $x^3-7x^2-2x+8=0$의 세 근을 α, β, γ라 할 때, $\frac{1}{\alpha}+\frac{1}{\beta}+\frac{1}{\gamma}$의 값은?

① $\frac{1}{4}$　② $\frac{1}{2}$　③ 1　④ 2　⑤ 4

22 상중하 ▶ 25646-0398

삼차방정식 $x^3-x^2-4x+2=0$의 세 근을 α, β, γ라 할 때, $(\alpha+\beta)(\beta+\gamma)(\gamma+\alpha)$의 값은?

① -4　② -2　③ 0　④ 2　⑤ 4

23 상중하 ▶ 25646-0399

x^3의 계수가 1인 삼차식 $f(x)$에 대하여

$$f(-2)=f(1)=f(3)=2$$

가 성립할 때, $f(0)$의 값은?

① 6　② 7　③ 8　④ 9　⑤ 10

유형 07 삼차방정식과 사차방정식의 켤레근

삼차방정식 $ax^3+bx^2+cx+d=0$ (a, b, c, d는 실수)의 한 근이 $p+qi$이면 $p-qi$도 이 삼차방정식의 근이다.

(단, p, q는 실수이고, $q\neq0$, $i=\sqrt{-1}$이다.)

참고 삼차방정식 $ax^3+bx^2+cx+d=0$ (a, b, c, d는 유리수)의 한 근이 $p+q\sqrt{m}$이면 $p-q\sqrt{m}$도 이 삼차방정식의 근이다. (단, p, q는 유리수이고, $q\neq0$, $\sqrt{m}$은 무리수이다.)

» 올림포스 공통수학1 55쪽

24 대표문제
▶ 25646-0400

x에 대한 삼차방정식 $x^3+ax^2+bx+a=0$의 한 근이 $1+i$일 때, 두 실수 a, b에 대하여 ab의 값은? (단, $i=\sqrt{-1}$)

① -8　② -12　③ -16
④ -20　⑤ -24

25 상중하
▶ 25646-0401

x에 대한 삼차방정식 $x^3+ax^2+bx+c=0$의 서로 다른 세 근 중 두 근이 -1, $2-3i$일 때, 세 실수 a, b, c에 대하여 $a+b+c$의 값은? (단, $i=\sqrt{-1}$)

① 16　② 17　③ 18
④ 19　⑤ 20

26 상중하
▶ 25646-0402

x에 대한 사차방정식 $x^4+ax^3+bx^2+cx+d=0$의 서로 다른 네 근 중 두 근이 $2+\sqrt{3}$, $2i$이다. 네 유리수 a, b, c, d에 대하여 $ab-cd$의 값을 구하시오. (단, $i=\sqrt{-1}$)

유형 08 삼차방정식 $x^3=1$의 허근의 성질 (중요)

삼차방정식 $x^3=1$의 한 허근이 ω이면 다른 한 허근은 $\overline{\omega}$이다.
이때 ω, $\overline{\omega}$에 대하여 다음이 성립한다.

(1) $\omega^3=1$, $\overline{\omega}^3=1$
(2) $\omega^2+\omega+1=0$, $\overline{\omega}^2+\overline{\omega}+1=0$
(3) $\omega+\overline{\omega}=-1$, $\omega\overline{\omega}=1$
(4) $\omega^2=\overline{\omega}$, $\overline{\omega}^2=\omega$

참고 삼차방정식 $x^3=-1$의 한 허근이 α이면 다른 한 허근은 $\overline{\alpha}$이다.
이때 α, $\overline{\alpha}$에 대하여 다음이 성립한다.
① $\alpha^3=-1$, $\overline{\alpha}^3=-1$
② $\alpha^2-\alpha+1=0$, $\overline{\alpha}^2-\overline{\alpha}+1=0$
③ $\alpha+\overline{\alpha}=1$, $\alpha\overline{\alpha}=1$
④ $\alpha^2=-\overline{\alpha}$, $\overline{\alpha}^2=-\alpha$

» 올림포스 공통수학1 55쪽

27 대표문제
▶ 25646-0403

삼차방정식 $x^3=1$의 한 허근을 ω라 할 때,

$$\omega+\omega^2+\omega^3+\cdots+\omega^{10}=a+b\omega$$

를 만족시키는 두 실수 a, b에 대하여 $a+b$의 값은?

① -2　② -1　③ 0
④ 1　⑤ 2

28 상중하
▶ 25646-0404

삼차방정식 $x^3=1$의 한 허근을 ω라 할 때, $\dfrac{\overline{\omega}^4}{\omega}+\dfrac{\omega^4}{\overline{\omega}}$의 값은?

① $-\dfrac{1}{4}$　② $-\dfrac{1}{2}$　③ -1
④ -2　⑤ -4

29 상중하

▶ 25646-0405

삼차방정식 $x^3=-1$의 한 허근을 α라 할 때,

$$\frac{\alpha^2}{1-\alpha}+\frac{\alpha}{1+\alpha^2}+\frac{1}{1-\alpha^3}$$

의 값은?

① $-\frac{3}{2}$ ② -1 ③ $-\frac{1}{2}$
④ $\frac{1}{2}$ ⑤ 1

30 상중하

▶ 25646-0406

삼차방정식 $x^3=1$의 한 허근을 ω라 할 때,

$$(\omega^{10}-\omega^{20}+\omega^{30}+a)^2<0$$

을 만족시키는 실수 a의 값을 구하시오.

31 상중하

▶ 25646-0407

삼차방정식 $x^3=1$의 한 허근을 ω라 할 때, 보기에서 옳은 것만을 있는 대로 고른 것은?

ㄱ. $\frac{1}{\omega}+\frac{1}{\overline{\omega}}=-1$
ㄴ. $\omega\overline{\omega}^2+\omega^2\overline{\omega}=-1$
ㄷ. $\omega^4+\omega^5+\omega^{40}+\omega^{50}=\overline{\omega}^3+\overline{\omega}^{30}$

① ㄱ ② ㄴ ③ ㄱ, ㄴ
④ ㄴ, ㄷ ⑤ ㄱ, ㄴ, ㄷ

유형 09 $\begin{cases}(\text{일차식})=0\\(\text{이차식})=0\end{cases}$의 꼴의 연립이차방정식

다음의 순서로 연립이차방정식을 푼다.
(i) 일차식을 x 또는 y에 대하여 정리한다.
(ii) (i)에서 정리한 식을 (이차식)$=0$에 대입하여 푼다.
(iii) (ii)에서 구한 값을 (i)에서 정리한 식에 대입하여 해를 구한다.

» 올림포스 공통수학1 56쪽

32 대표문제

▶ 25646-0408

연립방정식 $\begin{cases}x-3y=-2\\x^2-y^2=12\end{cases}$의 해를 $x=\alpha$, $y=\beta$라 할 때, $\alpha+\beta$의 최댓값은?

① 5 ② 6 ③ 7
④ 8 ⑤ 9

33 상중하

▶ 25646-0409

연립방정식 $\begin{cases}x+y=2\\x^2+xy=6\end{cases}$의 해를 $x=\alpha$, $y=\beta$라 할 때, $\alpha-\beta$의 값은?

① -5 ② -2 ③ 1
④ 4 ⑤ 7

34 상중하

▶ 25646-0410

$x=\alpha$ $(\alpha<0)$, $y=\beta$가 연립방정식 $\begin{cases}2x-y=1\\x^2+y^2=2\end{cases}$의 해일 때, $\alpha+\beta$의 값은? (단, α, β는 상수이다.)

① $-\frac{8}{5}$ ② $-\frac{7}{5}$ ③ $-\frac{6}{5}$
④ -1 ⑤ $-\frac{4}{5}$

유형 10 $\begin{cases}(\text{이차식})=0\\(\text{이차식})=0\end{cases}$ 의 꼴의 연립이차방정식

다음의 순서로 연립이차방정식을 푼다.

(i) 인수분해가 쉽게 되는 이차방정식을 인수분해하여 두 일차방정식을 얻는다.

(ii) (i)에서 얻은 일차방정식을 다른 이차방정식에 각각 대입하여 푼다.

(iii) (ii)에서 구한 값을 (i)에서 얻은 식에 대입하여 해를 구한다.

≫ 올림포스 공통수학1 56쪽

35 대표문제 ▶ 25646-0411

연립방정식 $\begin{cases}4xy-4x^2=y^2\\x^2+y^2=30\end{cases}$ 의 해를 $x=\alpha$, $y=\beta$라 할 때, $\alpha\beta$의 값은?

① 8 ② 12 ③ 16 ④ 20 ⑤ 24

36 상중하 ▶ 25646-0412

$x=\alpha\ (\alpha<0)$, $y=\beta$가 연립방정식 $\begin{cases}x^2+xy-2y^2=0\\x^2-y^2=24\end{cases}$ 의 해일 때, $\alpha+\beta$의 값은? (단, α, β는 상수이다.)

① $-2\sqrt{2}$ ② $-\sqrt{2}$ ③ $\sqrt{2}$ ④ $2\sqrt{2}$ ⑤ $4\sqrt{2}$

37 상중하 ▶ 25646-0413

$x=\alpha$, $y=\beta$가 연립방정식 $\begin{cases}4x^2-y^2=0\\x^2-2y+y^2=12\end{cases}$ 의 해일 때, $\alpha+\beta$의 값을 구하시오. (단, α, β는 자연수이다.)

유형 11 합과 곱이 주어진 연립이차방정식

$x+y=u$, $xy=v$일 때, x, y는 t에 대한 이차방정식 $t^2-ut+v=0$의 두 근임을 이용하여 x, y의 값을 구한다.

≫ 올림포스 공통수학1 56쪽

38 대표문제 ▶ 25646-0414

연립방정식 $\begin{cases}x+y=4\\xy=-12\end{cases}$ 의 해를 $x=\alpha$, $y=\beta$라 할 때, $|\alpha-\beta|$의 값은?

① 5 ② 6 ③ 7 ④ 8 ⑤ 9

39 상중하 ▶ 25646-0415

$x=-2$, $y=a$가 x, y에 대한 연립방정식 $\begin{cases}x-y=b\\-x+by=-13\end{cases}$ 의 해일 때, 두 상수 a, b에 대하여 $4a+2b$의 값은? (단, $a>0$)

① 1 ② 2 ③ 3 ④ 4 ⑤ 5

40 상중하 ▶ 25646-0416

연립방정식 $\begin{cases}x+y=6\\(x-2)(2-y)=24\end{cases}$ 의 해를 $x=\alpha$, $y=\beta$라 할 때, $\alpha-\beta$의 최댓값은?

① 8 ② 10 ③ 12 ④ 14 ⑤ 16

유형 12 연립이차방정식의 해의 조건

이차방정식의 판별식을 활용하여 연립이차방정식의 해의 조건에 대한 문제를 해결한다.

≫ 올림포스 공통수학1 56쪽

41 대표문제 ▸ 25646-0417

x, y에 대한 연립방정식 $\begin{cases} x-2y=4 \\ 2x-y^2=k \end{cases}$가 오직 한 쌍의 해를 갖도록 하는 실수 k의 값을 구하시오.

42 상중하 ▸ 25646-0418

x, y에 대한 연립방정식 $\begin{cases} 2x+y=8 \\ x^2-3y=k \end{cases}$가 오직 한 쌍의 해 $x=\alpha$, $y=\beta$를 가질 때, $\alpha+\beta+k$의 값은? (단, k는 실수이다.)

① -22　② -20　③ -18
④ -16　⑤ -14

43 상중하 ▸ 25646-0419

x, y에 대한 연립방정식 $\begin{cases} x+y=2a \\ (x+1)(y+1)=7+a^2 \end{cases}$의 해 중에서 x, y가 모두 실수인 해가 존재하도록 하는 정수 a의 최솟값은?

① 1　② 2　③ 3
④ 4　⑤ 5

유형 13 연립방정식의 활용

다음의 순서로 연립방정식의 활용에 대한 문제를 해결한다.
(i) 구하는 것을 미지수 x, y로 놓는다.
(ii) 주어진 조건을 이용하여 연립방정식을 세운다.
(iii) 연립방정식을 풀고 구한 해가 문제의 조건에 맞는지 확인한다.

≫ 올림포스 공통수학1 56쪽

44 대표문제 ▸ 25646-0420

길이가 120 cm인 철사를 잘라서 한 변의 길이가 각각 a cm, b cm $(a>b)$인 두 개의 정사각형을 만들었다. 이 두 정사각형의 넓이의 차가 180 cm^2일 때, a의 값을 구하시오 (단, 철사는 겹치는 부분 없이 모두 사용하고, 철사의 굵기는 무시한다.)

45 상중하 ▸ 25646-0421

대각선의 길이가 $4\sqrt{13}$인 직사각형 ABCD가 있다. 이 직사각형 ABCD의 가로, 세로의 길이를 각각 4만큼 길게 한 직사각형을 A′B′C′D′이라 하자. 직사각형 A′B′C′D′의 넓이는 직사각형 ABCD의 넓이보다 96만큼 클 때, $|\overline{AB}-\overline{AD}|$의 값은?

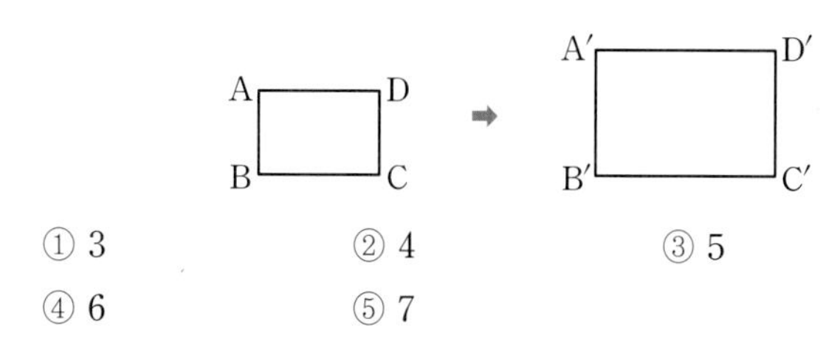

① 3　② 4　③ 5
④ 6　⑤ 7

유형 14 연립일차부등식

다음 순서로 연립일차부등식을 푼다.
(i) 각각의 일차부등식을 푼다.
(ii) (i)에서 얻은 두 일차부등식의 해의 공통부분을 찾아 연립일차부등식의 해를 구한다.

≫ 올림포스 공통수학1 56쪽

46 대표문제 ▶ 25646-0422

연립부등식 $\begin{cases} 3x+9>5x-3 \\ x+1<2x+4 \end{cases}$를 만족시키는 정수 x의 개수는?

① 6 ② 7 ③ 8
④ 9 ⑤ 10

47 상중하 ▶ 25646-0423

연립부등식 $\begin{cases} 4x-15<x+6 \\ x+2\geq 5 \end{cases}$를 만족시키는 모든 정수 x의 값의 합은?

① 14 ② 15 ③ 16
④ 17 ⑤ 18

48 상중하 ▶ 25646-0424

연립부등식 $\begin{cases} -3x+12\leq 4x-2 \\ 5x-8\leq 2x+10 \end{cases}$의 해가 $a\leq x\leq b$일 때, $b-a$의 값을 구하시오. (단, a, b는 상수이다.)

유형 15 $f(x)<g(x)<h(x)$의 꼴의 부등식

$f(x)<g(x)<h(x)$의 꼴의 부등식은
연립부등식 $\begin{cases} f(x)<g(x) \\ g(x)<h(x) \end{cases}$의 꼴로 고쳐서 푼다.

≫ 올림포스 공통수학1 56쪽

49 대표문제 ▶ 25646-0425

부등식 $3x-2\leq 10-x\leq 2x+7$을 만족시키는 모든 정수 x의 값의 합은?

① 5 ② 6 ③ 7
④ 8 ⑤ 9

50 상중하 ▶ 25646-0426

부등식 $2x+12<4x+14\leq 54-x$를 만족시키는 정수 x의 개수를 구하시오.

51 상중하 ▶ 25646-0427

부등식 $2-6x\leq 4-5x<25-8x$의 해가 $a\leq x<b$일 때, $a+b$의 값은? (단, a, b는 상수이다.)

① 3 ② 4 ③ 5
④ 6 ⑤ 7

유형 16 해가 주어진 연립일차부등식

다음의 순서로 문제를 해결한다.
(i) 미정계수를 포함한 연립부등식에서 각각의 부등식을 푼다.
(ii) 주어진 해와 비교하며 미정계수를 구한다.

≫ 올림포스 공통수학1 56쪽

52 대표문제 ▶ 25646-0428

x에 대한 연립부등식 $\begin{cases} 2x<x+a \\ b-3x\le 3-x \end{cases}$의 해가 $-4\le x<4$일 때, $a+b$의 값은? (단, a, b는 상수이다.)

① -1 ② -2 ③ -3
④ -4 ⑤ -5

53 상중하 ▶ 25646-0429

x에 대한 연립부등식 $\begin{cases} 5x<7x-a \\ -6+x\le 30-3x \end{cases}$의 해가 $1<x\le b$일 때, $a+b$의 값은? (단, a, b는 상수이다.)

① 8 ② 9 ③ 10
④ 11 ⑤ 12

54 상중하 ▶ 25646-0430

x에 대한 연립부등식 $\begin{cases} -4x+1\le -7 \\ 3x+8\le 2x+a \end{cases}$의 해가 $x=b$일 때, a^2-b^2의 값을 구하시오. (단, a, b는 상수이다.)

유형 17 연립일차부등식이 해를 갖지 않는 경우

연립일차부등식의 각각의 부등식의 해를 구한 후 주어진 조건에 맞게 수직선 위에 나타내어 미정계수의 조건을 파악한다.

≫ 올림포스 공통수학1 56쪽

55 대표문제 ▶ 25646-0431

x에 대한 연립부등식 $\begin{cases} 3x+2<14 \\ x-2\le 2x-a \end{cases}$가 해를 갖지 않도록 하는 정수 a의 최솟값은?

① 4 ② 6 ③ 8
④ 10 ⑤ 12

56 상중하 ▶ 25646-0432

x에 대한 연립부등식 $\begin{cases} -x\le x+4 \\ 7x-3\le 6x+a \end{cases}$가 해를 갖지 않도록 하는 정수 a의 최댓값은?

① -4 ② -5 ③ -6
④ -7 ⑤ -8

57 상중하 ▶ 25646-0433

x에 대한 부등식 $5x+6<3x+4<6x+a$가 해를 갖지 않도록 하는 정수 a의 최댓값을 구하시오.

유형 18 정수인 해의 조건이 주어진 연립일차부등식 중요

다음의 순서로 문제를 해결한다.
(i) 각각의 일차부등식을 푼다.
(ii) 정수인 해가 없거나 주어진 조건을 만족시키는 정수가 포함되도록 미정계수의 범위를 구한다.

≫ 올림포스 공통수학1 56쪽

58 대표문제 ▸ 25646-0434

x에 대한 연립부등식 $\begin{cases} -2x+1<-3 \\ 10x-1\leq 6x+a \end{cases}$를 만족시키는 정수 x의 개수가 2가 되도록 하는 정수 a의 개수는?

① 1 ② 2 ③ 3
④ 4 ⑤ 5

59 상중하 ▸ 25646-0435

x에 대한 연립부등식 $\begin{cases} 5x\geq 2x-9 \\ 4x+1<-x+a \end{cases}$를 만족시키는 정수 x의 개수가 6이 되도록 하는 모든 정수 a의 값의 합을 구하시오.

60 상중하 ▸ 25646-0436

x에 대한 연립부등식 $\begin{cases} 3x+6>5x \\ x-2>-2x+a \end{cases}$를 만족시키는 모든 정수 x의 값의 합이 -3이 되도록 하는 정수 a의 최댓값은?

① -8 ② -9 ③ -10
④ -11 ⑤ -12

유형 19 연립일차부등식의 활용

다음의 순서로 문제를 해결한다.
(i) 주어진 조건에 맞게 부등식을 세운다.
(ii) (i)에서 세운 각각의 부등식의 해를 구한다.
(iii) (ii)에서 구한 해의 공통부분을 구한다

≫ 올림포스 공통수학1 56쪽

61 대표문제 ▸ 25646-0437

두 자연수 m, n에 대하여 n개의 상자와 m개의 공이 있다. 각각의 상자에 공을 3개씩 담으면 4개의 공이 남는다. 공을 4개씩 상자에 담으면 공이 한 개도 들어 있지 않은 상자의 개수는 2일 때, $m+n$의 최솟값은? (단, $n\geq 3$)

① 48 ② 52 ③ 56
④ 60 ⑤ 64

62 상중하 ▸ 25646-0438

어느 학급의 전체 학생 수는 학생 A를 포함하여 n명이다. m자루의 볼펜을 이 학급의 학생 n명에게 각각 2자루씩 나누어 주면 11자루가 남는다. 학생 A를 제외한 나머지 학생 $n-1$명에게 각각 4자루씩 나누어 주고 남은 볼펜 모두를 학생 A에게 주면 학생 A는 1개 이상, 3개 이하의 볼펜을 받는다고 할 때, $m+n$의 최댓값은? (단, $n\geq 2$)

① 20 ② 26 ③ 32
④ 38 ⑤ 44

유형 20 절댓값 기호를 포함한 부등식(1)

양수 a에 대하여

(1) $|x|<a$의 해는 $-a<x<a$

(2) $|x|>a$의 해는 $x<-a$ 또는 $x>a$

참고 0이 아닌 상수 a와 양수 c에 대하여
$|ax+b|<c$의 해는 $-c<ax+b<c$이고
$|ax+b|>c$의 해는 $ax+b<-c$ 또는 $ax+b>c$이다.

≫ 올림포스 공통수학1 57쪽

63 대표문제 ▸ 25646-0439

부등식 $|3x-4|\le 11$을 만족시키는 정수 x의 개수는?

① 4 ② 5 ③ 6
④ 7 ⑤ 8

64 상중하 ▸ 25646-0440

부등식 $|2x-1|>5$의 해가 $x<a$ 또는 $x>b$일 때, 두 상수 a, b에 대하여 $a+b$의 값은?

① -2 ② -1 ③ 0
④ 1 ⑤ 2

65 상중하 ▸ 25646-0441

x에 대한 부등식 $|4x-a|\le a$를 만족시키는 정수 x의 개수가 2가 되도록 하는 모든 자연수 a의 값의 합은?

① 3 ② 5 ③ 7
④ 9 ⑤ 11

유형 21 절댓값 기호를 포함한 부등식(2)

네 상수 a, b, c, d에 대하여 $ac\neq 0$일 때,
$|ax+b|<cx+d$의 꼴의 부등식은
$ax+b=0$인 x의 값 $-\dfrac{b}{a}$를 경계로
$x<-\dfrac{b}{a}$, $x\ge -\dfrac{b}{a}$로 나누어 푼다.

≫ 올림포스 공통수학1 57쪽

66 대표문제 ▸ 25646-0442

부등식 $|4x-8|\le -x+15$를 만족시키는 정수 x의 개수는?

① 4 ② 5 ③ 6
④ 7 ⑤ 8

67 상중하 ▸ 25646-0443

부등식 $|x-1|>2x+7$을 만족시키는 정수 x의 최댓값은?

① -1 ② -2 ③ -3
④ -4 ⑤ -5

68 상중하 ▸ 25646-0444

x에 대한 부등식 $|2x+1|<x+a$의 해가 $-1<x<b$일 때, 두 상수 a, b에 대하여 $a+b$의 값을 구하시오. $\left(\text{단, } a>\dfrac{1}{2}\right)$

유형 22 절댓값 기호를 포함한 부등식(3)

중요

세 상수 a, b, c에 대하여 $a<b$일 때

$|x-a|+|x-b|<c$ 또는 $|x-a|+|x-b|>c$

의 꼴의 부등식은 x의 값의 범위를

(i) $x<a$ (ii) $a\le x<b$ (iii) $x\ge b$

로 나누어 푼다.

≫ 올림포스 공통수학1 57쪽

69 대표문제 ▸ 25646-0445

부등식 $|x|+|x-2|\le 6$을 만족시키는 정수 x의 개수는?

① 6 ② 7 ③ 8
④ 9 ⑤ 10

70 상중하 ▸ 25646-0446

부등식 $2|x+1|-|x-1|\ge 3$의 해가 $x\le a$ 또는 $x\ge b$일 때, 두 상수 a, b에 대하여 ab의 값은?

① -1 ② -2 ③ -3
④ -4 ⑤ -5

71 상중하 ▸ 25646-0447

부등식 $|x+1|+|x-3|\le 4$를 만족시키는 모든 정수 x의 값의 합은?

① 3 ② 4 ③ 5
④ 6 ⑤ 7

유형 23 이차함수의 그래프와 이차부등식

(1) 부등식 $f(x)>0$ (또는 $f(x)<0$)의 해
➡ 함수 $y=f(x)$의 그래프가 x축보다 위쪽 (또는 아래쪽)에 있는 부분의 x의 값의 범위

(2) 부등식 $f(x)>g(x)$ (또는 $f(x)<g(x)$)의 해
➡ 함수 $y=f(x)$의 그래프가 함수 $y=g(x)$의 그래프보다 위쪽 (또는 아래쪽)에 있는 부분의 x의 값의 범위

≫ 올림포스 공통수학1 57쪽

72 대표문제 ▸ 25646-0448

이차함수 $y=f(x)$의 그래프가 그림과 같을 때, 이차부등식 $f(x)<0$을 만족시키는 모든 정수 x의 값의 합은?

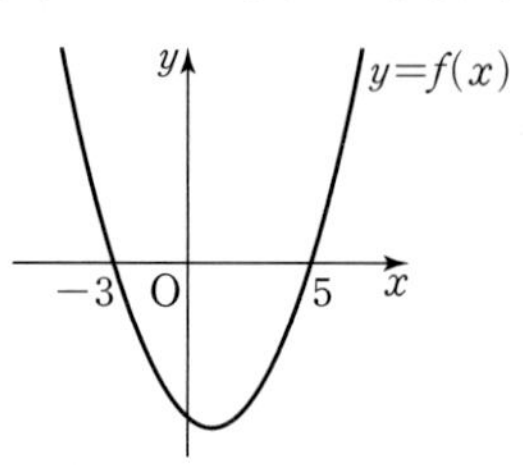

① 5 ② 6 ③ 7
④ 8 ⑤ 9

73 상중하 ▸ 25646-0449

두 이차함수 $y=f(x)$, $y=g(x)$의 그래프가 그림과 같을 때, 이차부등식 $f(x)\le g(x)$를 만족시키는 정수 x의 개수는?

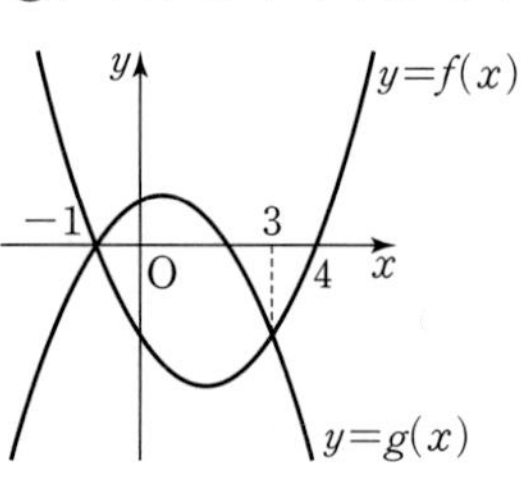

① 1 ② 2 ③ 3
④ 4 ⑤ 5

유형 24 이차부등식

이차방정식 $ax^2+bx+c=0$ ($a>0$, $b^2-4ac>0$)의 해를 α, β ($\alpha<\beta$)라 하면

(1) $ax^2+bx+c>0$ ➡ $x<\alpha$ 또는 $x>\beta$

(2) $ax^2+bx+c\geq0$ ➡ $x\leq\alpha$ 또는 $x\geq\beta$

(3) $ax^2+bx+c<0$ ➡ $\alpha<x<\beta$

(4) $ax^2+bx+c\leq0$ ➡ $\alpha\leq x\leq\beta$

» 올림포스 공통수학1 57쪽

74 대표문제 ▸ 25646-0450

이차부등식 $x^2+4x-12\leq0$을 만족시키는 정수 x의 개수는?

① 7 ② 8 ③ 9
④ 10 ⑤ 11

75 상중하 ▸ 25646-0451

이차부등식 $x^2-2x+4\geq4x-1$의 해가 $x\leq\alpha$ 또는 $x\geq\beta$일 때, 두 상수 α, β에 대하여 $\beta-\alpha$의 값은?

① 1 ② 2 ③ 3
④ 4 ⑤ 5

76 상중하 ▸ 25646-0452

이차부등식 $x^2-2x-15<0$을 만족시키는 정수 x의 최댓값을 M, 최솟값을 m이라 할 때, $M+m$의 값은?

① 2 ② 4 ③ 6
④ 8 ⑤ 10

유형 25 해가 주어진 이차부등식

(1) 해가 $x<\alpha$ 또는 $x>\beta$ ($\alpha<\beta$)이고 x^2의 계수가 1인 이차부등식 ➡ $(x-\alpha)(x-\beta)>0$

(2) 해가 $\alpha<x<\beta$이고 x^2의 계수가 1인 이차부등식 ➡ $(x-\alpha)(x-\beta)<0$

» 올림포스 공통수학1 57쪽

77 대표문제 ▸ 25646-0453

x에 대한 이차부등식 $x^2+ax+b<0$의 해가 $-2<x<5$일 때, $a+b$의 값은? (단, a, b는 상수이다.)

① -13 ② -12 ③ -11
④ -10 ⑤ -9

78 상중하 ▸ 25646-0454

x에 대한 이차부등식 $x^2-2x+a>0$의 해가 $x<b$ 또는 $x>4$일 때, ab의 값은? (단, a, b는 상수이다.)

① 8 ② 12 ③ 16
④ 20 ⑤ 24

79 상중하 ▸ 25646-0455

x에 대한 이차부등식 $ax^2+bx+c<0$의 해가 $1<x<5$일 때, x에 대한 이차부등식 $ax^2-cx+b>0$의 해는?
(단, a, b, c는 상수이다.)

① $x<1$ 또는 $x>5$ ② $x<-1$ 또는 $x>6$
③ $-5<x<1$ ④ $-1<x<5$
⑤ $-1<x<6$

유형 26 $f(x)$에 대한 부등식과 $f(ax+b)$에 대한 부등식

$f(x)=p(x-\alpha)(x-\beta)$일 때

$f(ax+b)=p(ax+b-\alpha)(ax+b-\beta)$

임을 이용하여 부등식을 푼다. (단, $a\neq0$)

≫ 올림포스 공통수학1 57쪽

80 대표문제 ▸ 25646-0456

이차부등식 $f(x)<0$의 해가 $x<-2$ 또는 $x>6$일 때, 부등식 $f(2x)>0$을 만족시키는 정수 x의 개수는?

① 3 ② 4 ③ 5 ④ 6 ⑤ 7

81 상중하 ▸ 25646-0457

이차부등식 $f(x)<0$의 해가 $4<x<16$일 때, 이차부등식 $f(-3x+1)<0$을 만족시키는 모든 정수 x의 값의 합은?

① -9 ② -8 ③ -7 ④ -6 ⑤ -5

82 상중하 ▸ 25646-0458

이차함수 $y=f(x)$의 그래프가 x축과 두 점 $(-5, 0)$, $(3, 0)$에서 만나고, 이차함수 $y=f(x)$의 그래프가 점 $(0, 15)$를 지날 때, 부등식 $f\left(\frac{x}{2}\right)>0$을 만족시키는 정수 x의 개수는?

① 13 ② 14 ③ 15 ④ 16 ⑤ 17

유형 27 이차부등식이 항상 성립할 조건

이차방정식 $ax^2+bx+c=0$ (a, b, c는 상수)의 판별식을 D라 할 때, 모든 실수 x에 대하여 이차부등식이 성립할 조건은 이차함수 $y=ax^2+bx+c$의 그래프와 x축의 위치 관계를 이용하면 다음과 같다.

(1) $ax^2+bx+c>0 \Rightarrow a>0,\ D<0$

(2) $ax^2+bx+c\geq0 \Rightarrow a>0,\ D\leq0$

(3) $ax^2+bx+c<0 \Rightarrow a<0,\ D<0$

(4) $ax^2+bx+c\leq0 \Rightarrow a<0,\ D\leq0$

≫ 올림포스 공통수학1 57쪽

83 대표문제 ▸ 25646-0459

모든 실수 x에 대하여 x에 대한 이차부등식

$x^2+2ax+3a+4\geq0$

이 항상 성립하도록 하는 정수 a의 개수는?

① 5 ② 6 ③ 7 ④ 8 ⑤ 9

84 상중하 ▸ 25646-0460

모든 실수 x에 대하여 x에 대한 이차부등식

$ax^2-4(a+2)x+4a+18>0$

이 항상 성립하도록 하는 자연수 a의 최솟값은?

① 6 ② 7 ③ 8 ④ 9 ⑤ 10

85 상중하 ▸ 25646-0461

이차함수 $f(x)=-x^2+2ax-8a$일 때, 모든 실수 x에 대하여 x에 대한 이차부등식 $f(x)<0$이 항상 성립하도록 하는 정수 a의 최댓값은?

① 7 ② 8 ③ 9 ④ 10 ⑤ 11

유형 28 이차부등식이 해를 갖거나 해가 한 개일 조건

이차방정식 $ax^2+bx+c=0$ ($a>0$이고, a, b, c는 상수)의 판별식을 D라 하면

(1) $ax^2+bx+c\le0$이 해를 가질 조건
➡ $D\ge0$

(2) $ax^2+bx+c<0$이 해를 가질 조건
➡ $D>0$

(3) $ax^2+bx+c\le0$의 해가 한 개일 조건
➡ $D=0$

» 올림포스 공통수학1 57쪽

86 대표문제 ▶ 25646-0462

x에 대한 이차부등식 $x^2-8x+a^2-6a<0$이 해를 갖도록 하는 정수 a의 개수는?

① 7 ② 8 ③ 9
④ 10 ⑤ 11

87 상중하 ▶ 25646-0463

x에 대한 이차부등식 $x^2-2ax-a+6\le0$의 해가 $x=\alpha$의 한 개일 때, $a+\alpha$의 값은? (단, a는 양수이다.)

① 1 ② 2 ③ 3
④ 4 ⑤ 5

88 상중하 ▶ 25646-0464

x에 대한 이차부등식 $x^2+2(a-2)x+a+10\le0$이 해를 갖도록 하는 자연수 a의 최솟값은?

① 5 ② 6 ③ 7
④ 8 ⑤ 9

유형 29 이차부등식이 해를 갖지 않을 조건

이차방정식 $ax^2+bx+c=0$ (a, b, c는 실수)의 판별식을 D라 할 때, 다음 부등식이 해를 갖지 않을 조건은 이차함수 $y=ax^2+bx+c$의 그래프와 x축의 위치 관계를 이용하면 다음과 같다.

(1) $ax^2+bx+c>0$ ➡ $a<0$, $D\le0$
(2) $ax^2+bx+c\ge0$ ➡ $a<0$, $D<0$
(3) $ax^2+bx+c<0$ ➡ $a>0$, $D\le0$
(4) $ax^2+bx+c\le0$ ➡ $a>0$, $D<0$

» 올림포스 공통수학1 57쪽

89 대표문제 ▶ 25646-0465

x에 대한 이차부등식 $x^2+4(a-1)x+3a^2-5a+32<0$이 해를 갖지 않도록 하는 정수 a의 개수는?

① 8 ② 9 ③ 10
④ 11 ⑤ 12

90 상중하 ▶ 25646-0466

x에 대한 이차부등식 $ax^2+2(a-4)x+2a-14\ge0$이 해를 갖지 않도록 하는 정수 a의 최댓값은?

① -1 ② -2 ③ -3
④ -4 ⑤ -5

91 상중하 ▶ 25646-0467

x에 대한 이차부등식 $x^2-2ax-2a\le0$의 해는 한 개이고, x에 대한 이차부등식 $ax^2-4x+3a+b>0$은 해를 갖지 않을 때, 두 실수 a, b에 대하여 $a+b$의 최댓값은? (단, $a\ne0$)

① 1 ② 2 ③ 3
④ 4 ⑤ 5

유형 30 제한된 범위에서 항상 성립하는 이차부등식

중요

(1) $a \le x \le b$에서 이차부등식 $f(x)>0$이 항상 성립한다.
➡ $a \le x \le b$에서 함수 $f(x)$의 최솟값이 0보다 크다.
(2) $a \le x \le b$에서 이차부등식 $f(x)<0$이 항상 성립한다.
➡ $a \le x \le b$에서 함수 $f(x)$의 최댓값이 0보다 작다.

» 올림포스 공통수학1 57쪽

92 대표문제 ▶ 25646-0468

$-3 \le x \le 3$에서 x에 대한 이차부등식 $x^2-4x+2a-1 \ge 0$이 항상 성립할 때, 실수 a의 최솟값은?

① $\frac{1}{2}$ ② 1 ③ $\frac{3}{2}$
④ 2 ⑤ $\frac{5}{2}$

93 상중하 ▶ 25646-0469

$-1 \le x \le 1$에서 x에 대한 이차부등식 $x^2+4x-3k+5<0$이 항상 성립하도록 하는 정수 k의 최솟값은?

① 1 ② 2 ③ 3
④ 4 ⑤ 5

94 상중하 ▶ 25646-0470

$-2 \le x \le 2$에서 x에 대한 이차부등식 $x^2+x+k \le -x^2-3x+2$가 항상 성립할 때, 실수 k의 최댓값은?

① -12 ② -13 ③ -14
④ -15 ⑤ -16

유형 31 연립이차부등식

다음의 순서로 연립이차부등식을 푼다.
(i) 각각의 부등식의 해를 구한다.
(ii) (i)에서 구한 해의 공통부분을 구한다.

» 올림포스 공통수학1 57쪽

95 대표문제 ▶ 25646-0471

연립부등식 $\begin{cases} x^2-6x-7 \le 0 \\ 3x^2+x-14>0 \end{cases}$을 만족시키는 모든 정수 x의 값의 합을 구하시오.

96 상중하 ▶ 25646-0472

연립부등식 $\begin{cases} |x-1| \le 2 \\ x^2+2x-8 \le 0 \end{cases}$의 해가 $\alpha \le x \le \beta$일 때, $\alpha+\beta$의 값은? (단, α, β는 상수이다.)

① -2 ② -1 ③ 0
④ 1 ⑤ 2

97 상중하 ▶ 25646-0473

부등식 $2x-6 \le -x^2+x \le -2x^2+5x+12$를 만족시키는 정수 x의 개수는?

① 4 ② 5 ③ 6
④ 7 ⑤ 8

유형 32 해가 주어진 연립이차부등식

연립이차부등식의 해가 주어졌을 때, 각각의 부등식의 해의 공통부분을 구한 후, 주어진 해와 비교하여 문제를 해결한다.

≫ 올림포스 공통수학1 57쪽

98 대표문제 ▶ 25646-0474

x에 대한 연립부등식 $\begin{cases} x^2-x-6\le0 \\ (x-1)(x-k)<0 \end{cases}$의 해가 $1<x\le3$이 되도록 하는 정수 k의 최솟값은?

① 1 ② 2 ③ 3
④ 4 ⑤ 5

99 상중하 ▶ 25646-0475

x에 대한 연립부등식 $\begin{cases} x^2-6x+a<0 \\ x^2-x+b\ge0 \end{cases}$의 해가 $2\le x<5$가 되도록 하는 두 상수 a, b에 대하여 $a+b$의 값은?

① -1 ② 0 ③ 1
④ 2 ⑤ 3

100 상중하 ▶ 25646-0476

x에 대한 연립부등식 $\begin{cases} x^2-2ax<0 \\ x^2-(a-2)x-2a>0 \end{cases}$의 해가 $b<x<b^2-24$일 때, 두 상수 a, b에 대하여 $a+b$의 값을 구하시오. (단, $a>0$)

유형 33 정수인 해의 조건이 주어진 연립이차부등식

다음의 순서로 연립이차부등식을 푼다.
(i) 각각의 부등식의 해를 구한다.
(ii) 주어진 조건을 만족시키는 정수가 포함되도록 하는 미지수의 범위를 구한다.

≫ 올림포스 공통수학1 57쪽

101 대표문제 ▶ 25646-0477

x에 대한 연립부등식 $\begin{cases} x^2-7x-8<0 \\ (x-1)(x-a)\ge0 \end{cases}$을 만족시키는 정수 x의 개수가 5가 되도록 하는 정수 a의 값을 구하시오. (단, $a>1$)

102 상중하 ▶ 25646-0478

x에 대한 연립부등식 $\begin{cases} x^2+x-6<0 \\ |x+1|\le k \end{cases}$를 만족시키는 정수 x의 개수가 3이 되도록 하는 양수 k의 값의 범위를 구하시오.

103 상중하 ▶ 25646-0479

x에 대한 연립부등식 $\begin{cases} x^2+2x-24\le0 \\ x^2-3kx-4k^2>0 \end{cases}$의 해가 존재하도록 하는 자연수 k의 개수는?

① 4 ② 5 ③ 6
④ 7 ⑤ 8

유형 34 이차방정식의 근의 판별과 이차부등식

이차방정식 $ax^2+bx+c=0$ (a, b, c는 실수)의 판별식을 D라 하면 이차방정식 $ax^2+bx+c=0$의 근의 개수와 판별식의 관계는 다음과 같다.

(1) 서로 다른 두 실근을 갖는다. ➡ $D>0$

(2) 중근을 갖는다. ➡ $D=0$

(3) 서로 다른 두 허근을 갖는다. ➡ $D<0$

참고 실근을 갖는다. ➡ $D\geq 0$

≫ 올림포스 공통수학1 57쪽

104 대표문제 ▶ 25646-0480

x에 대한 이차방정식 $x^2-2ax+a+6=0$이 서로 다른 두 허근을 갖도록 하는 정수 a의 개수는?

① 3 ② 4 ③ 5
④ 6 ⑤ 7

105 상중하 ▶ 25646-0481

x에 대한 이차방정식 $x^2+4ax+3a^2-2a+15=0$은 실근을 갖고, x에 대한 이차방정식 $x^2+2ax+a+20=0$는 서로 다른 두 허근을 갖도록 하는 모든 정수 a의 값의 합은?

① 5 ② 6 ③ 7
④ 8 ⑤ 9

106 상중하 ▶ 25646-0482

최고차항의 계수가 1인 이차함수 $f(x)$와 자연수 k가 다음 조건을 만족시킬 때, 모든 k의 값의 합을 구하시오.

(가) 이차함수 $y=f(x)$의 그래프와 x축은 서로 다른 두 점 $(-1, 0)$, $(2k, 0)$에서 만난다.
(나) 이차함수 $y=f(x)$의 그래프와 직선 $y=x-7k$는 만나지 않는다.

유형 35 연립이차부등식의 활용

다음의 순서로 문제를 해결한다.

(i) 주어진 조건에 맞게 부등식을 세운다.

(ii) (i)에서 세운 각각의 부등식의 해를 구한다.

(iii) (ii)에서 구한 해의 공통부분을 구한다.

≫ 올림포스 공통수학1 57쪽

107 대표문제 ▶ 25646-0483

가로의 길이가 a, 세로의 길이가 b인 직사각형 ABCD가 다음 조건을 만족시킬 때, a의 최댓값을 M, 최솟값을 m이라 하자. $M+m$의 값은? (단, $a>b$)

(가) 직사각형 ABCD의 둘레의 길이는 40이다.
(나) 직사각형 ABCD의 넓이가 64 이상 96 이하이다.

① 20 ② 22 ③ 24
④ 26 ⑤ 28

108 상중하 ▶ 25646-0484

세 변의 길이가 a, $a+3$, $a+6$인 삼각형이 둔각삼각형이 되도록 하는 자연수 a의 개수는?

① 3 ② 4 ③ 5
④ 6 ⑤ 7

01 내신기출

▶ 25646-0485

x에 대한 삼차방정식

$$x^3+kx^2+2x+2k=0$$

이 실근 2와 두 허근 α, β를 가질 때, $k(\alpha^2+\beta^2)$의 값을 구하시오. (단, k는 상수이다.)

02

▶ 25646-0486

x, y에 대한 연립방정식

$$\begin{cases} 2x-y=3 \\ x^2+ky=-10 \end{cases}$$

이 오직 한 쌍의 해를 갖도록 하는 모든 실수 k의 값의 합을 구하시오.

03

▶ 25646-0487

모든 실수 x에 대하여 x에 대한 이차부등식

$$x^2+(m-2)x-2m+9\geq 0$$

이 항상 성립하도록 하는 정수 m의 개수를 구하시오.

04 내신기출

▶ 25646-0488

x에 대한 연립부등식

$$\begin{cases} x^2-8x+12\leq 0 \\ x^2-ax>0 \end{cases}$$

을 만족시키는 정수 x의 개수가 2가 되도록 하는 실수 a의 값의 범위를 구하시오.

▶ 25646-0489

01 복소수 $z=a+bi$ (a, b는 실수)와 실수 k가 다음 조건을 만족시킬 때, $k(a+b)$의 값은? (단, $i=\sqrt{-1}$)

(가) 두 수 1, z는 삼차방정식 $x^3-kx^2+16x-10=0$의 근이다.
(나) $(z-\overline{z})i>0$

① 11 ② 12 ③ 13 ④ 14 ⑤ 15

▶ 25646-0490

02 x, y에 대한 연립방정식 $\begin{cases} 2x^2+xy=y^2 \\ x^2-2y+6=k \end{cases}$가 오직 한 쌍의 해 $x=\alpha$, $y=\beta$ (α, β는 실수)를 가질 때, $k(\alpha+\beta)$의 값은? (단, k는 실수이다.)

① 4 ② 8 ③ 12 ④ 16 ⑤ 20

▶ 25646-0491

03 최고차항의 계수가 각각 2, 1인 두 이차함수 $f(x)$, $g(x)$가 다음 조건을 만족시킨다.

(가) $f(0)=f(2)$, $g(-1)=g(3)$
(나) 부등식 $f(x)\le g(x)$의 해는 $-2\le x\le 4$이다.

$f(1)+g(1)=5$일 때, $\{f(1)\}^2+\{g(1)\}^2$의 값을 구하시오.

▶ 25646-0492

04 x에 대한 연립부등식 $\begin{cases} x^2-8x-48\le 0 \\ |2x-4|>n \end{cases}$을 만족시키는 정수 x의 개수가 3이 되도록 하는 모든 자연수 n의 값의 합을 구하시오.

경우의 수

07 경우의 수

01 합의 법칙

두 사건 A, B가 동시에 일어나지 않을 때, 두 사건 A, B가 일어나는 경우의 수가 각각 m, n이면 사건 A 또는 사건 B가 일어나는 경우의 수는 $m+n$이다.

합의 법칙은 어느 두 사건도 동시에 일어나지 않는 셋 이상의 사건에 대해서도 성립한다.

02 곱의 법칙

두 사건 A, B에 대하여 사건 A가 일어나는 경우의 수가 m이고 그 각각에 대하여 사건 B가 일어나는 경우의 수가 n일 때, 두 사건 A, B가 잇달아 일어나는 경우의 수는 $m\times n$이다.

곱의 법칙은 잇달아 일어나는 셋 이상의 사건에 대해서도 성립한다.

03 순열

(1) 서로 다른 n개에서 r $(0<r\le n)$개를 택하여 일렬로 나열하는 것을 n개에서 r개를 택하는 순열이라 하고, 이 순열의 수를 기호로 ${}_n\mathrm{P}_r$와 같이 나타낸다.

(2) 서로 다른 n개에서 r개를 택하는 순열의 수는

$${}_n\mathrm{P}_r=n(n-1)(n-2)\times\cdots\times(n-r+1)\ (\text{단, } 0<r\le n)$$

${}_4\mathrm{P}_2=4\times3=12$
${}_5\mathrm{P}_3=5\times4\times3=60$

설명 서로 다른 n개에서 r개를 택하여 일렬로 나열할 때, 첫 번째 자리에 올 수 있는 것은 n가지이고, 그 각각에 대하여 두 번째 자리에 올 수 있는 것은 첫 번째 자리에 놓인 것을 제외한 $(n-1)$가지이다. 이와 같이 계속하면 r번째 자리에 올 수 있는 것은 앞의 $(r-1)$번째까지 놓인 것을 제외한 $n-(r-1)$, 즉 $(n-r+1)$가지이다.

첫 번째	두 번째	세 번째	…	r번째
⇓	⇓	⇓		⇓
n	$n-1$	$n-2$	…	$n-r+1$

따라서 곱의 법칙에 의하여 다음이 성립한다.

$${}_n\mathrm{P}_r=n(n-1)(n-2)\times\cdots\times(n-r+1)$$

r: 택하는 것의 개수
n: 서로 다른 것의 개수

04 순열의 수의 성질

(1) 서로 다른 n개에서 n개를 모두 택하는 순열의 수는

$${}_n\mathrm{P}_n=n(n-1)(n-2)\times\cdots\times3\times2\times1$$

이다. 이와 같이 1부터 n까지의 자연수를 차례로 곱한 것을 n의 계승이라고 하고, 이것을 기호로 $n!$과 같이 나타낸다.

$n!$에서 !을 팩토리얼(factorial)이라고 읽는다.
$4!=4\times3\times2\times1=24$

(2) ${}_n\mathrm{P}_r=\dfrac{n!}{(n-r)!}$ (단, $0\le r\le n$)

${}_n\mathrm{P}_n=n!$, ${}_n\mathrm{P}_0=1$, $0!=1$

설명 ${}_n\mathrm{P}_r=n(n-1)(n-2)\times\cdots\times(n-r+1)\ (0<r<n)$

$$=\frac{n(n-1)(n-2)\times\cdots\times(n-r+1)(n-r)\times\cdots\times3\times2\times1}{(n-r)\times\cdots\times3\times2\times1}$$

$$=\frac{n!}{(n-r)!}$$

이때 $r=0$과 $r=n$일 때도 성립하도록 ${}_n\mathrm{P}_0=1$, $0!=1$이라 한다.

01 합의 법칙

[01~03] 서로 다른 두 개의 주사위를 동시에 던질 때, 다음을 구하시오.

01 나오는 두 눈의 수의 합이 3인 경우의 수

02 나오는 두 눈의 수의 합이 8인 경우의 수

03 나오는 두 눈의 수의 합이 3 또는 8인 경우의 수

[04~06] 한 개의 주사위를 두 번 던질 때, 다음을 구하시오.

04 나오는 두 눈의 수의 합이 6인 경우의 수

05 나오는 두 눈의 수의 합이 12인 경우의 수

06 나오는 두 눈의 수의 합이 6의 배수인 경우의 수

[07~09] 10 이하의 자연수 중에서 다음을 구하시오.

07 3의 배수인 자연수의 개수

08 5의 배수인 자연수의 개수

09 3의 배수 또는 5의 배수인 자연수의 개수

[10~12] 1부터 20까지의 자연수가 하나씩 적혀 있는 20장의 카드 중에서 한 장을 뽑을 때, 다음을 구하시오.

10 3의 배수가 적힌 카드를 뽑는 경우의 수

11 7의 배수가 적힌 카드를 뽑는 경우의 수

12 3의 배수 또는 7의 배수가 적힌 카드를 뽑는 경우의 수

02 곱의 법칙

[13~16] 서로 다른 두 개의 주사위 A, B를 동시에 던질 때, 다음을 구하시오.

13 주사위 A에서는 4의 약수의 눈이, 주사위 B에서는 6의 약수의 눈이 나오는 경우의 수

14 주사위 A에서는 3의 배수의 눈이, 주사위 B에서는 4의 배수의 눈이 나오는 경우의 수

15 주사위 A에서는 홀수의 눈이, 주사위 B에서는 짝수의 눈이 나오는 경우의 수

16 서로 다른 음료수 5개, 서로 다른 빵 4개, 서로 다른 과일 3개 중에서 음료수, 빵, 과일을 각각 한 개씩 택하는 경우의 수를 구하시오.

[17~20] 다음 식을 전개하였을 때, 서로 다른 항의 개수를 구하시오.

17 $(a+b)(x+y)$

18 $(a+b+c)(x+y-z)$

19 $(a-2b)(x^2+2xy+y^2)$

20 $(p+q)(a-b+c)(x-y+z)$

03 순열 04 순열의 수의 성질

[21~29] 다음 값을 구하시오.

21 ${}_3P_2$ 22 ${}_4P_3$ 23 ${}_5P_3$

24 ${}_6P_2$ 25 ${}_4P_4$ 26 ${}_5P_0$

27 $3!$ 28 $4!$ 29 $0!$

[30~36] 숫자 1, 2, 3, 4, 5 중에서 서로 다른 3개를 택해 일렬로 나열하여 세 자리의 자연수를 만들려고 한다. 다음을 구하시오.

30 자연수의 개수 31 홀수의 개수

32 짝수의 개수 33 500 이상의 자연수의 개수

34 300 이하의 자연수의 개수 35 500 이상의 홀수의 개수

36 200 이하의 짝수의 개수

05 조합

(1) 서로 다른 n개에서 순서를 생각하지 않고 r $(0<r\le n)$개를 택하는 것을 n개에서 r개를 택하는 조합이라 하고, 이 조합의 수를 기호로 ${}_n\mathrm{C}_r$와 같이 나타낸다.

(2) 서로 다른 n개에서 r개를 택하는 조합의 수는

$${}_n\mathrm{C}_r=\frac{{}_n\mathrm{P}_r}{r!}=\frac{n!}{r!(n-r)!}\ (\text{단, } 0\le r\le n)$$

설명 서로 다른 n개에서 r $(0<r\le n)$개를 택하는 조합의 수는 ${}_n\mathrm{C}_r$이고, 그 각각에 대하여 r개를 일렬로 나열하는 경우의 수는 $r!$이다.
그런데 이것은 서로 다른 n개에서 r개를 택하는 순열의 수인 ${}_n\mathrm{P}_r$와 같으므로

${}_n\mathrm{C}_r\times r!={}_n\mathrm{P}_r$

즉, ${}_n\mathrm{C}_r=\dfrac{{}_n\mathrm{P}_r}{r!}=\dfrac{n!}{r!(n-r)!}$ $(0<r\le n)$이다.

이때 $0!=1$, ${}_n\mathrm{P}_0=1$이므로 ${}_n\mathrm{C}_0=1$로 정하면 위의 식은 $r=0$일 때도 성립한다.

${}_5\mathrm{C}_2=\dfrac{5\times4}{2\times1}=10$

${}_6\mathrm{C}_3=\dfrac{6\times5\times4}{3\times2\times1}=20$

06 조합의 수의 성질

(1) ${}_n\mathrm{C}_n={}_n\mathrm{C}_0=1$

(2) ${}_n\mathrm{C}_r={}_n\mathrm{C}_{n-r}$ (단, $0\le r\le n$)

(3) ${}_n\mathrm{C}_r={}_{n-1}\mathrm{C}_r+{}_{n-1}\mathrm{C}_{r-1}$ (단, $1\le r<n$)

설명 (1) ${}_n\mathrm{C}_n=\dfrac{n!}{n!(n-n)!}=\dfrac{n!}{n!\times0!}=\dfrac{n!}{n!}=1$

(2) ${}_n\mathrm{C}_{n-r}=\dfrac{n!}{(n-r)!\{n-(n-r)\}!}=\dfrac{n!}{r!(n-r)!}={}_n\mathrm{C}_r$

(3)
$$\begin{aligned}{}_{n-1}\mathrm{C}_r+{}_{n-1}\mathrm{C}_{r-1}&=\frac{(n-1)!}{r!(n-1-r)!}+\frac{(n-1)!}{(r-1)!\{(n-1)-(r-1)\}!}\\&=\frac{(n-1)!\times(n-r)}{r!(n-r)!}+\frac{(n-1)!\times r}{r!(n-r)!}\\&=\frac{(n-1)!\times n}{r!(n-r)!}\\&=\frac{n!}{r!(n-r)!}={}_n\mathrm{C}_r\end{aligned}$$

예 A를 포함한 10명 중에서 4명을 택하는 조합의 수는

(i) 4명에 A가 포함되지 않은 경우
A를 제외한 9명 중에서 4명을 택하는 조합의 수이므로 ${}_9\mathrm{C}_4$

(ii) 4명에 A가 포함된 경우
A를 제외한 9명 중에서 3명을 택하는 조합의 수이므로 ${}_9\mathrm{C}_3$

(i), (ii)에서 합의 법칙에 의하여 ${}_{10}\mathrm{C}_4={}_9\mathrm{C}_4+{}_9\mathrm{C}_3$

서로 다른 n개에서 r개를 택하는 조합의 수는 택하지 않는 $(n-r)$개를 택하는 조합의 수와 같다.

예 서로 다른 5개에서 3개를 택하는 조합의 수는 택하지 않는 2개를 택하는 조합의 수와 같다.
즉, ${}_5\mathrm{C}_3={}_5\mathrm{C}_2$

05 조합

[37~44] 다음 값을 구하시오.

37 ${}_2C_1$

38 ${}_4C_2$

39 ${}_5C_2$

40 ${}_6C_2$

41 ${}_6C_3$

42 ${}_7C_2$

43 ${}_7C_3$

44 ${}_8C_1$

[45~47] 다음 경우의 수를 구하시오.

45 4개의 문자 a, b, c, d 중에서 서로 다른 2개를 택하는 경우의 수

46 서로 다른 5개의 아이스크림 중에서 서로 다른 2개를 택하는 경우의 수

47 6명 중에서 대표 2명을 뽑는 경우의 수

06 조합의 수의 성질

[48~53] 다음 값을 구하시오.

48 ${}_{10}C_0$

49 ${}_4C_0$

50 ${}_5C_5$

51 ${}_{11}C_{11}$

52 ${}_4C_3$

53 ${}_6C_4$

[54~57] 다음 등식을 만족시키는 자연수 n의 값을 구하시오.

54 ${}_nC_2=45$

55 ${}_{n+2}C_2=21$

56 ${}_7C_n={}_7C_{n+3}$

57 ${}_nC_2={}_nC_6$

[58~60] 다음 경우의 수를 구하시오.

58 5개의 문자 A, B, C, D, E 중에서 서로 다른 4개를 택하는 경우의 수

59 숫자 1, 2, 3, 4, 5, 6 중에서 서로 다른 4개를 택하는 경우의 수

60 7명 중에서 5명을 뽑는 경우의 수

[61~67] 남학생 4명과 여학생 5명으로 이루어진 모임에서 다음을 구하시오.

61 대표 3명을 뽑는 경우의 수

62 남학생으로만 대표 3명을 뽑는 경우의 수

63 여학생으로만 대표 3명을 뽑는 경우의 수

64 남학생 1명, 여학생 2명으로 대표 3명을 뽑는 경우의 수

65 남학생 2명, 여학생 1명으로 대표 3명을 뽑는 경우의 수

66 남학생이 1명 이상 포함되도록 대표 3명을 뽑는 경우의 수

67 여학생이 1명 이상 포함되도록 대표 3명을 뽑는 경우의 수

[68~71] A, B를 포함한 7명 중에서 3명을 뽑을 때, 다음을 구하시오.

68 A, B가 모두 포함되는 경우의 수

69 A는 포함되고 B는 포함되지 않는 경우의 수

70 A가 포함되지 않는 경우의 수

71 A, B 모두 포함되지 않는 경우의 수

유형 01 합의 법칙

중요

두 사건 A, B가 동시에 일어나지 않을 때, 두 사건 A, B가 일어나는 경우의 수가 각각 m, n이면 사건 A 또는 사건 B가 일어나는 경우의 수는 $m+n$이다.

≫ 올림포스 공통수학1 69쪽

01 대표문제 ▸ 25646-0493

숫자 1, 2, 3, 4, 5, 6, 7 중에서 서로 다른 2개를 택해 일렬로 나열하여 두 자리의 자연수를 만들 때, 십의 자리의 수와 일의 자리의 수의 곱이 5의 배수가 되는 경우의 수는?

① 6 ② 8 ③ 10
④ 12 ⑤ 14

02 상중하 ▸ 25646-0494

서로 다른 두 개의 주사위를 동시에 던져서 나오는 두 눈의 수의 합이 4의 배수가 되는 경우의 수는?

① 6 ② 7 ③ 8
④ 9 ⑤ 10

03 상중하 ▸ 25646-0495

초코맛 우유 1개, 딸기맛 우유 1개, 초코맛 사탕 4개, 딸기맛 사탕 3개, 사과맛 사탕 5개가 있다. 우유 1개와 우유와 다른 맛의 사탕 6개를 택하는 경우의 수는?

(단, 같은 맛의 사탕끼리는 서로 구별하지 않는다.)

① 6 ② 7 ③ 8
④ 9 ⑤ 10

유형 02 방정식과 부등식의 해의 개수

계수의 절댓값이 큰 항을 기준으로 수를 대입하여 구한다.

≫ 올림포스 공통수학1 69쪽

04 대표문제 ▸ 25646-0496

서로 다른 두 개의 주사위 A, B를 동시에 던져서 나오는 눈의 수를 각각 a, b라 하자. 부등식 $10\le 5a+2b\le 21$을 만족시키는 a, b의 모든 순서쌍 (a, b)의 개수는?

① 12 ② 13 ③ 14
④ 15 ⑤ 16

05 상중하 ▸ 25646-0497

방정식 $2x+y=9$를 만족시키는 두 자연수 x, y의 모든 순서쌍 (x, y)의 개수는?

① 3 ② 4 ③ 5
④ 6 ⑤ 7

06 상중하 ▸ 25646-0498

한 개의 주사위를 두 번 던져서 나오는 눈의 수를 차례로 a, b라 하자. 함수 $y=x^2+a$의 그래프와 직선 $y=bx$가 만나는 점이 존재하도록 하는 a, b의 모든 순서쌍 (a, b)의 개수는?

① 16 ② 17 ③ 18
④ 19 ⑤ 20

07 상중하 ▸ 25646-0499

1부터 5까지의 자연수가 하나씩 적혀 있는 5개의 공이 들어 있는 주머니에서 공을 한 개씩 두 번 꺼내어 공에 적혀 있는 수를 차례로 a, b라 하자. $x=3$이 부등식 $x^2-4ax+5b<0$을 만족시키도록 하는 a, b의 모든 순서쌍 (a, b)의 개수는?

(단, 꺼낸 공은 다시 주머니에 넣지 않는다.)

① 11 ② 12 ③ 13
④ 14 ⑤ 15

유형 03 곱의 법칙 중요

두 사건 A, B에 대하여 사건 A가 일어나는 경우의 수가 m이고 그 각각에 대하여 사건 B가 일어나는 경우의 수가 n일 때, 두 사건 A, B가 잇달아 일어나는 경우의 수는 $m\times n$이다.

» 올림포스 공통수학1 69쪽

08 대표문제 ▸ 25646-0500

다음 조건을 만족시키는 두 자리의 자연수의 개수를 구하시오.

(가) 일의 자리의 수와 십의 자리의 수의 합과 곱이 모두 짝수이다.
(나) 일의 자리의 수는 0이 아니다.

09 상중하 ▸ 25646-0501

A지역에서 B지역으로 가는 버스 노선은 5개이고 기차 노선은 2개이다. B지역에서 C지역으로 가는 버스 노선은 3개이고 기차 노선은 4개이다. A지역에서 출발하여 B지역을 거쳐 C지역으로 갈 때 다음 조건을 만족시키도록 이동 수단을 선택하는 경우의 수를 구하시오.

(가) A지역에서 출발하여 B지역으로 갈 때는 반드시 기차를 이용한다.
(나) 이동 수단은 모두 버스 또는 기차이다.

10 상중하 ▸ 25646-0502

남학생 4명과 여학생 3명 중에서 3명을 뽑아 일렬로 세우려고 한다. 맨 앞 자리와 그 다음 자리에는 각각 남학생과 여학생이 서는 경우의 수는?

① 48 ② 52 ③ 56
④ 60 ⑤ 64

유형 04 여러 가지 경우의 수

조건에 맞는 경우의 수를 합의 법칙과 곱의 법칙을 이용하여 구한다.

» 올림포스 공통수학1 69쪽

11 대표문제 ▸ 25646-0503

1부터 9까지의 자연수가 하나씩 적혀 있는 9장의 카드 중에서 서로 다른 3장을 택하여 일렬로 나열할 때, 홀수가 적힌 카드와 짝수가 적힌 카드가 서로 번갈아 오도록 나열하는 경우의 수를 구하시오.

12 상중하 ▸ 25646-0504

십의 자리의 수와 일의 자리의 수의 합이 홀수가 되는 두 자리의 자연수의 개수는?

① 30 ② 35 ③ 40
④ 45 ⑤ 50

13 상중하 ▸ 25646-0505

한 개의 주사위를 4번 던져서 나오는 눈의 수를 차례로 a_1, a_2, a_3, a_4라 하자. 4 이하의 모든 자연수 n에 대하여 $a_n\geq n$인 모든 순서쌍 (a_1, a_2, a_3, a_4)의 개수는?

① 344 ② 348 ③ 352
④ 356 ⑤ 360

유형 05 약수의 개수

($a^m \times b^n$의 양의 약수의 개수)$=(m+1)\times(n+1)$
(단, a, b는 서로 다른 소수이고 m, n은 자연수이다.)

≫ 올림포스 공통수학1 69쪽

14 대표문제 ▶ 25646-0506

1323의 양의 약수의 개수는?

① 8 ② 10 ③ 12
④ 14 ⑤ 16

15 상중하 ▶ 25646-0507

360의 양의 약수의 개수는?

① 16 ② 18 ③ 20
④ 22 ⑤ 24

16 상중하 ▶ 25646-0508

1500의 양의 약수 중에서 5의 배수의 개수는?

① 16 ② 18 ③ 20
④ 22 ⑤ 24

유형 06 순열의 수 중요

서로 다른 n개에서 r $(0<r\le n)$개를 택하는 순열의 수는
$_n\mathrm{P}_r=n(n-1)(n-2)\times\cdots\times(n-r+1)$

≫ 올림포스 공통수학1 69쪽

17 대표문제 ▶ 25646-0509

숫자 1, 2, 3, 4, 5, 6, 7 중에서 서로 다른 3개를 뽑아 일렬로 나열하여 만들 수 있는 세 자리의 자연수 중에서 홀수의 개수를 구하시오.

18 상중하 ▶ 25646-0510

1부터 7까지의 자연수가 하나씩 적힌 7장의 카드 중에서 서로 다른 5장을 택해 일렬로 나열할 때, 양 끝에는 모두 짝수가 적힌 카드가 오도록 나열하는 경우의 수를 구하시오.

19 상중하 ▶ 25646-0511

숫자 0, 1, 2, 3, 4, 5 중에서 서로 다른 4개를 택해 일렬로 나열하여 만들 수 있는 네 자리의 자연수 중에서 짝수의 개수는?

① 132 ② 138 ③ 144
④ 150 ⑤ 156

20 상중하

▶ 25646-0512

1학년 2명, 2학년 1명, 3학년 4명이 모두 일렬로 설 때, 양 끝에는 모두 3학년이 서는 경우의 수는 $a \times 6!$이다. 자연수 a의 값은?

① 1 ② 2 ③ 3
④ 4 ⑤ 5

21 상중하

▶ 25646-0513

10 이하의 자연수가 하나씩 적혀 있는 10개의 공이 들어 있는 주머니에서 공을 한 개씩 차례로 5번 꺼낸다. $1 \le k \le 5$인 자연수 k에 대하여 k번째 나오는 공에 적힌 수를 a_k라 할 때, 다섯 개의 수 a_1, a_2, a_3, a_4, a_5 중 최댓값이 8이고 최솟값이 2인 모든 순서쌍 $(a_1, a_2, a_3, a_4, a_5)$의 개수는 $2^p \times 3^q \times 5^r$이다. 세 자연수 p, q, r에 대하여 $p+q+r$의 값은?

(단, 꺼낸 공은 다시 주머니에 넣지 않는다.)

① 6 ② 7 ③ 8
④ 9 ⑤ 10

22 상중하

▶ 25646-0514

밴드 1팀, 노래 2팀, 댄스 2팀의 서로 다른 5개의 공연팀의 순서를 정하려고 한다. 댄스 공연은 모두 밴드 공연 후에 오도록 순서를 정하는 경우의 수는?

① 32 ② 36 ③ 40
④ 44 ⑤ 48

유형 07 사전식 나열

사전식 또는 크기순으로 나열된 것의 순서를 순열을 이용하여 파악할 수 있다.

올림포스 공통수학1 70쪽

23 대표문제

▶ 25646-0515

다섯 개의 숫자 0, 1, 2, 3, 4를 모두 일렬로 나열하여 만들 수 있는 다섯 자리의 자연수를 크기가 작은 수부터 크기 순으로 모두 나열할 때, 31240은 n번째 수이다. 자연수 n의 값을 구하시오.

24 상중하

▶ 25646-0516

네 개의 숫자 0, 1, 2, 3을 모두 일렬로 나열하여 만들 수 있는 네 자리의 자연수 중에서 2103보다 큰 수의 개수는?

① 9 ② 10 ③ 11
④ 12 ⑤ 13

25 상중하

▶ 25646-0517

5개의 문자 a, b, c, d, e를 한 번씩만 사용하여 사전식으로 나열할 때, $daebc$는 n번째 문자열이다. 자연수 n의 값은?

① 75 ② 76 ③ 77
④ 78 ⑤ 79

유형 08 순열의 계산

(1) ${}_{n}\mathrm{P}_{r}=\dfrac{n!}{(n-r)!}$ (단, $0\le r\le n$)

(2) ${}_{n}\mathrm{P}_{n}=n!$, ${}_{n}\mathrm{P}_{0}=1$, $0!=1$

≫ 올림포스 공통수학1 70쪽

26 대표문제

▶ 25646-0518

2 이상의 자연수 n에 대하여

$${}_{2n}\mathrm{P}_{2}=2\times{}_{n}\mathrm{P}_{2}+32$$

를 만족시키는 n의 값은?

① 3 ② 4 ③ 5 ④ 6 ⑤ 7

27 상중하

▶ 25646-0519

2 이상의 자연수 n에 대하여

$$4\times{}_{n}\mathrm{P}_{2}+16\times{}_{n}\mathrm{P}_{1}={}_{9}\mathrm{P}_{2}$$

를 만족시키는 n의 값은?

① 3 ② 4 ③ 5 ④ 6 ⑤ 7

28 상중하

▶ 25646-0520

4 이상의 자연수 n에 대하여

$${}_{n}\mathrm{P}_{3}={}_{n-1}\mathrm{P}_{3}+{}_{10}\mathrm{P}_{2}$$

를 만족시키는 n의 값은?

① 4 ② 5 ③ 6 ④ 7 ⑤ 8

유형 09 이웃하는 순열의 수

(i) 이웃하는 것을 한 묶음으로 생각하여 나열하는 경우의 수를 구한다.

(ii) 한 묶음 안에서 자리를 바꾸는 경우의 수를 구한다.

(iii) (i)과 (ii)에서 구한 수를 곱한다.

≫ 올림포스 공통수학1 70쪽

29 대표문제

▶ 25646-0521

1학년 2명, 2학년 3명, 3학년 3명을 일렬로 세울 때, 같은 학년 학생끼리는 모두 이웃하도록 세우는 경우의 수는?

① 430 ② 432 ③ 434 ④ 436 ⑤ 438

30 상중하

▶ 25646-0522

6개의 문자 F, L, O, W, E, R를 일렬로 나열할 때, 두 문자 O, E는 서로 이웃하도록 나열하는 경우의 수는?

① 120 ② 150 ③ 180 ④ 210 ⑤ 240

31 상중하

▶ 25646-0523

남학생 n명과 여학생 2명이 일렬로 설 때, 여학생 2명 사이에는 남학생 한 명만 서는 경우의 수가 192이다. 자연수 n의 값은?

① 1 ② 2 ③ 3 ④ 4 ⑤ 5

유형 10 이웃하지 않는 순열의 수

중요

(i) 이웃해도 상관없는 것을 나열한 경우의 수를 구한다.
(ii) (i)에서 나열한 것의 사이와 양 끝에 이웃하지 않아야 하는 것을 하나씩 나열한 경우의 수를 구한다.
(iii) (i)과 (ii)에서 구한 수를 곱한다.

≫ 올림포스 공통수학1 70쪽

32 대표문제 ▶ 25646-0524

4개의 자음 F, R, T, N을 포함한 7개의 문자 F, O, R, T, U, N, E를 일렬로 나열할 때, 자음끼리는 서로 이웃하지 않도록 나열하는 경우의 수는?

① 144 ② 150 ③ 156
④ 162 ⑤ 168

33 상중하 ▶ 25646-0525

남학생 3명과 여학생 2명을 일렬로 세울 때, 남학생끼리는 서로 이웃하지 않도록 세우는 경우의 수는?

① 6 ② 12 ③ 18
④ 24 ⑤ 30

34 상중하 ▶ 25646-0526

1부터 5까지의 자연수가 하나씩 적힌 5장의 카드를 일렬로 나열할 때, 홀수가 적힌 카드와 짝수가 적힌 카드가 번갈아 오도록 나열하는 경우의 수를 구하시오.

35 상중하 ▶ 25646-0527

3개의 문자 a, b, c와 3개의 숫자 1, 2, 3을 일렬로 나열할 때, 숫자끼리는 서로 이웃하지 않도록 나열하는 경우의 수는?

① 120 ② 126 ③ 132
④ 138 ⑤ 144

유형 11 '적어도'의 조건이 있는 순열의 수

어떤 특정한 일이 적어도 한 번 일어나는 경우의 수는 모든 경우의 수에서 특정한 일이 일어나지 않는 경우의 수를 빼서 구하는 것이 편리하다.

≫ 올림포스 공통수학1 70쪽

36 대표문제 ▶ 25646-0528

남학생 3명과 여학생 4명 중에서 회장 1명, 부회장 1명을 뽑을 때, 적어도 한 명은 여학생이 뽑히는 경우의 수는?

① 24 ② 28 ③ 32
④ 36 ⑤ 40

37 상중하 ▶ 25646-0529

두 개의 모음 I, E를 포함한 6개의 문자 F, R, I, E, N, D를 일렬로 나열할 때, 적어도 한 쪽 끝에는 모음이 오도록 나열하는 경우의 수는 $k\times4!$이다. 자연수 k의 값은?

① 16 ② 17 ③ 18
④ 19 ⑤ 20

38 상중하 ▶ 25646-0530

1부터 7까지의 자연수가 하나씩 적힌 7장의 카드를 일렬로 나열할 때, 적어도 한 쪽 끝에는 홀수가 적힌 카드가 오도록 나열하는 경우의 수는 N이다. $\frac{N}{6!}$의 값은?

① 3 ② 4 ③ 5
④ 6 ⑤ 7

39 상중하 ▶ 25646-0531

남학생 3명과 여학생 3명을 일렬로 세울 때, 적어도 여학생 2명은 이웃하도록 세우는 경우의 수를 구하시오.

40 상중하 ▶ 25646-0532

남학생 n명과 여학생 4명 중에서 회장 1명, 부회장 1명, 총무 1명을 뽑을 때, 적어도 한 명은 남학생이 뽑히는 경우의 수는 696이다. 자연수 n의 값은? (단, $n\geq3$)

① 3 ② 4 ③ 5
④ 6 ⑤ 7

41 상중하 ▶ 25646-0533

12 이하의 자연수가 하나씩 적혀 있는 12장의 카드가 들어 있는 상자에서 카드를 한 장씩 차례로 3번 꺼낸다. $1\leq k\leq3$인 자연수 k에 대하여 k번째 꺼낸 카드에 적혀 있는 수를 a_k라 할 때, 세 수 a_1, a_2, a_3 중 최댓값이 10인 모든 순서쌍 (a_1, a_2, a_3)의 개수를 M, 세 수 a_1, a_2, a_3 중 최솟값이 5인 모든 순서쌍 (a_1, a_2, a_3)의 개수를 m이라 하자. $M-m$의 값은?

(단, 꺼낸 카드는 다시 상자에 넣지 않는다.)

① 86 ② 87 ③ 88
④ 89 ⑤ 90

42 상중하 ▶ 25646-0534

세 학생 A, B, C를 포함하여 6명의 학생을 모두 일렬로 세울 때, A, B는 서로 이웃하고 B, C는 서로 이웃하지 않도록 세우는 경우의 수를 구하시오.

유형 12 조합의 계산

(1) ${}_{n}\mathrm{C}_{r}=\dfrac{{}_{n}\mathrm{P}_{r}}{r!}=\dfrac{n!}{r!(n-r)!}$ (단, $0\leq r\leq n$)

(2) ${}_{n}\mathrm{C}_{n}={}_{n}\mathrm{C}_{0}=1$

(3) ${}_{n}\mathrm{C}_{r}={}_{n}\mathrm{C}_{n-r}$ (단, $0\leq r\leq n$)

≫ 올림포스 공통수학1 71쪽

43 대표문제 ▶ 25646-0535

3 이상의 자연수 n에 대하여

$${}_{n+2}\mathrm{C}_{n}={}_{n}\mathrm{C}_{2}+{}_{n-1}\mathrm{C}_{n-3}$$

을 만족시키는 n의 값을 구하시오.

44 상중하 ▶ 25646-0536

${}_{4}\mathrm{C}_{2}+{}_{4}\mathrm{P}_{2}$의 값을 구하시오.

45 상중하 ▶ 25646-0537

3 이상의 자연수 n에 대하여 부등식 ${}_{n}\mathrm{C}_{n-3}\geq130$을 만족시키는 n의 최솟값을 구하시오.

46 상중하 ▶ 25646-0538

$({}_{9}\mathrm{C}_{3}+{}_{9}\mathrm{C}_{4})\times k={}_{10}\mathrm{P}_{4}$를 만족시키는 상수 k의 값을 구하시오.

유형 13 조합의 수 (중요)

서로 다른 n개에서 순서를 생각하지 않고 $r\ (0<r\le n)$개를 택하는 경우의 수는 ${}_nC_r$이다.

» 올림포스 공통수학1 71쪽

47 대표문제 ▶ 25646-0539

11 이하의 자연수 중에서 서로 다른 3개의 수를 택할 때, 3개의 수가 모두 홀수이거나 모두 짝수인 경우의 수를 구하시오.

48 상중하 ▶ 25646-0540

남학생 5명과 여학생 4명 중에서 대표 4명을 뽑으려고 한다. 대표 4명의 남학생과 여학생의 비가 $1:1$인 경우의 수를 구하시오.

49 상중하 ▶ 25646-0541

1부터 9까지의 자연수 중에서 서로 다른 4개의 수를 택할 때, 택한 4개의 수의 합이 짝수가 되는 경우의 수는?

① 60 ② 62 ③ 64 ④ 66 ⑤ 68

50 상중하 ▶ 25646-0542

서로 다른 사탕 7개와 서로 다른 초콜릿 4개가 들어 있는 주머니에서 사탕과 초콜릿 5개를 동시에 꺼낼 때, 사탕의 개수가 3 이하가 되는 경우의 수를 구하시오.

51 상중하 ▶ 25646-0543

남학생 n명과 여학생 $(9-n)$명 중에서 2명의 대표를 뽑을 때, 남학생만 2명이 뽑히거나 여학생만 2명이 뽑히는 경우의 수는 16이다. 가능한 모든 자연수 n의 값의 합을 구하시오. (단, $2\le n\le 7$)

52 상중하 ▶ 25646-0544

1부터 8까지의 자연수가 하나씩 적혀 있는 8권의 책과 1부터 8까지의 자연수가 하나씩 적혀 있는 8개의 상자가 있다. 각 상자에 책을 한 권씩 넣을 때, 상자에 적힌 수와 책에 적힌 수가 같은 상자의 개수가 5가 되는 경우의 수를 구하시오.

53 상중하 ▶ 25646-0545

1부터 10까지의 10개의 자연수 중에서 서로 다른 2개를 택할 때, 택한 두 수의 최대공약수가 1이 되는 경우의 수는?

① 31 ② 32 ③ 33 ④ 34 ⑤ 35

유형 14 특정한 것을 포함하거나 포함하지 않는 조합의 수

서로 다른 n개에서 r개를 택할 때

(1) 특정한 k개를 포함하여 택하는 경우의 수는
$${}_{n-k}C_{r-k} \text{ (단, } 1 \le k < r \le n)$$

(2) 특정한 k개를 포함하지 않고 택하는 경우의 수는
$${}_{n-k}C_{r} \text{ (단, } 1 \le r < n,\ r+k \le n)$$

≫ 올림포스 공통수학1 71쪽

54 대표문제 ▶ 25646-0546

A를 포함한 서로 다른 10개의 아이스크림 중에서 서로 다른 3개를 택할 때, A는 반드시 포함되도록 택하는 경우의 수를 구하시오.

55 상중하 ▶ 25646-0547

1부터 11까지의 11개의 자연수 중에서 서로 다른 4개를 택할 때, 5의 배수는 모두 포함되도록 택하는 경우의 수는?

① 32 ② 33 ③ 34
④ 35 ⑤ 36

56 상중하 ▶ 25646-0548

1부터 14까지의 14개의 자연수 중에서 서로 다른 5개의 수를 택할 때, 택한 5개의 수 중 최댓값이 8이 되는 경우의 수는?

① 30 ② 35 ③ 40
④ 45 ⑤ 50

57 상중하 ▶ 25646-0549

두 학생 A, B를 포함한 14명의 학생 중에서 행사 준비위원 5명을 뽑을 때, 두 학생 A, B가 모두 포함되지 않도록 뽑는 경우의 수를 구하시오.

58 상중하 ▶ 25646-0550

1부터 10까지의 자연수가 하나씩 적혀 있는 10장의 카드 중에서 5장의 카드를 동시에 뽑을 때, 5의 배수가 적힌 카드는 모두 포함하고 8의 약수가 적힌 카드는 모두 포함하지 않는 경우의 수는?

① 4 ② 8 ③ 12
④ 16 ⑤ 20

59 상중하 ▶ 25646-0551

1학년 학생 2명, 2학년 학생 4명, 3학년 학생 4명 중에서 대표 3명을 뽑을 때, 1학년 학생 2명 중 한 명만 대표로 뽑히는 경우의 수는?

① 52 ② 54 ③ 56
④ 58 ⑤ 60

60 상중하 ▶ 25646-0552

두 학생 A, B는 서로 다른 6개의 메뉴 중에서 각각 3개씩 메뉴를 선택하려고 한다. A와 B가 선택한 서로 다른 메뉴의 개수가 5가 되는 경우의 수를 구하시오. (단, A가 선택한 3개의 메뉴가 모두 다르고, B가 선택한 3개의 메뉴가 모두 다르다.)

유형 15 대소 관계

서로 다른 n개에서 서로 다른 $r\ (0<r\leq n)$개를 뽑아 크기 순으로 나열하는 경우의 수는 ${}_n\mathrm{C}_r$이다.

» 올림포스 공통수학1 71쪽

61 대표문제 ▶ 25646-0553

6개의 숫자 0, 1, 2, 3, 4, 5 중에서 서로 다른 3개를 뽑아 일렬로 나열하여 세 자리의 자연수를 만들려고 한다. 이 자연수의 백의 자리의 수를 a, 십의 자리의 수를 b, 일의 자리의 수를 c라 할 때, $a<b<c$인 세 자리의 자연수의 개수를 m, $a>b>c$인 세 자리의 자연수의 개수를 n이라 하자. $m+n$의 값은?

① 20 ② 25 ③ 30 ④ 35 ⑤ 40

62 상중하 ▶ 25646-0554

1부터 9까지의 자연수가 하나씩 적힌 9개의 공이 들어 있는 상자에서 공을 한 개씩 4번 꺼낸다. i번째 꺼낸 공에 적혀 있는 수를 $a_i\ (i=1,\ 2,\ 3,\ 4)$라 할 때, $a_1<a_2<a_3<a_4$가 되는 경우의 수를 구하시오. (단, 꺼낸 공은 다시 상자에 넣지 않는다.)

63 상중하 ▶ 25646-0555

1부터 8까지의 자연수가 하나씩 적힌 8장의 카드가 들어 있는 주머니에서 카드를 한 장씩 차례로 5번 꺼낸다. i번째 꺼낸 카드에 적혀 있는 수를 $a_i\ (i=1,\ 2,\ 3,\ 4,\ 5)$라 할 때, a_i가 다음 조건을 만족시키는 경우의 수는?

(단, 꺼낸 카드는 다시 주머니에 넣지 않는다.)

(가) $a_3=5$
(나) $a_1<a_2<a_3<a_4<a_5$

① 12 ② 15 ③ 18 ④ 21 ⑤ 24

유형 16 '적어도'의 조건이 있는 조합의 수

어떤 특정한 일이 적어도 한 번 일어나는 경우의 수는 모든 경우의 수에서 특정한 일이 일어나지 않는 경우의 수를 빼서 구하는 것이 편리하다.

» 올림포스 공통수학1 71쪽

64 대표문제 ▶ 25646-0556

남학생 4명과 여학생 3명 중에서 대표 3명을 뽑을 때, 대표 3명 중 여학생이 적어도 한 명은 포함되는 경우의 수는?

① 31 ② 32 ③ 33 ④ 34 ⑤ 35

65 상중하 ▶ 25646-0557

1부터 9까지의 자연수 중에서 서로 다른 3개의 수를 택할 때, 적어도 한 개의 홀수가 포함되도록 택하는 경우의 수는?

① 72 ② 74 ③ 76 ④ 78 ⑤ 80

66 상중하 ▶ 25646-0558

회장 1명과 부회장 1명을 포함한 8명의 학생 중에서 축제 준비 위원 5명을 뽑으려고 한다. 회장과 부회장 중에서 적어도 한 명은 반드시 포함되도록 뽑는 경우의 수를 구하시오.

67 상중하 ▶ 25646-0559

자연수 n에 대하여 남학생 n명과 여학생 $(13-n)$명 중에서 대표 2명을 뽑을 때, 여학생이 한 명 이상 포함되는 경우의 수가 68이다. 이 13명의 학생 중에서 남학생이 한 명 이상 포함되도록 대표 2명을 뽑는 경우의 수를 구하시오. (단, $2\leq n\leq 12$)

유형 17 일부를 택하여 나열하는 경우의 수

서로 다른 n개에서 서로 다른 k개를 택하는 경우의 수는 ${}_{n}\mathrm{C}_{k}$이고, k개를 상황에 따라 나열하는 경우의 수가 p이면 서로 다른 n개에서 서로 다른 k개를 택하여 상황에 따라 나열하는 경우의 수는 ${}_{n}\mathrm{C}_{k}\times p$이다.

≫ 올림포스 공통수학1 71쪽

68 대표문제 ▶ 25646-0560

두 학생 A, B를 포함한 10명의 학생 중에서 5명을 뽑아 일렬로 세우려고 한다. A, B를 모두 포함하고 A, B가 서로 이웃하도록 일렬로 세우는 경우의 수는 $a\times 2^7$일 때, 자연수 a의 값은?

① 19 ② 21 ③ 23 ④ 25 ⑤ 27

69 상중하 ▶ 25646-0561

1부터 9까지의 자연수가 하나씩 적힌 9장의 카드 중에서 홀수가 적힌 카드 2장과 짝수가 적힌 카드 2장을 택해 일렬로 나열하는 경우의 수는 $2^p\times 3^q\times 5^r$이다. 세 자연수 p, q, r에 대하여 $p+q+r$의 값은?

① 6 ② 7 ③ 8 ④ 9 ⑤ 10

70 상중하 ▶ 25646-0562

6개의 숫자 0, 1, 2, 3, 4, 5 중에서 0을 반드시 포함하여 서로 다른 3개의 숫자를 택해 일렬로 나열하여 만들 수 있는 세 자리의 자연수의 개수는?

① 34 ② 36 ③ 38 ④ 40 ⑤ 42

유형 18 삼각형의 개수

어느 세 점도 일직선 위에 있지 않은 서로 다른 n $(n\geq 3)$개의 점 중에서 세 점을 꼭짓점으로 하여 만들 수 있는 삼각형의 개수는 ${}_{n}\mathrm{C}_{3}$이다.

≫ 올림포스 공통수학1 71쪽

71 대표문제 ▶ 25646-0563

원 위에 일정한 간격으로 8개의 점이 있다. 이 8개의 점 중 서로 다른 3개의 점을 택하여 만들 수 있는 직각삼각형의 개수는?

① 20 ② 22 ③ 24 ④ 26 ⑤ 28

72 상중하 ▶ 25646-0564

원에 내접하는 정십각형이 있다. 이 정십각형의 꼭짓점 중 서로 다른 3개의 점을 택하여 만들 수 있는 예각삼각형의 개수는?

① 12 ② 14 ③ 16 ④ 18 ⑤ 20

73 상중하 ▶ 25646-0565

원에 내접하는 정십각형이 있다. 이 정십각형의 꼭짓점 중 서로 다른 3개의 점을 택하여 삼각형을 만들 때, 정십각형의 어떠한 변과도 공유하지 않는 삼각형의 개수는?

① 30 ② 35 ③ 40 ④ 45 ⑤ 50

유형 19 사각형의 개수

가로 방향의 평행선 m개와 세로 방향의 평행선 n개가 만날 때, 이 평행선으로 만들어지는 평행사변형의 개수는

$_{m}C_{2}\times{}_{n}C_{2}$ $(m\ge2,\ n\ge2)$

≫ 올림포스 공통수학1 71쪽

74 대표문제 ▶ 25646-0566

그림과 같이 5개의 평행선과 6개의 평행선이 서로 만날 때, 이 평행선으로 만들어지는 평행사변형의 개수는?

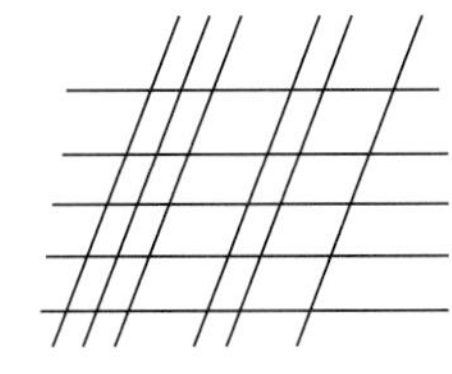

① 140 ② 150 ③ 160 ④ 170 ⑤ 180

75 상중하 ▶ 25646-0567

원 위에 같은 간격으로 놓여 있는 14개의 점 중에서 4개의 점을 택하여 만들 수 있는 직사각형의 개수를 구하시오.

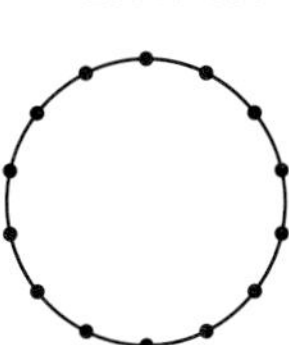

76 상중하 ▶ 25646-0568

그림과 같이 길이가 4이고 평행한 두 선분 위에 같은 간격으로 각각 5개의 점이 놓여 있다. 이 10개의 점 중에서 서로 다른 4개의 점을 택하여 만들 수 있는 평행사변형의 개수는?

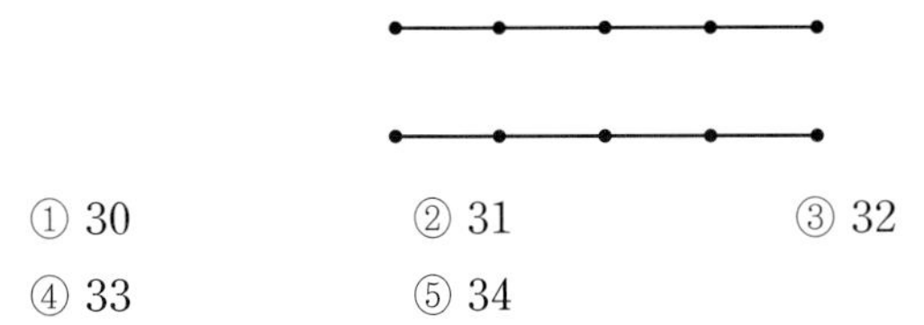

① 30 ② 31 ③ 32 ④ 33 ⑤ 34

유형 20 조합을 이용하여 조 나누기

서로 다른 n개를 a개, b개 $(a+b=n,\ a\neq b)$의 두 묶음으로 나누는 경우의 수는

$_{n}C_{a}\times{}_{n-a}C_{b}$

≫ 올림포스 공통수학1 71쪽

77 대표문제 ▶ 25646-0569

두 학생 A, B를 포함한 9명을 4명과 5명의 두 개의 조로 나눌 때, A, B가 같은 조에 포함되는 경우의 수는?

① 56 ② 57 ③ 58 ④ 59 ⑤ 60

78 상중하 ▶ 25646-0570

서로 다른 7개의 사탕을 3개, 4개의 두 묶음으로 나누는 경우의 수를 구하시오.

79 상중하 ▶ 25646-0571

남학생 6명과 여학생 2명을 5명과 3명의 두개의 조로 나누려고 한다. 각 조에 한 명의 여학생이 포함되도록 나누는 경우의 수는?

① 10 ② 15 ③ 20 ④ 25 ⑤ 30

01 내신기출

▶ 25646-0572

서로 다른 두 개의 주사위를 동시에 던져서 나오는 두 눈의 수의 합이 8의 약수가 되는 경우의 수를 구하시오.

02 내신기출

▶ 25646-0573

한 개의 주사위를 두 번 던져서 나오는 눈의 수를 차례로 a, b라 하자. ab의 값이 홀수인 경우의 수를 m, $a+b$의 값이 짝수인 경우의 수를 n이라 할 때, $m+n$의 값을 구하시오.

03

▶ 25646-0574

1부터 9까지의 자연수가 하나씩 적혀 있는 9개의 공이 들어 있는 주머니가 있다. 이 주머니에서 3개의 공을 동시에 꺼내어 공에 적힌 수 중에서 가장 작은 수를 백의 자리에 두고 가장 큰 수를 일의 자리에 두어 세 자리의 자연수를 만들 때, 짝수의 개수를 구하시오.

04

▶ 25646-0575

두 팀 A, B를 포함한 서로 다른 7개의 공연 팀 중에서 두 팀 A, B를 포함하여 서로 다른 5개의 팀을 뽑아 공연 순서를 정할 때, 두 팀 A, B는 연달아 공연을 하지 않게 되는 경우의 수를 구하시오.

05

▶ 25646-0576

두 학생 A, B가 n개의 교양과목 중에서 각각 2개씩 택하려고 한다. 두 학생 A, B가 택한 교양과목 중 같은 과목의 개수가 1이 되도록 하는 경우의 수는 210일 때, 자연수 n의 값을 구하시오. (단, $n \geq 3$)

06

▶ 25646-0577

5개의 숫자 0, 1, 2, 3, 4가 하나씩 적혀 있는 5장의 카드 중에서 서로 다른 3장의 카드를 뽑아 일렬로 나열하여 세 자리의 자연수를 만들 때, 300보다 큰 3의 배수의 개수를 구하시오.

▶ 25646-0578

01 서로 다른 두 개의 주사위 A, B를 동시에 던져서 나오는 눈의 수를 각각 a, b라 할 때, $a+b$의 양의 약수의 개수가 3이 되도록 하는 a, b의 모든 순서쌍 (a, b)의 개수는?

① 6　　② 7　　③ 8　　④ 9　　⑤ 10

▶ 25646-0579

02 한 개의 주사위를 두 번 던져서 나오는 눈의 수를 차례로 a, b라 할 때, 다항식 $(x+a)(x+b)$를 $x-1$로 나눈 나머지가 짝수인 경우의 수는?

① 18　　② 21　　③ 24　　④ 27　　⑤ 30

▶ 25646-0580

03 다음 조건을 만족시키는 세 정수 a, b, c에 대하여 일의 자리의 수가 a, 십의 자리의 수가 b, 백의 자리의 수가 c인 세 자리의 자연수의 개수를 구하시오.

(가) $(a-b)(b-c)(c-a)\neq 0$
(나) $0\leq a\leq 4$, $0\leq b\leq 5$, $1\leq c\leq 6$

▶ 25646-0581

04 1부터 10까지의 자연수가 하나씩 적혀 있는 10장의 카드 중에서 서로 다른 6장의 카드를 택할 때, 택한 카드에 적혀 있는 6개의 수의 합이 홀수가 되는 경우의 수는?

① 100　　② 110　　③ 120　　④ 130　　⑤ 140

▶ 25646-0582

05 숫자 0, 1, 2, 3, 4 중에서 서로 다른 3개를 택해 일렬로 나열하여 만들 수 있는 세 자리의 자연수 중에서 6의 배수의 개수는?

① 12 ② 13 ③ 14 ④ 15 ⑤ 16

▶ 25646-0583

06 A와 B가 각각 운전하는 두 대의 자동차가 있다. A, B를 포함하여 9명이 다음 조건을 만족시키도록 두 대의 자동차에 타려고 한다.

(가) 한 대의 자동차에 탈 수 있는 최대 인원 수는 운전자를 포함하여 5이다.
(나) 운전자 옆자리는 한 명만 앉을 수 있다.
(다) 운전자 뒷좌석은 3명이 일렬로 앉을 수 있는 3개의 자리가 있다.

한 자리에 한 명씩 앉는 자리를 정하는 경우의 수를 N이라 할 때, $\frac{N}{4!\times4!}$의 값을 구하시오.

▶ 25646-0584

07 1부터 9까지의 자연수가 하나씩 적혀 있는 9개의 공이 들어 있는 상자가 있다. 이 상자에서 공을 한 개 꺼내어 공에 적혀 있는 수를 확인한 후 다시 상자에 넣는다. 이러한 과정을 5번 반복할 때, i번째 꺼낸 공에 적혀 있는 수를 a_i (i=1, 2, 3, 4, 5)라 하자. 다음 조건을 만족시키는 a_1, a_2, a_3, a_4, a_5의 모든 순서쌍 $(a_1, a_2, a_3, a_4, a_5)$의 개수를 구하시오.

(가) a_2는 짝수이다. (나) $a_2=a_4$ (다) $a_1<a_3<a_5$

▶ 25646-0585

08 그림과 같이 한 변의 길이가 1인 정사각형 8개로 이루어진 도형이 있다. 이 도형의 선으로 만들 수 있는 정사각형이 아닌 직사각형의 개수는?

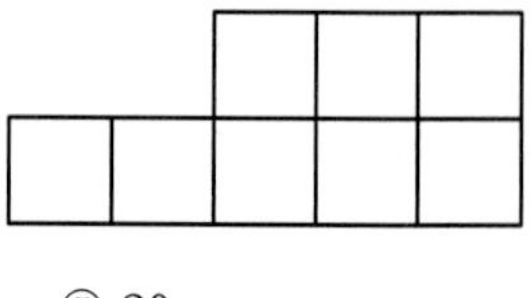

① 16 ② 17 ③ 18 ④ 19 ⑤ 20

행렬

08 행렬과 그 연산

08 행렬과 그 연산

01 행렬의 뜻

(1) 행렬

여러 개의 수나 문자를 직사각형 모양으로 배열하여 괄호로 묶어 나타낸 것을 행렬이라고 한다.

① **성분**: 행렬을 이루는 각각의 수 또는 문자

② **행**: 행렬에서 성분을 가로로 배열한 줄

③ **열**: 행렬에서 성분을 세로로 배열한 줄

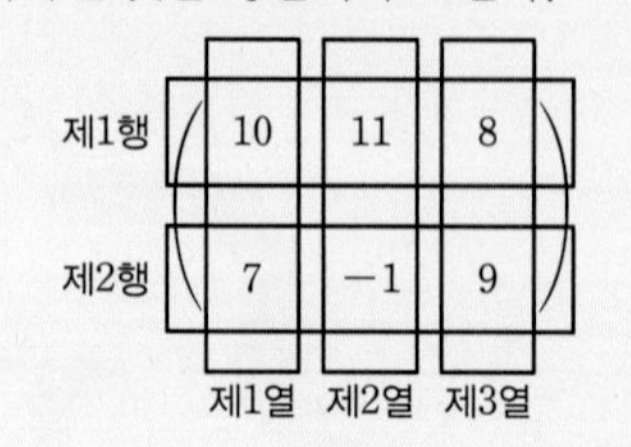

설명 행렬의 행은 위에서부터 차례로 제1행, 제2행, ⋯
열은 왼쪽에서부터 차례로 제1열, 제2열, ⋯이라고 한다.

(2) $m\times n$ 행렬

행이 m개, 열이 n개인 행렬을 $m\times n$ 행렬이라고 한다.

특히, $m=n$일 때 정사각행렬이라 하고, $n\times n$ 행렬을 n차 정사각행렬이라고 한다.

(3) 행렬의 (i, j) 성분

행렬 A의 제i행과 제j열이 만나는 위치에 있는 행렬의 성분을 행렬 A의 (i, j) 성분이라 하고, a_{ij}와 같이 나타낸다.

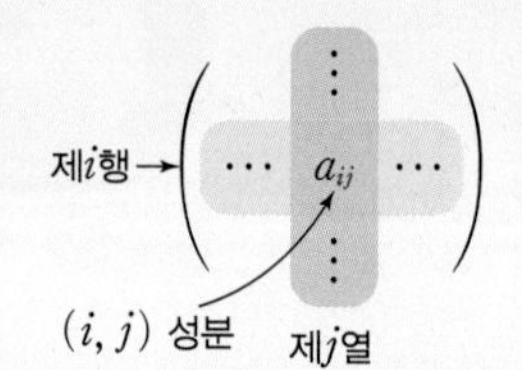

(4) 서로 같은 행렬

두 행렬 A, B가 같은 꼴이고 대응하는 성분이 각각 같을 때, 두 행렬 A, B는 서로 같다고 하고, 기호로 $A=B$와 같이 나타낸다.

행렬 $\begin{pmatrix} 1 & -1 \\ 2 & 0 \\ 3 & -2 \end{pmatrix}$는 행의 개수가 3, 열의 개수가 2이므로 3×2 행렬이다.

행렬 $\begin{pmatrix} 1 & 2 \\ 3 & 4 \end{pmatrix}$는 행의 개수가 2, 열의 개수가 2이므로 이차정사각행렬이다.

2×3 행렬 A의 성분을 a_{ij}라 하면
$A=\begin{pmatrix} a_{11} & a_{12} & a_{13} \\ a_{21} & a_{22} & a_{23} \end{pmatrix}$
과 같이 나타낸다.

두 행렬 A, B의 행의 개수와 열의 개수가 각각 같을 때, 이 두 행렬을 같은 꼴이라고 한다.

02 행렬의 덧셈, 뺄셈, 실수배

(1) 행렬의 덧셈: 두 행렬 A, B가 같은 꼴일 때, 두 행렬 A, B의 대응하는 성분의 합을 각 성분으로 하는 행렬을 기호로 $A+B$와 같이 나타낸다.

(2) 행렬의 뺄셈: 두 행렬 A, B가 같은 꼴일 때, 행렬 A의 각 성분에서 행렬 B의 대응하는 성분을 뺀 것을 각 성분으로 하는 행렬을 기호로 $A-B$와 같이 나타낸다.

(3) 영행렬: 행렬의 모든 성분이 0인 행렬을 영행렬이라 하고, 기호로 O와 같이 나타낸다.

(4) 영행렬의 성질

두 행렬 A, O가 같은 꼴일 때

① $A+O=O+A=A$

② $A+(-A)=(-A)+A=O$

(5) 행렬의 실수배: 행렬 A의 각 성분에 실수 k를 곱한 것을 각 성분으로 하는 행렬을 기호로 kA와 같이 나타낸다.

(6) 행렬의 실수배에 대한 성질

같은 꼴의 두 행렬 A, B와 두 실수 k, l에 대하여

① $(kl)A=k(lA)$ ② $(k+l)A=kA+lA$, $k(A+B)=kA+kB$

참고 행렬의 덧셈에 대한 성질
같은 꼴의 세 행렬 A, B, C에 대하여
① $A+B=B+A$ ② $(A+B)+C=A+(B+C)$

영행렬의 예

$(0\ \ 0)$, $\begin{pmatrix} 0 & 0 \\ 0 & 0 \end{pmatrix}$, $\begin{pmatrix} 0 & 0 & 0 \\ 0 & 0 & 0 \end{pmatrix}$,
$\begin{pmatrix} 0 & 0 \\ 0 & 0 \\ 0 & 0 \end{pmatrix}$, $\begin{pmatrix} 0 & 0 & 0 \\ 0 & 0 & 0 \\ 0 & 0 & 0 \end{pmatrix}$

01 행렬의 뜻

[01~04] 다음 $m\times n$ 행렬에 대하여 m, n의 값을 구하시오.

01 $\begin{pmatrix} -1 & 0 \end{pmatrix}$

02 $\begin{pmatrix} 1 \\ 2 \end{pmatrix}$

03 $\begin{pmatrix} 2 & -1 & 3 \\ -1 & 0 & 1 \end{pmatrix}$

04 $\begin{pmatrix} -3 & 1 \\ 2 & -4 \\ 1 & -2 \end{pmatrix}$

[05~09] 행렬 $\begin{pmatrix} -1 & 2 & 3 \\ 0 & 4 & -1 \\ -2 & 3 & 4 \end{pmatrix}$에 대하여 다음을 구하시오.

05 (1, 2) 성분

06 (3, 1) 성분

07 (2, 3) 성분

08 제2행의 모든 성분의 합

09 제3열의 모든 성분의 합

[10~13] 다음 등식을 만족시키는 두 실수 x, y의 값을 구하시오.

10 $\begin{pmatrix} x & 2y \end{pmatrix}=\begin{pmatrix} -2 & 4 \end{pmatrix}$

11 $\begin{pmatrix} 3x \\ y \end{pmatrix}=\begin{pmatrix} -9 \\ 5 \end{pmatrix}$

12 $\begin{pmatrix} x & -1 \\ 1 & y \end{pmatrix}=\begin{pmatrix} 2 & -1 \\ 1 & 3 \end{pmatrix}$

13 $\begin{pmatrix} 1 & 3 \\ -1 & 2x \end{pmatrix}=\begin{pmatrix} 1 & 3y \\ -1 & -8 \end{pmatrix}$

[14~17] 다음 등식을 만족시키는 두 실수 x, y의 값을 구하시오.

14 $\begin{pmatrix} 2x \\ x+y \end{pmatrix}=\begin{pmatrix} 6 \\ 4 \end{pmatrix}$

15 $\begin{pmatrix} 2x+y \\ x-y \\ 6 \end{pmatrix}=\begin{pmatrix} 5 \\ 4 \\ 6 \end{pmatrix}$

16 $\begin{pmatrix} x & x+3y & 2 \end{pmatrix}=\begin{pmatrix} -1 & 5 & -2x \end{pmatrix}$

17 $\begin{pmatrix} x+2y & 0 \\ 3 & x-y \end{pmatrix}=\begin{pmatrix} 8 & 0 \\ 3 & -1 \end{pmatrix}$

02 행렬의 덧셈, 뺄셈, 실수배

[18~23] 다음을 계산하시오.

18 $\begin{pmatrix} 3 \\ -1 \end{pmatrix}+\begin{pmatrix} 1 \\ 2 \end{pmatrix}$

19 $\begin{pmatrix} 2 & -1 \end{pmatrix}+\begin{pmatrix} 0 & 3 \end{pmatrix}$

20 $\begin{pmatrix} 2 \\ 3 \end{pmatrix}-\begin{pmatrix} -2 \\ 1 \end{pmatrix}$

21 $\begin{pmatrix} 1 & 2 & 5 \end{pmatrix}-\begin{pmatrix} 3 & 1 & 4 \end{pmatrix}$

22 $\begin{pmatrix} 3 & -2 \\ 1 & 3 \end{pmatrix}+\begin{pmatrix} -1 & 1 \\ 2 & 0 \end{pmatrix}$

23 $\begin{pmatrix} 0 & 1 \\ -3 & -2 \end{pmatrix}+\begin{pmatrix} 2 & 3 \\ 5 & 4 \end{pmatrix}$

[24~26] 두 행렬 $A=\begin{pmatrix} 4 & 0 \\ 2 & -1 \end{pmatrix}$, $B=\begin{pmatrix} -1 & 3 \\ 2 & 1 \end{pmatrix}$에 대하여 다음 행렬을 구하시오.

24 $A+2B$

25 $3A+2B$

26 $2A-3B$

[27~30] 다음 등식을 만족시키는 행렬 X를 구하시오.

27 $\begin{pmatrix} 3 & 1 \\ 1 & 2 \end{pmatrix}+X=\begin{pmatrix} 1 & 4 \\ 2 & 3 \end{pmatrix}$

28 $X+\begin{pmatrix} -2 & 2 \\ -1 & 3 \end{pmatrix}=\begin{pmatrix} 3 & 1 \\ 4 & 2 \end{pmatrix}$

29 $\begin{pmatrix} -1 & 1 \\ 2 & 3 \end{pmatrix}-X=\begin{pmatrix} 3 & -4 \\ 1 & 2 \end{pmatrix}$

30 $X-\begin{pmatrix} 1 & 0 \\ 2 & 3 \end{pmatrix}=\begin{pmatrix} -1 & 0 \\ -4 & 1 \end{pmatrix}$

[31~34] 세 행렬 $A=\begin{pmatrix} -2 & 1 \\ 1 & -3 \end{pmatrix}$, $B=\begin{pmatrix} 1 & 3 \\ -2 & 5 \end{pmatrix}$, $C=\begin{pmatrix} 3 & -1 \\ -2 & 0 \end{pmatrix}$에 대하여 다음 행렬을 구하시오.

(단, O는 영행렬이다.)

31 $A-(A-B)+C$

32 $2A+(B-A)+O$

33 $-2A+2(A-B)+3C$

34 $3B-3(B-C+O)$

03 행렬의 곱셈

(1) 두 행렬 A, B에 대하여 A의 열의 개수가 B의 행의 개수와 같을 때, A의 제i행의 각 성분과 B의 제j열의 각 성분을 차례로 곱하고 더한 것을 (i, j) 성분으로 하는 행렬을 기호로 AB와 같이 나타낸다.

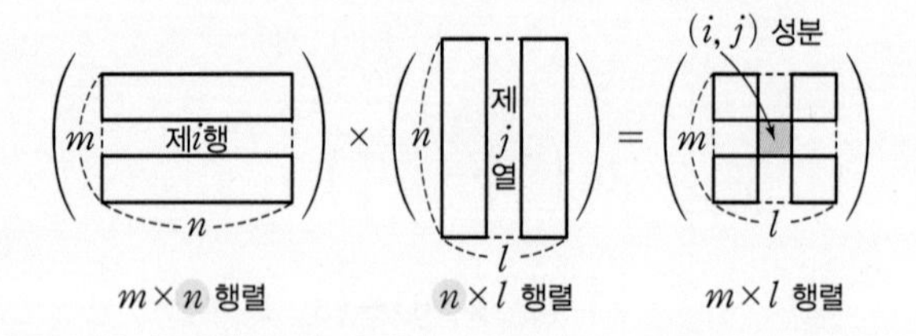

행렬 A가 $m\times n$ 행렬이고 행렬 B가 $n\times l$ 행렬일 때, 행렬 AB는 $m\times l$ 행렬이다.

(2) 행렬의 거듭제곱

행렬 A가 정사각행렬이고 n이 2 이상의 자연수일 때

$$A^2=AA$$
$$A^3=A^2A$$
$$\vdots$$
$$A^n=A^{n-1}A$$

(3) 단위행렬

정사각행렬 중에서 왼쪽 위에서 오른쪽 아래로의 대각선 성분이 모두 1이고 그 이외의 성분이 모두 0인 행렬을 단위행렬이라 하고, 기호로 E와 같이 나타낸다.

예 $\begin{pmatrix}1&0\\0&1\end{pmatrix}$, $\begin{pmatrix}1&0&0\\0&1&0\\0&0&1\end{pmatrix}$

단위행렬 E와 곱셈을 할 수 있는 행렬 A, 자연수 n에 대하여
① $AE=EA=A$
② $E^n=E$

참고 행렬의 곱셈에 대한 성질

합과 곱이 가능한 세 행렬 A, B, C와 실수 k에 대하여

① $(AB)C=A(BC)$

② $A(B+C)=AB+AC$, $(A+B)C=AC+BC$

③ $k(AB)=(kA)B=A(kB)$

④ $AB=BA$가 항상 성립하는 것이 아니다.

예 두 행렬 $A=\begin{pmatrix}1&2\\-1&0\end{pmatrix}$, $B=\begin{pmatrix}-1&0\\2&1\end{pmatrix}$에 대하여

$$AB=\begin{pmatrix}1&2\\-1&0\end{pmatrix}\begin{pmatrix}-1&0\\2&1\end{pmatrix}=\begin{pmatrix}3&2\\1&0\end{pmatrix},\ BA=\begin{pmatrix}-1&0\\2&1\end{pmatrix}\begin{pmatrix}1&2\\-1&0\end{pmatrix}=\begin{pmatrix}-1&-2\\1&4\end{pmatrix}$$

즉, $AB\neq BA$

⑤ $AB=O$이지만 $A\neq O$, $B\neq O$일 수 있다.

예 두 행렬 $A=\begin{pmatrix}2&1\\4&2\end{pmatrix}$, $B=\begin{pmatrix}1&1\\-2&-2\end{pmatrix}$에 대하여

$$AB=\begin{pmatrix}2&1\\4&2\end{pmatrix}\begin{pmatrix}1&1\\-2&-2\end{pmatrix}=\begin{pmatrix}0&0\\0&0\end{pmatrix}$$

두 실수 a, b에 대하여
① $ab=ba$
② $ab=0$이면 $a=0$ 또는 $b=0$
이 항상 성립하지만 행렬에서는 $AB=BA$, $AB=O$이면 $A=O$ 또는 $B=O$가 항상 성립하는 것은 아니다.

03 행렬의 곱셈

[35~40] 다음을 계산하시오.

35 $\begin{pmatrix} 1 \\ 2 \end{pmatrix}(-1 \quad 3)$

36 $(-1 \quad 2)\begin{pmatrix} 1 & -2 \\ 3 & 4 \end{pmatrix}$

37 $\begin{pmatrix} 0 & 1 \\ -1 & 5 \end{pmatrix}\begin{pmatrix} 2 \\ -1 \end{pmatrix}$

38 $\begin{pmatrix} 1 & 0 \\ 3 & -2 \end{pmatrix}\begin{pmatrix} -1 & 4 \\ -2 & -1 \end{pmatrix}$

39 $\begin{pmatrix} 2 & -1 \\ 0 & -3 \end{pmatrix}\begin{pmatrix} 1 & 0 \\ 3 & -1 \end{pmatrix}$

40 $\begin{pmatrix} 3 & -1 \\ 1 & 3 \end{pmatrix}\begin{pmatrix} -2 & 3 \\ 1 & 0 \end{pmatrix}$

[41~44] 세 행렬 $A=\begin{pmatrix} 1 & 0 \\ 2 & -3 \end{pmatrix}$, $B=\begin{pmatrix} -1 & 3 \\ -2 & -1 \end{pmatrix}$, $C=\begin{pmatrix} 2 & 4 \\ 0 & -1 \end{pmatrix}$에 대하여 다음 행렬을 구하시오.

41 AB

42 BA

43 AC

44 CA

[45~46] 다음을 계산하시오.

45 $\begin{pmatrix} 1 & 2 \\ -3 & -4 \end{pmatrix}\begin{pmatrix} 1 & 0 \\ 0 & 1 \end{pmatrix}$

46 $\begin{pmatrix} 1 & 0 \\ 0 & 1 \end{pmatrix}\begin{pmatrix} 1 & 2 \\ -3 & -4 \end{pmatrix}$

[47~52] 행렬 $A=\begin{pmatrix} 1 & 0 \\ 1 & 1 \end{pmatrix}$에 대하여 다음 행렬을 구하시오.

47 A^2

48 A^3

49 A^4

50 A^6

51 A^8

52 A^{12}

[53~55] 단위행렬 $E=\begin{pmatrix} 1 & 0 \\ 0 & 1 \end{pmatrix}$에 대하여 다음 행렬을 구하시오.

53 E^2

54 E^3

55 E^4

[56~58] 단위행렬 $E=\begin{pmatrix} 1 & 0 \\ 0 & 1 \end{pmatrix}$에 대하여 다음 등식을 만족시키는 실수 k의 값을 구하시오.

56 $(2E)^2=kE$

57 $(2E)^3=kE$

58 $(2E)^4=kE$

[59~62] 행렬 $A=\begin{pmatrix} 1 & -1 \\ 0 & -1 \end{pmatrix}$에 대하여 다음 행렬을 구하시오.

59 A^2

60 A^3

61 A^4

62 A^5

[63~66] 세 행렬 $A=\begin{pmatrix} 2 & -1 \\ 4 & 3 \end{pmatrix}$, $B=\begin{pmatrix} 1 & 2 \\ 0 & -1 \end{pmatrix}$, $C=\begin{pmatrix} -1 & 3 \\ -2 & 2 \end{pmatrix}$에 대하여 다음 행렬을 구하시오.

63 $AB+C$

64 $BC-A$

65 $(A+B)C$

66 $A(B-C)$

[67~68] 세 행렬 $A=\begin{pmatrix} 0 & 2 \\ 3 & -1 \end{pmatrix}$, $B=\begin{pmatrix} 1 & 0 \\ -1 & -2 \end{pmatrix}$, $C=\begin{pmatrix} -3 & 4 \\ 2 & 3 \end{pmatrix}$에 대하여 다음 등식을 만족시키는 행렬 X를 구하시오.

67 $AB+X=C$

68 $CA+X=B^2$

유형 01 행렬의 (i, j) 성분

중요

행렬 A의 제i행과 제j열이 만나는 위치에 있는 행렬의 성분을 행렬 A의 (i, j) 성분이라 하고, a_{ij}와 같이 나타낸다.

» 올림포스 공통수학1 84쪽

01 대표문제 ▶ 25646-0586

이차정사각행렬 A의 (i, j) 성분 a_{ij}를

$$a_{ij}=\begin{cases} i(j+1) & (i\le j) \\ (j+1)^i & (i>j) \end{cases} \ (i=1,\ 2,\ j=1,\ 2)$$

라 할 때, 행렬 A의 모든 성분의 합은?

① 13 ② 14 ③ 15
④ 16 ⑤ 17

02 상중하 ▶ 25646-0587

2×3 행렬 A의 (i, j) 성분 a_{ij}를

$$a_{ij}=(i-2j)^2\ (i=1,\ 2,\ j=1,\ 2,\ 3)$$

이라 할 때, 행렬 A의 모든 성분의 합을 구하시오.

03 상중하 ▶ 25646-0588

이차정사각행렬 A의 (i, j) 성분 a_{ij}를

$$a_{ij}=2i+3j-k\ (i=1,\ 2,\ j=1,\ 2)$$

라 할 때, 행렬 A의 모든 성분의 합은 14이다. 실수 k의 값은?

① 1 ② 2 ③ 3
④ 4 ⑤ 5

유형 02 서로 같은 행렬

중요

두 행렬 A, B가 같은 꼴이고 대응하는 성분이 각각 같을 때, 두 행렬 A, B는 서로 같다고 하고, 기호로 $A=B$와 같이 나타낸다.

예 $\begin{pmatrix} a & b \\ c & d \end{pmatrix}=\begin{pmatrix} p & q \\ r & s \end{pmatrix}$이면 $a=p$, $b=q$, $c=r$, $d=s$

» 올림포스 공통수학1 84쪽

04 대표문제 ▶ 25646-0589

세 실수 a, b, c와 두 행렬

$$A=\begin{pmatrix} 1 & a+1 \\ b-2 & c \end{pmatrix},\ B=\begin{pmatrix} 1 & b+2 \\ -b & -c \end{pmatrix}$$

에 대하여 $A=B$일 때, $a+b+c$의 값은?

① -1 ② 0 ③ 1
④ 2 ⑤ 3

05 상중하 ▶ 25646-0590

두 행렬 $A=\begin{pmatrix} 1 & a^2 \\ a & 0 \end{pmatrix}$, $B=\begin{pmatrix} 1 & 2a \\ 6-a^2 & 0 \end{pmatrix}$에 대하여 $A=B$일 때, 실수 a의 값을 구하시오.

06 상중하 ▶ 25646-0591

두 실수 a, b와 두 행렬 $A=\begin{pmatrix} a & -1 \\ 2 & 1 \end{pmatrix}$, $B=\begin{pmatrix} 4-b & -1 \\ 2 & ab \end{pmatrix}$에 대하여 $A=B$일 때, a^3+b^3의 값을 구하시오.

07 상중하 ▶ 25646-0592

등식 $\begin{pmatrix} a^2 & b-5 \\ 1 & b \end{pmatrix}=\begin{pmatrix} a & -a \\ 1 & a^2+3 \end{pmatrix}$을 만족시키는 두 실수 a, b에 대하여 a^2+b^2의 값은?

① 17 ② 19 ③ 21
④ 23 ⑤ 25

유형 03 | 행렬의 덧셈, 뺄셈, 실수배 (1)

(1) **행렬의 덧셈, 뺄셈**
두 행렬이 같은 꼴일 때, 같은 위치에 있는 성분의 덧셈, 뺄셈을 이용하여 계산한다.

(2) **행렬의 실수배**
각 성분에 실수 k를 곱하여 구한다.

≫ 올림포스 공통수학1 84쪽

08 대표문제

▶ 25646-0593

두 행렬 $A=\begin{pmatrix} 1 & -2 & 3 \\ 2 & 1 & -1 \end{pmatrix}$, $B=\begin{pmatrix} -1 & 0 & -2 \\ 3 & 2 & -1 \end{pmatrix}$에 대하여 행렬 $A+2B$의 모든 성분의 합은?

① 4 ② 5 ③ 6
④ 7 ⑤ 8

09 상중하

▶ 25646-0594

등식 $\begin{pmatrix} x & -1 \\ 5 & 2 \end{pmatrix}+\begin{pmatrix} 2 & 1 \\ 2y & -1 \end{pmatrix}=\begin{pmatrix} 6 & 0 \\ -5 & 1 \end{pmatrix}$을 만족시키는 두 실수 x, y에 대하여 $x+y$의 값은?

① -2 ② -1 ③ 0
④ 1 ⑤ 2

10 상중하

▶ 25646-0595

두 실수 x, y와 두 행렬 $A=\begin{pmatrix} x & 2 \\ 3y & 1 \end{pmatrix}$, $B=\begin{pmatrix} 3y & x \\ 6 & 1 \end{pmatrix}$에 대하여 $A+B=\begin{pmatrix} 1 & 6 \\ 3 & 2 \end{pmatrix}$일 때, $x+y$의 값은?

① 1 ② 2 ③ 3
④ 4 ⑤ 5

11 상중하

▶ 25646-0596

두 행렬 $A=\begin{pmatrix} -2 & 1 \\ 0 & -1 \\ 3 & 2 \end{pmatrix}$, $B=\begin{pmatrix} 0 & 2 \\ -1 & 3 \\ 4 & 1 \end{pmatrix}$에 대하여 행렬 $2A-B$의 모든 성분의 합은?

① -3 ② -2 ③ -1
④ 0 ⑤ 1

12 상중하

▶ 25646-0597

두 행렬 $A=\begin{pmatrix} -1 & 2 \\ 2 & -1 \end{pmatrix}$, $B=\begin{pmatrix} -5 & 3 \\ 3 & -5 \end{pmatrix}$와 두 실수 p, q에 대하여 $pA+qB=7E$일 때, $p+q$의 값은?
(단, E는 단위행렬이다.)

① 1 ② 2 ③ 3
④ 4 ⑤ 5

13 상중하

▶ 25646-0598

두 행렬 A, B에 대하여 $A+2B=\begin{pmatrix} 7 & 2 \\ -2 & 3 \end{pmatrix}$, $A=\begin{pmatrix} 1 & -2 \\ 0 & 1 \end{pmatrix}$일 때, 행렬 B의 모든 성분의 합은?

① 1 ② 2 ③ 3
④ 4 ⑤ 5

유형 04 행렬의 덧셈, 뺄셈, 실수배 (2)

중요

두 행렬 A, B에 대한 식이 복잡하게 주어진 경우 식을 간단히 정리한 후 계산한다.

» 올림포스 공통수학1 84쪽

14 대표문제

▸ 25646-0599

두 행렬 $A=\begin{pmatrix} 3 & 2 \\ 1 & 4 \end{pmatrix}$, $B=\begin{pmatrix} -2 & 4 \\ 6 & -2 \end{pmatrix}$에 대하여 $A+2X=3(A-B)$를 만족시키는 행렬 X의 모든 성분의 합은?

① -2 ② -1 ③ 0
④ 1 ⑤ 2

15 상중하

▸ 25646-0600

두 행렬 $A=\begin{pmatrix} 2 & 1 \\ -1 & 3 \end{pmatrix}$, $B=\begin{pmatrix} -1 & 4 \\ 2 & -2 \end{pmatrix}$에 대하여 $X-3B=2(A-B)$를 만족시키는 행렬 X의 모든 성분의 합은?

① 11 ② 12 ③ 13
④ 14 ⑤ 15

16 상중하

▸ 25646-0601

두 행렬 $A=\begin{pmatrix} 3 & -1 & 0 \\ 2 & 1 & -1 \end{pmatrix}$, $B=\begin{pmatrix} 1 & 0 & -1 \\ 3 & -1 & 2 \end{pmatrix}$에 대하여 $3(A-B)=X-B$를 만족시키는 행렬 X는 $X=\begin{pmatrix} a & -b & b-1 \\ 0 & b+2 & -a \end{pmatrix}$이다. 두 상수 a, b에 대하여 $a+b$의 값을 구하시오.

17 상중하

▸ 25646-0602

두 행렬 $A=\begin{pmatrix} k & k+1 \\ 2k & 0 \end{pmatrix}$, $B=\begin{pmatrix} -1 & k \\ 0 & 1 \end{pmatrix}$에 대하여 $3(X-2B)+A=X-A$를 만족시키는 행렬 X의 모든 성분의 합이 -10일 때, 상수 k의 값을 구하시오.

18 상중하

▸ 25646-0603

두 이차정사각행렬 A, B에 대하여

$$2A+B=\begin{pmatrix} 8 & 7 \\ 4 & 6 \end{pmatrix},\ A-2B=\begin{pmatrix} -1 & 6 \\ 2 & -7 \end{pmatrix}$$

일 때, 행렬 $A-B$의 모든 성분의 합은?

① 1 ② 2 ③ 3
④ 4 ⑤ 5

19 상중하

▸ 25646-0604

두 행렬 A, B에 대하여

$$3A-B=\begin{pmatrix} -5 \\ 6 \\ 10 \end{pmatrix},\ 2A-3B=\begin{pmatrix} -8 \\ 4 \\ 9 \end{pmatrix}$$

일 때, $A+B=\begin{pmatrix} a \\ a+1 \\ 2a \end{pmatrix}$이다. 상수 a의 값은?

① 1 ② 2 ③ 3
④ 4 ⑤ 5

유형 05 행렬의 곱셈 (중요)

(1) 행렬 AB는 행렬 A의 열의 개수와 행렬 B의 행의 개수가 같을 때에만 구할 수 있다.

(2) $\begin{pmatrix} a & b \\ c & d \end{pmatrix}\begin{pmatrix} p & q \\ r & s \end{pmatrix}=\begin{pmatrix} ap+br & aq+bs \\ cp+dr & cq+ds \end{pmatrix}$

≫ 올림포스 공통수학1 85쪽

20 대표문제 ▶ 25646-0605

두 행렬 $A=\begin{pmatrix} 1 & 2 \\ -3 & 4 \end{pmatrix}$, $B=\begin{pmatrix} -2 & 1 \\ 1 & 3 \end{pmatrix}$에 대하여 행렬 AB의 모든 성분의 합을 구하시오.

21 상중하 ▶ 25646-0606

두 실수 a, b와 두 행렬 $A=\begin{pmatrix} 2 & -3 \\ 4 & 1 \end{pmatrix}$, $B=\begin{pmatrix} 2 \\ 1 \end{pmatrix}$에 대하여 $AB=\begin{pmatrix} a \\ b \end{pmatrix}$일 때, $\frac{b}{a}$의 값은?

① 1 ② 3 ③ 6
④ 9 ⑤ 12

22 상중하 ▶ 25646-0607

두 실수 a, b에 대하여 두 행렬 $A=\begin{pmatrix} a & 2 \\ 4 & b \end{pmatrix}$, $B=\begin{pmatrix} -2 & 3 \\ 2 & -3 \end{pmatrix}$이 $AB=B$를 만족시킬 때, ab의 값을 구하시오.

23 상중하 ▶ 25646-0608

두 이차정사각행렬 A, B에 대하여

$$A+2B=\begin{pmatrix} 1 & 2 \\ -1 & 0 \end{pmatrix},\ A-B=\begin{pmatrix} -2 & -1 \\ 5 & 0 \end{pmatrix}$$

일 때, 행렬 AB의 $(2,\ 1)$ 성분은?

① -3 ② -1 ③ 1
④ 3 ⑤ 5

24 상중하 ▶ 25646-0609

두 실수 a, b에 대하여 두 행렬 $A=\begin{pmatrix} 3 & 4 \\ 0 & 0 \end{pmatrix}$, $B=\begin{pmatrix} a & -8 \\ -3 & b \end{pmatrix}$가 $AB=O$를 만족시킬 때, $a+b$의 값을 구하시오.

(단, O는 영행렬이다.)

25 상중하 ▶ 25646-0610

아래 표는 A식당과 B식당의 돈가스와 우동 한 개당 가격을 나타낸 것이다. 다음 중 B식당의 돈가스 2개와 우동 3개의 가격의 합을 나타낸 것은?

(단위: 천 원)

	돈가스	우동
A	11	8
B	10	9

① 행렬 $\begin{pmatrix} 11 & 8 \\ 10 & 9 \end{pmatrix}\begin{pmatrix} 2 \\ 3 \end{pmatrix}$의 $(1,\ 1)$ 성분

② 행렬 $\begin{pmatrix} 11 & 8 \\ 10 & 9 \end{pmatrix}\begin{pmatrix} 2 \\ 3 \end{pmatrix}$의 $(2,\ 1)$ 성분

③ 행렬 $\begin{pmatrix} 11 & 8 \\ 10 & 9 \end{pmatrix}\begin{pmatrix} 3 \\ 2 \end{pmatrix}$의 $(1,\ 1)$ 성분

④ 행렬 $(2\ \ 3)\begin{pmatrix} 11 & 8 \\ 10 & 9 \end{pmatrix}$의 $(1,\ 1)$ 성분

⑤ 행렬 $(2\ \ 3)\begin{pmatrix} 11 & 8 \\ 10 & 9 \end{pmatrix}$의 $(1,\ 2)$ 성분

유형 06 행렬의 거듭제곱

두 자연수 m, n에 대하여

(1) $A^{n+1}=A^nA$ (2) $A^{m+n}=A^mA^n$

≫ 올림포스 공통수학1 85쪽

26 대표문제 ▶ 25646-0611

행렬 $A=\begin{pmatrix} 1 & 2 \\ 0 & 1 \end{pmatrix}$에 대하여 행렬 A^n의 모든 성분의 합이 10이 되도록 하는 자연수 n의 값은?

① 2 ② 3 ③ 4
④ 5 ⑤ 6

27 상중하 ▶ 25646-0612

행렬 $A=\begin{pmatrix} 1 & 1 \\ -1 & 1 \end{pmatrix}$에 대하여 $A^{16}=kE$일 때, 실수 k의 값을 구하시오. (단, E는 단위행렬이다.)

28 상중하 ▶ 25646-0613

두 행렬 A, B에 대하여

$$A+B=\begin{pmatrix} 3 & 3 \\ -2 & -1 \end{pmatrix},\ A-B=\begin{pmatrix} 1 & -1 \\ 4 & -1 \end{pmatrix}$$

일 때, 행렬 A^2-B^2의 모든 성분의 합을 구하시오.

29 상중하 ▶ 25646-0614

두 행렬 $A=\begin{pmatrix} 0 & 2 \\ 2 & 0 \end{pmatrix}$, $B=\begin{pmatrix} -2 & -4 \\ 4 & 3 \end{pmatrix}$에 대하여 행렬 A^4B+B의 모든 성분의 합을 구하시오.

30 상중하 ▶ 25646-0615

행렬 $A=\begin{pmatrix} 0 & 1 \\ -3 & 0 \end{pmatrix}$에 대하여 $X=A+A^2+A^3+A^4$일 때, 행렬 X의 모든 성분의 합을 구하시오.

31 상중하 ▶ 25646-0616

행렬 $A=\begin{pmatrix} a & 0 \\ a-1 & 1 \end{pmatrix}$에 대하여 행렬 A^{11}의 모든 성분의 합이 2^{34}일 때, 자연수 a의 값을 구하시오.

유형 07 행렬의 연산

(1) 두 행렬 A, B에 대하여 $AB=BA$가 항상 성립하는 것은 아니다.
(2) 행렬의 덧셈, 뺄셈, 곱셈이 혼합되어 있는 식은 괄호 안의 식부터 차례로 계산한다.

» 올림포스 공통수학1 85쪽

32 대표문제 ▶ 25646-0617

두 행렬 $A=\begin{pmatrix} 3 & 1 \\ -1 & -2 \end{pmatrix}$, $B=\begin{pmatrix} -1 & 2 \\ 3 & 0 \end{pmatrix}$에 대하여 행렬 $(A+B)(A-B)$의 모든 성분의 합은?

① 2 ② 4 ③ 6
④ 8 ⑤ 10

33 상중하 ▶ 25646-0618

두 행렬 $A=\begin{pmatrix} 2 & 1 \\ 3 & -1 \end{pmatrix}$, $B=\begin{pmatrix} 0 & -1 \\ 1 & 2 \end{pmatrix}$에 대하여 행렬 $(A-B)^2$의 모든 성분의 합을 구하시오.

34 상중하 ▶ 25646-0619

두 행렬 $A=\begin{pmatrix} 2 & 3 \\ -1 & 0 \end{pmatrix}$, $B=\begin{pmatrix} 1 & -2 \\ 3 & 4 \end{pmatrix}$에 대하여 $AB-X=B$를 만족시키는 행렬 X는 $X=\begin{pmatrix} a & a \\ b & c \end{pmatrix}$일 때, $a+b+c$의 값은? (단, a, b, c는 상수이다.)

① 1 ② 2 ③ 3
④ 4 ⑤ 5

35 상중하 ▶ 25646-0620

두 행렬 $A=\begin{pmatrix} 3 & 1 \\ 2 & -1 \end{pmatrix}$, $B=\begin{pmatrix} 1 & -2 \\ -3 & 4 \end{pmatrix}$에 대하여 행렬 $AB+BA$의 모든 성분의 합은?

① -12 ② -11 ③ -10
④ -9 ⑤ -8

36 상중하 ▶ 25646-0621

두 행렬 $A=\begin{pmatrix} 4 & 1 \\ 0 & -3 \end{pmatrix}$, $B=\begin{pmatrix} 1 & 1 \\ 0 & -6 \end{pmatrix}$에 대하여 행렬 $AB(A-B)$의 모든 성분의 합을 구하시오.

37 상중하 ▶ 25646-0622

두 이차정사각행렬 A, B에 대하여 $A=\begin{pmatrix} -1 & 1 \\ -1 & 4 \end{pmatrix}$, $AB=\begin{pmatrix} -2 & -1 \\ 1 & -7 \end{pmatrix}$일 때, 행렬 $A+B$의 모든 성분의 합은?

① 4 ② 5 ③ 6
④ 7 ⑤ 8

01 내신기출

▶ 25646-0623

이차정사각행렬 A의 (i, j) 성분 a_{ij}를

$$a_{ij}=\begin{cases} ij & (i\le j) \\ (i+j)^2 & (i>j) \end{cases} \ (i=1,\ 2,\ j=1,\ 2)$$

라 할 때, 이차정사각행렬 B의 (i, j) 성분 b_{ij}는

$$b_{ij}=\begin{cases} a_{ij} & (i=j) \\ a_{ji} & (i\ne j) \end{cases} \ (i=1,\ 2,\ j=1,\ 2)$$

이다. 다음 물음에 답하시오.

(1) 행렬 A와 행렬 B를 구하시오.

(2) 행렬 $2A-B$의 성분 중에서 최댓값을 M, 최솟값을 m이라 할 때, $M+m$의 값을 구하시오.

02

▶ 25646-0624

이차정사각행렬 A의 (i, j) 성분 a_{ij}를 x에 대한 이차방정식

$x^2-2ix+j=0$ $(i=1,\ 2,\ j=1,\ 2)$

의 서로 다른 실근의 개수라 할 때, 행렬 A^3의 모든 성분의 합을 구하시오.

03 내신기출

▶ 25646-0625

두 행렬 $A=\begin{pmatrix} 3 & 2 \\ -1 & 4 \end{pmatrix}$, $B=\begin{pmatrix} 1 & -1 \\ 8 & -7 \end{pmatrix}$에 대하여 두 이차정사각행렬 X, Y가 $X+2Y=A$, $2X-Y=B$를 만족시킬 때, 행렬 XY의 모든 성분의 합을 구하시오.

04

▶ 25646-0626

두 행렬 A, B에 대하여 $A=\begin{pmatrix} a & 4 \\ -2 & b \end{pmatrix}$, $B=\begin{pmatrix} -2 & c \\ 2 & 0 \end{pmatrix}$일 때, 다음 물음에 답하시오. (단, a, b, c는 상수이다.)

(1) $AB=O$일 때, $a+b+c$의 값을 구하시오. (단, O는 영행렬이다.)

(2) $AB=BA$일 때, $a-b-c$의 값을 구하시오.

05

▶ 25646-0627

두 상수 p, q에 대하여 두 행렬 $A=\begin{pmatrix} 1 & -2 \\ 3 & 1 \end{pmatrix}$, $B=\begin{pmatrix} -4 & -2 \\ 3 & -4 \end{pmatrix}$가 $A^2=pB+qE$를 만족시킬 때, pq의 값을 구하시오. (단, E는 단위행렬이다.)

06

▶ 25646-0628

두 행렬 A, B에 대하여 $A=\begin{pmatrix} 2 & 0 \\ 1 & 1 \end{pmatrix}$, $A+B=\begin{pmatrix} 3 & 4 \\ -5 & 2 \end{pmatrix}$이다. 행렬 A^2-AB의 성분 중에서 최댓값을 M, 최솟값을 m이라 할 때, $M-m$의 값을 구하시오.

▶ 25646-0629

01 삼차정사각행렬 A의 (i, j) 성분 a_{ij} $(i=1, 2, 3, j=1, 2, 3)$을 이차함수 $y=x^2+1$의 그래프와 두 직선 $y=ix$, $y=-jx$의 서로 다른 교점의 개수라 하고, 삼차정사각행렬 B의 (i, j) 성분 b_{ij}를 $b_{ij}=a_{ji}$ $(i=1, 2, 3, j=1, 2, 3)$이라 할 때, 행렬 $A+B$의 모든 성분의 합을 구하시오.

▶ 25646-0630

02 두 실수 a, b에 대하여 행렬 $A=\begin{pmatrix} a & b \\ b & a+8 \end{pmatrix}$이 $A^2=20E$를 만족시킬 때, a^2-b^2의 값을 구하시오.

(단, E는 단위행렬이다.)

▶ 25646-0631

03 행렬 $A=\begin{pmatrix} -1 & 0 \\ a & -1 \end{pmatrix}$에 대하여 행렬 X를

$$X=A+A^2+A^3+A^4+A^5+A^6$$

이라 하자. 행렬 X의 모든 성분의 합이 12일 때, 실수 a의 값은?

① -10 ② -8 ③ -6 ④ -4 ⑤ -2

▶ 25646-0632

04 모든 성분이 양의 실수인 두 이차정사각행렬 A, B가 다음 조건을 만족시킨다.

(가) 양수 k에 대하여 $A\begin{pmatrix} 1 & 2 \\ -1 & 1 \end{pmatrix}=\begin{pmatrix} 0 & k \\ 0 & 2k \end{pmatrix}$

(나) $B\begin{pmatrix} -1 \\ 1 \end{pmatrix}=\begin{pmatrix} 0 \\ 0 \end{pmatrix}$

(다) $AB=5A$, $BA=6B$

행렬 $A+B$의 모든 성분의 합을 구하시오.

MEMO

01 다항식의 연산

개념 확인하기
본문 7, 9쪽

01 $2x^2+x-1$ 02 $5x+1$
03 $3x^2+x$ 04 $2x^2+5x-1$
05 x^2+xy+y^2 06 $-x-3$
07 $-2x^2-x-3$ 08 $-x^2-3x+4$
09 $2x^2-5x-7$ 10 $x^2-3xy-3y^2$
11 $3x^2+3xy$ 12 $x^2+8xy-7y^2$
13 $2x^2+xy+y^2$ 14 $5x^2+xy+4y^2$
15 $3x^3+x^2-x+1$ 16 x^3-x^2-x-2
17 $-x^3+2x^2+5x+2$ 18 x^4+3x^2+2
19 $x^3+3x^2y+xy^2-2y^3$
20 (가): 교환법칙, (나): 결합법칙
21 x^2-1 22 $-x^3+x^2-x+1$
23 x^3+x+2
24 $x^2+y^2+z^2+2xy-2yz-2zx$
25 $x^4+2x^3+3x^2+2x+1$ 26 $x^3+6x^2+12x+8$
27 x^3-3x^2+3x-1 28 $27x^3+54x^2y+36xy^2+8y^3$
29 $8x^3-36x^2y+54xy^2-27y^3$
30 x^3+8 31 $8x^3+1$
32 $8x^3-1$ 33 x^3+27y^3
34 88 35 11
36 몫: $x-2$, 나머지: 3 37 몫: x^2+3x+7, 나머지: 12
38 몫: $2x-5$, 나머지: 6 39 몫: $x-3$, 나머지: $5x-2$
40 x^2+1 41 $2x^5-x^3-x^2$

유형 완성하기
본문 10~23쪽

01 ② 02 ① 03 ④ 04 ② 05 ③
06 ② 07 ⑤ 08 ① 09 ③ 10 ④
11 ⑤ 12 ④ 13 ③ 14 ② 15 ②
16 ① 17 ③ 18 ① 19 ④ 20 ②
21 ② 22 ③ 23 ④ 24 ③ 25 ②
26 ③ 27 ② 28 ④ 29 ③ 30 ⑤
31 ④ 32 ④ 33 ③ 34 ④ 35 ①
36 ③ 37 ② 38 ⑤ 39 ② 40 ④
41 ① 42 ③ 43 ② 44 ① 45 ③
46 ② 47 ③ 48 ③ 49 3 50 ⑤
51 ③ 52 ④ 53 ② 54 ④ 55 94
56 ④ 57 ② 58 ④ 59 ④ 60 ③
61 ④ 62 ① 63 ① 64 ⑤ 65 ②
66 ② 67 ① 68 ⑤ 69 ③ 70 ③

서술형 완성하기
본문 24쪽

01 $3x^2-9x+6$ 02 $6x^2y^2+3xy^3-3y^4$
03 -2 04 8
05 $4x+19$

내신 + 수능 고난도 도전
본문 25쪽

01 ② 02 ④ 03 ③

02 나머지정리

개념 확인하기
본문 27쪽

01 $a=3, b=-1, c=2$ 02 $a=0, b=-1, c=2$
03 $a=0, b=1, c=-1$ 04 $a=1, b=-1, c=0$
05 $a=\frac{1}{2}, b=\frac{1}{2}, c=1$ 06 -5 07 4
08 -4 09 20 10 -1 11 2
12 $-\frac{4}{3}$ 13 $\frac{2}{3}$ 14 -6 15 2
16 $-\frac{5}{2}$ 17 $\frac{3}{2}$ 18 $a=-3, b=0$
19 $a=-4, b=-8$ 20 몫: x^2+x-2, 나머지: 3
21 몫: x^2+4x+7, 나머지: 15

유형 완성하기
본문 28~39쪽

01 ② 02 ③ 03 ① 04 ④ 05 ⑤
06 ⑤ 07 ② 08 ③ 09 ④ 10 ①
11 ③ 12 ② 13 ⑤ 14 ② 15 ③
16 ③ 17 ② 18 ① 19 15 20 ④
21 ① 22 ② 23 ③ 24 ① 25 ⑤
26 ③ 27 ② 28 ① 29 ⑤ 30 ①
31 ④ 32 ③ 33 ⑤ 34 ② 35 ⑤
36 ④ 37 ④ 38 ③ 39 ① 40 ④
41 ⑤ 42 몫: $2x^2-3x+6$, 나머지: -5 43 ①
44 ③ 45 ③ 46 ② 47 ④ 48 ⑤
49 ⑤ 50 ④ 51 ⑤ 52 ① 53 ②
54 $-2,829$ 55 ⑤ 56 ② 57 ①
58 ⑤ 59 ① 60 ①

서술형 완성하기
본문 40쪽

01 -1 02 19
03 $\frac{4}{3}x+\frac{8}{3}$ 04 $-\frac{2}{3}x+\frac{4}{3}$
05 64

내신 + 수능 고난도 도전
본문 41쪽

01 ② 02 ③ 03 ④

03 인수분해

개념 확인하기
본문 43쪽

01 $(x+3y)^3$ 02 $(x-2)^3$
03 $(2x+3y)^3$ 04 $(x+2)(x^2-2x+4)$
05 $(3x+2y)(9x^2-6xy+4y^2)$
06 $(x-1)(x^2+x+1)$ 07 $(2x-3y)(4x^2+6xy+9y^2)$
08 $(x-y+z)^2$ 09 $(x+y+1)^2$
10 $(x+y+2z)^2$ 11 $(x-2y-2z)^2$
12 $x(x-1)$ 13 $(x^2+5x+8)(x^2+5x-2)$
14 $(x-2)^3$ 15 $(x^2+3x+1)^2$
16 $(x^2+x+2)(x^2-x+2)$ 17 $(x^2-2x-5)(x^2+2x-5)$
18 $(x-y-1)(x-y-2)$ 19 $b(b-a)(c-a)$
20 $(x-1)(x^2-2x-2)$ 21 $(x+1)(x-2)(x^2-2x+3)$

유형 완성하기

본문 44~57쪽

01 ③ 02 ④ 03 ② 04 ① 05 ③
06 ② 07 ⑤ 08 ① 09 ① 10 ③
11 ② 12 ② 13 ④ 14 3 15 ①
16 ④ 17 ③ 18 ⑤ 19 ⑤ 20 ①
21 ⑤ 22 ① 23 ⑤ 24 ④ 25 1
26 ② 27 ⑤ 28 ④ 29 ② 30 ③
31 ① 32 ③ 33 ②
34 $(x^2-xy-5y^2)(x^2+xy-5y^2)$ 35 ④
36 $(a+b)(b+c)(c+a)$ 37 ① 38 ④
39 ② 40 ④ 41 ②
42 $(x-1)(x+1)(x+2)(x+3)$ 43 ① 44 ②
45 ④ 46 ③ 47 $x(x+1)(x+2)$ 48 ①
49 ④ 50 ① 51 ③ 52 ② 53 ⑤
54 6 55 ② 56 ② 57 ③ 58 ⑤
59 ④ 60 ① 61 ④
62 빗변의 길이가 c인 직각삼각형
63 빗변의 길이가 c인 직각삼각형 64 ② 65 ④
66 ① 67 ③ 68 $12x+36$ 69 ③

서술형 완성하기

본문 58~59쪽

01 -4
02 $a=1$, $x-y+1$, $x+2y-1$
03 $(x-1)(x^2+4x+8)$
04 나머지: 7, $a=-3$
05 2
06 421
07 빗변의 길이가 a인 직각삼각형
08 $4+2\sqrt{2}$
09 $(a+b)(b+c)(c+a)$
10 4

내신+수능 고난도 도전

본문 60쪽

01 ③ 02 ① 03 ①

04 복소수와 이차방정식

개념 확인하기

본문 63, 65쪽

01 실수부분: 2, 허수부분: 3
02 실수부분: -6, 허수부분: 4
03 실수부분: 5, 허수부분: 0
04 실수부분: 0, 허수부분: -7
05 -2
06 실수: -4, $1+i^2$, 허수: $\frac{i}{2}$, $-2+\sqrt{2}i$, $1-i$
07 $a=2$, $b=1$
08 $a=-2$, $b=2$
09 $a=5$, $b=-4$
10 $a=-3$, $b=-4$
11 $4-5i$
12 $5+2i$
13 $-3-6i$
14 $-1+\sqrt{2}i$
15 $a=5$, $b=3$
16 $a=-9$, $b=-2$
17 $8+6i$
18 $3-7i$
19 $2i$
20 $5+i$
21 $-i$
22 $-\frac{1}{5}+\frac{7}{5}i$
23 $\sqrt{5}i$
24 $-4i$
25 $3i$ 또는 $-3i$
26 $\frac{\sqrt{3}}{2}i$ 또는 $-\frac{\sqrt{3}}{2}i$
27 -4
28 $3\sqrt{2}i$
29 2
30 $-\sqrt{3}i$
31 $x=-2$ 또는 $x=3$, 실근
32 $x=3i$ 또는 $x=-3i$, 허근
33 $x=2$ (중근), 실근
34 $x=\frac{1+\sqrt{7}i}{2}$ 또는 $x=\frac{1-\sqrt{7}i}{2}$, 허근
35 -11
36 17
37 -20
38 0
39 서로 다른 두 실근
40 서로 다른 두 허근
41 서로 같은 두 실근 (중근)
42 서로 다른 두 실근
43 $a<\frac{9}{4}$
44 $a=-8$ 또는 $a=8$
45 $a>4$
46 -4 또는 4
47 $\frac{4}{3}$
48 (두 근의 합)$=-2$, (두 근의 곱)$=3$
49 (두 근의 합)$=\frac{7}{3}$, (두 근의 곱)$=-2$
50 (1) $-\frac{3}{2}$ (2) 6
51 $x^2-3x+2=0$
52 $x^2+2x-15=0$
53 $x^2-4x+5=0$
54 $x^2-6x+1=0$
55 $2x^2-2x-24=0$
56 $2x^2-4x+10=0$
57 $(x-1-\sqrt{5}i)(x-1+\sqrt{5}i)$
58 $(x-2-i)(x-2+i)$
59 $a=-6$, $b=25$
60 $a=-10$, $b=13$

유형 완성하기

본문 66~79쪽

01 ⑤ 02 ④ 03 ① 04 ② 05 ①
06 20 07 ③ 08 ③ 09 ① 10 ①
11 ③ 12 ⑤ 13 ⑤ 14 ① 15 ③
16 ① 17 ② 18 ⑤ 19 ② 20 ④
21 ③ 22 1 23 ④ 24 ② 25 ①
26 ⑤ 27 ③ 28 ③ 29 ② 30 ④
31 ① 32 ① 33 ① 34 ④ 35 ④
36 60 37 ② 38 ④ 39 ③ 40 ①
41 ③ 42 3 43 ④ 44 7 45 ②
46 ① 47 ⑤ 48 ① 49 ④ 50 ③
51 -5 52 6 53 ② 54 ⑤ 55 ④
56 8 57 ① 58 ② 59 ④ 60 ③
61 ⑤ 62 -7 63 ④ 64 ⑤ 65 ⑤
66 19 67 ② 68 ② 69 ①
70 $2x^2-x-4=0$ 71 ④ 72 ② 73 ⑤
74 ⑤ 75 $(x-1-2i)(x-1+2i)$ 76 ⑤
77 ② 78 ④ 79 ① 80 ⑤ 81 ①
82 ① 83 ④ 84 ② 85 ③

서술형 완성하기

본문 80쪽

01 31
02 -12
03 2
04 6

내신+수능 고난도 도전

본문 81쪽

01 ⑤ 02 ② 03 ④ 04 ③

05 이차방정식과 이차함수

개념 확인하기 (본문 83쪽)

01 $a=-2$, $b=-8$　02 $a=-6$, $b=5$
03 -4, 1　04 4
05 -1, $\frac{3}{2}$　06 2
07 0　08 1
09 2　10 (1) $k<3$ (2) $k=3$ (3) $k>3$
11 -2, 1　12 3
13 -4, 2　14 서로 다른 두 점에서 만난다.
15 서로 다른 두 점에서 만난다.　16 한 점에서 만난다.(접한다.)
17 만나지 않는다.
18 (1) $k<\frac{27}{2}$ (2) $k=\frac{27}{2}$ (3) $k>\frac{27}{2}$
19 최댓값: 8, 최솟값: -1　20 최댓값: 13, 최솟값: -3
21 최댓값: 3, 최솟값: -6　22 최댓값: 4, 최솟값: -20

유형 완성하기 (본문 84~91쪽)

01 ②	02 ⑤	03 ④	04 17	05 ①
06 ③	07 ③	08 6	09 ②	10 ②
11 9	12 -6	13 ⑤	14 ②	15 25
16 ①	17 ⑤	18 32	19 ③	20 ④
21 ⑤	22 $k>4$	23 ③	24 ③	25 ⑤
26 $\frac{12}{5}$	27 ①	28 ⑤	29 ③	30 ④
31 ④	32 ①	33 20	34 ⑤	35 ①
36 ③	37 ①	38 ④	39 -6	40 ②
41 ④	42 25	43 ③	44 ④	45 -2
46 ③	47 13			

서술형 완성하기 (본문 92쪽)

01 7　02 156　03 $\frac{128}{9}$　04 21

내신+수능 고난도 도전 (본문 93쪽)

01 ③　02 24　03 ②　04 8

06 여러 가지 방정식과 부등식

개념 확인하기 (본문 95, 97쪽)

01 $x=2$ 또는 $x=-1\pm\sqrt{3}i$
02 $x=-5$ 또는 $x=0$ 또는 $x=1$
03 $x=0$ 또는 $x=6$
04 $x=-1$ 또는 $x=1$ 또는 $x=3$
05 $x=-2$ 또는 $x=1$ 또는 $x=3$
06 $x=-2i$ 또는 $x=2i$ 또는 $x=-2$ 또는 $x=2$
07 $x=-1$ 또는 $x=2$
08 $x=-2$ 또는 $x=-1$ 또는 $x=3$ 또는 $x=4$
09 $x=-1$ 또는 $x=1$ 또는 $x=-2$ 또는 $x=2$
10 $x=\frac{1\pm\sqrt{13}}{2}$ 또는 $x=\frac{-1\pm\sqrt{13}}{2}$
11 (1) -1 (2) -1 (3) 0 (4) -3
12 $\begin{cases} x=-3 \\ y=-4 \end{cases}$ 또는 $\begin{cases} x=4 \\ y=3 \end{cases}$
13 $\begin{cases} x=2 \\ y=-1 \end{cases}$ 또는 $\begin{cases} x=\frac{10}{7} \\ y=\frac{1}{7} \end{cases}$
14 $\begin{cases} x=-2 \\ y=6 \end{cases}$ 또는 $\begin{cases} x=6 \\ y=-2 \end{cases}$
15 $\begin{cases} x=-1 \\ y=-1 \end{cases}$ 또는 $\begin{cases} x=1 \\ y=1 \end{cases}$ 또는 $\begin{cases} x=\sqrt{2} \\ y=-\sqrt{2} \end{cases}$ 또는 $\begin{cases} x=-\sqrt{2} \\ y=\sqrt{2} \end{cases}$
16 $\begin{cases} x=-4 \\ y=-2 \end{cases}$ 또는 $\begin{cases} x=4 \\ y=2 \end{cases}$ 또는 $\begin{cases} x=-2\sqrt{7} \\ y=2\sqrt{7} \end{cases}$ 또는 $\begin{cases} x=2\sqrt{7} \\ y=-2\sqrt{7} \end{cases}$
17 $-1<x\le4$　18 $-3\le x\le5$
19 $x>5$　20 해는 없다.
21 $-3<x<2$　22 $-1<x<5$
23 $x<-5$ 또는 $x>3$　24 $-6\le x\le1$
25 $x\le1$ 또는 $x\ge2$　26 $-4<x<2$
27 $x\le-8$ 또는 $x\ge4$　28 $-2<x<1$ 또는 $3<x<6$
29 $-\frac{11}{3}\le x\le-\frac{5}{3}$ 또는 $1\le x\le3$
30 $-2\le x\le4$　31 $x<-3$ 또는 $x>2$
32 $x\le2$　33 $-1<x<2$
34 $x<-2$ 또는 $x>5$　35 $-1\le x\le5$
36 $x\le-4$ 또는 $x\ge2$　37 모든 실수
38 $x\ne-3$인 모든 실수　39 모든 실수
40 $x=6$　41 해는 없다.
42 모든 실수　43 $-4<k<4$
44 $-3\le k\le2$　45 $-3<x<1$
46 $-5\le x<0$ 또는 $3<x\le4$
47 $-4<x<-1$ 또는 $5<x<6$

유형 완성하기 (본문 98~116쪽)

01 ②	02 ④	03 ④	04 ①	05 ①	06 ②	07 20
08 ④	09 ⑤	10 ②	11 ①	12 ⑤	13 ③	14 -4
15 ⑤	16 ②	17 ②	18 ③	19 ④	20 ①	21 ①
22 ②	23 ③	24 ⑤	25 ④	26 44	27 ④	28 ③
29 ④	30 -1	31 ③	32 ②	33 ④	34 ①	35 ②
36 ①	37 6	38 ④	39 ②	40 ②	41 12	42 ①
43 ③	44 18	45 ②	46 ③	47 ⑤	48 4	49 ②
50 9	51 ③	52 ①	53 ④	54 96	55 ②	56 ③
57 7	58 ④	59 70	60 ⑤	61 ②	62 ③	63 ⑤
64 ④	65 ②	66 ④	67 ③	68 3	69 ②	70 ④
71 ③	72 ③	73 ⑤	74 ③	75 ④	76 ①	77 ①
78 ③	79 ②	80 ①	81 ①	82 ③	83 ②	84 ④
85 ①	86 ③	87 ④	88 ②	89 ⑤	90 ③	91 ②
92 ⑤	93 ④	94 ③	95 25	96 ④	97 ②	98 ④
99 ⑤	100 12	101 5	102 $1\le k<2$	103 ②	104 ②	
105 ③	106 10	107 ⑤	108 ③			

서술형 완성하기 (본문 117쪽)

01 8　02 -3
03 13　04 $4\le a<5$

내신+수능 고난도 도전 (본문 118쪽)

01 ④　02 ③　03 53　04 29

07 경우의 수

개념 확인하기
본문 121, 123쪽

01 2 02 5 03 7 04 5 05 1
06 6 07 3 08 2 09 5 10 6
11 2 12 8 13 12 14 2 15 9
16 60 17 4 18 9 19 6 20 18
21 6 22 24 23 60 24 30 25 24
26 1 27 6 28 24 29 1 30 60
31 36 32 24 33 12 34 24 35 6
36 6 37 2 38 6 39 10 40 15
41 20 42 21 43 35 44 8 45 6
46 10 47 15 48 1 49 1 50 1
51 1 52 4 53 15 54 10 55 5
56 2 57 8 58 5 59 15 60 21
61 84 62 4 63 10 64 40 65 30
66 74 67 80 68 5 69 10 70 20
71 10

유형 완성하기
본문 124~135쪽

01 ④ 02 ④ 03 ② 04 ① 05 ② 06 ④ 07 ③
08 16 09 14 10 ④ 11 140 12 ④ 13 ⑤ 14 ③
15 ⑤ 16 ② 17 120 18 360 19 ⑤ 20 ② 21 ②
22 ③ 23 58 24 ① 25 ③ 26 ② 27 ① 28 ④
29 ② 30 ⑤ 31 ④ 32 ① 33 ② 34 12 35 ⑤
36 ④ 37 ③ 38 ④ 39 576 40 ④ 41 ⑤ 42 192
43 7 44 18 45 11 46 24 47 30 48 60 49 ④
50 301 51 9 52 112 53 ① 54 36 55 ⑤ 56 ②
57 792 58 ① 59 ③ 60 180 61 ③ 62 126 63 ③
64 ① 65 ⑤ 66 50 67 50 68 ② 69 ③ 70 ④
71 ③ 72 ⑤ 73 ⑤ 74 ② 75 21 76 ① 77 ①
78 35 79 ⑤

서술형 완성하기
본문 136쪽

01 9 02 27 03 34 04 720
05 7 06 8

내신 + 수능 고난도 도전
본문 137~138쪽

01 ② 02 ④ 03 109 04 ②
05 ② 06 70 07 336 08 ②

08 행렬과 그 연산

개념 확인하기
본문 141, 143쪽

01 $m=1$, $n=2$ 02 $m=2$, $n=1$ 03 $m=2$, $n=3$
04 $m=3$, $n=2$ 05 2 06 -2
07 -1 08 3 09 6
10 $x=-2$, $y=2$ 11 $x=-3$, $y=5$ 12 $x=2$, $y=3$
13 $x=-4$, $y=1$ 14 $x=3$, $y=1$
15 $x=3$, $y=-1$ 16 $x=-1$, $y=2$ 17 $x=2$, $y=3$
18 $\begin{pmatrix} 4 \\ 1 \end{pmatrix}$ 19 $(2 \quad 2)$ 20 $\begin{pmatrix} 4 \\ 2 \end{pmatrix}$
21 $(-2 \quad 1 \quad 1)$ 22 $\begin{pmatrix} 2 & -1 \\ 3 & 3 \end{pmatrix}$ 23 $\begin{pmatrix} 2 & 4 \\ 2 & 2 \end{pmatrix}$
24 $\begin{pmatrix} 2 & 6 \\ 6 & 1 \end{pmatrix}$ 25 $\begin{pmatrix} 10 & 6 \\ 10 & -1 \end{pmatrix}$ 26 $\begin{pmatrix} 11 & -9 \\ -2 & -5 \end{pmatrix}$
27 $\begin{pmatrix} -2 & 3 \\ 1 & 1 \end{pmatrix}$ 28 $\begin{pmatrix} 5 & -1 \\ 5 & -1 \end{pmatrix}$ 29 $\begin{pmatrix} -4 & 5 \\ 1 & 1 \end{pmatrix}$
30 $\begin{pmatrix} 0 & 0 \\ -2 & 4 \end{pmatrix}$ 31 $\begin{pmatrix} 4 & 2 \\ -4 & 5 \end{pmatrix}$ 32 $\begin{pmatrix} -1 & 4 \\ -1 & 2 \end{pmatrix}$
33 $\begin{pmatrix} 7 & -9 \\ -2 & -10 \end{pmatrix}$ 34 $\begin{pmatrix} 9 & -3 \\ -6 & 0 \end{pmatrix}$ 35 $\begin{pmatrix} -1 & 3 \\ -2 & 6 \end{pmatrix}$
36 $(5 \quad 10)$ 37 $\begin{pmatrix} -1 \\ -7 \end{pmatrix}$ 38 $\begin{pmatrix} -1 & 4 \\ 1 & 14 \end{pmatrix}$
39 $\begin{pmatrix} -1 & 1 \\ -9 & 3 \end{pmatrix}$ 40 $\begin{pmatrix} -7 & 9 \\ 1 & 3 \end{pmatrix}$ 41 $\begin{pmatrix} -1 & 3 \\ 4 & 9 \end{pmatrix}$
42 $\begin{pmatrix} 5 & -9 \\ -4 & 3 \end{pmatrix}$ 43 $\begin{pmatrix} 2 & 4 \\ 4 & 11 \end{pmatrix}$ 44 $\begin{pmatrix} 10 & -12 \\ -2 & 3 \end{pmatrix}$
45 $\begin{pmatrix} 1 & 2 \\ -3 & -4 \end{pmatrix}$ 46 $\begin{pmatrix} 1 & 2 \\ -3 & -4 \end{pmatrix}$ 47 $\begin{pmatrix} 1 & 0 \\ 2 & 1 \end{pmatrix}$
48 $\begin{pmatrix} 1 & 0 \\ 3 & 1 \end{pmatrix}$ 49 $\begin{pmatrix} 1 & 0 \\ 4 & 1 \end{pmatrix}$ 50 $\begin{pmatrix} 1 & 0 \\ 6 & 1 \end{pmatrix}$
51 $\begin{pmatrix} 1 & 0 \\ 8 & 1 \end{pmatrix}$ 52 $\begin{pmatrix} 1 & 0 \\ 12 & 1 \end{pmatrix}$ 53 $\begin{pmatrix} 1 & 0 \\ 0 & 1 \end{pmatrix}$
54 $\begin{pmatrix} 1 & 0 \\ 0 & 1 \end{pmatrix}$ 55 $\begin{pmatrix} 1 & 0 \\ 0 & 1 \end{pmatrix}$ 56 4
57 8 58 16 59 $\begin{pmatrix} 1 & 0 \\ 0 & 1 \end{pmatrix}$
60 $\begin{pmatrix} 1 & -1 \\ 0 & -1 \end{pmatrix}$ 61 $\begin{pmatrix} 1 & 0 \\ 0 & 1 \end{pmatrix}$ 62 $\begin{pmatrix} 1 & -1 \\ 0 & -1 \end{pmatrix}$
63 $\begin{pmatrix} 1 & 8 \\ 2 & 7 \end{pmatrix}$ 64 $\begin{pmatrix} -7 & 8 \\ -2 & -5 \end{pmatrix}$ 65 $\begin{pmatrix} -5 & 11 \\ -8 & 16 \end{pmatrix}$
66 $\begin{pmatrix} 2 & 1 \\ 14 & -13 \end{pmatrix}$ 67 $\begin{pmatrix} -1 & 8 \\ -2 & 1 \end{pmatrix}$ 68 $\begin{pmatrix} -11 & 10 \\ -8 & 3 \end{pmatrix}$

유형 완성하기
본문 144~149쪽

01 ③ 02 55 03 ④ 04 ⑤ 05 2 06 52 07 ①
08 ③ 09 ② 10 ③ 11 ① 12 ① 13 ⑤ 14 ④
15 ③ 16 10 17 9 18 ⑤ 19 ① 20 26 21 ④
22 15 23 ④ 24 10 25 ② 26 ③ 27 256 28 21
29 17 30 16 31 8 32 ③ 33 17 34 ④ 35 ②
36 60 37 ①

서술형 완성하기
본문 150쪽

01 (1) $A=\begin{pmatrix} 1 & 2 \\ 9 & 4 \end{pmatrix}$, $B=\begin{pmatrix} 1 & 9 \\ 2 & 4 \end{pmatrix}$ (2) 11 02 23
03 6 04 (1) 2 (2) 6 05 6
06 16

내신 + 수능 고난도 도전
본문 151쪽

01 36 02 12 03 ④ 04 22

2022 개정 교육과정 적용

2025년 고1 적용

올림포스 유형편

학교 시험을 완벽하게 대비하는 유형 기본서

공통수학1
정답과 풀이

'한눈에 보는 정답'
& 정답과 풀이 바로가기

공통수학1

정답과 풀이

Ⅰ. 다항식

01 다항식의 연산

개념 확인하기

본문 7, 9쪽

01 $2x^2+x-1$
02 $5x+1$
03 $3x^2+x$
04 $2x^2+5x-1$
05 x^2+xy+y^2
06 $-x-3$
07 $-2x^2-x-3$
08 $-x^2-3x+4$
09 $2x^2-5x-7$
10 $x^2-3xy-3y^2$
11 $3x^2+3xy$
12 $x^2+8xy-7y^2$
13 $2x^2+xy+y^2$
14 $5x^2+xy+4y^2$
15 $3x^3+x^2-x+1$
16 x^3-x^2-x-2
17 $-x^3+2x^2+5x+2$
18 x^4+3x^2+2
19 $x^3+3x^2y+xy^2-2y^3$
20 (가): 교환법칙, (나): 결합법칙
21 x^2-1
22 $-x^3+x^2-x+1$
23 x^3+x+2
24 $x^2+y^2+z^2+2xy-2yz-2zx$
25 $x^4+2x^3+3x^2+2x+1$
26 $x^3+6x^2+12x+8$
27 x^3-3x^2+3x-1
28 $27x^3+54x^2y+36xy^2+8y^3$
29 $8x^3-36x^2y+54xy^2-27y^3$
30 x^3+8
31 $8x^3+1$
32 $8x^3-1$
33 x^3+27y^3
34 88
35 11
36 몫: $x-2$, 나머지: 3
37 몫: x^2+3x+7, 나머지: 12
38 몫: $2x-5$, 나머지: 6
39 몫: $x-3$, 나머지: $5x-2$
40 x^2+1
41 $2x^5-x^3-x^2$

01 $(x^2-2)+(x^2+x+1)$
$=(1+1)x^2+x+(-2+1)$
$=2x^2+x-1$

답 $2x^2+x-1$

02 $(-x^2+2x-1)+(x^2+3x+2)$
$=(-1+1)x^2+(2+3)x+(-1+2)$
$=5x+1$

답 $5x+1$

03 $(x^2-x+2)+2(x^2+x-1)$
$=(x^2-x+2)+(2x^2+2x-2)$
$=(1+2)x^2+(-1+2)x+(2-2)$
$=3x^2+x$

답 $3x^2+x$

04 $2(x^2+x-2)+3(x+1)$
$=(2x^2+2x-4)+(3x+3)$
$=2x^2+(2+3)x+(-4+3)$
$=2x^2+5x-1$

답 $2x^2+5x-1$

05 $(x^2-xy-y^2)+2(xy+y^2)$
$=(x^2-xy-y^2)+(2xy+2y^2)$
$=x^2+(-1+2)xy+(-1+2)y^2$
$=x^2+xy+y^2$

답 x^2+xy+y^2

06 $(x^2-2)-(x^2+x+1)$
$=(1-1)x^2-x+(-2-1)$
$=-x-3$

답 $-x-3$

07 $(-x^2+2x-1)-(x^2+3x+2)$
$=(-1-1)x^2+(2-3)x+(-1-2)$
$=-2x^2-x-3$

답 $-2x^2-x-3$

08 $(x^2-x+2)-2(x^2+x-1)$
$=(1-2)x^2+(-1-2)x+(2+2)$
$=-x^2-3x+4$

답 $-x^2-3x+4$

09 $2(x^2-x-2)-3(x+1)$
$=2x^2+(-2-3)x+(-4-3)$
$=2x^2-5x-7$

답 $2x^2-5x-7$

10 $(x^2-xy-y^2)-2(xy+y^2)$
$=x^2+(-1-2)xy+(-1-2)y^2$
$=x^2-3xy-3y^2$

답 $x^2-3xy-3y^2$

11 $A+(A+B)$
$=(A+A)+B$
$=2A+B$
$=2(x^2+2xy-y^2)+(x^2-xy+2y^2)$
$=(2+1)x^2+(4-1)xy+(-2+2)y^2$
$=3x^2+3xy$

답 $3x^2+3xy$

12 $A+2(A-B)$
$=A+2A-2B$
$=(A+2A)-2B$
$=3A-2B$
$=3(x^2+2xy-y^2)-2(x^2-xy+2y^2)$
$=(3-2)x^2+(6+2)xy+(-3-4)y^2$
$=x^2+8xy-7y^2$

답 $x^2+8xy-7y^2$

13 $2A-(A-B)$
$=2A-A+B$
$=(2A-A)+B$
$=A+B$
$=(x^2+2xy-y^2)+(x^2-xy+2y^2)$
$=(1+1)x^2+(2-1)xy+(-1+2)y^2$
$=2x^2+xy+y^2$

답 $2x^2+xy+y^2$

14 $A+2B+(A+B)$
$=A+A+2B+B$
$=(A+A)+(2B+B)$
$=2A+3B$
$=2(x^2+2xy-y^2)+3(x^2-xy+2y^2)$
$=(2+3)x^2+(4-3)xy+(-2+6)y^2$
$=5x^2+xy+4y^2$

답 $5x^2+xy+4y^2$

15 $(x+1)(3x^2-2x+1)$
$=x(3x^2-2x+1)+(3x^2-2x+1)$
$=(3x^3-2x^2+x)+(3x^2-2x+1)$
$=3x^3+(-2+3)x^2+(1-2)x+1$
$=3x^3+x^2-x+1$

답 $3x^3+x^2-x+1$

16 $(x-2)(x^2+x+1)$
$=x(x^2+x+1)-2(x^2+x+1)$
$=(x^3+x^2+x)+(-2x^2-2x-2)$
$=x^3+(1-2)x^2+(1-2)x-2$
$=x^3-x^2-x-2$

답 x^3-x^2-x-2

17 $(-x^2+3x+2)(x+1)$
$=(-x^2+3x+2)x+(-x^2+3x+2)$
$=(-x^3+3x^2+2x)+(-x^2+3x+2)$
$=-x^3+(3-1)x^2+(2+3)x+2$
$=-x^3+2x^2+5x+2$

답 $-x^3+2x^2+5x+2$

18 $(x^2+1)(x^2+2)$
$=x^2(x^2+2)+(x^2+2)$
$=(x^4+2x^2)+(x^2+2)$
$=x^4+(2+1)x^2+2$
$=x^4+3x^2+2$

답 x^4+3x^2+2

19 $(x+2y)(x^2+xy-y^2)$
$=x(x^2+xy-y^2)+2y(x^2+xy-y^2)$
$=(x^3+x^2y-xy^2)+(2x^2y+2xy^2-2y^3)$
$=x^3+(1+2)x^2y+(-1+2)xy^2-2y^3$
$=x^3+3x^2y+xy^2-2y^3$

답 $x^3+3x^2y+xy^2-2y^3$

20

답 (가): 교환법칙, (나): 결합법칙

21 $A(B+C)-AC$
$=(AB+AC)-AC$
$=AB+(AC-AC)$
$=AB$
$=(x-1)(x+1)$
$=x^2-1$

답 x^2-1

22 $A(B-C)-BA$
$=(AB-AC)-AB$
$=AB-AC-AB$
$=AB-AB-AC$
$=(AB-AB)-AC$
$=-AC$
$=-(x-1)(x^2+1)$
$=-x(x^2+1)+(x^2+1)$
$=(-x^3-x)+(x^2+1)$
$=-x^3+x^2-x+1$

답 $-x^3+x^2-x+1$

23 $(A+B)C-A(B+C)$
$=(AC+BC)-(AB+AC)$
$=AC+BC-AB-AC$
$=BC-AB$
$=(x+1)(x^2+1)-(x-1)(x+1)$
$=x(x^2+1)+(x^2+1)-(x^2-1)$
$=(x^3+x)+(x^2+1)+(-x^2+1)$
$=x^3+(1-1)x^2+x+(1+1)$
$=x^3+x+2$

답 x^3+x+2

24 $(x+y-z)^2$
$=x^2+y^2+(-z)^2+2\times x\times y+2\times y\times(-z)+2\times(-z)\times x$
$=x^2+y^2+z^2+2xy-2yz-2zx$

답 $x^2+y^2+z^2+2xy-2yz-2zx$

25 $(x^2+x+1)^2$
$=(x^2)^2+x^2+1^2+2\times x^2\times x+2\times x\times 1+2\times 1\times x^2$
$=x^4+x^2+1+2x^3+2x+2x^2$
$=x^4+2x^3+3x^2+2x+1$

답 $x^4+2x^3+3x^2+2x+1$

26 $(x+2)^3$
$=x^3+3\times x^2\times 2+3\times x\times 2^2+2^3$
$=x^3+6x^2+12x+8$

답 $x^3+6x^2+12x+8$

27 $(x-1)^3$
$=x^3-3\times x^2\times 1+3\times x\times 1^2-1^3$
$=x^3-3x^2+3x-1$

답 x^3-3x^2+3x-1

28 $(3x+2y)^3$
$=(3x)^3+3\times(3x)^2\times(2y)+3\times(3x)\times(2y)^2+(2y)^3$
$=27x^3+54x^2y+36xy^2+8y^3$

답 $27x^3+54x^2y+36xy^2+8y^3$

29 $(2x-3y)^3$
$=(2x)^3-3\times(2x)^2\times(3y)+3\times(2x)\times(3y)^2-(3y)^3$
$=8x^3-36x^2y+54xy^2-27y^3$

답 $8x^3-36x^2y+54xy^2-27y^3$

30 $(x+2)(x^2-2x+4)$
$=(x+2)(x^2-2x+2^2)$
$=x^3+2^3$
$=x^3+8$

답 x^3+8

31 $(2x+1)(4x^2-2x+1)$
$=(2x+1)\{(2x)^2-2x+1^2\}$
$=(2x)^3+1^3$
$=8x^3+1$

답 $8x^3+1$

32 $(2x-1)(4x^2+2x+1)$
$=(2x-1)\{(2x)^2+2x+1^2\}$
$=(2x)^3-1^3$
$=8x^3-1$

답 $8x^3-1$

33 $(x+3y)(x^2-3xy+9y^2)$
$=(x+3y)\{x^2-x\times 3y+(3y)^2\}$
$=x^3+(3y)^3$
$=x^3+27y^3$

답 x^3+27y^3

34 a^3+b^3
$=(a+b)^3-3ab(a+b)$
$=4^3-3\times(-2)\times 4$
$=64+24=88$

답 88

35 $x^2+y^2+z^2$
$=(x+y+z)^2-2(xy+yz+zx)$
$=3^2-2\times(-1)$
$=9+2=11$

답 11

36

$$\begin{array}{r|l} & x-2 \\ x+1 & x^2-x+1 \\ & x^2+x \\ \hline & -2x+1 \\ & -2x-2 \\ \hline & 3 \end{array}$$

따라서 몫은 $x-2$, 나머지는 3이다.

답 몫: $x-2$, 나머지: 3

37

$$\begin{array}{r|l} & x^2+3x+7 \\ x-2 & x^3+x^2+x-2 \\ & x^3-2x^2 \\ \hline & 3x^2+x-2 \\ & 3x^2-6x \\ \hline & 7x-2 \\ & 7x-14 \\ \hline & 12 \end{array}$$

따라서 몫은 x^2+3x+7, 나머지는 12이다.

답 몫: x^2+3x+7, 나머지: 12

38

$$\begin{array}{r|l} & 2x-5 \\ 2x+1 & 4x^2-8x+1 \\ & 4x^2+2x \\ \hline & -10x+1 \\ & -10x-5 \\ \hline & 6 \end{array}$$

따라서 몫은 $2x-5$, 나머지는 6이다.

답 몫: $2x-5$, 나머지: 6

39

$$\begin{array}{r|l} & x-3 \\ x^2+x-1 & x^3-2x^2+x+1 \\ & x^3+x^2-x \\ \hline & -3x^2+2x+1 \\ & -3x^2-3x+3 \\ \hline & 5x-2 \end{array}$$

따라서 몫은 $x-3$, 나머지는 $5x-2$이다.

답 몫: $x-3$, 나머지: $5x-2$

40 $A=BQ+R$
$=(x+1)(x-1)+2$
$=x^2-1+2$
$=x^2+1$

답 x^2+1

41 $A=BQ+R$
$=(x^2-1)(2x^3+x-1)+x-1$
$=x^2(2x^3+x-1)-(2x^3+x-1)+x-1$
$=(2x^5+x^3-x^2)-(2x^3+x-1)+x-1$
$=2x^5-x^3-x^2$

답 $2x^5-x^3-x^2$

유형 완성하기

본문 10~23쪽

01 ②	02 ①	03 ④	04 ②	05 ③
06 ②	07 ⑤	08 ①	09 ③	10 ④
11 ⑤	12 ④	13 ③	14 ②	15 ②
16 ①	17 ③	18 ①	19 ④	20 ②
21 ②	22 ③	23 ④	24 ③	25 ②
26 ③	27 ②	28 ④	29 ③	30 ⑤
31 ④	32 ④	33 ③	34 ④	35 ①
36 ③	37 ②	38 ⑤	39 ②	40 ④
41 ①	42 ③	43 ②	44 ①	45 ③
46 ②	47 ③	48 ③	49 3	50 ⑤
51 ③	52 ④	53 ②	54 ④	55 94
56 ④	57 ②	58 ④	59 ④	60 ③
61 ④	62 ①	63 ①	64 ⑤	65 ②
66 ②	67 ①	68 ⑤	69 ③	70 ③

01 $A+B$
$=(x^2+axy-2y^2)+(-2x^2+3xy+2ay^2)$
$=(1-2)x^2+(a+3)xy+(-2+2a)y^2$
$=-x^2+(a+3)xy+(-2+2a)y^2$
이때 $A+B$의 모든 항의 계수의 합이 6이므로
$-1+(a+3)+(-2+2a)=6$에서
$3a=6$, 즉 $a=2$
$A=x^2+2xy-2y^2$, $B=-2x^2+3xy+4y^2$이므로
$A-B$
$=(x^2+2xy-2y^2)-(-2x^2+3xy+4y^2)$
$=(x^2+2xy-2y^2)+(2x^2-3xy-4y^2)$
$=(1+2)x^2+(2-3)xy+(-2-4)y^2$
$=3x^2-xy-6y^2$
따라서 $A-B$의 모든 항의 계수의 합은
$3+(-1)+(-6)=-4$

답 ②

02 $2A+B$
$=2(x^2+x-1)+(-x^2-2x+3)$
$=(2x^2+2x-2)+(-x^2-2x+3)$
$=(2-1)x^2+(2-2)x+(-2+3)$
$=x^2+1$

답 ①

03 $A+kB$
$=(x^3-x+2)+k(x^2-x+2)$
$=(x^3-x+2)+(kx^2-kx+2k)$
$=x^3+kx^2+(-1-k)x+2+2k$
이때 x^2의 계수가 2이므로 $k=2$
따라서
$kA-B$
$=2A-B$
$=2(x^3-x+2)-(x^2-x+2)$
$=(2x^3-2x+4)+(-x^2+x-2)$
$=2x^3-x^2+(-2+1)x+(4-2)$
$=2x^3-x^2-x+2$
이므로 차수가 홀수인 모든 항의 계수의 합은
$2+(-1)=1$

답 ④

04 $A+B$
$=(x^2+ax+b)+(x^2+bx+a)$
$=(1+1)x^2+(a+b)x+(b+a)$
$=2x^2+(a+b)x+a+b$
이때 상수항을 포함한 모든 항의 계수의 합이 8이므로
$2+(a+b)+(a+b)=8$에서
$2(a+b)=6$, 즉 $a+b=3$
따라서
$A+2B$
$=(x^2+ax+b)+2(x^2+bx+a)$
$=(x^2+ax+b)+(2x^2+2bx+2a)$
$=(1+2)x^2+(a+2b)x+(b+2a)$
$=3x^2+(a+2b)x+2a+b$
이므로 상수항을 포함한 모든 계수의 합은
$3+(a+2b)+2a+b$
$=3a+3b+3$
$=3(a+b)+3$
$=3\times3+3=12$

답 ②

05 $3A-2B$
$=3(2x^{3n}+3x^{n+1}-3)-2(3x^{3n}+2x^n+2)$
$=(6x^{3n}+9x^{n+1}-9)-(6x^{3n}+4x^n+4)$
$=(6-6)x^{3n}+9x^{n+1}-4x^n+(-9-4)$
$=9x^{n+1}-4x^n-13$
이때 차수가 3이므로
$n+1=3$, 즉 $n=2$
$A=2x^6+3x^3-3$, $B=3x^6+2x^2+2$이므로
$2A+3B$
$=2(2x^6+3x^3-3)+3(3x^6+2x^2+2)$
$=(4x^6+6x^3-6)+(9x^6+6x^2+6)$
$=13x^6+6x^3+6x^2$
따라서 x^2의 계수는 6이다.

답 ③

06 $(A+3B-C)-2(B-C)$
$=(A+3B-C)-(2B-2C)$
$=A+(3-2)B+(-1+2)C$
$=A+B+C$
$=(2x^2+3xy-y^2)+(x^2-5xy+3y^2)+(-x^2+2xy)$
$=(2+1-1)x^2+(3-5+2)xy+(-1+3)y^2$
$=2x^2+2y^2$

답 ②

07 $A-B+2(A-B)$
$=A-B+(2A-2B)$
$=(1+2)A+(-1-2)B$
$=3A-3B$
$=3(x^2-ax+2)-3(x^2+2x+a)$
$=(3x^2-3ax+6)-(3x^2+6x+3a)$
$=(3-3)x^2+(-3a-6)x+(6-3a)$
$=(-3a-6)x+6-3a$
이때 x의 계수가 3이므로
$-3a-6=3$에서 $-3a=9$, 즉 $a=-3$
따라서 상수항은
$6-3a=6-3\times(-3)=15$

답 ⑤

08 $A-2B+3C+3A-2B+C$
$=(1+3)A-(2+2)B+(3+1)C$
$=4A-4B+4C$
$=4(A-B+C)$
이때
$A-B+C$
$=(x^3-x^2+x-1)-(2x^3-3x+3)+(-x^3+2x^2-x+1)$
$=(1-2-1)x^3+(-1+2)x^2+(1+3-1)x+(-1-3+1)$
$=-2x^3+x^2+3x-3$
이므로
$4(A-B+C)=-8x^3+4x^2+12x-12$

답 ①

09 $x^2+x^3+2\{x+1-2(1+x)+x^2\}-2(x^2+1)$
$=x^2+x^3+2(x+1-2-2x+x^2)+(-2x^2-2)$
$=x^3+x^2+2(x^2-x-1)+(-2x^2-2)$
$=x^3+x^2+(2x^2-2x-2)+(-2x^2-2)$
$=x^3+(1+2-2)x^2-2x+(-2-2)$
$=x^3+x^2-2x-4$

답 ③

10 $(\sqrt{2}-1)(A+B)-(\sqrt{2}+1)(A-B)$
$=\{(\sqrt{2}-1)-(\sqrt{2}+1)\}A+\{(\sqrt{2}-1)+(\sqrt{2}+1)\}B$
$=-2A+2\sqrt{2}B$
$=-2(x^2+2x+3)+2\sqrt{2}(-\sqrt{2}x^2+3\sqrt{2}x-2\sqrt{2})$
$=(-2x^2-4x-6)+(-4x^2+12x-8)$
$=(-2-4)x^2+(-4+12)x+(-6-8)$
$=-6x^2+8x-14$

답 ④

11 $X+2(2A-B)=A$에서
$X+(4A-2B)=A$이므로
$X=A-(4A-2B)$
$=A+(-4A+2B)$
$=(1-4)A+2B$
$=-3A+2B$
$=-3(4x^2+3xy-5y^2)+2(x^2-xy+y^2)$
$=(-12x^2-9xy+15y^2)+(2x^2-2xy+2y^2)$
$=(-12+2)x^2+(-9-2)xy+(15+2)y^2$
$=-10x^2-11xy+17y^2$

답 ⑤

12 $X+A-2(X-B)=3A$에서
$X+A+(-2X+2B)=3A$이므로
$(1-2)X+A+2B=3A$
$-X=3A-(A+2B)$
$X=-3A+(A+2B)$
$=(-3+1)A+2B$
$=-2A+2B$
$=-2(2x^2-x+3)+2(3x^2+3x-1)$
$=(-4x^2+2x-6)+(6x^2+6x-2)$
$=(-4+6)x^2+(2+6)x+(-6-2)$
$=2x^2+8x-8$

답 ④

13 $A+2B=x^2+xy-2y^2$ …… ㉠
$A-2B=x^2-3xy$ …… ㉡
㉠+㉡을 하면
$2A=(x^2+xy-2y^2)+(x^2-3xy)$
$=2x^2-2xy-2y^2$
즉, $A=x^2-xy-y^2$을 ㉠에 대입하면
$2B=(x^2+xy-2y^2)-A$
$=(x^2+xy-2y^2)-(x^2-xy-y^2)$
$=2xy-y^2$
즉, $B=xy-\frac{1}{2}y^2$이므로
$2A+B=(2x^2-2xy-2y^2)+\left(xy-\frac{1}{2}y^2\right)$
$=2x^2-xy-\frac{5}{2}y^2$
따라서 다항식 $2A+B$의 모든 항의 계수의 합은
$2+(-1)+\left(-\frac{5}{2}\right)=-\frac{3}{2}$

답 ③

14 $2A+3B=x^2+3x+1$ …… ㉠
$3A-2B=-2x^2+2x-3$ …… ㉡
㉠$\times$2+㉡$\times$3을 하면
$13A=2(x^2+3x+1)+3(-2x^2+2x-3)$
$=(2x^2+6x+2)+(-6x^2+6x-9)$
$=-4x^2+12x-7$
즉, $A=-\frac{4}{13}x^2+\frac{12}{13}x-\frac{7}{13}$을 ㉡에 대입하면
$-2B=(-2x^2+2x-3)-3A$
$=(-2x^2+2x-3)-3\left(-\frac{4}{13}x^2+\frac{12}{13}x-\frac{7}{13}\right)$
$=(-2x^2+2x-3)+\left(\frac{12}{13}x^2-\frac{36}{13}x+\frac{21}{13}\right)$
$=-\frac{14}{13}x^2-\frac{10}{13}x-\frac{18}{13}$

이므로

$A-2B=\left(-\frac{4}{13}x^2+\frac{12}{13}x-\frac{7}{13}\right)+\left(-\frac{14}{13}x^2-\frac{10}{13}x-\frac{18}{13}\right)$

$=-\frac{18}{13}x^2+\frac{2}{13}x-\frac{25}{13}$

따라서 $A-2B$의 최고차항의 계수와 상수항의 합은

$-\frac{18}{13}+\left(-\frac{25}{13}\right)=-\frac{43}{13}$

답 ②

15 $A+B=x^3+x^2-x-1$ …… ㉠

$B+C=x^3-x^2+x-1$ …… ㉡

$C+A=x^3-x^2-x+1$ …… ㉢

㉠+㉡+㉢을 하면

$2A+2B+2C=(x^3+x^2-x-1)$

$+(x^3-x^2+x-1)+(x^3-x^2-x+1)$

즉, $2(A+B+C)=3x^3-x^2-x-1$이므로

$A+B+C=\frac{3}{2}x^3-\frac{1}{2}x^2-\frac{1}{2}x-\frac{1}{2}$

따라서 차수가 홀수인 모든 항의 계수의 합은

$\frac{3}{2}+\left(-\frac{1}{2}\right)=1$

답 ②

16 $(x^2+x-1)(x+2)-(x^2-x+1)(x-2)$

$=(x^2+x-1)x+(x^2+x-1)\times2-(x^2-x+1)x$

$+(x^2-x+1)\times2$

$=(x^3+x^2-x)+(2x^2+2x-2)-(x^3-x^2+x)+(2x^2-2x+2)$

$=(1-1)x^3+(1+2+1+2)x^2+(-1+2-1-2)x+(-2+2)$

$=6x^2-2x$

따라서 최고차항의 계수는 6이다.

답 ①

17 $(x^3-2x^2+x-2)(x^3+x^2-2x+2)$의 전개식에서 x^3항은

$x^3\times2+(-2x^2)\times(-2x)+x\times x^2+(-2)\times x^3$

$=2x^3+4x^3+x^3-2x^3$

$=5x^3$

이므로 $a=5$

$(x^3-2x^2+x-2)(x^3+x^2-2x+2)$의 전개식에서 x^2항은

$-2x^2\times2+x\times(-2x)+(-2)\times x^2$

$=-4x^2-2x^2-2x^2$

$=-8x^2$

이므로 $b=-8$

따라서 $a+b=5+(-8)=-3$

답 ③

18 $(x+1)(x-2)(x^2+x+1)$

$=(x^2-x-2)(x^2+x+1)$

$=x^2(x^2+x+1)-x(x^2+x+1)-2(x^2+x+1)$

$=(x^4+x^3+x^2)+(-x^3-x^2-x)+(-2x^2-2x-2)$

$=x^4+(1-1)x^3+(1-1-2)x^2+(-1-2)x-2$

$=x^4-2x^2-3x-2$

따라서 x^2의 계수는 -2이다.

답 ①

19 $(x-2y-3)(x+ay+b)$의 전개식에서 xy항은

$x\times ay+(-2y)\times x=(a-2)xy$

이고 xy의 계수가 2이므로

$a-2=2$, 즉 $a=4$

$(x-2y-3)(x+ay+b)$의 전개식에서 x항은

$x\times b+(-3)\times x=(b-3)x$

이고 x의 계수가 3이므로

$b-3=3$, 즉 $b=6$

따라서 $ab=4\times6=24$

답 ④

20 $(x^6+2x^5+3x^4+4x^3+5x^2+6x+a)^2$의 전개식에서 x^4항은

$3x^4\times a+4x^3\times6x+5x^2\times5x^2+6x\times4x^3+a\times3x^4$

$=3ax^4+24x^4+25x^4+24x^4+3ax^4$

$=(6a+73)x^4$

이고 x^4의 계수가 1이므로

$6a+73=1$, 즉 $a=-12$

$(x^6+2x^5+3x^4+4x^3+5x^2+6x+a)^2$의 전개식에서 x^3항은

$4x^3\times a+5x^2\times6x+6x\times5x^2+a\times4x^3$

$=4ax^3+30x^3+30x^3+4ax^3$

$=(8a+60)x^3$

따라서 x^3의 계수는

$8a+60=8\times(-12)+60=-36$

답 ②

21 $\frac{3}{2}AB-\frac{1}{2}BA$

$=\frac{3}{2}AB-\frac{1}{2}AB$

$=AB$

$=(x^2-2)(x+1)$

$=x^2(x+1)-2(x+1)$

$=(x^3+x^2)+(-2x-2)$

$=x^3+x^2-2x-2$

답 ②

22 $AB-2BA+A$

$=AB-2AB+A$

$=-AB+A$

$=A(-B+1)$

$=(2x^2+x-1)(-3x+2+1)$

$=(2x^2+x-1)(-3x+3)$

따라서 일차항은

$x\times3+(-1)\times(-3x)=3x+3x=6x$

이므로 일차항의 계수는 6이다.

답 ③

23 $x(x+2)(x^2+ax+a)=x\{(x+2)(x^2+ax+a)\}$이므로
x^2의 계수와 x^3의 계수는
$(x+2)(x^2+ax+a)$의 전개식에서 x의 계수와 x^2의 계수와 같다.
이때 x항은
$x\times a+2\times ax=ax+2ax=3ax$
이므로 x의 계수는 $3a$이다.
또한 x^2항은
$x\times ax+2\times x^2=ax^2+2x^2=(a+2)x^2$
이므로 x^2의 계수는 $a+2$이다.
이때 x의 계수와 x^2의 계수가 서로 같으므로
$3a=a+2$, $2a=2$
따라서 $a=1$

답 ④

24 $A(A+B)+B(A+B)$
$=(A+B)(A+B)$
$=(x^2+ax+1)(x^2+ax+1)$
이때 x항은
$ax\times 1+1\times ax=2ax$
이고 x의 계수가 2이므로
$2a=2$, 즉 $a=1$
또한 x^2항은
$x^2\times 1+ax\times ax+1\times x^2$
$=x^2+a^2x^2+x^2$
$=(a^2+2)x^2$
따라서 x^2의 계수는 $a^2+2=1+2=3$

답 ③

25 $(A+B)A-2B(A+B)$
$=(A+B)(A-2B)$
$=(x+1)(x^2-2x+1)$
이므로 일차항은
$x\times 1+1\times(-2x)=x-2x=-x$
따라서 일차항의 계수는 -1이다.

답 ②

26 $(AB)^2$
$=A^2B^2$
$=(x^2-2x+1)(x-2)^2$
$=(x^2-2x+1)(x^2-4x+4)$
따라서 이차항은
$x^2\times 4+(-2x)\times(-4x)+1\times x^2$
$=4x^2+8x^2+x^2$
$=13x^2$
이므로 이차항의 계수는 13이다.

답 ③

27 A^2B^2
$=(AB)^2$
$=(x^2-2x-3)^2$
$=(x^2-2x-3)(x^2-2x-3)$
따라서 일차항은
$-2x\times(-3)+(-3)\times(-2x)$
$=6x+6x$
$=12x$
이므로 일차항의 계수는 12이다.

답 ②

28 AB^2A
$=AAB^2$
$=A^2B^2$
$=(AB)^2$
$=(x^2-3)^2$
$=x^4-6x^2+9$
따라서 상수항을 포함한 모든 항의 계수의 합은
$1+(-6)+9=4$

답 ④

29 $(A^2B)(BC^2)=A^2(BB)C^2$
$=A^2B^2C^2$
$=(ABC)^2$
이므로
$(ABC)^2=(A^2B)(BC^2)$
$=(x^3+x^2-x-1)(x^3+3x^2-4)$
이때 차수가 홀수인 항은
$(-x)\times(-4)=4x$
$x^3\times(-4)+(-x)\times 3x^2+(-1)\times x^3=-8x^3$
$x^3\times 3x^2+x^2\times x^3=4x^5$
따라서 차수가 홀수인 모든 항의 계수의 합은
$4+(-8)+4=0$

답 ③

30 $(AB+C)^2-2CBA$
$=(AB)^2+2(AB)C+C^2-2CBA$
$=A^2B^2+2ABC+C^2-2ABC$
$=A^2B^2+C^2$
$=(x^4+2x^3-3x^2-4x+4)+(x+1)^2$
$=(x^4+2x^3-3x^2-4x+4)+(x^2+2x+1)$
$=x^4+2x^3-2x^2-2x+5$
따라서 상수항은 5이다.

답 ⑤

31 $(x+2y-3z)^2$
$=x^2+4y^2+9z^2+4xy-12yz-6zx$
$=4y^2+(4x-12z)y+x^2+9z^2-6zx$
따라서 □ 안에 알맞은 식은 $4x-12z$이다.

답 ④

32 $(a-2b+c)^2=a^2+4b^2+c^2-4ab-4bc+2ca$이므로
계수가 양수인 항은 a^2, $4b^2$, c^2, $2ca$이다.

따라서 계수가 양수인 서로 다른 항의 개수는 4이다.

답 ④

33 $(x-1)^2(x-2)^2$
$=\{(x-1)(x-2)\}^2$
$=(x^2-3x+2)^2$
$=x^4+9x^2+4-6x^3-12x+4x^2$
$=x^4-6x^3+13x^2-12x+4$
이때 차수가 2 이상인 항은
x^4, $-6x^3$, $13x^2$
따라서 차수가 2 이상인 모든 항의 계수의 합은
$1+(-6)+13=8$

답 ③

34 $(A-B)+(2B+C)=A+B+C$이므로
$(A+B+C)^2$
$=\{(x-2)+(x^2+2x-1)\}^2$
$=(x^2+3x-3)^2$
$=x^4+9x^2+9+6x^3-18x-6x^2$
$=x^4+6x^3+3x^2-18x+9$
따라서 상수항을 제외한 모든 항의 계수의 합은
$1+6+3-18=-8$

답 ④

35 $\{nx^n+(n+1)x+1\}^2$
$n^2x^{2n}+(n+1)^2x^2+1+2n(n+1)x^{n+1}+2(n+1)x+2nx^n$
$=n^2x^{2n}+2n(n+1)x^{n+1}+2nx^n+(n+1)^2x^2+2(n+1)x+1$
그런데 서로 다른 항의 개수는 5이고, n은 2 이상의 자연수이므로 x^n항과 x^2항의 차수가 서로 같아야 한다.
즉, $n=2$이므로 전개식은
$4x^4+12x^3+4x^2+9x^2+6x+1=4x^4+12x^3+13x^2+6x+1$
따라서 $a=4$, $b=4$이므로
$a+b=8$

답 ①

36 $A=(x^2-2x+2)^2$
$=x^4+4x^2+4-4x^3-8x+4x^2$
$=x^4-4x^3+8x^2-8x+4$
$B=(x+2)^3$
$=x^3+6x^2+12x+8$
이므로
$B-A$
$=x^3+6x^2+12x+8-(x^4-4x^3+8x^2-8x+4)$
$=-x^4+5x^3-2x^2+20x+4$
따라서 $a=5$, $b=-2$이므로
$a+b=3$

답 ③

37 $(x-ay)^3=x^3-3ax^2y+3a^2xy^2-a^3y^3$
$=x^3-3ayx^2+3a^2y^2x-a^3y^3$
에서 □ 안에 알맞은 식이 $-2y$이므로
$-3ay=-2y$
따라서 $a=\frac{2}{3}$

답 ②

38 $(x-1)^3(x+1)^3$
$=\{(x-1)(x+1)\}^3$
$=(x^2-1)^3$
$=x^6-3x^4+3x^2-1$
이때 계수가 양수인 항은 x^6, $3x^2$이고 그 차수는 각각 6, 2이다.
따라서 계수가 양수인 모든 항의 차수의 합은
$6+2=8$

답 ⑤

39 $A+2B=x^2-2$ …… ㉠
$2A+B=2x^2+8$ …… ㉡
㉠+㉡을 하면
$3A+3B=(x^2-2)+(2x^2+8)=3x^2+6$
즉, $A+B=x^2+2$이므로
$(A+B)^3=(x^2+2)^3=x^6+6x^4+12x^2+8$
따라서 각 항의 계수와 상수항 중 가장 큰 값은 12이다.

답 ②

40 $(x-3)^{3n}=\{(x-3)^3\}^n=(x^3-9x^2+27x-27)^n$
이때 차수가 6이므로 $n=2$
따라서 $(x^3-9x^2+27x-27)^2$에서 x^3항은
$x^3\times(-27)+(-9x^2)\times27x+27x\times(-9x^2)+(-27)\times x^3$
$=-27x^3-243x^3-243x^3-27x^3$
$=-540x^3$
이므로 x^3의 계수는 -540이다.

답 ④

41 $(x+y)(x-y)(x^2-xy+y^2)(x^2+xy+y^2)$
$=\{(x+y)(x^2-xy+y^2)\}\{(x-y)(x^2+xy+y^2)\}$
$=(x^3+y^3)(x^3-y^3)$
$=x^6-y^6$
따라서 서로 다른 항의 개수는 2이다.

답 ①

42 $A=(2x+y)(4x^2-2xy+y^2)$
$=(2x)^3+y^3$
$=8x^3+y^3$
$B=(x-2y)(x^2+2xy+4y^2)$
$=x^3-(2y)^3$
$=x^3-8y^3$
이므로
$A-B=(8x^3+y^3)-(x^3-8y^3)=7x^3+9y^3$
따라서 $a=7$, $b=9$이므로
$ab=63$

답 ③

43 $(x-2)^3(x^2+2x+4)^2$
$=\{(x-2)(x^2+2x+4)\}^2(x-2)$
$=(x^3-8)^2(x-2)$
$=(x-2)(x^6-16x^3+64)$
$=x(x^6-16x^3+64)-2(x^6-16x^3+64)$
$=(x^7-16x^4+64x)+(-2x^6+32x^3-128)$
$=x^7-2x^6-16x^4+32x^3+64x-128$
따라서 차수가 4 이상인 항은
x^7, $-2x^6$, $-16x^4$
이므로 4 이상인 모든 항의 계수의 합은
$1+(-2)+(-16)=-17$

답 ②

44 $(a+b)(a^2-3ab+b^2)-(a-b)(a^2+3ab+b^2)$
$=(a+b)\{(a^2-ab+b^2)-2ab\}-(a-b)\{(a^2+ab+b^2)+2ab\}$
$=(a+b)(a^2-ab+b^2)-2ab(a+b)$
$\qquad -(a-b)(a^2+ab+b^2)-2ab(a-b)$
$=(a^3+b^3)+(-2a^2b-2ab^2)-(a^3-b^3)+(-2a^2b+2ab^2)$
$=2b^3-4a^2b$

답 ①

45 $(x-1)(x^2+x+1)^2+(x^3-x^2+x-1)^2$
$=\{(x-1)(x^2+x+1)\}(x^2+x+1)+(x^3-x^2+x-1)^2$
$=(x^3-1)(x^2+x+1)+(x^3-x^2+x-1)^2$
이때 $(x^3-1)(x^2+x+1)$의 전개식에서 일차항은
$-1\times x=-x$이고
$(x^3-x^2+x-1)(x^3-x^2+x-1)$의 전개식에서 일차항은
$x\times(-1)+(-1)\times x=-2x$이므로
주어진 다항식의 전개식의 일차항은
$-x+(-2x)=-3x$
따라서 일차항의 계수는 -3이다.

답 ③

46 $(x+1)(x+3)(x-2)(x-4)$
$=\{(x+1)(x-2)\}\{(x+3)(x-4)\}$
$=(x^2-x-2)(x^2-x-12)$
이때 $x^2-x=X$라고 하면
$(x^2-x-2)(x^2-x-12)$
$=(X-2)(X-12)$
$=X^2-14X+24$
$=(x^2-x)^2-14(x^2-x)+24$
$=(x^4-2x^3+x^2)+(-14x^2+14x)+24$
$=x^4-2x^3-13x^2+14x+24$
따라서 $a=-13$, $b=14$이므로
$b-a=27$

답 ②

47 $(x^2+x-1)(x^2+x+k)$에서 $x^2+x=X$라고 하면
$(x^2+x-1)(x^2+x+k)$
$=(X-1)(X+k)$
$=X^2+(k-1)X-k$
$=(x^2+x)^2+(k-1)(x^2+x)-k$
$=(x^4+2x^3+x^2)+(k-1)x^2+(k-1)x-k$
$=x^4+2x^3+kx^2+(k-1)x-k$
이때 x의 계수가 2이므로 $k-1=2$
따라서 $k=3$

답 ③

48 $(x^3+x^2-x+1)^3=\{(x^3+x^2)-(x-1)\}^3$이므로
$X=x^3+x^2$, $Y=x-1$이라고 하면
$\{(x^3+x^2)-(x-1)\}^3$
$=(X-Y)^3$
$=X^3-3X^2Y+3XY^2-Y^3$
$=(x^3+x^2)^3-3(x^3+x^2)^2(x-1)+3(x^3+x^2)(x-1)^2-(x-1)^3$
이때 x^2항이 나올 수 있는 항은
$3(x^3+x^2)(x-1)^2$, $-(x-1)^3$
이므로 x^2항은 각각 $3x^2$, $3x^2$이다.
따라서 주어진 다항식의 전개식에서 x^2항은
$3x^2+3x^2=6x^2$
이므로 x^2의 계수는 6이다.

답 ③

49 $(a+b+c)(a+c-b)=(a+b-c)(b+c-a)$
$\{(a+c)+b\}\{(a+c)-b\}=\{b+(a-c)\}\{b-(a-c)\}$
$(a+c)^2-b^2=b^2-(a-c)^2$
$a^2+2ac+c^2-b^2=b^2-(a^2-2ac+c^2)$
$a^2+2ac+c^2-b^2=b^2-a^2+2ac-c^2$
$2a^2+2c^2=2b^2$, $a^2+c^2=b^2$
따라서 삼각형 ABC는 빗변의 길이가 b인 직각삼각형이다.
이때 조건 (가)에서 $ac=6$이므로 삼각형 ABC의 넓이는
$\frac{1}{2}ac=\frac{1}{2}\times 6=3$

답 3

50 $(x+y+z)\{(x+y+z)^2-3yz-3zx\}$
$=(x+y+z)\{(x+y+z)^2-3z(x+y)\}$
$=(x+y+z)^3-3z(x+y)(x+y+z)$
$=(x+y+z)^3-3z(x+y)\{(x+y)+z\}$
$=(x+y+z)^3-3z(x+y)^2-3z^2(x+y)$
$=(x+y)^3+3(x+y)^2z+3(x+y)z^2+z^3-3z(x+y)^2-3z^2(x+y)$
$=(x+y)^3+z^3$
$=x^3+3x^2y+3xy^2+y^3+z^3$
$=x^3+3yx^2+3y^2x+y^3+z^3$
따라서 (가): $3y$, (나): $3y^2$, (다): y^3+z^3이므로
(가), (나), (다)에 알맞은 식을 모두 곱하면
$3y\times 3y^2\times(y^3+z^3)=9y^3(y^3+z^3)$

답 ⑤

51 $a^2+b^2+c^2=(a+b+c)^2-2(ab+bc+ca)$에서
$ab+bc+ca=\frac{(a+b+c)^2-(a^2+b^2+c^2)}{2}$

$$=\frac{(\sqrt{3})^2-9}{2}$$
$$=\frac{-6}{2}=-3$$

답 ③

52 $a^2+4b^2+9c^2$
$=a^2+(2b)^2+(3c)^2$
$=(a+2b+3c)^2-2(2ab+6bc+3ca)$
$=2^2-2\times(-11)$
$=4+22=26$

답 ④

53 $a^4+b^4+c^4$
$=(a^2)^2+(b^2)^2+(c^2)^2$
$=(a^2+b^2+c^2)^2-2(a^2b^2+b^2c^2+c^2a^2)$
이때
$a^2+b^2+c^2=(a+b+c)^2-2(ab+bc+ca)$
$=2^2-2\times(-5)=14$
$a^2b^2+b^2c^2+c^2a^2$
$=(ab)^2+(bc)^2+(ca)^2$
$=(ab+bc+ca)^2-2(ab^2c+bc^2a+ca^2b)$
$=(ab+bc+ca)^2-2abc(b+c+a)$
$=(-5)^2-2\times(-6)\times2$
$=25+24=49$
이므로
$a^4+b^4+c^4$
$=(a^2+b^2+c^2)^2-2(a^2b^2+b^2c^2+c^2a^2)$
$=14^2-2\times49$
$=196-98=98$

답 ②

54 $a^2b^2+b^2c^2+c^2a^2$
$=(ab)^2+(bc)^2+(ca)^2$
$=(ab+bc+ca)^2-2(ab^2c+bc^2a+ca^2b)$
$=(ab+bc+ca)^2-2abc(b+c+a)$
이때
$$ab+bc+ca=\frac{(a+b+c)^2-(a^2+b^2+c^2)}{2}$$
$$=\frac{2^2-4}{2}=0$$
이므로
$a^2b^2+b^2c^2+c^2a^2$
$=(ab+bc+ca)^2-2abc(b+c+a)$
$=0^2-2\times(-1)\times2=4$

답 ④

55 $\overline{AB}=a$, $\overline{BC}=b$, $\overline{AE}=c$라 하면
조건 (가)에 의하여
$4a+4b+4c=48$이므로 $a+b+c=12$
조건 (나)에 의하여
두 꼭짓점 사이의 거리의 최댓값은 $\overline{AG}=5\sqrt{2}$이므로
$\overline{AG}=\sqrt{\overline{EG}^2+\overline{AE}^2}$
$=\sqrt{\overline{AC}^2+\overline{AE}^2}$
$=\sqrt{(\overline{AB}^2+\overline{BC}^2)+\overline{AE}^2}$
$=\sqrt{a^2+b^2+c^2}=5\sqrt{2}$
즉, $a^2+b^2+c^2=50$
따라서 이 직육면체의 겉넓이는
$2(ab+bc+ca)=(a+b+c)^2-(a^2+b^2+c^2)$
$=12^2-50$
$=144-50=94$

답 94

56 $x^2+y^2=(x+y)^2-2xy$에서
$6=2^2-2xy$이므로
$xy=-1$
따라서
$x^3+y^3=(x+y)^3-3xy(x+y)$
$=2^3-3\times(-1)\times2$
$=8+6=14$

답 ④

57 $x^2+y^2=(x-y)^2+2xy$에서
$6=1^2+2xy$이므로
$xy=\frac{5}{2}$
따라서
$x^3-y^3=(x-y)^3+3xy(x-y)$
$=1^3+3\times\frac{5}{2}\times1$
$=1+\frac{15}{2}=\frac{17}{2}$

답 ②

58 $x^2-xy+y^2=(x+y)^2-3xy$에서
$7=5^2-3xy$이므로
$xy=6$
또한
$x^2-xy+y^2=(x-y)^2+xy$에서
$7=(x-y)^2+6$이므로
$(x-y)^2=1$
이때 $x>y$이므로 $x-y=1$
따라서
$x^3-y^3=(x-y)^3+3xy(x-y)$
$=1^3+3\times6\times1=19$

답 ④

59 조건 (나)에서
$x^3+y^3=(2-\sqrt{5})+(2+\sqrt{5})=4$
$x^3\times y^3=(2-\sqrt{5})(2+\sqrt{5})=-1$
즉, $(xy)^3=-1$
이때 조건 (가)에서 $xy=-1$

따라서

$x^3+y^3=(x+y)^3-3xy(x+y)$

$\quad\quad =(x+y)^3+3(x+y)$

이므로

$(x+y)^3+3(x+y)=x^3+y^3=4$

답 ④

60 x^3-y^3

$=(x-y)^3+3xy(x-y)$

$=\frac{1}{2}xy(x-y)+3xy(x-y)$

$=\frac{7}{2}xy(x-y)=56$

즉, $xy(x-y)=16$이므로

$(x-y)^3=x^3-3x^2y+3xy^2-y^3$

$\quad =x^3-y^3-3xy(x-y)$

$\quad =56-3\times16$

$\quad =56-48=8$

답 ③

61 다항식 x^3+x^2+ax+b를 x^2+x+1로 나누면

$$\begin{array}{r|l} & x \\ x^2+x+1 & x^3+x^2+ax+b \\ & x^3+x^2+\ x \\ \hline & (a-1)x+b \end{array}$$

이때 나머지가 $(a-1)x+b$이므로

$a-1=0$, $b=0$

따라서 $a=1$, $b=0$이므로 $a-b=1$

답 ④

62 다항식 $2x^3+x^2-x+2$를 x^2-x+1로 나누면

$$\begin{array}{r|l} & 2x+3 \\ x^2-x+1 & 2x^3+x^2-x+2 \\ & 2x^3-2x^2+2x \\ \hline & 3x^2-3x+2 \\ & 3x^2-3x+3 \\ \hline & -1 \end{array}$$

따라서 $Q(x)=2x+3$, $R(x)=-1$이므로

$Q(2)+R(-2)=(2\times2+3)+(-1)$

$\quad =7-1=6$

답 ①

63 다항식 x^4-x^2+2x+1을 x^2+2x+a로 나누면

$$\begin{array}{r|l} & x^2-2x-(a-3) \\ x^2+2x+a & x^4 \quad -x^2 \quad +2x+1 \\ & x^4+2x^3 \quad +ax^2 \\ \hline & -2x^3-(a+1)x^2 \quad +2x+1 \\ & -2x^3 \quad -4x^2 \quad -2ax \\ \hline & -(a-3)x^2+(2+2a)x+1 \\ & -(a-3)x^2-2(a-3)x-a(a-3) \\ \hline & (4a-4)x+a^2-3a+1 \end{array}$$

이때 나머지가 $-4x+b$이므로

$4a-4=-4$, $a^2-3a+1=b$

따라서 $a=0$, $b=1$이므로 $a+b=1$

답 ①

64 다항식 $2x^3+ax^2+x-1$을 $2x+b$로 나누는 과정에서

$$\begin{array}{r|l} & x^2 \\ 2x+b & 2x^3+ax^2+x-1 \\ & 2x^3+bx^2 \\ \hline & (a-b)x^2+x-1 \end{array}$$

즉, $(a-b)x^2+x-1=2x^2+x-1$이므로

$a-b=2$ $\quad\cdots\cdots$ ㉠

같은 방법으로 계속 나누면

$$\begin{array}{r|l} & x^2+x \\ 2x+b & 2x^3+ax^2+\ x-1 \\ & 2x^3+bx^2 \\ \hline & 2x^2+\ x-1 \\ & 2x^2+bx \\ \hline & (1-b)x-1 \end{array}$$

즉, $(1-b)x-1=-2x-1$이므로

$1-b=-2$

$b=3$이므로 ㉠에서 $a=5$

같은 방법으로 계속 나누면

$$\begin{array}{r|l} & x^2+x-1 \\ 2x+3 & 2x^3+5x^2+x-1 \\ & 2x^3+3x^2 \\ \hline & 2x^2+x-1 \\ & 2x^2+3x \\ \hline & -2x-1 \\ & -2x-3 \\ \hline & 2 \end{array}$$

즉, $c=2$

따라서 $a+b+c=5+3+2=10$

답 ⑤

65 다항식 $2x^3+3x^2+4x-1$을 x^2+2x+3으로 나누면

$$\begin{array}{r|l} & 2x-1 \\ x^2+2x+3 & 2x^3+3x^2+4x-1 \\ & 2x^3+4x^2+6x \\ \hline & -x^2-2x-1 \\ & -x^2-2x-3 \\ \hline & 2 \end{array}$$

$2x^3+3x^2+4x-1=(x^2+2x+3)(2x-1)+2$에서

$x^2+2x+3=0$이므로 $2x^3+3x^2+4x-1$의 값은 2이다.

답 ②

66 다항식 $2x^3-x^2-2x+1$을 다항식 $f(x)$로 나누었을 때의 몫이 $2x-3$, 나머지가 $x+1$이므로

$2x^3-x^2-2x+1=f(x)(2x-3)+x+1$

$2x^3-x^2-3x=f(x)(2x-3)$

다항식 $2x^3-x^2-3x$를 $2x-3$으로 나누면

$$\begin{array}{r} x^2+x \\ 2x-3 \overline{) 2x^3- x^2-3x} \\ \underline{2x^3-3x^2} \\ 2x^2-3x \\ \underline{2x^2-3x} \\ 0 \end{array}$$

이므로 $f(x)=x^2+x$

따라서 $f(x)$의 일차항의 계수는 1이다.

답 ②

67 다항식 $f(x)$를 $2x-1$로 나누었을 때의 몫이 $Q(x)$, 나머지가 R이므로

$f(x)=(2x-1)Q(x)+R$

$=2\left(x-\frac{1}{2}\right)Q(x)+R$

$=\left(x-\frac{1}{2}\right)\{2Q(x)\}+R$

따라서 $f(x)$를 $x-\frac{1}{2}$로 나누었을 때의 몫은 $2Q(x)$, 나머지는 R이다.

답 ①

68 다항식 $f(x)$를 x^2+1로 나누었을 때의 몫이 $x-1$, 나머지가 $x-2$이므로

$f(x)=(x^2+1)(x-1)+x-2$

따라서

$f(2)=(2^2+1)(2-1)+2-2=5$

답 ⑤

69 다항식 $f(x)$를 x^2-2x-3으로 나누었을 때의 몫이 $x+1$, 나머지가 $2x+1$이므로

$f(x)=(x^2-2x-3)(x+1)+2x+1$

$=(x-3)(x+1)(x+1)+2x+1$

$=(x+1)^2(x-3)+2x+1$

$=(x^2+2x+1)(x-3)+2x+1$

따라서 $f(x)$를 x^2+2x+1로 나누었을 때의 몫은 $x-3$이다.

답 ③

70 다항식 $x^4+x^3-2x^2+4x-8$을 다항식 $f(x)$로 나누었을 때의 몫이 x^2+x-3, 나머지가 $3x-5$이므로

$x^4+x^3-2x^2+4x-8=f(x)(x^2+x-3)+3x-5$

$x^4+x^3-2x^2+x-3=f(x)(x^2+x-3)$

다항식 $x^4+x^3-2x^2+x-3$을 x^2+x-3으로 나누면

$$\begin{array}{r} x^2+1 \\ x^2+x-3 \overline{) x^4+x^3-2x^2+x-3} \\ \underline{x^4+x^3-3x^2} \\ x^2+x-3 \\ \underline{x^2+x-3} \\ 0 \end{array}$$

이므로 $f(x)=x^2+1$

따라서 $f(x)$의 일차항의 계수는 0이다.

답 ③

서술형 완성하기

본문 24쪽

01 $3x^2-9x+6$
02 $6x^2y^2+3xy^3-3y^4$
03 -2
04 8
05 $4x+19$

01 $(A*B)-(B*A)$

$=(2A-B)-(2B-A)$

$=3A-3B$ …… ❶

이때 $A=x^2-2x-1$, $B=x-3$이므로

$(A*B)-(B*A)$

$=3A-3B$

$=3(x^2-2x-1)-3(x-3)$

$=3x^2-9x+6$ …… ❷

답 $3x^2-9x+6$

단계	채점 기준	비율
❶	$(A*B)-(B*A)$를 A, B에 대한 식으로 나타낸 경우	50 %
❷	$(A*B)-(B*A)$를 x에 대한 다항식으로 나타낸 경우	50 %

02 $A-B=2x^2+xy-4y^2$ …… ㉠

$2A+B=4x^2+2xy+y^2$ …… ㉡

㉠+㉡을 하면

$3A=(2x^2+xy-4y^2)+(4x^2+2xy+y^2)$

$=6x^2+3xy-3y^2$

이므로

$A=2x^2+xy-y^2$을 ㉠에 대입하면 …… ❶

$B=A-(2x^2+xy-4y^2)$

$=(2x^2+xy-y^2)-(2x^2+xy-4y^2)$

$=3y^2$ …… ❷

따라서

$AB=(2x^2+xy-y^2)\times 3y^2$

$=6x^2y^2+3xy^3-3y^4$ …… ❸

답 $6x^2y^2+3xy^3-3y^4$

단계	채점 기준	비율
❶	A를 구한 경우	30 %
❷	B를 구한 경우	30 %
❸	AB를 구한 경우	40 %

03 $(x+a)(x-b)=x^2+(a-b)x-ab$에서

x의 계수가 3이므로

$a-b=3$ …… ❶

$a^3-b^3=(a-b)^3+3ab(a-b)$이므로

$9=3^3+9ab$

따라서 $ab=-2$ …… ❷

답 -2

단계	채점 기준	비율
❶	$a-b$의 값을 구한 경우	40 %
❷	ab의 값을 구한 경우	60 %

04 다항식 x^3+ax^2-b를 x^2-x+1로 나누면

$$\begin{array}{r} x+(a+1) \\ x^2-x+1\overline{)\,x^3+\quad ax^2\qquad\quad -b} \\ x^3-\quad x^2+\quad x \\ \hline (a+1)x^2-\quad x-b \\ (a+1)x^2-(a+1)x+(a+1) \\ \hline ax-b-a-1 \end{array}$$ …… ❶

이때 나머지가 $2x-1$이므로

$ax-b-a-1=2x-1$에서

$a=2$, $-b-a-1=-1$

따라서 $a=2$, $b=-2$이므로 …… ❷

$a^2+b^2=4+4=8$ …… ❸

답 8

단계	채점 기준	비율
❶	나눗셈을 계산한 경우	50 %
❷	a, b의 값을 구한 경우	40 %
❸	a^2+b^2의 값을 구한 경우	10 %

05 $f(x)=x^2+x+1$에서

$f(2x-1)=(2x-1)^2+(2x-1)+1$

$=(4x^2-4x+1)+(2x-1)+1$

$=4x^2-2x+1$

다항식 $f(2x-1)$을 $x-2$로 나누면

$$\begin{array}{r} 4x+6 \\ x-2\overline{)\,4x^2-2x+1} \\ 4x^2-8x \\ \hline 6x+1 \\ 6x-12 \\ \hline 13 \end{array}$$

따라서 $Q(x)=4x+6$, $R=13$이므로 …… ❶

$Q(x)+R=(4x+6)+13$

$=4x+19$ …… ❷

답 $4x+19$

단계	채점 기준	비율
❶	$Q(x)$, R을 구한 경우	60 %
❷	$Q(x)+R$을 구한 경우	40 %

내신+수능 고난도 도전

본문 25쪽

01 ② **02** ④ **03** ③

01 $f(x)☆g(x)+f(x)⊙g(x)$

$=\{f(x)-g(x)\}^3-\{f(x)\}^3+\{g(x)\}^3+6\{f(x)\}^2g(x)$

$+\{f(x)+g(x)\}^3-[\{f(x)\}^3+\{g(x)\}^3]$

$=\{f(x)\}^3-3\{f(x)\}^2g(x)+3f(x)\{g(x)\}^2-\{g(x)\}^3-\{f(x)\}^3$

$+\{g(x)\}^3+6\{f(x)\}^2g(x)+\{f(x)\}^3+3\{f(x)\}^2g(x)$

$+3f(x)\{g(x)\}^2+\{g(x)\}^3-\{f(x)\}^3-\{g(x)\}^3$

$=6\{f(x)\}^2g(x)+6f(x)\{g(x)\}^2$

$=6f(x)g(x)\{f(x)+g(x)\}$

$=6(ax+1)(x-a)\{(ax+1)+(x-a)\}$

$=6(ax+1)(x-a)\{(a+1)x+1-a\}$

따라서 최고차항은

$6ax\times x\times(a+1)x=6a(a+1)x^3$

이므로

$6a(a+1)=36$, $a^2+a-6=0$

$(a+3)(a-2)=0$

이때 $a>0$이므로 $a=2$

따라서 상수항은

$6\times1\times(-a)\times(1-a)=6\times(-2)\times(-1)=12$

답 ②

02 겉넓이가 최소가 되기 위해서는 서로 맞닿는 면이 가장 많아야 하므로 오른쪽 그림과 같이 세 개의 정육면체가 맞닿아야 한다.

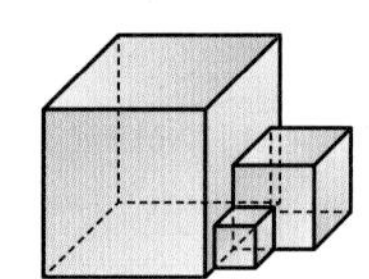

$S(x)=6(2x+3)^2+6(x+1)^2+6(x-1)^2$

$-4(x-1)^2-2(x+1)^2$

$=6(2x+3)^2+4(x+1)^2+2(x-1)^2$

$=6(4x^2+12x+9)+4(x^2+2x+1)+2(x^2-2x+1)$

$=(24x^2+72x+54)+(4x^2+8x+4)+(2x^2-4x+2)$

$=30x^2+76x+60$

이므로

$(x+1)S(x)$

$=(x+1)(30x^2+76x+60)$

$=x(30x^2+76x+60)+30x^2+76x+60$

$=30x^3+106x^2+136x+60$

따라서 차수가 홀수인 모든 항의 계수의 합은

$30+136=166$

답 ④

03 $x-y=2$에서

$(x-y)^2=(x+y)^2-4xy=4$ …… ㉠

$x^3-y^3=(x-y)^3+3xy(x-y)$

$=2^3+3xy\times2=8+6xy=26$

이므로 $xy=3$

㉠에 대입하면

$(x+y)^2-12=4$, $(x+y)^2=16$

이때 $x>0$, $y>0$이므로 $x+y=4$

또한

$(x^3-y^3)^2=x^6-2x^3y^3+y^6=x^6+y^6-54=676$

이므로 $x^6+y^6=730$

답 ③

02 나머지정리

개념 확인하기
본문 27쪽

01 $a=3$, $b=-1$, $c=2$
02 $a=0$, $b=-1$, $c=2$
03 $a=0$, $b=1$, $c=-1$
04 $a=1$, $b=-1$, $c=0$
05 $a=\frac{1}{2}$, $b=\frac{1}{2}$, $c=1$
06 -5
07 4
08 -4
09 20
10 -1
11 2
12 $-\frac{4}{3}$
13 $\frac{2}{3}$
14 -6
15 2
16 $-\frac{5}{2}$
17 $\frac{3}{2}$
18 $a=-3$, $b=0$
19 $a=-4$, $b=-8$
20 몫: x^2+x-2, 나머지: 3
21 몫: x^2+4x+7, 나머지: 15

01 $2x^2+ax+b=cx^2+3x-1$에서
$2=c$, $a=3$, $b=-1$

답 $a=3$, $b=-1$, $c=2$

02 $ax^2+2x+b=cx-1$에서
$a=0$, $2=c$, $b=-1$

답 $a=0$, $b=-1$, $c=2$

03 $x=1$을 대입하면 $c+1=0$에서 $c=-1$
$x=0$을 대입하면 $a-b=-1$ …… ㉠
$x=2$를 대입하면 $a+b=1$ …… ㉡
㉠, ㉡을 연립하여 풀면
$a=0$, $b=1$

답 $a=0$, $b=1$, $c=-1$

04 $ax+b=c(x-1)^2+(x-1)$
$=c(x^2-2x+1)+(x-1)$
$=cx^2+(-2c+1)x+c-1$
따라서 $c=0$, $a=-2c+1$, $b=c-1$이므로
$a=1$, $b=-1$, $c=0$

답 $a=1$, $b=-1$, $c=0$

05 $ax(x+1)+b(x+1)(x+2)=x^2+2x+c$에서
$a(x^2+x)+b(x^2+3x+2)=x^2+2x+c$이므로
$(a+b)x^2+(a+3b)x+2b=x^2+2x+c$
$a+b=1$ …… ㉠, $a+3b=2$ …… ㉡, $2b=c$
㉠, ㉡을 연립하여 풀면
$a=\frac{1}{2}$, $b=\frac{1}{2}$이므로 $c=1$

답 $a=\frac{1}{2}$, $b=\frac{1}{2}$, $c=1$

06 $f(2)=2^2-4\times2-1=-5$

답 -5

07 $f(-1)=(-1)^2-4\times(-1)-1=4$

답 4

08 $f(3)=3^2-4\times3-1=-4$

답 -4

09 $f(-3)=(-3)^2-4\times(-3)-1=20$

답 20

10 $f\left(\frac{1}{2}\right)=6\times\left(\frac{1}{2}\right)^2-3\times\frac{1}{2}-1=-1$

답 -1

11 $f\left(-\frac{1}{2}\right)=6\times\left(-\frac{1}{2}\right)^2-3\times\left(-\frac{1}{2}\right)-1=2$

답 2

12 $f\left(\frac{1}{3}\right)=6\times\left(\frac{1}{3}\right)^2-3\times\frac{1}{3}-1=-\frac{4}{3}$

답 $-\frac{4}{3}$

13 $f\left(-\frac{1}{3}\right)=6\times\left(-\frac{1}{3}\right)^2-3\times\left(-\frac{1}{3}\right)-1=\frac{2}{3}$

답 $\frac{2}{3}$

14 $f(1)=2+4+k=6+k=0$이므로
$k=-6$

답 -6

15 $f(-1)=2-4+k=-2+k=0$이므로
$k=2$

답 2

16 $f\left(\frac{1}{2}\right)=2\times\left(\frac{1}{2}\right)^2+4\times\frac{1}{2}+k=\frac{5}{2}+k=0$이므로
$k=-\frac{5}{2}$

답 $-\frac{5}{2}$

17 $f\left(-\frac{1}{2}\right)=2\times\left(-\frac{1}{2}\right)^2+4\times\left(-\frac{1}{2}\right)+k=-\frac{3}{2}+k=0$이므로
$k=\frac{3}{2}$

답 $\frac{3}{2}$

18 $f(0)=b=0$
$f(1)=1+2+a+b=a+b+3=0$
$a+b=-3$

따라서 $a=-3$

답 $a=-3$, $b=0$

19 $f(2)=8+8+2a+b=2a+b+16=0$이므로

$2a+b=-16$ …… ㉠

$f(-2)=-8+8-2a+b=-2a+b=0$ …… ㉡

㉠, ㉡을 연립하여 풀면 $a=-4$, $b=-8$

답 $a=-4$, $b=-8$

20

-1	1	2	-1	1
		-1	-1	2
	1	1	-2	3

따라서 몫은 x^2+x-2, 나머지는 3이다.

답 몫: x^2+x-2, 나머지: 3

21

2	1	2	-1	1
		2	8	14
	1	4	7	15

따라서 몫은 x^2+4x+7, 나머지는 15이다.

답 몫: x^2+4x+7, 나머지: 15

유형 완성하기

본문 28~39쪽

01 ②	02 ③	03 ①	04 ④	05 ⑤
06 ⑤	07 ②	08 ③	09 ④	10 ①
11 ③	12 ②	13 ⑤	14 ②	15 ③
16 ③	17 ②	18 ①	19 15	20 ④
21 ①	22 ②	23 ③	24 ①	25 ⑤
26 ③	27 ②	28 ①	29 ⑤	30 ①
31 ④	32 ③	33 ⑤	34 ②	35 ⑤
36 ④	37 ④	38 ③	39 ①	40 ④
41 ⑤	42 몫: $2x^2-3x+6$, 나머지: -5			43 ①
44 ③	45 ③	46 ②	47 ④	48 ⑤
49 ⑤	50 ④	51 ⑤	52 ①	53 ②
54 -2.829		55 ⑤	56 ②	57 ①
58 ⑤	59 ①	60 ①		

01 $(x+1)^2(x+c)$

$=(x^2+2x+1)(x+c)$

$=(x^3+2x^2+x)+(cx^2+2cx+c)$

$=x^3+(c+2)x^2+(2c+1)x+c$

즉, 등식

$x^3+ax^2+x+b=x^3+(c+2)x^2+(2c+1)x+c$

는 x에 대한 항등식이므로

$a=c+2$, $1=2c+1$, $b=c$

따라서 $a=2$, $b=0$, $c=0$이므로

$a+b+c=2$

답 ②

02 등식 $a(x-1)(x-2)+b(x-2)(x-3)=3x-6$의 양변에

$x=1$을 대입하면

$2b=-3$, 즉 $b=-\frac{3}{2}$

$x=3$을 대입하면

$2a=3$, 즉 $a=\frac{3}{2}$

따라서 $a-b=\frac{3}{2}-\left(-\frac{3}{2}\right)=3$

답 ③

03 등식 $a(x-1)(x-2)+b(x-1)+c=x^2+x+1$의 양변에

$x=1$을 대입하면

$c=3$ …… ㉠

$x=2$를 대입하면

$b+c=7$ …… ㉡

$x=3$을 대입하면

$2a+2b+c=13$ …… ㉢

㉠, ㉡, ㉢을 연립하여 풀면 $a=1$, $b=4$, $c=3$이므로

$abc=12$

답 ①

04 등식 $(a+b)x^2+(b-c)x+(c-a)=3x^2-1$이 x에 대한 항등식이므로

$a+b=3$ …… ㉠, $b-c=0$ …… ㉡, $c-a=-1$ …… ㉢

㉠에서 $b=3-a$, ㉢에서 $c=a-1$이고

㉡에서 $b=c$이므로

$3-a=a-1$, 즉 $a=2$

따라서 $b=1$, $c=1$이므로

$a+b+c=2+1+1=4$

답 ④

05 $(x+2)(x^2+x+a)$

$=(x^3+x^2+ax)+(2x^2+2x+2a)$

$=x^3+3x^2+(a+2)x+2a$

즉, 등식

$x^3+3x^2+(a+2)x+2a=x^3+ax^2+bx+c$

는 x에 대한 항등식이므로

$3=a$, $a+2=b$, $2a=c$

따라서 $a=3$, $b=5$, $c=6$이므로

$abc=3\times5\times6=90$

답 ⑤

06 $a(x+2y)+b(y+2x)=(a+2b)x+(2a+b)y$

즉, 등식

$(a+2b)x+(2a+b)y=3x-3y$

는 x, y에 대한 항등식이므로

$a+2b=3$, $2a+b=-3$

두 식을 연립하여 풀면 $a=-3$, $b=3$이므로

$ab=-9$

답 ⑤

07 $(x-a)(x-b)=x^2-(a+b)x+ab$
즉, 등식
$x^2-(a+b)x+ab=x^2-3x+1$
은 x에 대한 항등식이므로
$a+b=3$, $ab=1$
따라서
$a^2+b^2=(a+b)^2-2ab$
$=3^2-2\times1=7$

답 ②

08 등식 $3x^2-4x+2=ax(x-1)+bx+c(x+1)$의 양변에
$x=0$을 대입하면
$2=c$
$x=1$을 대입하면
$1=b+2c=b+4$, 즉 $b=-3$
$x=-1$을 대입하면
$9=2a-b=2a+3$, 즉 $a=3$
따라서
$a+2b+3c=3+2\times(-3)+3\times2=3$

답 ③

09 $(k+1)x+(k-1)y+k-3=0$에서
$k(x+y+1)+x-y-3=0$
이 등식이 k의 값에 관계없이 항상 성립하므로
$x+y+1=0$, $x-y-3=0$
즉, $x+y=-1$, $x-y=3$을 연립하여 풀면
$x=1$, $y=-2$
따라서
$x^3-y^3=1^3-(-2)^3=1+8=9$

답 ④

10 좌변이 최고차항의 계수가 1인 삼차식이므로 우변도 최고차항의 계수가 1인 삼차식이 되기 위해서 $f(x)=x+k$ (k는 상수)라고 하면
$(x+1)(x-2)(x+k)+x+1$
$=(x^2-x-2)(x+k)+x+1$
$=(x^3-x^2-2x)+(kx^2-kx-2k)+x+1$
$=x^3+(k-1)x^2-(k+1)x-2k+1$
즉, 등식
$x^3-ax^2+bx+5=x^3+(k-1)x^2-(k+1)x-2k+1$
은 x에 대한 항등식이므로
$-a=k-1$, $b=-k-1$, $5=-2k+1$
$k=-2$, $a=3$, $b=1$이므로
$f(x)=x-2$
따라서
$f(ab)=f(3)=3-2=1$

답 ①

11 $x+2y=1$에서 $x=1-2y$이므로
$ax^2+by^2+2x-4y$
$=a(1-2y)^2+by^2+2(1-2y)-4y$
$=a(1-4y+4y^2)+by^2+(2-4y)-4y$
$=(4a+b)y^2+(-4a-8)y+a+2=0$
이 식은 y에 대한 항등식이므로
$4a+b=0$, $-4a-8=0$, $a+2=0$
따라서 $a=-2$, $b=8$이므로
$a+b=6$

답 ③

12 $x+y=2$에서 $y=2-x$이므로
$ax+by+4$
$=ax+b(2-x)+4$
$=(a-b)x+2b+4=0$
이 식은 x에 대한 항등식이므로
$a-b=0$, $2b+4=0$
따라서 $a=-2$, $b=-2$이므로
$a-2b=-2+4=2$

답 ②

13 $x+y=2$에서 $y=2-x$이므로
$ax^2+xy+bx+cy+1$
$=ax^2+x(2-x)+bx+c(2-x)+1$
$=(a-1)x^2+(2+b-c)x+2c+1=0$
이 식은 x에 대한 항등식이므로
$a-1=0$, $2+b-c=0$, $2c+1=0$
따라서 $a=1$, $b=-\frac{5}{2}$, $c=-\frac{1}{2}$이므로
$a^2+b^2+c^2=1+\frac{25}{4}+\frac{1}{4}=\frac{15}{2}$

답 ⑤

14 $(x+1):y=2:3$에서 $2y=3(x+1)$이므로
$y=\frac{3}{2}(x+1)$
$ax+by-6=ax+b\times\frac{3}{2}(x+1)-6$
$=\left(a+\frac{3}{2}b\right)x+\frac{3}{2}b-6=0$
이 식은 x에 대한 항등식이므로
$a+\frac{3}{2}b=0$, $\frac{3}{2}b-6=0$
따라서 $a=-6$, $b=4$이므로
$a^2+b^2=36+16=52$

답 ②

15 $2x-y=k$에서 $y=2x-k$이므로
$ax^2+bx-2xy+3y+6$
$=ax^2+bx-2x(2x-k)+3(2x-k)+6$
$=(a-4)x^2+(b+2k+6)x-3k+6=0$
이 식은 x에 대한 항등식이므로
$a-4=0$, $b+2k+6=0$, $-3k+6=0$

따라서 $k=2$, $a=4$, $b=-10$이므로
$k(a-b)=2\times14=28$

답 ③

16 주어진 등식의 양변에 $x=0$을 대입하면
$0=a_1-a_2+a_3-a_4+\cdots+a_{11}$ …… ㉠
주어진 등식의 양변에 $x=2$를 대입하면
$2^{10}=a_1+a_2+a_3+a_4+\cdots+a_{11}$ …… ㉡
㉡$-$㉠을 하면
$2^{10}=2(a_2+a_4+a_6+a_8+a_{10})$
따라서
$a_2+a_4+a_6+a_8+a_{10}=2^9=512$

답 ③

17 주어진 등식의 양변에 $x=1$을 대입하면
$0=a_9+a_8+a_7+\cdots+a_0$ …… ㉠
주어진 등식의 양변에 $x=-1$을 대입하면
$-512=-a_9+a_8-a_7+\cdots+a_0$ …… ㉡
㉠$-$㉡을 하면
$512=2(a_9+a_7+a_5+a_3+a_1)$
따라서
$a_1+a_3+a_5+a_7+a_9=256$

답 ②

18 다항식 $(x^4+2x^3-x^2-x+2)(2x-1)^6$의 차수는 10이므로
$(x^4+2x^3-x^2-x+2)(2x-1)^6$
$=a_{10}x^{10}+a_9x^9+\cdots+a_1x+a_0$ …… ㉠
상수항을 포함한 모든 항의 계수의 합은 ㉠에 $x=1$을 대입하면
$3\times1^6=a_{10}+a_9+a_8+\cdots+a_1+a_0$
또한 ㉠에 $x=0$을 대입하면 $2\times(-1)^6=a_0$이므로
$a_0=2$
따라서 상수항을 제외한 모든 항의 계수의 합은
$3-2=1$

답 ①

19 주어진 등식의 양변에 $x=-1$을 대입하면
$2^4=a_0-a_1+a_2-a_3+a_4-a_5+a_6-a_7+a_8$이므로
$a_0-a_1+a_2-a_3+a_4-a_5+a_6-a_7+a_8=16$ …… ㉠
또한 a_8은 최고차항의 계수이고 $(x^2-2x-1)^4$에서 x^2-2x-1은 최고차항의 계수가 1이므로
$a_8=1$
㉠에 대입하여 정리하면
$a_0-a_1+a_2-a_3+a_4-a_5+a_6-a_7=15$

답 15

20 주어진 등식의 양변에 $x=0$을 대입하면
$1=a_{14}+a_{13}+a_{12}+\cdots+a_1+a_0$ …… ㉠
주어진 등식의 양변에 $x=-2$를 대입하면
$1=a_{14}-a_{13}+a_{12}-\cdots-a_1+a_0$ …… ㉡
㉠$+$㉡을 하면
$2=2(a_{14}+a_{12}+\cdots+a_2+a_0)$이므로
$a_0+a_2+a_4+\cdots+a_{14}=1$

답 ④

21 다항식 $f(x)$를 $x-2$로 나눈 나머지가 3이므로
$f(2)=3$
따라서 다항식 $xf(x)$를 $x-2$로 나눈 나머지는
$2f(2)=2\times3=6$

답 ①

22 $f(x)=(x+1)^3+(x+1)^2+(x+1)$이라고 하면
$f(x)$를 $x+2$로 나눈 나머지는
$f(-2)=(-1)^3+(-1)^2+(-1)=-1$

답 ②

23 다항식 $f(x)$를 $2x+3$으로 나눈 나머지가 R이므로
$f\left(-\frac{3}{2}\right)=R$
따라서 다항식 $f(2x)-x$를 $x+\frac{3}{4}$으로 나눈 나머지는
$$f\left(2\times\left(-\frac{3}{4}\right)\right)-\left(-\frac{3}{4}\right)=f\left(-\frac{3}{2}\right)+\frac{3}{4}$$
$$=R+\frac{3}{4}$$

답 ③

24 다항식 $f(x)$를 $x-2$로 나눈 나머지가 8, 다항식 $f(x)$를 $x+2$로 나눈 나머지가 -2이므로
$f(2)=8$, $f(-2)=-2$
따라서 다항식 $f\left(\frac{1}{2}x-2\right)+f\left(2-\frac{1}{2}x\right)$를 $x-8$로 나눈 나머지는
$$f\left(\frac{1}{2}\times8-2\right)+f\left(2-\frac{1}{2}\times8\right)=f(2)+f(-2)$$
$$=8+(-2)=6$$

답 ①

25 다항식 $f(x)$를 $2x-1$로 나눈 나머지가 2이므로
$f\left(\frac{1}{2}\right)=2$
따라서 다항식 $(x+1)f(2x)$를 $4x-1$로 나눈 나머지는
$$\left(\frac{1}{4}+1\right)f\left(2\times\frac{1}{4}\right)=\frac{5}{4}f\left(\frac{1}{2}\right)$$
$$=\frac{5}{4}\times2=\frac{5}{2}$$

답 ⑤

26 다항식 $f(x)$를 $x-1$, $x+2$로 나눈 나머지가 각각 2, 3이므로
$f(1)=2$, $f(-2)=3$
다항식 $f(x)$를 x^2+x-2로 나누었을 때의 몫을 $Q(x)$, 나머지를 $ax+b$ (a, b는 상수)라고 하면
$f(x)=(x^2+x-2)Q(x)+ax+b$
$=(x-1)(x+2)Q(x)+ax+b$
이 식은 x에 대한 항등식이므로
$f(1)=a+b=2$ …… ㉠

$f(-2)=-2a+b=3$ ...... ㉡

㉠, ㉡을 연립하여 풀면 $a=-\frac{1}{3}$, $b=\frac{7}{3}$이므로

구하는 나머지는 $-\frac{1}{3}x+\frac{7}{3}$이다.

답 ③

27 다항식 $f(x)$를 $x-2$, $x-3$으로 나눈 나머지가 각각 1, 2이므로

$f(2)=1$, $f(3)=2$

다항식 $f(x)$를 $(x-2)(x-3)$으로 나누었을 때의 몫을 $Q(x)$, 나머지를 $ax+b$ (a, b는 상수)라고 하면

$f(x)=(x-2)(x-3)Q(x)+ax+b$

이 식은 x에 대한 항등식이므로

$f(2)=2a+b=1$ ...... ㉠

$f(3)=3a+b=2$ ...... ㉡

㉠, ㉡을 연립하여 풀면 $a=1$, $b=-1$이므로

구하는 나머지는 $x-1$이다.

답 ②

28 다항식 x^3+ax^2+bx+c를 x^2+x로 나누었을 때의 몫을 $Q(x)$라고 하면 나머지가 $2x$이므로

$x^3+ax^2+bx+c=(x^2+x)Q(x)+2x$

$=x(x+1)Q(x)+2x$

이 식은 x에 대한 항등식이므로

$x=0$을 대입하면

$c=0$

$x=-1$을 대입하면

$-1+a-b+c=-2$, 즉 $a-b=-1$ ...... ㉠

다항식 x^3+ax^2+bx+c를 $x-2$로 나눈 나머지가 2이므로

$8+4a+2b+c=2$, 즉 $2a+b=-3$ ...... ㉡

㉠, ㉡을 연립하여 풀면 $a=-\frac{4}{3}$, $b=-\frac{1}{3}$이므로

$3a-6b+c=3\times\left(-\frac{4}{3}\right)-6\times\left(-\frac{1}{3}\right)+0=-2$

답 ①

29 다항식 $f(x)$를 x^2-x로 나누었을 때의 몫을 $Q(x)$라 하면 나머지가 $2x+1$이므로

$f(x)=(x^2-x)Q(x)+2x+1$

$=x(x-1)Q(x)+2x+1$

이 식은 x에 대한 항등식이므로

$f(0)=1$, $f(1)=3$

또한 다항식 $f(x)$를 $x-2$로 나눈 나머지가 3이므로

$f(2)=3$

이때 다항식 $f(x)$를 $x(x-1)(x-2)$로 나누었을 때의 몫을 $Q'(x)$, 나머지를 ax^2+bx+c (a, b, c는 상수)라고 하면

$f(x)=x(x-1)(x-2)Q'(x)+ax^2+bx+c$

이 식은 x에 대한 항등식이므로

$f(0)=c=1$

$f(1)=a+b+c=a+b+1=3$

즉, $a+b=2$ ...... ㉠

$f(2)=4a+2b+c=4a+2b+1=3$

즉, $2a+b=1$ ...... ㉡

㉠, ㉡을 연립하여 풀면 $a=-1$, $b=3$이므로

구하는 나머지는 $-x^2+3x+1$이다.

답 ⑤

30 최고차항의 계수가 1인 삼차식 $f(x)$를

$f(x)=x^3+ax^2+bx+c$ (a, b, c는 상수)

라고 하면

$f(0)=c=-1$

$f(1)=1+a+b+c=a+b=2$ ...... ㉠

$f(2)=8+4a+2b+c=4a+2b+7=1$

즉, $2a+b=-3$ ...... ㉡

㉠, ㉡을 연립하여 풀면 $a=-5$, $b=7$

따라서 $f(x)=x^3-5x^2+7x-1$이므로 $f(x)$를 x^2-2x로 나누었을 때의 몫을 $Q(x)$, 나머지를 $R(x)=mx+n$ (m, n은 상수)라고 하면

$f(x)=(x^2-2x)Q(x)+mx+n$

$=x(x-2)Q(x)+mx+n$

이 식은 x에 대한 항등식이므로

$f(0)=n=-1$

$f(2)=2m+n=2m-1=1$, 즉 $m=1$

따라서 $R(x)=x-1$이고 $f(3)=27-45+21-1=2$이므로

$R(f(3))=R(2)=2-1=1$

답 ①

31 다항식 x^3-3x^2+ax+b는 $x-1$로 나누어떨어지므로

$1^3-3\times1^2+a+b=0$, 즉 $a+b=2$ ...... ㉠

다항식 x^3-3x^2+ax+b를 $x+1$로 나눈 나머지가 2이므로

$(-1)^3-3\times(-1)^2-a+b=2$, 즉 $a-b=-6$ ...... ㉡

㉠, ㉡을 연립하여 풀면 $a=-2$, $b=4$이므로

$ab=-8$

답 ④

32 다항식 $f(x-1)$이 $x+1$로 나누어떨어지므로

$f(-1-1)=f(-2)=0$

이때

$f(-2)=(-2)^3+a\times(-2)^2-2\times(-2)+3$

$=-8+4a+4+3=4a-1$

이므로 $4a-1=0$에서 $4a=1$

따라서 $a=\frac{1}{4}$

답 ③

33 다항식 $f(x)$를 $x-2$로 나눈 나머지가 2이므로

$f(2)=2$

또한 $x+1$은 다항식 $(x+2)g(x+1)$의 인수이므로

$(-1+2)g(-1+1)=g(0)=0$

따라서 다항식 $f(x)+g(x-2)$를 $x-2$로 나눈 나머지는

$f(2)+g(0)=2+0=2$

답 ⑤

34 다항식 $f(x)+2g(x)$는 $x-2$로 나누어떨어지므로
$f(2)+2g(2)=0$ ...... ㉠
다항식 $f(x)-g(x)$를 $x-2$로 나눈 나머지가 -1이므로
$f(2)-g(2)=-1$ ...... ㉡
㉠, ㉡을 연립하여 풀면 $f(2)=-\frac{2}{3}$, $g(2)=\frac{1}{3}$
다항식 $3xf(2x)-6xg(2x)$를 $x-1$로 나눈 나머지는
$3f(2)-6g(2)=3\times\left(-\frac{2}{3}\right)-6\times\frac{1}{3}=-4$

답 ②

35 최고차항의 계수가 1인 이차식 $f(x)$가 조건 (나)를 만족시키므로
$f(x)=(x-2)(x+a)$ (a는 상수)
조건 (가)에 의하여
$f\left(\frac{1}{2}\right)=f\left(-\frac{1}{2}\right)$이므로
$\left(\frac{1}{2}-2\right)\left(\frac{1}{2}+a\right)=\left(-\frac{1}{2}-2\right)\left(-\frac{1}{2}+a\right)$
$-\frac{3}{2}\left(\frac{1}{2}+a\right)=-\frac{5}{2}\left(-\frac{1}{2}+a\right)$
$-\frac{3}{4}-\frac{3}{2}a=\frac{5}{4}-\frac{5}{2}a$, 즉 $a=2$
따라서 $f(x)=(x-2)(x+2)$이므로
$f(3)=1\times5=5$

답 ⑤

36 최고차항의 계수가 1인 삼차식 $f(x)$를 $(x+1)(x-2)$로 나누었을 때의 몫이 $Q(x)$이고 나머지는 0이므로
$f(x)=(x+1)(x-2)Q(x)$
이때 $Q(x)=x+a$ (a는 상수)라고 할 수 있고
$Q(x)$가 $x-1$로 나누어떨어지므로 $1+a=0$, $a=-1$
즉, $Q(x)=x-1$
따라서 $f(x)=(x+1)(x-2)(x-1)$이므로
$f(5)=6\times3\times4=72$

답 ④

37 다항식 $f(x)=x^3+ax^2+bx-2$를 x^2-3x+2로 나누었을 때의 몫을 $Q(x)$라고 하면
$x^3+ax^2+bx-2=(x^2-3x+2)Q(x)=(x-1)(x-2)Q(x)$
이때 $x-1$, $x-2$는 $f(x)$의 인수이므로
$1+a+b-2=0$, 즉 $a+b=1$ ...... ㉠
$2^3+a\times2^2+2b-2=0$, 즉 $2a+b=-3$ ...... ㉡
㉠, ㉡을 연립하여 풀면 $a=-4$, $b=5$이므로
$b-a=9$

답 ④

38 다항식 $f(x)=x^4+ax^2+b$가 $x-2$로 나누어떨어지므로
$f(2)=16+4a+b=0$, 즉 $b=-4a-16$
또한 $f(x)=x^4+ax^2-4a-16$이 x^2-2로 나누어떨어지므로

$$\begin{array}{r|l} & x^2+(a+2) \\ \hline x^2-2 & x^4 \quad +ax^2-4a-16 \\ & x^4 \quad -2x^2 \\ \hline & (a+2)x^2-4a-16 \\ & (a+2)x^2-2(a+2) \\ \hline & -2a-12 \end{array}$$

즉, $-2a-12=0$에서 $a=-6$이므로 $b=8$
따라서 $f(x)=x^4-6x^2+8$이므로
$f(1)=1-6+8=3$

답 ③

39 $x^2-x-2=(x-2)(x+1)$이고 다항식 $f(x+2)$는 $(x-2)(x+1)$로 나누어떨어지므로
$f(-1+2)=f(1)=0$
$f(2+2)=f(4)=0$
또한 모든 실수 x에 대하여 $f(-x)=f(x)$가 성립하므로
$f(1)=f(-1)=0$
따라서 다항식 $f(2x-2)+f(2x+3)+2x$를 $x-\frac{1}{2}$로 나눈 나머지는
$f\left(2\times\frac{1}{2}-2\right)+f\left(2\times\frac{1}{2}+3\right)+2\times\frac{1}{2}$
$=f(-1)+f(4)+1$
$=0+0+1=1$

답 ①

40 조건 (가)에 의하여 $f(1)=0$
$x^2-3x+2=(x-1)(x-2)$이고 삼차식 $f(x)$를 x^2-3x+2로 나누었을 때의 몫이 $x-3$이므로
나머지를 $ax+b$ (a, b는 상수)라 하면
$f(x)=(x-1)(x-2)(x-3)+ax+b$
이때 $f(1)=a+b=0$ ...... ㉠
$f(4)=6+4a+b=6$, $4a+b=0$ ...... ㉡
㉠, ㉡에서 $a=b=0$이므로
$f(x)=(x-1)(x-2)(x-3)$
따라서 $f(5)=4\times3\times2=24$

답 ④

41 다항식 $2x^3-4x+3$을 $x-\frac{1}{2}$로 나누었을 때의 몫과 나머지를 조립제법을 이용하여 구하면

$$\begin{array}{c|cccc} \frac{1}{2} & 2 & 0 & -4 & 3 \\ & & 1 & \frac{1}{2} & -\frac{7}{4} \\ \hline & 2 & 1 & -\frac{7}{2} & \frac{5}{4} \end{array}$$

따라서 $a=\frac{1}{2}$, $b=\frac{1}{2}$, $c=-\frac{7}{2}$, $d=\frac{5}{4}$이므로
$a+b+c+d=\frac{1}{2}+\frac{1}{2}+\left(-\frac{7}{2}\right)+\frac{5}{4}=-\frac{5}{4}$

답 ⑤

42 다항식 $2x^3-x^2+3x+1$을 $x+1$로 나누었을 때의 몫과 나머지를 조립제법을 이용하여 구하면

$$\begin{array}{c|cccc} -1 & 2 & -1 & 3 & 1 \\ & & -2 & 3 & -6 \\ \hline & 2 & -3 & 6 & -5 \end{array}$$

따라서 몫은 $2x^2-3x+6$, 나머지는 -5이다.

답 몫: $2x^2-3x+6$, 나머지: -5

43 다항식 $2x^3+ax^2+6$을 $x-2$로 나누었을 때의 몫과 나머지를 조립제법을 이용하여 구하면

2	2	a	0	6
		4	$2a+8$	$4a+16$
	2	$a+4$	$2a+8$	$4a+22$

즉, $Q(x)=2x^2+(a+4)x+2a+8$이므로 $Q(x)$를 $x-1$로 나눈 나머지는

$Q(1)=2+(a+4)+2a+8=3a+14=-4$

$3a=-18$, 즉 $a=-6$

따라서 다항식 $2x^3+ax^2+6$을 $x-2$로 나눈 나머지는

$4a+22=4\times(-6)+22=-2$

답 ①

44 다항식 x^3+mx^2+n을 $x+2$로 나누었을 때의 몫과 나머지를 조립제법을 이용하여 구하면

-2	1	m	0	n
		$\boxed{-2}$	$\boxed{-2m+4}$	$\boxed{4m-8}$
	1	$\boxed{m-2}$	$-2m+4$	$4m+n-8$

즉, $-2m+4=0$, $4m+n-8=3$이므로

$m=2$, $n=3$

따라서 $mn=6$

답 ③

45 다항식 x^3+2x^2+ax+b를 $(x-1)(x-2)$로 나누었을 때의 몫과 나머지를 구하기 위하여 조립제법을 2번 반복하면

1	1	2	a	b
		$\boxed{1}$	$\boxed{3}$	$\boxed{a+3}$
2	$\boxed{1}$	$\boxed{3}$	$\boxed{a+3}$	$a+b+3$
		$\boxed{2}$	$\boxed{10}$	
	$\boxed{1}$	$\boxed{5}$	$a+13$	

즉, $a+b+3=2$, $a+13=1$이므로

$a=-12$, $b=11$

따라서 $b-a=23$

답 ③

46 다항식 $2x^3-4x+3$을 $2x-1$로 나누었을 때의 몫과 나머지를 조립제법을 이용하여 구하면

$\frac{1}{2}$	2	0	-4	3
		1	$\frac{1}{2}$	$-\frac{7}{4}$
	2	1	$-\frac{7}{2}$	$\frac{5}{4}$

$$2x^3-4x+3=\left(x-\frac{1}{2}\right)\left(2x^2+x-\frac{7}{2}\right)+\frac{5}{4}$$
$$=\frac{1}{2}(2x-1)\left(2x^2+x-\frac{7}{2}\right)+\frac{5}{4}$$
$$=(2x-1)\left(x^2+\frac{1}{2}x-\frac{7}{4}\right)+\frac{5}{4}$$

따라서 $Q(x)=x^2+\frac{1}{2}x-\frac{7}{4}$, $a=\frac{5}{4}$이므로 $Q(x)$를 $x-a$로 나눈 나머지는

$$Q\left(\frac{5}{4}\right)=\left(\frac{5}{4}\right)^2+\frac{1}{2}\times\frac{5}{4}-\frac{7}{4}$$
$$=\frac{25}{16}+\frac{5}{8}-\frac{7}{4}=\frac{7}{16}$$

답 ②

47 다항식 $2x^3+x^2-2x+1$을 $2x+1$로 나누었을 때의 몫과 나머지를 조립제법을 이용하여 구하면

$-\frac{1}{2}$	2	1	-2	1
		-1	0	1
	2	0	-2	2

$$2x^3+x^2-2x+1=\left(x+\frac{1}{2}\right)(2x^2-2)+2$$
$$=(2x+1)(x^2-1)+2$$

따라서 몫은 x^2-1, 나머지는 2이다.

답 ④

48 다항식 $3x^3-2x+1$을 $3x+1$로 나누었을 때의 몫을 조립제법을 이용하여 구하면

$-\frac{1}{3}$	3	0	-2	1
		-1	$\frac{1}{3}$	$\frac{5}{9}$
	3	-1	$-\frac{5}{3}$	$\frac{14}{9}$

$$3x^3-2x+1=\left(x+\frac{1}{3}\right)\left(3x^2-x-\frac{5}{3}\right)+\frac{14}{9}$$
$$=(3x+1)\left(x^2-\frac{1}{3}x-\frac{5}{9}\right)+\frac{14}{9}$$

따라서 $Q(x)=x^2-\frac{1}{3}x-\frac{5}{9}$

또한 다항식 $3x^3-2x+1$을 $x+1$로 나눈 나머지는

$a=3\times(-1)^3-2\times(-1)+1=0$이므로

$Q(0)=-\frac{5}{9}$

답 ⑤

49 다항식 $4x^3-ax+2$를 $4x-2$로 나누었을 때의 몫과 나머지를 조립제법을 이용하여 구하면

$\frac{1}{2}$	4	0	$-a$	2
		2	1	$-\frac{1}{2}a+\frac{1}{2}$
	4	2	$-a+1$	$-\frac{1}{2}a+\frac{5}{2}$

$4x^3-ax+2$

$=\left(x-\frac{1}{2}\right)(4x^2+2x-a+1)-\frac{1}{2}a+\frac{5}{2}$

$=\frac{1}{4}(4x-2)(4x^2+2x-a+1)-\frac{1}{2}a+\frac{5}{2}$

$=(4x-2)\left(x^2+\frac{1}{2}x-\frac{1}{4}a+\frac{1}{4}\right)-\frac{1}{2}a+\frac{5}{2}$

$Q(x)=x^2+\frac{1}{2}x-\frac{1}{4}a+\frac{1}{4}$이고 $Q(x)$를 $2x-1$로 나눈 나머지가 2이므로

$Q\left(\frac{1}{2}\right)=\left(\frac{1}{2}\right)^2+\frac{1}{2}\times\frac{1}{2}-\frac{1}{4}a+\frac{1}{4}$

$=\frac{1}{4}+\frac{1}{4}-\frac{1}{4}a+\frac{1}{4}$

$=\frac{3}{4}-\frac{1}{4}a=2$

따라서 $a=-5$

답 ⑤

50 다항식 $3x^3+7x^2+3ax+b$가 $(3x-2)^2$을 인수로 가지므로 조립제법을 이용하면

$\frac{2}{3}$	3	7	$3a$	b
		2	6	$2a+4$
$\frac{2}{3}$	3	9	$3a+6$	$2a+b+4$
		2	$\frac{22}{3}$	
	3	11	$3a+\frac{40}{3}$	

즉, $3a+\frac{40}{3}=0$, $2a+b+4=0$이므로

$a=-\frac{40}{9}$, $b=\frac{44}{9}$

따라서 $a+b=\frac{4}{9}$

답 ④

51 조립제법을 이용하여 구하면

1	3	2	-1	2
		3	5	4
1	3	5	4	6
		3	8	
1	3	8	12	
		3		
	3	11		

$3x^3+2x^2-x+2$

$=(x-1)(3x^2+5x+4)+6$

$=(x-1)\{(x-1)(3x+8)+12\}+6$

$=(x-1)^2(3x+8)+12(x-1)+6$

$=(x-1)^2\{(x-1)\times3+11\}+12(x-1)+6$

$=3(x-1)^3+11(x-1)^2+12(x-1)+6$

따라서 $a=3$, $b=11$, $c=12$, $d=6$이므로

$ad+bc=3\times6+11\times12=150$

답 ⑤

52 조립제법을 이용하여 구하면

1	1	2	3	-1
		1	3	6
1	1	3	6	5
		1	4	
1	1	4	10	
		1		
	1	5		

x^3+2x^2+3x-1

$=(x-1)(x^2+3x+6)+5$

$=(x-1)\{(x-1)(x+4)+10\}+5$

$=(x-1)^2(x+4)+10(x-1)+5$

$=(x-1)^2\{(x-1)+5\}+10(x-1)+5$

$=(x-1)^3+5(x-1)^2+10(x-1)+5$

따라서 $a=1$, $b=5$, $c=10$, $d=5$이므로

$ab+cd=5+50=55$

답 ①

53 조립제법을 이용하여 구하면

2	1	0	4	-1	-2
		2	4	16	30
2	1	2	8	15	28
		2	8	32	
2	1	4	16	47	
		2	12		
2	1	6	28		
		2			
	1	8			

x^4+4x^2-x-2

$=(x-2)(x^3+2x^2+8x+15)+28$

$=(x-2)\{(x-2)(x^2+4x+16)+47\}+28$

$=(x-2)^2(x^2+4x+16)+47(x-2)+28$

$=(x-2)^2\{(x-2)(x+6)+28\}+47(x-2)+28$

$=(x-2)^3(x+6)+28(x-2)^2+47(x-2)+28$

$=(x-2)^3\{(x-2)+8\}+28(x-2)^2+47(x-2)+28$

$=(x-2)^4+8(x-2)^3+28(x-2)^2+47(x-2)+28$

따라서 $a=1$, $b=8$, $c=28$, $d=47$, $e=28$이므로

$ad-bc+e=47-224+28=-149$

답 ②

54 삼차식 $f(x)$가 $f(1)=f(2)=f(3)=0$을 만족시키므로 $f(x)$

는 $x-1$, $x-2$, $x-3$을 인수로 갖는다.
따라서 최고차항의 계수가 1이므로

$$\begin{aligned} f(x) &= (x-1)(x-2)(x-3) \\ &= x^3-6x^2+11x-6 \end{aligned}$$

이때 조립제법을 이용하여 구하면

$$\begin{array}{r|rrrr} 1 & 1 & -6 & 11 & -6 \\ & & 1 & -5 & 6 \\ \hline 1 & 1 & -5 & 6 & \boxed{0} \\ & & 1 & -4 & \\ \hline 1 & 1 & -4 & \boxed{2} & \\ & & 1 & & \\ \hline & 1 & \boxed{-3} & & \end{array}$$

$$\begin{aligned} & x^3-6x^2+11x-6 \\ &= (x-1)(x^2-5x+6)+0 \\ &= (x-1)\{(x-1)(x-4)+2\} \\ &= (x-1)^2(x-4)+2(x-1) \\ &= (x-1)^2\{(x-1)-3\}+2(x-1) \\ &= (x-1)^3-3(x-1)^2+2(x-1) \end{aligned}$$

따라서 $a=1$, $b=-3$, $c=2$, $d=0$이므로

$$\begin{aligned} f(1.1)+ab+cd &= 0.1^3-3\times0.1^2+2\times0.1-3 \\ &= 0.001-0.03+0.2-3 \\ &= -2.829 \end{aligned}$$

답 -2.829

55 삼차식 $f(x)$에 대하여 조립제법을 여러 번 반복한 것을 나타내 보면

$$\begin{array}{r|rrrr} -2 & \boxed{1} & \boxed{5} & \boxed{10} & \boxed{11} \\ & & \boxed{-2} & \boxed{-6} & \boxed{-8} \\ \hline -2 & \boxed{1} & \boxed{3} & \boxed{4} & 3 \\ & & \boxed{-2} & \boxed{-2} & \\ \hline -2 & \boxed{1} & \boxed{1} & 2 & \\ & & \boxed{-2} & & \\ \hline & 1 & -1 & & \end{array}$$

$f(x)=(x+2)^3-(x+2)^2+2(x+2)+3$이므로
$f(x)$를 $x+1$로 나눈 나머지는
$f(-1)=1-1+2+3=5$

답 ⑤

56 다항식 $(x+2)^{10}$을 x로 나누었을 때의 몫을 $Q(x)$, 나머지를 R라고 하면
$(x+2)^{10}=xQ(x)+R$ $\cdots\cdots$ ㉠
㉠은 x에 대한 항등식이므로 $x=0$을 대입하면
$R=2^{10}=1024$
㉠에 $x=30$을 대입하면

$$\begin{aligned} 32^{10} &= 30Q(30)+1024 \\ &= 30\{Q(30)+34\}+4 \end{aligned}$$

따라서 32^{10}을 30으로 나눈 나머지는 4이다.

답 ②

57 $(x-1)^{10}$을 x로 나누었을 때의 몫을 $Q(x)$, 나머지를 R라고 하면
$(x-1)^{10}=xQ(x)+R$ $\cdots\cdots$ ㉠
㉠은 x에 대한 항등식이므로 $x=0$을 대입하면
$R=(-1)^{10}=1$
㉠에 $x=98$을 대입하면
$97^{10}=98Q(98)+1$
따라서 97^{10}을 98로 나눈 나머지는 1이다.

답 ①

58 다항식 $x^{20}+20$을 $x+1$로 나누었을 때의 몫을 $Q(x)$, 나머지를 R이라고 하면
$x^{20}+20=(x+1)Q(x)+R$
양변에 $x=\boxed{-1}$을 대입하면 $R=\boxed{21}$이다.
이때 등식
$x^{20}+20=(x+1)Q(x)+\boxed{21}$
에 $x=\boxed{11}$을 대입하면

$$\begin{aligned} 11^{20}+20 &= 12\times Q(11)+\boxed{21} \\ &= 12\times Q(11)+12+9 \\ &= 12\times\{Q(11)+\boxed{1}\}+\boxed{9} \end{aligned}$$

이므로 $11^{20}+20$을 12로 나눈 나머지는 $\boxed{9}$이다.
따라서 (가): -1, (나): 21, (다): 11, (라): 1, (마): 9

답 ⑤

59 다항식 $x^{10}+x^{11}+x^{12}$을 x^2-1로 나누었을 때의 몫을 $Q(x)$, 나머지를 $ax+b$ (a, b는 상수)라고 하면
$x^{10}+x^{11}+x^{12}=(x^2-1)Q(x)+ax+b$ $\cdots\cdots$ ㉠
㉠은 x에 대한 항등식이므로 $x=1$을 대입하여 정리하면
$a+b=3$ $\cdots\cdots$ ㉡
㉠에 $x=-1$을 대입하여 정리하면
$-a+b=1$ $\cdots\cdots$ ㉢
㉡, ㉢을 연립하여 풀면 $a=1$, $b=2$
즉, $x^{10}+x^{11}+x^{12}=(x^2-1)Q(x)+x+2$이므로 $x=9$를 대입하면
$9^{10}+9^{11}+9^{12}=80Q(9)+11$
따라서 $9^{10}+9^{11}+9^{12}$을 80으로 나눈 나머지는 11이다.

답 ①

60 다항식 $x^{20}+x^{18}+x^{16}+\cdots+x^2+1$을 $x+1$로 나누었을 때의 몫을 $Q(x)$, 나머지를 R이라고 하면
$x^{20}+x^{18}+x^{16}+\cdots+x^2+1=(x+1)Q(x)+R$ $\cdots\cdots$ ㉠
㉠은 x에 대한 항등식이므로 $x=-1$을 대입하면
$R=(-1)^{20}+(-1)^{18}+(-1)^{16}+\cdots+(-1)^2+1=11$
즉, $x^{20}+x^{18}+x^{16}+\cdots+x^2+1=(x+1)Q(x)+11$이므로
㉠에 $x=10$을 대입하면

$$\begin{aligned} 10^{20}+10^{18}+10^{16}+\cdots+10^2+1 &= 11Q(10)+11 \\ &= 11\{Q(10)+1\} \end{aligned}$$

따라서 구하는 나머지는 0이다.

답 ①

서술형 완성하기 본문 40쪽

01 -1 **02** 19

03 $\frac{4}{3}x+\frac{8}{3}$ **04** $-\frac{2}{3}x+\frac{4}{3}$

05 64

01 등식

$(x+1)^3+a(x+1)+2=(x-1)(x+b)(x+c)$에서

$x=1$을 대입하면

$2^3+2a+2=0$, $2a=-10$, 즉 $a=-5$ …… ❶

$x=-1$을 대입하면

$(-2)\times(-1+b)(-1+c)=2$이므로

$(b-1)(c-1)=-1$, $bc-b-c+1=-1$

$bc-b-c+2=0$ …… ㉠ …… ❷

$x=0$을 대입하면

$-bc=1-5+2$, 즉 $bc=2$ …… ㉡

㉠, ㉡에서 $b+c=bc+2=4$

따라서 $a+b+c=-5+4=-1$ …… ❸

답 -1

단계	채점 기준	비율
❶	a의 값을 구한 경우	30 %
❷	$bc-b-c+2=0$을 구한 경우	40 %
❸	$a+b+c$의 값을 구한 경우	30 %

02 등식

$x^{10}+x=a_0+a_1(x-3)+a_2(x-3)^2+\cdots+a_{10}(x-3)^{10}$에서

$x=4$를 대입하면

$4^{10}+4=a_0+a_1+a_2+\cdots+a_{10}$ …… ㉠ …… ❶

$x=2$를 대입하면

$2^{10}+2=a_0-a_1+a_2-\cdots+a_{10}$ …… ㉡ …… ❷

㉠$-$㉡을 하면

$(4^{10}+4)-(2^{10}+2)=2a_1+2a_3+2a_5+2a_7+2a_9$

이므로

$a_1+a_3+a_5+a_7+a_9=2^{19}+2-(2^9+1)$

$=2^{19}-2^9+1$

따라서 $m=19$ …… ❸

답 19

단계	채점 기준	비율
❶	$a_0+a_1+a_2+\cdots+a_{10}$의 값을 구한 경우	30 %
❷	$a_0-a_1+a_2-\cdots+a_{10}$의 값을 구한 경우	30 %
❸	m의 값을 구한 경우	40 %

03 다항식 $f(x)$를 $(x-1)(x-2)$로 나누었을 때의 몫을 $Q_1(x)$라고 하면 나머지가 $x+3$이므로

$f(x)=(x-1)(x-2)Q_1(x)+x+3$

이 식은 x에 대한 항등식이므로

$f(1)=4$, $f(2)=5$ …… ❶

이때 $f(x)$는 $(x+1)(x+2)$로 나누어떨어지므로

$f(-1)=0$, $f(-2)=0$ …… ❷

따라서 $f(x)$를 $(x-1)(x+2)$로 나누었을 때의 몫을 $Q_2(x)$, 나머지를 $ax+b$ (a, b는 상수)라고 하면

$f(x)=(x-1)(x+2)Q_2(x)+ax+b$

이 식은 x에 대한 항등식이므로

$f(1)=a+b=4$ …… ㉠

$f(-2)=-2a+b=0$ …… ㉡

㉠, ㉡을 연립하여 풀면 $a=\frac{4}{3}$, $b=\frac{8}{3}$이므로

구하는 나머지는 $\frac{4}{3}x+\frac{8}{3}$이다.

…… ❸

답 $\frac{4}{3}x+\frac{8}{3}$

단계	채점 기준	비율
❶	$f(1)=4$를 구한 경우	30 %
❷	$f(-2)=0$을 구한 경우	30 %
❸	나머지를 구한 경우	40 %

04 다항식 $x^2f(x)$를 $x+1$로 나눈 나머지가 2이므로

$(-1)^2f(-1)=f(-1)=2$ …… ❶

다항식 $x^2f(x+1)$이 $x-1$을 인수로 가지므로

$1^2f(2)=f(2)=0$ …… ❷

따라서 $f(x)$를 $(x+1)(x-2)$로 나누었을 때의 몫을 $Q(x)$, 나머지를 $ax+b$ (a, b는 상수)라고 하면

$f(x)=(x+1)(x-2)Q(x)+ax+b$

이 식은 x에 대한 항등식이므로

$f(-1)=-a+b=2$ …… ㉠

$f(2)=2a+b=0$ …… ㉡

㉠, ㉡을 연립하여 풀면 $a=-\frac{2}{3}$, $b=\frac{4}{3}$이므로

구하는 나머지는 $-\frac{2}{3}x+\frac{4}{3}$이다. …… ❸

답 $-\frac{2}{3}x+\frac{4}{3}$

단계	채점 기준	비율
❶	$f(-1)$의 값을 구한 경우	30 %
❷	$f(2)$의 값을 구한 경우	30 %
❸	나머지를 구한 경우	40 %

05 다항식 $f(x)=x^3+2x^2+ax+b$가 $(x-2)^2$을 인수로 가지므로 조립제법에 의하여

2	1	2	a	b
		2	8	$2a+16$
2	1	4	$a+8$	$2a+b+16$
		2	12	
	1	6	$a+20$	

…… ❶

즉, $2a+b+16=0$, $a+20=0$이므로

$a=-20$, $b=24$ …… ❷

따라서 $f(x)=x^3+2x^2-20x+24$이므로 $f(x)$를 $x+2$로 나눈 나머지는

$f(-2)=(-2)^3+2\times(-2)^2-20\times(-2)+24$
$=-8+8+40+24$
$=64$ …… ❸

답 64

단계	채점 기준	비율
❶	조립제법을 두 번 이용한 경우	40 %
❷	a, b의 값을 구한 경우	30 %
❸	나머지를 구한 경우	30 %

내신+수능 고난도 도전

본문 41쪽

01 ② 02 ③ 03 ④

01 다항식 $f(x)$의 최고차항을 x^n (n은 자연수)라고 하면 주어진 등식의 좌변과 우변의 최고차항은 각각

x^{2n}, x^{n+2}

이고 좌변과 우변의 최고차항이 같아야 하므로

$2n=n+2$에서 $n=2$

$f(x)=x^2+px+q$ (p, q는 상수)라고 하면

$(x^2+1)^2+p(x^2+1)+q=(x^2-x+3)(x^2+px+q)-2x$

$(x^4+2x^2+1)+p(x^2+1)+q$
$=(x^4+px^3+qx^2)+(-x^3-px^2-qx)+(3x^2+3px+3q)-2x$

$x^4+(p+2)x^2+p+q+1$
$=x^4+(p-1)x^3+(q-p+3)x^2+(-q+3p-2)x+3q$

이 식은 x에 대한 항등식이므로

$p-1=0$, $p+2=q-p+3$, $-q+3p-2=0$, $p+q+1=3q$

즉, $p=1$, $q=1$

따라서 $f(x)=x^2+x+1$이므로

$f(2)=4+2+1=7$

답 ②

02 $\{f(x)\}^2-\{g(x)\}^2=2x^2-4x-3$에서

$\{f(x)+g(x)\}\{f(x)-g(x)\}=2x^2-4x-3$

이때 조건 (가)에서 $f(x)+g(x)=1$ …… ㉠

이므로 $f(x)-g(x)=2x^2-4x-3$ …… ㉡

㉠, ㉡을 연립하여 풀면

$f(x)=x^2-2x-1$, $g(x)=-x^2+2x+2$

따라서 다항식 $f(x+1)g(x-1)$을 $x-2$로 나눈 나머지는

$f(3)g(1)=(3^2-2\times3-1)\times(-1+2+2)$
$=2\times3=6$

답 ③

03 ㄱ. 주어진 등식에 $x=0$을 대입하면

$f(0)\times f(0)=f(0)$

$f(0)\times\{f(0)-1\}=0$

따라서 $f(0)=0$ 또는 $f(0)=1$ (거짓)

ㄴ. 주어진 등식에 $x=1$을 대입하면

$f(1)\times f(-1)=f(1)$

이때 $f(x)$가 $x-1$을 인수로 갖지 않으므로

$f(1)\neq0$

즉, $f(-1)=1$이므로 $f(-1)-1=0$이다.

따라서 $f(x)-1$은 $x+1$을 인수로 갖는다. (참)

ㄷ. $f(x)=ax^2+bx+c$ (a, b, c는 상수, $a\neq0$)라 하고 주어진 등식의 좌변과 우변의 최고차항을 각각 구하면

$ax^2\times a(-x)^2=a^2x^4$, $a(x^2)^2=ax^4$

즉, $a^2x^4=ax^4$에서 $a^2=a$이므로 $a=1$

또한 좌변과 우변의 상수항을 각각 구하면 c^2, c이므로

$c^2=c$, $c(c-1)=0$

즉, $c=0$ 또는 $c=1$

ㄴ에서 $f(1)\times f(-1)=f(1)$이므로

$f(1)\{f(-1)-1\}=0$

$f(1)=0$ 또는 $f(-1)=1$

(i) $f(1)=0$에서 $a+b+c=0$이므로

$a=1$, $b=-1$, $c=0$ 또는

$a=1$, $b=-2$, $c=1$

(ii) $f(-1)=1$에서 $a-b+c=1$이므로

$a=1$, $b=0$, $c=0$ 또는

$a=1$, $b=1$, $c=1$

(i), (ii)에 의하여 차수가 2인 $f(x)$의 개수는 4이다. (참)

따라서 옳은 것은 ㄴ, ㄷ이다.

답 ④

03 인수분해

개념 확인하기 (본문 43쪽)

01 $(x+3y)^3$ 02 $(x-2)^3$
03 $(2x+3y)^3$ 04 $(x+2)(x^2-2x+4)$
05 $(3x+2y)(9x^2-6xy+4y^2)$
06 $(x-1)(x^2+x+1)$
07 $(2x-3y)(4x^2+6xy+9y^2)$
08 $(x-y+z)^2$ 09 $(x+y+1)^2$
10 $(x+y+2z)^2$ 11 $(x-2y-2z)^2$
12 $x(x-1)$ 13 $(x^2+5x+8)(x^2+5x-2)$
14 $(x-2)^3$ 15 $(x^2+3x+1)^2$
16 $(x^2+x+2)(x^2-x+2)$ 17 $(x^2-2x-5)(x^2+2x-5)$
18 $(x-y-1)(x-y-2)$ 19 $b(b-a)(c-a)$
20 $(x-1)(x^2-2x-2)$
21 $(x+1)(x-2)(x^2-2x+3)$

01 $x^3+9x^2y+27xy^2+27y^3$
$=x^3+3\times x^2\times(3y)+3\times x\times(3y)^2+(3y)^3$
$=(x+3y)^3$

답 $(x+3y)^3$

02 $x^3-6x^2+12x-8$
$=x^3-3\times x^2\times 2+3\times x\times 2^2-2^3$
$=(x-2)^3$

답 $(x-2)^3$

03 $8x^3+36x^2y+54xy^2+27y^3$
$=(2x)^3+3\times(2x)^2\times(3y)+3\times(2x)\times(3y)^2+(3y)^3$
$=(2x+3y)^3$

답 $(2x+3y)^3$

04 x^3+8
$=x^3+2^3$
$=(x+2)(x^2-2x+4)$

답 $(x+2)(x^2-2x+4)$

05 $27x^3+8y^3$
$=(3x)^3+(2y)^3$
$=(3x+2y)(9x^2-6xy+4y^2)$

답 $(3x+2y)(9x^2-6xy+4y^2)$

06 x^3-1
$=x^3-1^3$
$=(x-1)(x^2+x+1)$

답 $(x-1)(x^2+x+1)$

07 $8x^3-27y^3$
$=(2x)^3-(3y)^3$
$=(2x-3y)(4x^2+6xy+9y^2)$

답 $(2x-3y)(4x^2+6xy+9y^2)$

08 $x^2+y^2+z^2-2xy-2yz+2zx$
$=x^2+(-y)^2+z^2+2x(-y)+2(-y)z+2zx$
$=(x-y+z)^2$

답 $(x-y+z)^2$

09 $x^2+y^2+2xy+2x+2y+1$
$=x^2+y^2+1^2+2xy+2y\times 1+2\times 1\times x$
$=(x+y+1)^2$

답 $(x+y+1)^2$

10 $x^2+y^2+4z^2+2xy+4yz+4zx$
$=x^2+y^2+(2z)^2+2xy+2y(2z)+2(2z)x$
$=(x+y+2z)^2$

답 $(x+y+2z)^2$

11 $x^2+4y^2+4z^2-4xy+8yz-4zx$
$=(-x)^2+(2y)^2+(2z)^2+2(-x)(2y)+2(2y)(2z)+2(2z)(-x)$
$=(-x+2y+2z)^2$
$=(x-2y-2z)^2$

답 $(x-2y-2z)^2$

12 $x+1=X$라고 하면
$X^2-3X+2=(X-1)(X-2)$
$=\{(x+1)-1\}\{(x+1)-2\}$
$=x(x-1)$

답 $x(x-1)$

13 $x^2+5x=X$라고 하면
$(X+4)(X+2)-24=X^2+6X-16$
$=(X+8)(X-2)$
$=(x^2+5x+8)(x^2+5x-2)$

답 $(x^2+5x+8)(x^2+5x-2)$

14 $x-1=X$라고 하면
$X^3-3X^2+3X-1=(X-1)^3$
$=\{(x-1)-1\}^3$
$=(x-2)^3$

답 $(x-2)^3$

15 $x(x+1)(x+2)(x+3)+1$
$=x(x+3)(x+1)(x+2)+1$
$=(x^2+3x)(x^2+3x+2)+1$
$x^2+3x=X$라고 하면
$X(X+2)+1=X^2+2X+1$
$=(X+1)^2$
$=(x^2+3x+1)^2$

답 $(x^2+3x+1)^2$

16 x^4+3x^2+4
$=(x^4+4x^2+4)-x^2$
$=(x^2+2)^2-x^2$
$=(x^2+x+2)(x^2-x+2)$

답 $(x^2+x+2)(x^2-x+2)$

17 x^4-14x^2+25
$=(x^4-10x^2+25)-4x^2$
$=(x^2-5)^2-(2x)^2$
$=(x^2-2x-5)(x^2+2x-5)$

답 $(x^2-2x-5)(x^2+2x-5)$

18 $x^2+y^2-2xy-3x+3y+2$
$=x^2-(2y+3)x+y^2+3y+2$
$=x^2-(2y+3)x+(y+1)(y+2)$
$=(x-y-1)(x-y-2)$

답 $(x-y-1)(x-y-2)$

19 $a^2b-ab^2+b^2c-abc$
$=(b^2-ab)c+a^2b-ab^2$
$=b(b-a)c+ab(a-b)$
$=b(b-a)c-ab(b-a)$
$=b(b-a)(c-a)$

답 $b(b-a)(c-a)$

20 $f(x)=x^3-3x^2+2$라고 하면 $f(1)=0$이므로 인수정리와 조립제법에 의하여

1	1	−3	0	2
		1	−2	−2
	1	−2	−2	0

따라서
$x^3-3x^2+2=(x-1)(x^2-2x-2)$

답 $(x-1)(x^2-2x-2)$

21 $f(x)=x^4-3x^3+3x^2+x-6$이라고 하면
$f(-1)=0$, $f(2)=0$이므로 인수정리와 조립제법에 의하여

−1	1	−3	3	1	−6
		−1	4	−7	6
2	1	−4	7	−6	0
		2	−4	6	
	1	−2	3	0	

따라서
$x^4-3x^3+3x^2+x-6=(x+1)(x-2)(x^2-2x+3)$

답 $(x+1)(x-2)(x^2-2x+3)$

유형 완성하기

본문 44~57쪽

01 ③	02 ④	03 ②	04 ①	05 ③
06 ②	07 ⑤	08 ①	09 ①	10 ③
11 ②	12 ②	13 ④	14 3	15 ①
16 ④	17 ③	18 ⑤	19 ⑤	20 ①
21 ⑤	22 ①	23 ⑤	24 ④	25 1
26 ②	27 ⑤	28 ④	29 ②	30 ③
31 ①	32 ③	33 ②		
34 $(x^2-xy-5y^2)(x^2+xy-5y^2)$			35 ④	
36 $(a+b)(b+c)(c+a)$			37 ①	38 ④
39 ②	40 ④	41 ②		
42 $(x-1)(x+1)(x+2)(x+3)$			43 ①	44 ②
45 ④	46 ③	47 $x(x+1)(x+2)$		48 ①
49 ④	50 ①	51 ③	52 ②	53 ⑤
54 6	55 ②	56 ②	57 ③	58 ⑤
59 ④	60 ①	61 ④		
62 빗변의 길이가 c인 직각삼각형				
63 빗변의 길이가 c인 직각삼각형			64 ②	65 ④
66 ①	67 ③	68 $12x+36$		69 ③

01 $8x^3-36x^2y+54xy^2-27y^3$
$=(2x)^3-3\times(2x)^2\times(3y)+3\times(2x)\times(3y)^2-(3y)^3$
$=(2x-3y)^3$
따라서 보기 중 인수인 것은 $2x-3y$이다.

답 ③

02 $27x^3-27x^2y+9xy^2-y^3$
$=(3x)^3-3\times(3x)^2\times y+3\times(3x)\times y^2-y^3$
$=(3x-y)^3$
따라서 보기 중 인수인 것은 $3x-y$이다.

답 ④

03 $4x(2x^2+3xy)+y^2(6x+y)$
$=8x^3+12x^2y+6xy^2+y^3$
$=(2x)^3+3\times(2x)^2\times y+3\times(2x)\times y^2+y^3$
$=(2x+y)^3$

답 ②

04 $2(4x^3+3xy^2)-y(12x^2+y^2)$
$=8x^3+6xy^2-12x^2y-y^3$
$=8x^3-12x^2y+6xy^2-y^3$
$=(2x)^3-3\times(2x)^2\times y+3\times(2x)\times y^2-y^3$
$=(2x-y)^3$
따라서 $a=2$, $b=-1$이므로 $ab=-2$

답 ①

05 $x^3-y^3-3xy(x-y)$
$=x^3-3x^2y+3xy^2-y^3$
$=(x-y)^3$

에서 $A^3=(x-y)^3$이므로
$A=x-y$
$x^3+8y^3+6xy(x+2y)$
$=x^3+6x^2y+12xy^2+8y^3$
$=x^3+3\times x^2\times(2y)+3\times x\times(2y)^2+(2y)^3$
$=(x+2y)^3$
에서 $B^3=(x+2y)^3$이므로
$B=x+2y$
$AB=(x-y)(x+2y)$
$\quad=x^2+xy-2y^2$
따라서 $a=1,\ b=1,\ c=-2$이므로
$a^2+b^2+c^2=1+1+4=6$

답 ③

06 $(x+1)^3+8y^3$
$=(x+1)^3+(2y)^3$
$=(x+1+2y)\{(x+1)^2-(x+1)\times 2y+(2y)^2\}$
$=(x+2y+1)(x^2+2x+1-2xy-2y+4y^2)$
따라서 보기 중 인수인 것은 $x+2y+1$이다.

답 ②

07 $27x^3+8y^3$
$=(3x)^3+(2y)^3$
$=(3x+2y)\{(3x)^2-3x\times 2y+(2y)^2\}$
$=(3x+2y)(9x^2-6xy+4y^2)$
따라서 보기 중 인수인 것은 $9x^2-6xy+4y^2$ 이다.

답 ⑤

08 $(x+1)^3-(x-1)^3$
$=\{(x+1)-(x-1)\}\{(x+1)^2+(x+1)(x-1)+(x-1)^2\}$
$=2\{(x^2+2x+1)+(x^2-1)+(x^2-2x+1)\}$
$=2(3x^2+1)$
따라서 보기 중 인수인 것은 $3x^2+1$이다.

답 ①

09 $(x+2y)^3-(2x-y)^3$
$=\{(x+2y)-(2x-y)\}\{(x+2y)^2+(x+2y)(2x-y)+(2x-y)^2\}$
$=(-x+3y)$
$\quad\{(x^2+4xy+4y^2)+(2x^2+3xy-2y^2)+(4x^2-4xy+y^2)\}$
$=(-x+3y)(7x^2+3xy+3y^2)$
따라서 보기 중 인수인 것은 $-x+3y$이다.

답 ①

10 $(x^2+x+1)^3+(x+1)^3$
$=\{(x^2+x+1)+(x+1)\}\{(x^2+x+1)^2$
$\quad-(x^2+x+1)(x+1)+(x+1)^2\}$
$=(x^2+2x+2)\{(x^4+x^2+1+2x^3+2x+2x^2)$
$\quad-(x^3+2x^2+2x+1)+(x^2+2x+1)\}$
$=(x^2+2x+2)(x^4+x^3+2x^2+2x+1)$
따라서 $a=1,\ b=2,\ c=2,\ d=1$이므로
$ad-bc=1-4=-3$

답 ③

11 $x(x-4y)+4y(y+z)+z(z-2x)$
$=(x^2-4xy)+(4y^2+4yz)+(z^2-2zx)$
$=x^2+4y^2+z^2-4xy+4yz-2zx$
$=x^2+(-2y)^2+(-z)^2+2x(-2y)+2(-2y)(-z)+2(-z)x$
$=(x-2y-z)^2$
따라서 보기 중 인수인 것은 $x-2y-z$이다.

답 ②

12 $x^2+y^2+z^2-2xy-2yz+2zx$
$=x^2+(-y)^2+z^2+2x(-y)+2(-y)z+2zx$
$=(x-y+z)^2$

답 ②

13 $(x+2y)^2+3z(2x+4y+3z)$
$=(x^2+4xy+4y^2)+(6zx+12yz+9z^2)$
$=x^2+4y^2+9z^2+4xy+12yz+6zx$
$=x^2+(2y)^2+(3z)^2+2x(2y)+2(2y)(3z)+2(3z)x$
$=(x+2y+3z)^2$
따라서 $a=1,\ b=2,\ c=3$이므로
$a+2b+3c=1+2\times 2+3\times 3=14$

답 ④

14 $x^4+2x^3+3x^2+2x+1$
$=(x^2)^2+x^2+1^2+2x^2\times x+2x\times 1+2\times 1\times x^2$
$=(x^2+x+1)^2$
따라서 $f(x)=x^2+x+1$이므로 $f(x)$를 $x+2$로 나누었을 때의 나머지는
$f(-2)=(-2)^2+(-2)+1=3$

답 3

15 $x^2(x^2-4z)+(y-2z)^2+2x^2y$
$=(x^4-4zx^2)+(y^2-4yz+4z^2)+2x^2y$
$=x^4+y^2+4z^2+2x^2y-4yz-4zx^2$
$=(x^2)^2+y^2+(-2z)^2+2x^2y+2y(-2z)+2(-2z)x^2$
$=(x^2+y-2z)^2$
즉, $a=1,\ b=1,\ c=-2$이므로
$a^2+b^2+c^2=1+1+4=6$

답 ①

16 $(x-1)^3-3(x^2-2x+1)(y+1)$
$\quad+3(x-1)(y^2+2y+1)-(y+1)^3$
$=(x-1)^3-3(x-1)^2(y+1)+3(x-1)(y+1)^2-(y+1)^3$
$=\{(x-1)-(y+1)\}^3$
$=(x-y-2)^3$

답 ④

17 $x+1=X$라 하면 주어진 식은

X^3-3X+2이고

$f(X)=X^3-3X+2$일 때, $f(1)=0$이므로 인수정리와 조립제법에 의하여

1	1	0	-3	2
		1	1	-2
	1	1	-2	0

$X^3-3X+2=(X-1)(X^2+X-2)$

$=(X-1)(X+2)(X-1)$

$=(X-1)^2(X+2)$

$=\{(x+1)-1\}^2\{(x+1)+2\}$

$=x^2(x+3)$

답 ③

18 x^3+2x^2-x-2

$=x^2(x+2)-(x+2)$

$=(x+2)(x^2-1)$

$=(x+2)(x-1)(x+1)$

따라서 세 개의 일차식의 합은

$(x+2)+(x-1)+(x+1)=3x+2$

답 ⑤

19 $(x-2)^2(x+2)^2+2x^2-7$

$=\{(x-2)(x+2)\}^2+2(x^2-4)+1$

$=(x^2-4)^2+2(x^2-4)+1$

$=\{(x^2-4)+1\}^2$

$=(x^2-3)^2$

따라서 $a=1$, $b=0$, $c=-3$이므로

$a+2b-3c=1+2\times0-3\times(-3)=10$

답 ⑤

20 $(x+1)^2+(y-1)^2+(z-2)^2+2(xy-x+y-1)$

$+2(yz-2y-z+2)+2(zx-2x+z-2)$

$=(x+1)^2+(y-1)^2+(z-2)^2$

$+2(x+1)(y-1)+2(y-1)(z-2)+2(z-2)(x+1)$

$=\{(x+1)+(y-1)+(z-2)\}^2$

$=(x+y+z-2)^2$

따라서 보기 중 인수인 것은 $x+y+z-2$이다.

답 ①

21 $x(x+1)(x+2)(x+3)-8$

$=\{x(x+3)\}\{(x+1)(x+2)\}-8$

$=(x^2+3x)(x^2+3x+2)-8$

$=(x^2+3x)^2+2(x^2+3x)-8$

$=(x^2+3x+4)(x^2+3x-2)$

따라서 $a=3$, $b=4$, $c=-2$ 또는 $a=3$, $b=-2$, $c=4$이므로

$a+b+c=5$

답 ⑤

22 $(x-2)(x-1)x(x+1)+1$

$=\{(x-2)(x+1)\}\{(x-1)x\}+1$

$=(x^2-x-2)(x^2-x)+1$

$=(x^2-x)^2-2(x^2-x)+1$

$=(x^2-x-1)^2$

답 ①

23 $(x-1)(x-3)(x+2)(x+4)+24$

$=\{(x-1)(x+2)\}\{(x-3)(x+4)\}+24$

$=(x^2+x-2)(x^2+x-12)+24$

$=(x^2+x)^2-14(x^2+x)+48$

$=(x^2+x-6)(x^2+x-8)$

$=(x+3)(x-2)(x^2+x-8)$

따라서 ㄱ, ㄴ, ㄷ이 모두 인수이다.

답 ⑤

24 $(x+1)(x+2)(x+6)(x+7)-336$

$=\{(x+1)(x+7)\}\{(x+2)(x+6)\}-336$

$=(x^2+8x+7)(x^2+8x+12)-336$

$=(x^2+8x)^2+19(x^2+8x)-252$

$=(x^2+8x-9)(x^2+8x+28)$

$=(x+9)(x-1)(x^2+8x+28)$

따라서 $a=9$, $a=-1$이므로 모든 정수 a의 값의 합은

$9+(-1)=8$

답 ④

25 $(x-1)x(x+1)(x+2)+a$

$=\{(x-1)(x+2)\}\{x(x+1)\}+a$

$=(x^2+x-2)(x^2+x)+a$

$=(x^2+x)^2-2(x^2+x)+a$

이 식이 이차식의 완전제곱식이 되기 위해서는 $x^2+x=X$라고 하면

$X^2-2X+a=(X-1)^2$

의 꼴이 되어야 하므로

$a=1$

답 1

26 $x^2=X$라고 하면

$x^4-2x^2-8=X^2-2X-8$

$=(X-4)(X+2)$

$=(x^2-4)(x^2+2)$

$=(x-2)(x+2)(x^2+2)$

따라서 일차인 인수는 $x-2$, $x+2$이므로 구하는 합은

$(x-2)+(x+2)=2x$

답 ②

27 $x^2=X$라고 하면

$x^4+2x^2-15=X^2+2X-15$

$=(X+5)(X-3)$

$=(x^2+5)(x^2-3)$

따라서 보기 중 인수인 것은 x^2+5이다.

답 ⑤

28 $x^2=X$, $y^2=Y$라고 하면

$x^4+6x^2y^2-16y^4=X^2+6XY-16Y^2$

$=(X+8Y)(X-2Y)$

$=(x^2+8y^2)(x^2-2y^2)$

답 ④

29 $(x+1)^2=X$라고 하면

$(x+1)^4-6(x+1)^2+5$

$=X^2-6X+5$

$=(X-1)(X-5)$

$=\{(x+1)^2-1\}\{(x+1)^2-5\}$

$=(x^2+2x)(x^2+2x-4)$

$=x(x+2)(x^2+2x-4)$

따라서 $a=0$, $b=2$, $c=-4$ 또는 $a=2$, $b=0$, $c=-4$이므로

$a+b+c=-2$

답 ②

30 $(x+y)^4-(x^2-y^2)^2-12(x-y)^4$

$=(x+y)^4-\{(x-y)(x+y)\}^2-12(x-y)^4$

$=(x+y)^4-(x-y)^2(x+y)^2-12(x-y)^4$

이때 $(x+y)^2=X$, $(x-y)^2=Y$라고 하면

$X^2-XY-12Y^2$

$=(X-4Y)(X+3Y)$

$=\{(x+y)^2-4(x-y)^2\}\{(x+y)^2+3(x-y)^2\}$

$=\{(x^2+2xy+y^2)-4(x^2-2xy+y^2)\}$

$\{(x^2+2xy+y^2)+3(x^2-2xy+y^2)\}$

$=(-3x^2+10xy-3y^2)(4x^2-4xy+4y^2)$

$=-4(3x^2-10xy+3y^2)(x^2-xy+y^2)$

$=-4(3x-y)(x-3y)(x^2-xy+y^2)$

따라서 $a=1$, $b=-3$, $c=1$이므로

$abc=-3$

답 ③

31 x^4-3x^2+1

$=(x^4-2x^2+1)-x^2$

$=(x^2-1)^2-x^2$

$=(x^2-x-1)(x^2+x-1)$

따라서 $a=1$, $b=1$이므로 $ab=1$

답 ①

32 x^4-11x^2+1

$=(x^4-2x^2+1)-9x^2$

$=(x^2-1)^2-(3x)^2$

$=(x^2-3x-1)(x^2+3x-1)$

답 ③

33 x^4+4

$=(x^4+4x^2+4)-4x^2$

$=(x^2+2)^2-(2x)^2$

$=(x^2-2x+2)(x^2+2x+2)$

따라서 보기 중 인수인 것은 x^2-2x+2이다.

답 ②

34 $x^4-11x^2y^2+25y^4$

$=(x^4-10x^2y^2+25y^4)-x^2y^2$

$=(x^2-5y^2)^2-(xy)^2$

$=(x^2-xy-5y^2)(x^2+xy-5y^2)$

답 $(x^2-xy-5y^2)(x^2+xy-5y^2)$

35 x^4+x^2+25

$=(x^4+10x^2+25)-9x^2$

$=(x^2+5)^2-(3x)^2$

$=(x^2-3x+5)(x^2+3x+5)$

따라서 $a=3$, $b=5$이므로

$a^2+b^2=9+25=34$

답 ④

36 $ca(c+a)+ab(a+b)+bc(b+c)+2abc$

$=c^2a+ca^2+a^2b+ab^2+b^2c+bc^2+2abc$

$=(a+b)c^2+(a^2+2ab+b^2)c+a^2b+ab^2$

$=(a+b)c^2+(a+b)^2c+ab(a+b)$

$=(a+b)\{c^2+(a+b)c+ab\}$

$=(a+b)(c+a)(c+b)$

$=(a+b)(b+c)(c+a)$

답 $(a+b)(b+c)(c+a)$

37 $x^2+y^2+x-y-2xy-2$

$=x^2-(2y-1)x+y^2-y-2$

$=x^2-(2y-1)x+(y-2)(y+1)$

$=(x-y-1)(x-y+2)$

답 ①

38 $x^2-xy-2y^2-4x+5y+3$

$=x^2-(y+4)x-2y^2+5y+3$

$=x^2-(y+4)x-(2y^2-5y-3)$

$=x^2-(y+4)x-(2y+1)(y-3)$

$=(x-2y-1)(x+y-3)$

따라서 $a=-2$, $b=1$, $c=-3$이므로

$a^2+b^2+c^2=4+1+9=14$

답 ④

39 $x^3+3x^2y+x^2+2xy^2+3xy+2y^2$

$=2(x+1)y^2+3x(x+1)y+x^2(x+1)$

$=(x+1)(2y^2+3xy+x^2)$

$=(x+1)(2y+x)(y+x)$

$=(x+1)(x+y)(x+2y)$

답 ②

40 $x^2+2y^2+3xy+kx+5y+3$

$=x^2+(3y+k)x+2y^2+5y+3$

$=x^2+(3y+k)x+(2y+3)(y+1)$ …… ㉠

이때 $(2y+3)+(y+1)=3y+4$이므로 ㉠이 x, y에 대한 두 일차식의 곱으로 인수분해되기 위해서는

$k=4$

답 ④

41 $g(x)=x^3-7x-6$이라고 하면 $g(-1)=0$이므로 인수정리와 조립제법에 의하여

−1	1	0	−7	−6
		−1	1	6
	1	−1	−6	0

$g(x)=x^3-7x-6$
$=(x+1)(x^2-x-6)$
$=(x+1)(x-3)(x+2)$
$=(x-3)(x+1)(x+2)$

이므로

$f(x)=(x+1)(x+2)=x^2+3x+2$

따라서 $f(x)$의 상수항을 제외한 모든 항의 계수의 합은

$1+3=4$

답 ②

다른 풀이

$g(x)=(x-3)f(x)$라고 하면 $g(3)=0$이고

3	1	0	−7	−6
		3	9	6
	1	3	2	0

$g(x)=(x-3)(x^2+3x+2)$

따라서 $f(x)=x^2+3x+2$이므로 $f(x)$의 상수항을 제외한 모든 항의 계수의 합은

$1+3=4$

42 $f(x)=x^4+5x^3+5x^2-5x-6$이라고 하면 $f(1)=0$, $f(-1)=0$이므로 인수정리와 조립제법에 의하여

1	1	5	5	−5	−6
		1	6	11	6
−1	1	6	11	6	0
		−1	−5	−6	
	1	5	6	0	

$f(x)=x^4+5x^3+5x^2-5x-6$
$=(x-1)(x+1)(x^2+5x+6)$
$=(x-1)(x+1)(x+2)(x+3)$

답 $(x-1)(x+1)(x+2)(x+3)$

43 $f(x)=2x^3-3x^2-3x+2$라고 하면 $f(-1)=0$이므로 인수정리와 조립제법에 의하여

−1	2	−3	−3	2
		−2	5	−2
	2	−5	2	0

$f(x)=2x^3-3x^2-3x+2$
$=(x+1)(2x^2-5x+2)$
$=(x+1)(x-2)(2x-1)$

따라서

$a^2+b^2+c^2=1^2+(-2)^2+(-1)^2=6$

답 ①

44 사차다항식 $f(x)$에 대하여 $f(2)=0$이므로 $f(x)$는 $x-2$를 인수로 갖는다.

따라서 $f(x)$를 $x-2$로 나누었을 때의 몫이 x^3-3x^2-6x+8이므로

$f(x)=(x-2)(x^3-3x^2-6x+8)$

이때 $g(x)=x^3-3x^2-6x+8$이라고 하면

$g(1)=0$이므로 인수정리와 조립제법에 의하여

1	1	−3	−6	8
		1	−2	−8
	1	−2	−8	0

$g(x)=x^3-3x^2-6x+8$
$=(x-1)(x^2-2x-8)$
$=(x-1)(x-4)(x+2)$

따라서

$f(x)=(x-2)(x^3-3x^2-6x+8)$
$=(x-2)(x-1)(x-4)(x+2)$

이므로 $f(x)$의 인수인 것은 $x-1$이다.

답 ②

45 $h(x)=x^3+2x^2-5x-6$이라고 하면 $h(-1)=0$이므로 인수정리와 조립제법에 의하여

−1	1	2	−5	−6
		−1	−1	6
	1	1	−6	0

$h(x)=x^3+2x^2-5x-6$
$=(x+1)(x^2+x-6)$
$=(x+1)(x+3)(x-2)$

조건 (가)에서 $f(x)g(x)=(x+1)(x+3)(x-2)$

조건 (나)에서 $g(x)-f(x)$는 이차식이고 $f(x)g(x)$는 삼차식이므로 $f(x)$, $g(x)$ 중 하나는 이차식이고 다른 하나는 일차식이다.

즉,

$f(x)=x+1$, $g(x)=(x+3)(x-2)$
$f(x)=x+3$, $g(x)=(x+1)(x-2)$
$f(x)=x-2$, $g(x)=(x+1)(x+3)$
$f(x)=(x+3)(x-2)$, $g(x)=x+1$
$f(x)=(x+1)(x-2)$, $g(x)=x+3$
$f(x)=(x+1)(x+3)$, $g(x)=x-2$

이므로 각각의 경우에 $f(1)-g(1)$의 값을 구해 보면

$f(1)-g(1)=2-(-4)=6$
$f(1)-g(1)=4-(-2)=6$
$f(1)-g(1)=-1-8=-9$
$f(1)-g(1)=-4-2=-6$
$f(1)-g(1)=-2-4=-6$
$f(1)-g(1)=8-(-1)=9$
따라서 $f(1)-g(1)$의 최댓값은 9이다.

답 ④

46 다항식 $f(x)=2x^3-7x^2+ax+3$이 $2x+1$을 인수로 가지므로

$$f\left(-\frac{1}{2}\right)=2\times\left(-\frac{1}{2}\right)^3-7\times\left(-\frac{1}{2}\right)^2+a\times\left(-\frac{1}{2}\right)+3$$
$$=-\frac{1}{4}-\frac{7}{4}-\frac{1}{2}a+3$$
$$=-\frac{1}{2}a+1=0$$

즉, $a=2$
$f(x)=2x^3-7x^2+2x+3$이므로 인수정리와 조립제법에 의하여

$-\frac{1}{2}$	2	-7	2	3
		-1	4	-3
	2	-8	6	0

$$f(x)=2x^3-7x^2+2x+3$$
$$=\left(x+\frac{1}{2}\right)\left(2x^2-8x+6\right)$$
$$=(2x+1)(x^2-4x+3)$$
$$=(2x+1)(x-1)(x-3)$$

따라서 $f(x)$의 일차인 인수들의 합은
$(2x+1)+(x-1)+(x-3)=4x-3$

답 ③

47 다항식 $f(x)=x^3+3x^2+2x+a$가 $x+1$로 나누어떨어지므로
$f(-1)=-1+3-2+a=0$
즉, $a=0$
따라서

$$f(x)=x^3+3x^2+2x$$
$$=x(x^2+3x+2)$$
$$=x(x+1)(x+2)$$

답 $x(x+1)(x+2)$

48 다항식 $x^4+ax^3-6x^2-4x+b$를 인수분해하면
$(x-1)(x-2)(x+c)^2$이므로
$f(x)=x^4+ax^3-6x^2-4x+b$라고 하면
$f(x)$는 $x-1$, $x-2$를 인수로 갖는다.
$f(1)=1+a-6-4+b=0$에서
$a+b=9$ …… ㉠
$f(2)=16+8a-24-8+b=0$에서
$8a+b=16$ …… ㉡
㉠, ㉡을 연립하여 풀면 $a=1$, $b=8$이므로
$f(x)=x^4+x^3-6x^2-4x+8$
따라서 인수정리와 조립제법에 의하여

1	1	1	-6	-4	8
		1	2	-4	-8
2	1	2	-4	-8	0
		2	8	8	
	1	4	4	0	

$$f(x)=x^4+x^3-6x^2-4x+8$$
$$=(x-1)(x-2)(x^2+4x+4)$$
$$=(x-1)(x-2)(x+2)^2$$

즉, $c=2$이므로
$a+b+c=1+8+2=11$

답 ①

49 다항식 x^3+ax+b는 $(x+1)^2$을 인수로 가지므로 인수정리와 조립제법에 의하여

-1	1	0	a	b
		-1	1	$-a-1$
-1	1	-1	$a+1$	$-a+b-1$
		-1	2	
	1	-2	$a+3$	

즉, $a+3=0$, $-a+b-1=0$이므로
$a=-3$, $b=-2$
따라서 $f(x)=x-2$이므로
$f(ab)=f(6)=6-2=4$

답 ④

50 $x^2+5x+6=(x+2)(x+3)$이므로
다항식 $x^4+ax^3-7x^2-8x+b$는 $x+2$, $x+3$을 인수로 갖는다.
따라서 인수정리와 조립제법에 의하여

-2	1	a	-7	-8	b
		-2	$-2a+4$	$4a+6$	$-8a+4$
-3	1	$a-2$	$-2a-3$	$4a-2$	$-8a+b+4$
		-3	$-3a+15$	$15a-36$	
	1	$a-5$	$-5a+12$	$19a-38$	

즉, $19a-38=0$, $-8a+b+4=0$이므로
$a=2$, $b=12$
따라서
$x^4+2x^3-7x^2-8x+12$
$=(x+2)(x+3)(x^2-3x+2)$
$=(x+2)(x+3)(x-1)(x-2)$
이므로
$f(x)=(x-1)(x-2)$
이때 $g(x)-h(x)=1$이므로
$g(x)=x-1$, $h(x)=x-2$

$$g(a)\times h(b)=g(2)\times h(12)$$
$$=1\times 10=10$$

답 ①

51 ㄱ. $a+b+c=0$이고 $a<b<c$이므로
$a+b+c>a+a+a=3a$
즉, $3a<0$이므로 $a<0$ (참)
ㄴ. [반례] $a=-2$, $b=-1$, $c=3$이라고 하면
$a+b+c=0$이지만 $ab+bc+ca=-7<0$ (거짓)
ㄷ. $a^2+b^2+c^2+2ab+2bc+2ca=(a+b+c)^2=0$ (참)
따라서 옳은 것은 ㄱ, ㄷ이다.

답 ③

52 $x^2+4y^2-4xy-9$
$=(x^2-4xy+4y^2)-9$
$=(x-2y)^2-9$
$=4^2-9=7$

답 ②

53 $a^2b+a^2c-ab^2+ac^2-b^2c-bc^2$
$=(b+c)a^2-(b^2-c^2)a-bc(b+c)$
$=(b+c)a^2-(b+c)(b-c)a-bc(b+c)$
$=(b+c)\{a^2-(b-c)a-bc\}$
$=(b+c)(a-b)(a+c)$
또한 $a-b=p$, $b+c=q$에서 $a+c=p+q$이므로
$a^2b+a^2c-ab^2+ac^2-b^2c-bc^2$
$=(b+c)(a-b)(a+c)$
$=pq(p+q)$

답 ⑤

54 $x^2-(4y+1)x+4y^2+2(2z+1)y+z^2-2(x-1)z-z$
$=x^2-4xy-x+4y^2+4yz+2y+z^2-2zx+z$
$=(x^2+4y^2+z^2-4xy+4yz-2zx)-x+2y+z$
$=\{x^2+(-2y)^2+(-z)^2-4xy+4yz-2zx\}-(x-2y-z)$
$=(x-2y-z)^2-(x-2y-z)$
$=3^2-3=6$

답 6

55 $x^3-y^3=(x-y)(x^2+xy+y^2)=37$
이때 $37=1\times37$이고
x, y는 자연수이므로
$x^2+xy+y^2=(x-y)^2+3xy>x-y$
즉, $x-y=1$, $x^2+xy+y^2=37$
이때 $x>y$에서 x, y는 자연수이므로
$x=4$, $y=3$
따라서 $x+y=7$

답 ②

56 $x=2025$라고 하면
$\frac{2025^3+1}{2025^2-2024}=\frac{x^3+1}{x^2-(x-1)}$
$=\frac{(x+1)(x^2-x+1)}{x^2-x+1}$
$=x+1$
$=2025+1=2026$

답 ②

57 $x=10$이라고 하면
$\sqrt{10\times11\times12\times13+1}$
$=\sqrt{x(x+1)(x+2)(x+3)+1}$
$=\sqrt{\{x(x+3)\}\{(x+1)(x+2)\}+1}$
$=\sqrt{(x^2+3x)(x^2+3x+2)+1}$
$=\sqrt{(x^2+3x)^2+2(x^2+3x)+1}$
$=\sqrt{(x^2+3x+1)^2}$
$=x^2+3x+1$
$=10^2+3\times10+1=131$

답 ③

58 $x=99$라고 하면
99^6-1
$=x^6-1$
$=(x^3)^2-1^2$
$=(x^3-1)(x^3+1)$
$=(x^3-1^3)(x^3+1^3)$
$=(x-1)(x^2+x+1)(x+1)(x^2-x+1)$
99^4+99^2+1
$=x^4+x^2+1$
$=(x^4+2x^2+1)-x^2$
$=(x^2+1)^2-x^2$
$=(x^2-x+1)(x^2+x+1)$
따라서 x^6-1을 x^4+x^2+1로 나누었을 때의 몫은
$(x-1)(x+1)=(99-1)(99+1)=9800$

답 ⑤

59 $x=19$라고 하면
$N=2\times19^3+6\times19^2+6\times19+2$
$=2x^3+6x^2+6x+2$
$=2(x^3+3x^2+3x+1)$
$=2(x+1)^3$
따라서 $N=2\times20^3=2\times(2^2\times5)^3=2^7\times5^3$이므로 자연수 N의 양의 약수의 개수는
$(7+1)\times(3+1)=8\times4=32$

답 ④

60 $x^3-0.6x^2+0.12x-0.008$
$=x^3-3\times x^2\times0.2+3\times x\times(0.2)^2-(0.2)^3$
$=(x-0.2)^3$
이므로 $x^3-0.6x^2+0.12x-0.008$을 $x-2.2$로 나눈 나머지는
$(2.2-0.2)^3=2^3=8$

답 ①

61 $a^2b-ab^2-b^2c-a^2c-ac^2+bc^2+2abc$
$=(b-c)a^2-(b^2-2bc+c^2)a-b^2c+bc^2$
$=(b-c)a^2-(b-c)^2a-bc(b-c)$
$=(b-c)\{a^2-(b-c)a-bc\}$
$=(b-c)(a-b)(a+c)=0$
이때 $a+c>0$이므로

$b=c$ 또는 $a=b$

따라서 보기 중에서 b가 빗변인 직각삼각형은 될 수 없다.

답 ④

62 $a^4+b^4+c^4+2a^2b^2-2b^2c^2-2c^2a^2$

$=a^4+2(b^2-c^2)a^2+b^4-2b^2c^2+c^4$

$=a^4+2(b^2-c^2)a^2+(b^2-c^2)^2$

$=(a^2+b^2-c^2)^2=0$

즉, $a^2+b^2-c^2=0$에서 $a^2+b^2=c^2$이므로 주어진 삼각형은 빗변의 길이가 c인 직각삼각형이다.

답 빗변의 길이가 c인 직각삼각형

다른 풀이

$a^4+b^4+c^4+2a^2b^2-2b^2c^2-2c^2a^2$

$=(a^2)^2+(b^2)^2+(-c^2)^2+2a^2b^2+2b^2(-c^2)+2(-c^2)a^2$

$=(a^2+b^2-c^2)^2=0$

따라서 $a^2+b^2-c^2=0$에서 $a^2+b^2=c^2$이므로 주어진 삼각형은 빗변의 길이가 c인 직각삼각형이다.

63 $(a^2+b^2-c^2)b^3=a^3(c^2-b^2-a^2)$

$(a^2+b^2-c^2)b^3-a^3(c^2-b^2-a^2)=0$

$(a^2+b^2-c^2)b^3+a^3(a^2+b^2-c^2)=0$

$(a^2+b^2-c^2)(a^3+b^3)=0$

이때 $a^3+b^3>0$이므로

$a^2+b^2-c^2=0$에서 $a^2+b^2=c^2$

따라서 주어진 삼각형은 빗변의 길이가 c인 직각삼각형이다.

답 빗변의 길이가 c인 직각삼각형

64 $b^3-c^3+cb^2-bc^2$

$=(b-c)(b^2+bc+c^2)+bc(b-c)$

$=(b-c)(b^2+2bc+c^2)$

$=(b-c)(b+c)^2=0$

이때 $b+c>0$이므로

$b-c=0$에서 $b=c$

이때 조건 (나)를 만족시키고 $b+c>a$이기 위해서는

$b=c=1$일 때 $a=1$

$b=c=2$일 때 $a=2,\ 3$

$b=c=3$일 때 $a=4,\ 5$

$b=c=4$일 때 $a=6,\ 7$

$b=c=5$일 때 $a=8,\ 9$

$b=c=6$일 때 $a=10$

$b=c\geq 7$일 때는 조건을 만족시키지 못한다.

따라서 모든 순서쌍 $(a,\ b,\ c)$의 개수는

$1+2+2+2+2+1=10$

답 ②

65 $ba^3-ca^3-a^2b^2+a^2bc+ab^3-ab^2c-b^4+b^3c$

$=(b^3-a^3+a^2b-ab^2)c+ba^3-b^4-a^2b^2+ab^3$

$=\{(b-a)(b^2+ab+a^2)-ab(b-a)\}c-b(b^3-a^3)+ab^2(b-a)$

$=(b-a)(a^2+b^2)c-b(b-a)(b^2+ab+a^2)+ab^2(b-a)$

$=(b-a)\{(a^2+b^2)c-b(b^2+ab+a^2)+ab^2\}$

$=(b-a)\{(a^2+b^2)c-b(a^2+b^2)\}$

$=(b-a)(c-b)(a^2+b^2)=0$

이때 $a^2+b^2>0$이므로

$b-a=0$ 또는 $c-b=0$

이때 조건 (나)에서 $a=c$이므로

$a=b=c$

즉, 주어진 삼각형은 정삼각형이고 한 변의 길이는 $\frac{12}{3}=4$이므로 이 삼각형의 넓이는

$\frac{\sqrt{3}}{4}\times 4^2=4\sqrt{3}$

답 ④

66 반지름의 길이가 $a,\ b$인 두 구의 부피는 각각

$\frac{4}{3}\pi a^3,\ \frac{4}{3}\pi b^3$

이므로 밑면의 반지름의 길이가 $a+b$인 원기둥에 들어간 물의 부피는

$\frac{4}{3}\pi a^3+\frac{4}{3}\pi b^3=\frac{4}{3}\pi(a^3+b^3)$

이때 물의 수면의 높이를 h라고 하면 $a+b>0$이므로

$\pi(a+b)^2h=\frac{4}{3}\pi(a^3+b^3)$에서

$(a+b)^2h=\frac{4}{3}(a+b)(a^2-ab+b^2)$

따라서 수면의 높이는 $h=\frac{4(a^2-ab+b^2)}{3(a+b)}$

답 ①

67 $f(x)=x^3+7x^2+14x+8$이라고 하면 $f(-1)=0$이므로 인수정리와 조립제법에 의하여

-1	1	7	14	8
		-1	-6	-8
	1	6	8	0

$f(x)=x^3+7x^2+14x+8$

$=(x+1)(x^2+6x+8)$

$=(x+1)(x+2)(x+4)$

따라서 이 직육면체의 모서리의 길이는 각각

$x+1,\ x+2,\ x+4$

이므로 이 직육면체의 겉넓이는

$2(x+1)(x+2)+2(x+2)(x+4)+2(x+4)(x+1)$

$=2(x^2+3x+2)+2(x^2+6x+8)+2(x^2+5x+4)$

$=6x^2+28x+28$

답 ③

68 $f(x)=x^3+9x^2+26x+24$라고 하면

$f(-2)=0$이므로 인수정리와 조립제법에 의하여

-2	1	9	26	24
		-2	-14	-24
	1	7	12	0

$f(x)=x^3+9x^2+26x+24$

$=(x+2)(x^2+7x+12)$

$=(x+2)(x+3)(x+4)$

따라서 이 직육면체의 모서리의 길이는 각각

$x+2,\ x+3,\ x+4$

이므로 이 직육면체의 모든 모서리의 길이의 합은

$4(x+2)+4(x+3)+4(x+4)=12x+36$

답 $12x+36$

69 한 모서리의 길이가 $2x+y$인 정육면체의 부피는

$(2x+y)^3$

세 모서리의 길이가 $x+y,\ x+y,\ 2x+y$인 직육면체의 부피는

$(x+y)^2(2x+y)$

한 모서리의 길이가 $x+y$인 정육면체의 부피는

$(x+y)^3$

따라서 구하는 입체도형의 부피는

$(2x+y)^3-3(x+y)^2(2x+y)+2(x+y)^3$

$=(2x+y)\{(2x+y)^2-3(x+y)^2\}+2(x+y)^3$

$=(2x+y)(x^2-2xy-2y^2)+2(x^3+3x^2y+3xy^2+y^3)$

$=2x^3-4x^2y-4xy^2+x^2y-2xy^2-2y^3+2x^3+6x^2y+6xy^2+2y^3$

$=4x^3+3x^2y$

$=(4x+3y)x^2$

답 ③

서술형 완성하기

본문 58~59쪽

01 -4
02 $a=1,\ x-y+1,\ x+2y-1$
03 $(x-1)(x^2+4x+8)$
04 나머지: 7, $a=-3$
05 2
06 421
07 빗변의 길이가 a인 직각삼각형
08 $4+2\sqrt{2}$
09 $(a+b)(b+c)(c+a)$
10 4

01 $27(x-y)^3-8(x+y)^3$

$=3^3(x-y)^3-2^3(x+y)^3$

$=(3x-3y)^3-(2x+2y)^3$

$3x-3y=X,\ 2x+2y=Y$라고 하면

X^3-Y^3

$=(X-Y)(X^2+XY+Y^2)$

$=\{(3x-3y)-(2x+2y)\}\{(3x-3y)^2+(3x-3y)(2x+2y)+(2x+2y)^2\}$

$=(x-5y)\{(9x^2-18xy+9y^2)+(6x^2-6y^2)+(4x^2+8xy+4y^2)\}$

$=(x-5y)(19x^2-10xy+7y^2)$ …… ❶

따라서 $a=1,\ b=5$이므로

$a-b=-4$ …… ❷

답 -4

단계	채점 기준	비율
❶	인수분해를 한 경우	70 %
❷	$a-b$의 값을 구한 경우	30 %

02 $x^2+axy-2y^2+3y-1$

$=x^2+axy-(2y^2-3y+1)$

$=x^2+ayx-(2y-1)(y-1)$

이때 $a>0$이므로

$(2y-1)+(1-y)=y$에서 $a=1$ …… ❶

따라서 두 일차식은 $x-y+1,\ x+2y-1$이다. …… ❷

답 $a=1,\ x-y+1,\ x+2y-1$

단계	채점 기준	비율
❶	a의 값을 구한 경우	60 %
❷	두 일차식을 구한 경우	40 %

03 $f(x)=x^4-4x^3+ax^2+bx-4$라고 하면

$f(x)$는 $x-1$과 $x+1$을 인수로 가지므로

$f(1)=1-4+a+b-4=0$에서

$a+b=7$ …… ㉠

$f(-1)=1+4+a-b-4=0$에서

$a-b=-1$ …… ㉡

㉠, ㉡을 연립하여 풀면 $a=3,\ b=4$ …… ❶

이때 $g(x)=x^3+3x^2+4x-8$이라고 하면

$g(1)=0$이므로 인수정리와 조립제법에 의하여

1	1	3	4	-8
		1	4	8
	1	4	8	0

따라서

$g(x)=x^3+3x^2+4x-8$

$=(x-1)(x^2+4x+8)$ …… ❷

답 $(x-1)(x^2+4x+8)$

단계	채점 기준	비율
❶	$a,\ b$의 값을 구한 경우	40 %
❷	인수분해를 한 경우	60 %

04 $g(x)=2x^3+ax^2+ax+2$라고 하면 $g(x)$는 $2x-1,\ x+1$을 인수로 가지므로

$g\left(\frac{1}{2}\right)=2\times\left(\frac{1}{2}\right)^3+a\times\left(\frac{1}{2}\right)^2+a\times\frac{1}{2}+2$

$=\frac{1}{4}+\frac{a}{4}+\frac{a}{2}+2$

$=\frac{3}{4}a+\frac{9}{4}=0$

즉, $a=-3$ …… ❶

$g(x)=2x^3-3x^2-3x+2$이므로 인수정리와 조립제법에 의하여

-1	2	-3	-3	2
		-2	5	-2
	2	-5	2	0

$g(x)=2x^3-3x^2-3x+2$

$=(x+1)(2x^2-5x+2)$

$=(x+1)(2x-1)(x-2)$

이므로 $f(x)=x-2$ …… ❷

따라서 다항식 x^4-3x^2+2x-1을 $x-2$로 나눈 나머지는

$2^4-3\times2^2+2\times2-1=7$ ...... ❸

답 나머지: 7, $a=-3$

단계	채점 기준	비율
❶	a의 값을 구한 경우	30 %
❷	$f(x)$를 구한 경우	40 %
❸	나머지를 구한 경우	30 %

05 $n(n+1)(n+2)(n+3)+1$

$=\{n(n+3)\}\{(n+1)(n+2)\}+1$

$=(n^2+3n)(n^2+3n+2)+1$

$=(n^2+3n)^2+2(n^2+3n)+1$

$=(n^2+3n+1)^2$ ...... ❶

즉, $(n^2+3n+1)^2=11^2$이고 n은 자연수이므로

$n^2+3n+1=11$, $n^2+3n-10=0$

$(n+5)(n-2)=0$

따라서 $n=2$ ...... ❷

답 2

단계	채점 기준	비율
❶	인수분해를 한 경우	70 %
❷	n의 값을 구한 경우	30 %

06 $x=20$이라고 하면 분자는

$(20^6-1)(20^2+20+1)$

$=(x^6-1)(x^2+x+1)$

$=\{(x^2)^3-1^3\}(x^2+x+1)$

$=(x^2-1)(x^4+x^2+1)(x^2+x+1)$ ...... ❶

이때

$x^4+x^2+1=(x^4+2x^2+1)-x^2$

$=(x^2+1)^2-x^2$

$=(x^2-x+1)(x^2+x+1)$ ...... ❷

이므로

$(20^6-1)(20^2+20+1)$

$=(x^2-1)(x^2-x+1)(x^2+x+1)^2$

따라서

$\dfrac{(20^6-1)(20^2+20+1)}{(20^2-1)(20^2-20+1)}$

$=\dfrac{(x^2-1)(x^2-x+1)(x^2+x+1)^2}{(x^2-1)(x^2-x+1)}$

$=(x^2+x+1)^2$

$=(20^2+20+1)^2$

$=421^2$

이므로 $n=421$ ...... ❸

답 421

단계	채점 기준	비율
❶	x^6-1을 인수분해한 경우	30 %
❷	x^4+x^2+1을 인수분해한 경우	30 %
❸	n의 값을 구한 경우	40 %

07 $b^3+b^2c-a^2b+bc^2+c^3-ca^2=0$에서

$-(b+c)a^2+b^3+c^3+b^2c+bc^2=0$

$-(b+c)a^2+(b+c)(b^2-bc+c^2)+bc(b+c)=0$

$(b+c)a^2-(b+c)(b^2-bc+c^2)-bc(b+c)=0$

$(b+c)\{a^2-(b^2-bc+c^2)-bc\}=0$

$(b+c)(a^2-b^2-c^2)=0$ ...... ❶

이때 $b+c>0$이므로

$a^2-b^2-c^2=0$, $a^2=b^2+c^2$

따라서 주어진 삼각형은 빗변의 길이가 a인 직각삼각형이다. ...... ❷

답 빗변의 길이가 a인 직각삼각형

단계	채점 기준	비율
❶	인수분해를 한 경우	60 %
❷	삼각형의 모양을 구한 경우	40 %

08 조건 (가)에서

$a^2b+b^2c-b^3-a^2c$

$=(b^2-a^2)c+a^2b-b^3$

$=(b-a)(b+a)c-b(b^2-a^2)$

$=(b-a)(b+a)c-b(b-a)(b+a)$

$=(b-a)(b+a)(c-b)=0$

이때 $b+a>0$이므로

$b-a=0$ 또는 $c-b=0$

즉, $b=a$ 또는 $c=b$ ...... ❶

또한 조건 (나)에서 주어진 삼각형은 빗변의 길이가 c인 직각삼각형이므로 $b=a$이다.

따라서 주어진 삼각형은 빗변의 길이가 c인 직각이등변삼각형이다.

이때 이 삼각형의 넓이가 2이므로

$\frac{1}{2}ab=2$에서 $\frac{1}{2}a^2=2$, 즉 $a^2=4$

따라서 $a=b=2$이고

$c=\sqrt{a^2+b^2}=\sqrt{8}=2\sqrt{2}$ ...... ❷

이므로 주어진 삼각형의 둘레의 길이는

$a+b+c=2+2+2\sqrt{2}=4+2\sqrt{2}$ ...... ❸

답 $4+2\sqrt{2}$

단계	채점 기준	비율
❶	인수분해를 이용하여 a, b, c의 관계식을 구한 경우	40 %
❷	a, b, c의 값을 구한 경우	40 %
❸	삼각형의 둘레의 길이를 구한 경우	20 %

09 $ab(a+b)+bc(b+c)+ca(c+a)+2abc$

$=a^2b+ab^2+b^2c+bc^2+c^2a+ca^2+2abc$

$=(b+c)a^2+(b^2+2bc+c^2)a+b^2c+bc^2$ ...... ❶

$=(b+c)a^2+(b+c)^2a+bc(b+c)$

$=(b+c)\{a^2+(b+c)a+bc\}$

$=(b+c)(a+b)(a+c)$

$=(a+b)(b+c)(c+a)$ ...... ❷

답 $(a+b)(b+c)(c+a)$

단계	채점 기준	비율
❶	내림차순으로 정리한 경우	30 %
❷	인수분해를 한 경우	70 %

10 $f(x)=x^4-x^3-3x^2+x+2$라고 하면

$f(1)=0$, $f(-1)=0$이므로 인수정리와 조립제법에 의하여

1	1	−1	−3	1	2
		1	0	−3	−2
−1	1	0	−3	−2	0
		−1	1	2	
	1	−1	−2	0	

$f(x)=x^4-x^3-3x^2+x+2$

$=(x-1)(x+1)(x^2-x-2)$

$=(x-1)(x+1)(x-2)(x+1)$

$=(x-1)(x-2)(x+1)^2$ …… ❶

또한 $g(x)=x^2-5x+a$라고 하면 $f(x)$와 $g(x)$의 공통인 인수가 $x+b$뿐이므로 $g(x)$가 $x-1$, $x-2$, $x+1$을 인수로 가질 때, 상수 a의 값을 각각 구해 보면

$g(1)=1-5+a=0$에서 $a=4$

$g(2)=4-10+a=0$에서 $a=6$

$g(-1)=1+5+a=0$에서 $a=-6$ …… ❷

$a=4$일 때, $g(x)=x^2-5x+4=(x-1)(x-4)$

$a=6$일 때, $g(x)=x^2-5x+6=(x-2)(x-3)$

$a=-6$일 때, $g(x)=x^2-5x-6=(x-6)(x+1)$

따라서 공통인 인수가 모든 a에 대하여 하나 뿐이므로 $a+b$의 최댓값은 $a=6$, $b=-2$일 때, $a+b=4$ …… ❸

답 4

단계	채점 기준	비율
❶	$f(x)$를 인수분해한 경우	50 %
❷	각 경우에 a의 값을 구한 경우	30 %
❸	$a+b$의 최댓값을 구한 경우	20 %

내신+수능 고난도 도전

본문 60쪽

01 ③　02 ①　03 ①

01 다항식 $f(x)=x^3-10x^2+(\alpha^2+2\alpha\beta)x-n$을 인수분해하면 $(x-\alpha)^2(x-\beta)$이므로

$x^3-10x^2+(\alpha^2+2\alpha\beta)x-n=(x-\alpha)^2(x-\beta)$에서

$x^3-10x^2+(\alpha^2+2\alpha\beta)x-n=(x^2-2\alpha x+\alpha^2)(x-\beta)$

$x^3-10x^2+(\alpha^2+2\alpha\beta)x-n=x^3-(2\alpha+\beta)x^2+(\alpha^2+2\alpha\beta)x-\alpha^2\beta$

이 식은 x에 대한 항등식이므로 $2\alpha+\beta=10$, $n=\alpha^2\beta$

이때 α, β, n이 모두 100 이하의 자연수이므로

$\alpha=1$, $\beta=8$, $n=8$

$\alpha=2$, $\beta=6$, $n=24$

$\alpha=3$, $\beta=4$, $n=36$

$\alpha=4$, $\beta=2$, $n=32$

$\alpha+\beta+n$이 최대가 되려면 $\alpha=3$, $\beta=4$, $n=36$일 때이다.

따라서 $g(x)=x^3-3x^2+4x-12$라고 하면 $g(3)=0$이므로 인수정리와 조립제법에 의하여

3	1	−3	4	−12
		3	0	12
	1	0	4	0

$g(x)=x^3-3x^2+4x-12=(x-3)(x^2+4)$

답 ③

02 $f(x)=(x+a)^3+(x+b)^3$

$=\{(x+a)+(x+b)\}\{(x+a)^2-(x+a)(x+b)+(x+b)^2\}$

$=(2x+a+b)\{(x^2+2ax+a^2)-(x^2+ax+bx+ab)+(x^2+2bx+b^2)\}$

$=(2x+a+b)\{x^2+(a+b)x+a^2-ab+b^2\}$

$=2\left(x+\dfrac{a+b}{2}\right)\{x^2+(a+b)x+a^2-ab+b^2\}$

이때 $f(x)$의 일차식인 인수가 $x+2$뿐이므로

$\dfrac{a+b}{2}=2$에서 $a+b=4$

또한 $f(x)$를 $x+2$로 나누었을 때의 몫이 $g(x)$이므로

$g(x)=2\{x^2+(a+b)x+a^2-ab+b^2\}$

$g(2)=38$이므로

$g(2)=2\{4+2(a+b)+a^2-ab+b^2\}$

$=2\{4+2(a+b)+(a+b)^2-3ab\}$

$=2(4+2\times4+4^2-3ab)$

$=2(28-3ab)=38$

$28-3ab=19$, 즉 $ab=3$

따라서

$a^3+b^3=(a+b)^3-3ab(a+b)$

$=4^3-3\times3\times4$

$=64-36=28$

답 ①

03 $n^4+2n^3-5n^2-6n+5$

$=(n^4+2n^3+n^2)-6n^2-6n+5$

$=(n^4+2n^3+n^2)-6(n^2+n)+5$

$=(n^2+n)^2-6(n^2+n)+5$

$=(n^2+n-5)(n^2+n-1)$ …… ㉠

n은 자연수이고 ㉠이 소수이므로

$n^2+n-5=1$ 또는 $n^2+n-1=1$

(i) $n^2+n-5=1$일 때

$n^2+n-6=0$, $(n+3)(n-2)=0$, $n=2$

즉, $n^2+n-1=4+2-1=5$

이므로 소수이다.

(ii) $n^2+n-1=1$일 때

$n^2+n-2=0$, $(n+2)(n-1)=0$, $n=1$

즉, $n^2+n-5=1+1-5=-3$

이므로 소수가 아니다.

(i), (ii)에 의하여 $n=2$이므로 $f(x)=x^3-2x^2+3x+5$를 $x-2$로 나눈 나머지는

$f(2)=2^3-2\times2^2+3\times2+5=11$

답 ①

Ⅱ. 방정식과 부등식

04 복소수와 이차방정식

개념 확인하기

본문 63, 65쪽

01 실수부분: 2, 허수부분: 3
02 실수부분: -6, 허수부분: 4
03 실수부분: 5, 허수부분: 0
04 실수부분: 0, 허수부분: -7
05 -2
06 실수: -4, $1+i^2$, 허수: $\frac{i}{2}$, $-2+\sqrt{2}i$, $1-i$
07 $a=2$, $b=1$
08 $a=-2$, $b=2$
09 $a=5$, $b=-4$
10 $a=-3$, $b=-4$
11 $4-5i$
12 $5+2i$
13 $-3-6i$
14 $-1+\sqrt{2}i$
15 $a=5$, $b=3$
16 $a=-9$, $b=-2$
17 $8+6i$
18 $3-7i$
19 $2i$
20 $5+i$
21 $-i$
22 $-\frac{1}{5}+\frac{7}{5}i$
23 $\sqrt{5}i$
24 $-4i$
25 $3i$ 또는 $-3i$
26 $\frac{\sqrt{3}}{2}i$ 또는 $-\frac{\sqrt{3}}{2}i$
27 -4
28 $3\sqrt{2}i$
29 2
30 $-\sqrt{3}i$
31 $x=-2$ 또는 $x=3$, 실근
32 $x=3i$ 또는 $x=-3i$, 허근
33 $x=2$ (중근), 실근
34 $x=\frac{1+\sqrt{7}i}{2}$ 또는 $x=\frac{1-\sqrt{7}i}{2}$, 허근
35 -11
36 17
37 -20
38 0
39 서로 다른 두 실근
40 서로 다른 두 허근
41 서로 같은 두 실근 (중근)
42 서로 다른 두 실근
43 $a<\frac{9}{4}$
44 $a=-8$ 또는 $a=8$
45 $a>4$
46 -4 또는 4
47 $\frac{4}{3}$
48 (두 근의 합)$=-2$, (두 근의 곱)$=3$
49 (두 근의 합)$=\frac{7}{3}$, (두 근의 곱)$=-2$
50 (1) $-\frac{3}{2}$ (2) 6
51 $x^2-3x+2=0$
52 $x^2+2x-15=0$
53 $x^2-4x+5=0$
54 $x^2-6x+1=0$
55 $2x^2-2x-24=0$
56 $2x^2-4x+10=0$
57 $(x-1-\sqrt{5}i)(x-1+\sqrt{5}i)$
58 $(x-2-i)(x-2+i)$
59 $a=-6$, $b=25$
60 $a=-10$, $b=13$

01 답 실수부분: 2, 허수부분: 3

02 답 실수부분: -6, 허수부분: 4

03 $5=5+0i$

답 실수부분: 5, 허수부분: 0

04 $-7i=0-7i$

답 실수부분: 0, 허수부분: -7

05 복소수 $-1+\sqrt{3}i$의 실수부분은 -1, 허수부분은 $\sqrt{3}$이므로
$a=-1$, $b=\sqrt{3}$
따라서 $a^2-b^2=(-1)^2-(\sqrt{3})^2=-2$

답 -2

06 $1+i^2=1+(-1)=0$이므로
실수인 것은 -4, $1+i^2$이고
허수인 것은 $\frac{i}{2}$, $-2+\sqrt{2}i$, $1-i$이다.

답 실수: -4, $1+i^2$
허수: $\frac{i}{2}$, $-2+\sqrt{2}i$, $1-i$

07 답 $a=2$, $b=1$

08 $2a=-4$, $b+1=3$이므로
$a=-2$, $b=2$

답 $a=-2$, $b=2$

09 $a=5$, $2a+b=6$이므로
$10+b=6$, 즉 $b=-4$

답 $a=5$, $b=-4$

10 $a-b=1$, $3b=-12$이므로
$a=-3$, $b=-4$

답 $a=-3$, $b=-4$

11 답 $4-5i$

12 답 $5+2i$

13 답 $-3-6i$

14 답 $-1+\sqrt{2}i$

15 $\overline{5-3i}=a+bi$에서
$\overline{5-3i}=5+3i$이므로
$5+3i=a+bi$
따라서 $a=5$, $b=3$

답 $a=5$, $b=3$

16 $\overline{-2+ai}=b+9i$에서
$\overline{-2+ai}=-2-ai$이므로
$-2-ai=b+9i$

따라서 $a=-9$, $b=-2$

답 $a=-9$, $b=-2$

17 $(3+2i)+(5+4i)=(3+5)+(2+4)i$
$=8+6i$

답 $8+6i$

18 $(7-i)-(4+6i)=(7-4)+(-1-6)i$
$=3-7i$

답 $3-7i$

19 $(1+i)^2=1+2i+i^2$
$=1+2i+(-1)$
$=2i$

답 $2i$

20 $(1+i)(3-2i)=3-2i+3i-2i^2$
$=3-2i+3i-2\times(-1)$
$=(3+2)+(-2+3)i$
$=5+i$

답 $5+i$

21 $\frac{1-i}{1+i}=\frac{(1-i)^2}{(1+i)(1-i)}$
$=\frac{1-2i+i^2}{1-i^2}$
$=\frac{1-2i-1}{1-(-1)}$
$=\frac{-2i}{2}$
$=-i$

답 $-i$

22 $\frac{1+3i}{2-i}=\frac{(1+3i)(2+i)}{(2-i)(2+i)}$
$=\frac{2+i+6i+3i^2}{4-i^2}$
$=\frac{2+i+6i-3}{4-(-1)}$
$=-\frac{1}{5}+\frac{7}{5}i$

답 $-\frac{1}{5}+\frac{7}{5}i$

23 $\sqrt{-5}=\sqrt{5}i$

답 $\sqrt{5}i$

24 $-\sqrt{-16}=-\sqrt{16}i=-4i$

답 $-4i$

25 $\sqrt{-9}=\sqrt{9}i=3i$, $-\sqrt{-9}=-\sqrt{9}i=-3i$이므로
-9의 제곱근은 $3i$ 또는 $-3i$이다.

답 $3i$ 또는 $-3i$

26 $\sqrt{-\frac{3}{4}}=\sqrt{\frac{3}{4}}i=\frac{\sqrt{3}}{2}i$, $-\sqrt{-\frac{3}{4}}=-\sqrt{\frac{3}{4}}i=-\frac{\sqrt{3}}{2}i$이므로
$-\frac{3}{4}$의 제곱근은 $\frac{\sqrt{3}}{2}i$ 또는 $-\frac{\sqrt{3}}{2}i$이다.

답 $\frac{\sqrt{3}}{2}i$ 또는 $-\frac{\sqrt{3}}{2}i$

27 $\sqrt{-2}\sqrt{-8}=\sqrt{2}i\times\sqrt{8}i$
$=\sqrt{2\times8}i^2$
$=4\times(-1)=-4$

답 -4

28 $\sqrt{3}\sqrt{-6}=\sqrt{3}\times\sqrt{6}i=\sqrt{18}i=3\sqrt{2}i$

답 $3\sqrt{2}i$

29 $\frac{\sqrt{-12}}{\sqrt{-3}}=\frac{\sqrt{12}i}{\sqrt{3}i}=\sqrt{\frac{12}{3}}=\sqrt{4}=2$

답 2

30 $\frac{\sqrt{6}}{\sqrt{-2}}=\frac{\sqrt{6}}{\sqrt{2}i}=\frac{\sqrt{6}i}{\sqrt{2}i^2}=-\frac{\sqrt{6}}{\sqrt{2}}i$
$=-\sqrt{\frac{6}{2}}i=-\sqrt{3}i$

답 $-\sqrt{3}i$

31 이차방정식 $x^2-x-6=0$에서
$(x+2)(x-3)=0$이므로
$x=-2$ 또는 $x=3$
따라서 서로 다른 두 실근을 갖는다.

답 $x=-2$ 또는 $x=3$, 실근

32 이차방정식 $x^2+9=0$에서
$x^2=-9$이므로
$x=\sqrt{-9}$ 또는 $x=-\sqrt{-9}$
즉, $x=3i$ 또는 $x=-3i$
따라서 서로 다른 두 허근을 갖는다.

답 $x=3i$ 또는 $x=-3i$, 허근

33 이차방정식 $x^2-4x+4=0$에서
$(x-2)^2=0$이므로 $x=2$
따라서 서로 같은 두 실근 (중근)을 갖는다.

답 $x=2$ (중근), 실근

34 이차방정식 $x^2-x+2=0$에서 근의 공식을 이용하면
$x=\frac{-(-1)\pm\sqrt{(-1)^2-4\times1\times2}}{2}$
$=\frac{1\pm\sqrt{-7}}{2}=\frac{1\pm\sqrt{7}i}{2}$
이므로 $x=\frac{1+\sqrt{7}i}{2}$ 또는 $x=\frac{1-\sqrt{7}i}{2}$
따라서 서로 다른 두 허근을 갖는다.

답 $x=\frac{1+\sqrt{7}i}{2}$ 또는 $x=\frac{1-\sqrt{7}i}{2}$, 허근

35 이차방정식 $x^2-3x+5=0$의 판별식 D의 값은
$D=(-3)^2-4\times1\times5=9-20=-11$

답 -11

36 이차방정식 $4x^2-x-1=0$의 판별식 D의 값은
$D=(-1)^2-4\times4\times(-1)=1+16=17$

답 17

37 이차방정식 $x^2+5=0$의 판별식 D의 값은
$D=0^2-4\times1\times5=-20$

답 -20

38 이차방정식 $x^2-6x+9=0$의 판별식 D의 값은
$D=(-6)^2-4\times1\times9=0$

답 0

39 이차방정식 $x^2+2x-1=0$의 판별식을 D라 하면
$\frac{D}{4}=1^2-1\times(-1)=2>0$
따라서 주어진 이차방정식은 서로 다른 두 실근을 갖는다.

답 서로 다른 두 실근

40 이차방정식 $x^2-3x+4=0$의 판별식을 D라 하면
$D=(-3)^2-4\times1\times4=-7<0$
따라서 주어진 이차방정식은 서로 다른 두 허근을 갖는다.

답 서로 다른 두 허근

41 이차방정식 $4x^2-4x+1=0$의 판별식을 D라 하면
$\frac{D}{4}=(-2)^2-4\times1=0$
따라서 주어진 이차방정식은 서로 같은 두 실근 (중근)을 갖는다.

답 서로 같은 두 실근 (중근)

42 이차방정식 $x^2-6x+7=0$의 판별식을 D라 하면
$\frac{D}{4}=(-3)^2-1\times7=2>0$
따라서 주어진 이차방정식은 서로 다른 두 실근을 갖는다.

답 서로 다른 두 실근

43 이차방정식 $x^2-3x+a=0$이 서로 다른 두 실근을 가져야 하므로 이차방정식 $x^2-3x+a=0$의 판별식을 D라 할 때
$D=(-3)^2-4\times1\times a=9-4a>0$
따라서 $a<\frac{9}{4}$

답 $a<\frac{9}{4}$

44 이차방정식 $2x^2+ax+8=0$이 중근을 가져야 하므로 이차방정식 $2x^2+ax+8=0$의 판별식을 D라 할 때
$D=a^2-4\times2\times8=0$, $a^2=64$
따라서 $a=-8$ 또는 $a=8$

답 $a=-8$ 또는 $a=8$

45 이차방정식 $x^2+4x+a=0$이 허근을 가져야 하므로 이차방정식 $x^2+4x+a=0$의 판별식을 D라 할 때
$\frac{D}{4}=2^2-1\times a<0$, $4-a<0$
따라서 $a>4$

답 $a>4$

46 이차식 x^2+ax+4가 완전제곱식이 되려면
이차방정식 $x^2+ax+4=0$이 중근을 가져야 한다.
이차방정식 $x^2+ax+4=0$의 판별식을 D라 하면
$D=a^2-4\times1\times4=0$, $a^2=16$
따라서 $a=-4$ 또는 $a=4$

답 -4 또는 4

47 이차식 $3x^2-4x+a$가 완전제곱식이 되려면
이차방정식 $3x^2-4x+a=0$이 중근을 가져야 한다.
이차방정식 $3x^2-4x+a=0$의 판별식을 D라 하면
$\frac{D}{4}=(-2)^2-3\times a=0$, $4-3a=0$
따라서 $a=\frac{4}{3}$

답 $\frac{4}{3}$

48 (두 근의 합)$=-\frac{2}{1}=-2$
(두 근의 곱)$=\frac{3}{1}=3$

답 (두 근의 합)$=-2$, (두 근의 곱)$=3$

49 $3x^2-7x-6=0$에서
(두 근의 합)$=-\frac{-7}{3}=\frac{7}{3}$
(두 근의 곱)$=\frac{-6}{3}=-2$

답 (두 근의 합)$=\frac{7}{3}$, (두 근의 곱)$=-2$

50 이차방정식 $2x^2-6x+1=0$의 두 근이 α, β이므로 이차방정식의 근과 계수의 관계에 의하여
$\alpha+\beta=-\frac{-6}{2}=3$, $\alpha\beta=\frac{1}{2}$
(1) $(\alpha-1)(\beta-1)=\alpha\beta-(\alpha+\beta)+1$
$=\frac{1}{2}-3+1$
$=-\frac{3}{2}$
(2) $\frac{1}{\alpha}+\frac{1}{\beta}=\frac{\alpha+\beta}{\alpha\beta}=\frac{3}{\frac{1}{2}}=6$

답 (1) $-\frac{3}{2}$ (2) 6

51 (두 근의 합)$=1+2=3$, (두 근의 곱)$=1\times2=2$
따라서 구하는 이차방정식은
$x^2-3x+2=0$

답 $x^2-3x+2=0$

52 (두 근의 합)$=-5+3=-2$, (두 근의 곱)$=-5\times3=-15$
따라서 구하는 이차방정식은
$x^2+2x-15=0$

답 $x^2+2x-15=0$

53 (두 근의 합)$=(2+i)+(2-i)=4$
(두 근의 곱)$=(2+i)(2-i)=2^2-i^2=4-(-1)=5$
따라서 구하는 이차방정식은
$x^2-4x+5=0$

답 $x^2-4x+5=0$

54 (두 근의 합)$=(3-2\sqrt{2})+(3+2\sqrt{2})=6$
(두 근의 곱)$=(3-2\sqrt{2})(3+2\sqrt{2})=3^2-(2\sqrt{2})^2=1$
따라서 구하는 이차방정식은
$x^2-6x+1=0$

답 $x^2-6x+1=0$

55 (두 근의 합)$=-3+4=1$, (두 근의 곱)$=-3\times4=-12$
따라서 구하는 이차방정식은
$2(x^2-x-12)=0$
즉, $2x^2-2x-24=0$

답 $2x^2-2x-24=0$

56 (두 근의 합)$=(1+2i)+(1-2i)=2$
(두 근의 곱)$=(1+2i)(1-2i)=1^2-(2i)^2=1+4=5$
따라서 구하는 이차방정식은
$2(x^2-2x+5)=0$
즉, $2x^2-4x+10=0$

답 $2x^2-4x+10=0$

57 이차방정식 $x^2-2x+6=0$의 근은
$x=-(-1)\pm\sqrt{(-1)^2-6}=1\pm\sqrt{-5}=1\pm\sqrt{5}i$
즉, $x=1+\sqrt{5}i$ 또는 $x=1-\sqrt{5}i$
따라서 $x^2-2x+6=(x-1-\sqrt{5}i)(x-1+\sqrt{5}i)$

답 $(x-1-\sqrt{5}i)(x-1+\sqrt{5}i)$

58 이차방정식 $x^2-4x+5=0$의 근은
$x=-(-2)\pm\sqrt{(-2)^2-5}=2\pm\sqrt{-1}=2\pm i$
즉, $x=2+i$ 또는 $x=2-i$
따라서 $x^2-4x+5=(x-2-i)(x-2+i)$

답 $(x-2-i)(x-2+i)$

59 x에 대한 이차방정식 $x^2+ax+b=0$의 한 근이 $3+4i$이고 a, b가 모두 실수이므로 $3-4i$도 이 이차방정식의 근이다.
이차방정식의 근과 계수의 관계에 의하여
$(3+4i)+(3-4i)=-a$, $(3+4i)(3-4i)=b$
따라서
$a=-6$, $b=3^2-(4i)^2=9-(-16)=25$

답 $a=-6$, $b=25$

60 x에 대한 이차방정식 $x^2+ax+b=0$의 한 근이 $5-2\sqrt{3}$이고 a, b가 모두 유리수이므로 $5+2\sqrt{3}$도 이 이차방정식의 근이다.
이차방정식의 근과 계수의 관계에 의하여
$(5-2\sqrt{3})+(5+2\sqrt{3})=-a$, $(5-2\sqrt{3})(5+2\sqrt{3})=b$
따라서
$a=-10$, $b=5^2-(2\sqrt{3})^2=25-12=13$

답 $a=-10$, $b=13$

유형 완성하기

본문 66~79쪽

01 ⑤	02 ④	03 ①	04 ②	05 ①
06 20	07 ③	08 ③	09 ①	10 ①
11 ③	12 ⑤	13 ⑤	14 ①	15 ③
16 ①	17 ②	18 ⑤	19 ②	20 ④
21 ③	22 1	23 ④	24 ②	25 ①
26 ⑤	27 ③	28 ③	29 ②	30 ④
31 ①	32 ①	33 ①	34 ④	35 ④
36 60	37 ②	38 ④	39 ③	40 ①
41 ③	42 3	43 ④	44 7	45 ②
46 ①	47 ⑤	48 ①	49 ④	50 ③
51 −5	52 6	53 ②	54 ⑤	55 ④
56 8	57 ①	58 ②	59 ④	60 ③
61 ⑤	62 −7	63 ④	64 ⑤	65 ⑤
66 19	67 ②	68 ②	69 ①	
70 $2x^2-x-4=0$		71 ④	72 ②	73 ⑤
74 ⑤	75 $(x-1-2i)(x-1+2i)$			76 ⑤
77 ②	78 ④	79 ①	80 ⑤	81 ①
82 ①	83 ④	84 ②	85 ③	

01 복소수 $z=x+1+(3-2x)i$의 실수부분은 $x+1$이고, 허수부분은 $3-2x$이다.
복소수 z의 실수부분이 0이므로
$x+1=0$에서 $x=-1$
이때 $z=5i$이므로 복소수 z의 허수부분은 5이다.

답 ⑤

02 $z=4+2i$에 대하여
$\overline{z}=4-2i$이므로 $a=4$, $b=-2$
따라서 $a+b=4+(-2)=2$

답 ④

03 복소수 $z=x+2+(xy-9)i$에서
$\overline{z}=x+2-(xy-9)i$
조건 (가)에서

$z+\bar{z}=2(x+2)=0$이므로 $x=-2$
이때 $\bar{z}=-(-2y-9)i=(2y+9)i$이고
조건 (나)에서 복소수 $\bar{z}$의 허수부분이 3이므로
$2y+9=3$, 즉 $y=-3$
따라서 $x+y=-2-3=-5$

답 ①

04 $(1+4i)-(3-2i)=(1-3)+\{4-(-2)\}i$
$=-2+6i$
따라서
$(5-4i)+\{(1+4i)-(3-2i)\}=(5-4i)+(-2+6i)$
$=(5-2)+(-4+6)i$
$=3+2i$

답 ②

05 $\overline{5-2i}-\overline{6+i}=(5+2i)-(6-i)$
$=(5-6)+\{2-(-1)\}i$
$=-1+3i$

답 ①

06 조건 (가)에서
$z+4i=(a+bi)+4i=a+(b+4)i$
$z+4i$가 실수이므로
$b+4=0$, 즉 $b=-4$
조건 (나)에서
$z+5-3i=(a-4i)+(5-3i)=(a+5)-7i$
$z+5-3i$의 실수부분이 0이므로
$a+5=0$
$a=-5$
따라서 $ab=-5\times(-4)=20$

답 20

07 $(3+2i)(1-2i)=3-6i+2i-4i^2$
$=3-6i+2i-4\times(-1)$
$=7-4i$
$i(4-3i)=4i-3i^2$
$=4i-3\times(-1)$
$=3+4i$
따라서
$(3+2i)(1-2i)+i(4-3i)=(7-4i)+(3+4i)$
$=10$

답 ③

08 $(2+i)^2=2^2+4i+i^2$
$=4+4i+(-1)$
$=3+4i$
$(2-i)^2=2^2-4i+i^2$
$=4-4i+(-1)$
$=3-4i$
따라서
$(2+i)^2+(2-i)^2=(3+4i)+(3-4i)$
$=6$

답 ③

09 $\alpha=1+i$, $\beta=-1+2i$이므로
$\alpha+\beta=(1+i)+(-1+2i)=3i$
$\alpha\beta=(1+i)(-1+2i)$
$=-1+2i-i+2i^2$
$=-1+2i-i+2\times(-1)$
$=-3+i$
따라서
$\alpha^2+\beta^2-\alpha\beta=(\alpha+\beta)^2-3\alpha\beta$
$=(3i)^2-3(-3+i)$
$=9i^2+9-3i$
$=9\times(-1)+9-3i$
$=-3i$

답 ①

10 $\alpha=\dfrac{1-i}{1+i}=\dfrac{(1-i)^2}{(1+i)(1-i)}$
$=\dfrac{1-2i+i^2}{1-i^2}=\dfrac{1-2i-1}{1-(-1)}$
$=-i$
$\beta=\dfrac{1+i}{1-i}=\dfrac{(1+i)^2}{(1-i)(1+i)}$
$=\dfrac{1+2i+i^2}{1-i^2}=\dfrac{1+2i-1}{1-(-1)}$
$=i$
따라서
$(2+\alpha)(2+\beta)=(2-i)(2+i)$
$=2^2-i^2$
$=4-(-1)$
$=5$

답 ①

11 $(1+i)^2=1+2i+i^2$
$=1+2i+(-1)$
$=2i$
$\dfrac{4}{1-i}=\dfrac{4(1+i)}{(1-i)(1+i)}$
$=\dfrac{4(1+i)}{1-i^2}$
$=\dfrac{4(1+i)}{1-(-1)}$
$=2+2i$
따라서 $(1+i)^2-\dfrac{4}{1-i}=2i-(2+2i)=-2$

답 ③

12 $\dfrac{a-i}{2+3i}=\dfrac{(a-i)(2-3i)}{(2+3i)(2-3i)}$

$=\dfrac{2a-3ai-2i+3i^2}{2^2-(3i)^2}$

$=\dfrac{2a-3ai-2i+3\times(-1)}{4-9\times(-1)}$

$=\dfrac{2a-3}{13}-\dfrac{3a+2}{13}i$

복소수 $\dfrac{a-i}{2+3i}$의 실수부분은 $\dfrac{2a-3}{13}$이고 허수부분은 $-\dfrac{3a+2}{13}$이다.

복소수 $\dfrac{a-i}{2+3i}$의 실수부분과 허수부분의 합이 -1이므로

$\dfrac{2a-3}{13}+\left(-\dfrac{3a+2}{13}\right)=-1$

$\dfrac{-a-5}{13}=-1$, $-a-5=-13$

따라서 $a=8$

답 ⑤

13 $z=-2x+(8i-x)i-(x^2i+2)i$

$=-2x+8i^2-xi-x^2i^2-2i$

$=-2x+8\times(-1)-xi-x^2\times(-1)-2i$

$=(x^2-2x-8)-(x+2)i$

z^2이 음의 실수이므로 z의 실수부분은 0이고 허수부분은 0이 아니어야 한다.

복소수 z의 실수부분이 x^2-2x-8이고 허수부분이 $-(x+2)$이므로

$x^2-2x-8=0$ …… ㉠, $-(x+2)\neq0$ …… ㉡

㉠에서 $(x+2)(x-4)=0$이므로

$x=-2$ 또는 $x=4$

㉡에서 $x\neq-2$

따라서 $x=4$

답 ⑤

14 $\dfrac{x+i}{1+i}=\dfrac{(x+i)(1-i)}{(1+i)(1-i)}$

$=\dfrac{x-xi+i-i^2}{1-i^2}$

$=\dfrac{x-xi+i-(-1)}{1-(-1)}$

$=\dfrac{x+1}{2}+\dfrac{1-x}{2}i$

$(3xi+4)i=3xi^2+4i=-3x+4i$

$z=\dfrac{x+i}{1+i}+(3xi+4)i$

$=\left(\dfrac{x+1}{2}+\dfrac{1-x}{2}i\right)+(-3x+4i)$

$=\dfrac{1-5x}{2}+\dfrac{9-x}{2}i$

z^2이 음의 실수이므로

$\dfrac{1-5x}{2}=0$, $\dfrac{9-x}{2}\neq0$

즉, $x=\dfrac{1}{5}$

따라서 복소수 z의 허수부분은

$\dfrac{9-x}{2}=\dfrac{9-\frac{1}{5}}{2}=\dfrac{22}{5}$

답 ①

15 $\dfrac{7i-x^2}{i}=\dfrac{7i^2-x^2i}{i^2}$

$=\dfrac{-7-x^2i}{-1}$

$=7+x^2i$

$(1+2i)(xi-3)=xi-3+2xi^2-6i$

$=xi-3+2x\times(-1)-6i$

$=-2x-3+(x-6)i$

$z=\dfrac{7i-x^2}{i}+(1+2i)(xi-3)$

$=(7+x^2i)+\{-2x-3+(x-6)i\}$

$=-2x+4+(x^2+x-6)i$

복소수 z의 실수부분은 $-2x+4$이고 허수부분은 x^2+x-6이다.

z^2이 0이 아닌 실수이므로

$-2x+4=0$, $x^2+x-6\neq0$ 또는 $-2x+4\neq0$, $x^2+x-6=0$

이어야 한다.

(i) $-2x+4=0$, $x^2+x-6\neq0$일 때

$-2x+4=0$에서 $x=2$ …… ㉠

$x^2+x-6\neq0$에서 $(x+3)(x-2)\neq0$이므로

$x\neq-3$, $x\neq2$ …… ㉡

㉠, ㉡에서 z^2이 0이 아닌 실수가 되도록 하는 x의 값은 없다.

(ii) $-2x+4\neq0$, $x^2+x-6=0$일 때

$-2x+4\neq0$에서 $x\neq2$ …… ㉢

$x^2+x-6=0$에서 $(x+3)(x-2)=0$

$x=-3$ 또는 $x=2$ …… ㉣

㉢, ㉣에서 $x=-3$

(i), (ii)에서 $x=-3$

답 ③

16 $(1+5i)x+(6i-y)i=-2+3i$에서

$(1+5i)x+(6i-y)i=x+5xi+6i^2-yi$

$=x+5xi+6\times(-1)-yi$

$=x-6+(5x-y)i$

이므로 $x-6+(5x-y)i=-2+3i$

두 복소수가 서로 같을 조건에 의하여

$x-6=-2$ …… ㉠, $5x-y=3$ …… ㉡

㉠에서 $x=6-2=4$

$x=4$를 ㉡에 대입하면

$5\times4-y=3$, 즉 $y=17$

따라서 $x+y=4+17=21$

답 ①

17 $(5+3i)+(2-6i)=a+bi$에서

$(5+3i)+(2-6i)=(5+2)+(3-6)i$

$=7-3i$

이므로 $7-3i=a+bi$

두 복소수가 서로 같을 조건에 의하여

$a=7,\ b=-3$

따라서 $a+b=7-3=4$

답 ②

18 $(ab+bi)i+\dfrac{2+4i}{1-i}=a-6+2abi$에서

$(ab+bi)i=abi+bi^2$

$=abi+b\times(-1)$

$=-b+abi$

$\dfrac{2+4i}{1-i}=\dfrac{(2+4i)(1+i)}{(1-i)(1+i)}$

$=\dfrac{2+2i+4i+4i^2}{1-i^2}$

$=\dfrac{2+2i+4i+4\times(-1)}{1-(-1)}$

$=\dfrac{-2+6i}{2}$

$=-1+3i$

이므로

$(-b+abi)+(-1+3i)=a-6+2abi$

$-b-1+(ab+3)i=a-6+2abi$

두 복소수가 서로 같을 조건에 의하여

$-b-1=a-6$ …… ㉠, $ab+3=2ab$ …… ㉡

㉠에서 $a+b=5$

㉡에서 $ab=3$

따라서

$a^3+b^3=(a+b)^3-3ab(a+b)$

$=5^3-3\times3\times5$

$=125-45=80$

답 ⑤

19 $z=2+\sqrt{3}i$에서 $z-2=\sqrt{3}i$

양변을 제곱하면

$(z-2)^2=3i^2$

$z^2-4z+4=3\times(-1)$

$z^2-4z=-7$

따라서 $z^2-4z-1=-7-1=-8$

답 ②

20 $z=-1+2i$에서 $z+1=2i$

양변을 제곱하면

$(z+1)^2=4i^2$

$z^2+2z+1=4\times(-1)$

$z^2+2z=-5$

따라서

$(z^2+2z)^2-3(z^2+2z)+4=(-5)^2-3\times(-5)+4$

$=44$

답 ④

21 $z=\dfrac{3+4i}{2+i}=\dfrac{(3+4i)(2-i)}{(2+i)(2-i)}$

$=\dfrac{6-3i+8i-4i^2}{2^2-i^2}$

$=\dfrac{6-3i+8i-4\times(-1)}{4-(-1)}$

$=2+i$

이때 $z-2=i$이므로 양변을 제곱하면

$(z-2)^2=i^2$

$z^2-4z+4=-1$

$z^2-4z=-5$

따라서

$z^3-4z^2+6z-2=z(z^2-4z)+6z-2$

$=-5z+6z-2$

$=z-2$

$=(2+i)-2$

$=i$

답 ③

22 0이 아닌 복소수 z에 대하여 $z=\overline{z}$가 성립하려면 복소수 z가 0이 아닌 실수이어야 한다.

$z=(x^2-3i)i+(x-i)(2+i)$

$=x^2i-3i^2+2x+xi-2i-i^2$

$=x^2i-3\times(-1)+2x+xi-2i-(-1)$

$=2x+4+(x^2+x-2)i$

복소수 z의 실수부분은 $2x+4$이고 허수부분은 x^2+x-2이다.

복소수 z가 0이 아닌 실수이어야 하므로

$2x+4\neq0,\ x^2+x-2=0$

$2x+4\neq0$에서 $x\neq-2$ …… ㉠

$x^2+x-2=0$에서 $(x+2)(x-1)=0$

즉, $x=-2$ 또는 $x=1$ …… ㉡

㉠, ㉡에서 $x=1$

답 1

23 $z-\overline{z}=0$, 즉 $z=\overline{z}$이므로 복소수 z는 실수이다.

복소수 $z=x+1+(2y-6)i$의 허수부분이 $2y-6$이므로

$2y-6=0,\ y=3$

이때 $z=x+1$이므로

$i(z+5i)=i(x+1+5i)$

$=(x+1)i+5i^2$

$=(x+1)i+5\times(-1)$

$=-5+(x+1)i$

복소수 $i(z+5i)$의 허수부분은 $x+1$이므로

$x+1=7$에서 $x=6$

따라서 $x+y=6+3=9$

답 ④

24 $z=a+bi$ (a, b는 실수)라 하면

$\overline{z}=a-bi$이므로

$z+\overline{z}=(a+bi)+(a-bi)=2a$

$z\overline{z}=(a+bi)(a-bi)=a^2-b^2i^2=a^2+b^2$

$(z+i)(\overline{z}+i)=12-6i$에서

$(z+i)(\bar{z}+i)=z\bar{z}+(z+\bar{z})i+i^2$
$=(a^2+b^2)+2ai-1$
$=a^2+b^2-1+2ai$
이므로
$a^2+b^2-1+2ai=12-6i$
두 복소수가 서로 같을 조건에 의하여
$a^2+b^2-1=12$ ⋯⋯ ㉠, $2a=-6$ ⋯⋯ ㉡
㉡에서 $a=-3$
$a=-3$을 ㉠에 대입하면
$(-3)^2+b^2-1=12$, $b^2=4$
이때
$z+\bar{z}=2a=2\times(-3)=-6$
$z\bar{z}=a^2+b^2=(-3)^2+4=13$
따라서
$(z+1)(\bar{z}+1)=z\bar{z}+(z+\bar{z})+1$
$=13+(-6)+1$
$=8$

답 ②

25 $\alpha\bar{\alpha}+\alpha\bar{\beta}+\bar{\alpha}\beta+\beta\bar{\beta}=\alpha(\bar{\alpha}+\bar{\beta})+\beta(\bar{\alpha}+\bar{\beta})$
$=(\alpha+\beta)(\bar{\alpha}+\bar{\beta})$
$=(\alpha+\beta)(\overline{\alpha+\beta})$
이때 $\alpha=2+i$, $\beta=1-2i$이므로
$\alpha+\beta=(2+i)+(1-2i)=3-i$
$\overline{\alpha+\beta}=\overline{3-i}=3+i$
따라서
$\alpha\bar{\alpha}+\alpha\bar{\beta}+\bar{\alpha}\beta+\beta\bar{\beta}=(\alpha+\beta)(\overline{\alpha+\beta})$
$=(3-i)(3+i)$
$=3^2-i^2$
$=9-(-1)$
$=10$

답 ①

26 $z=3+2i$이므로 $\bar{z}=3-2i$
이때
$z+\bar{z}=(3+2i)+(3-2i)=6$
$z\bar{z}=(3+2i)(3-2i)=3^2-(2i)^2$
$=9-4i^2=9-4\times(-1)=13$
따라서
$z^2\bar{z}+z\bar{z}^2=z\bar{z}(z+\bar{z})$
$=13\times6$
$=78$

답 ⑤

27 $\bar{\alpha}+\beta=3i$이므로
$\overline{\bar{\alpha}+\beta}=-3i$, 즉 $\alpha+\bar{\beta}=-3i$
$\bar{\alpha}\beta=-2$이므로
$\overline{\bar{\alpha}\beta}=-2$, 즉 $\alpha\bar{\beta}=-2$
따라서

$$\left(\alpha+\frac{1}{\alpha}\right)\left(\bar{\beta}+\frac{1}{\bar{\beta}}\right)=\alpha\bar{\beta}+\frac{\alpha}{\bar{\beta}}+\frac{\bar{\beta}}{\alpha}+\frac{1}{\alpha\bar{\beta}}$$
$$=\alpha\bar{\beta}+\frac{1}{\alpha\bar{\beta}}+\frac{\alpha^2+\bar{\beta}^2}{\alpha\bar{\beta}}$$
$$=\alpha\bar{\beta}+\frac{1}{\alpha\bar{\beta}}+\frac{(\alpha+\bar{\beta})^2-2\alpha\bar{\beta}}{\alpha\bar{\beta}}$$
$$=-2+\frac{1}{-2}+\frac{(-3i)^2-2\times(-2)}{-2}$$
$$=-2-\frac{1}{2}-\frac{9\times(-1)+4}{2}$$
$$=-2-\frac{1}{2}+\frac{5}{2}$$
$$=0$$

답 ③

28 $z=a+bi$ (a, b는 실수)라고 하면
$z(1-i)+\bar{z}=3+4i$에서
$(a+bi)(1-i)+(a-bi)$
$=(a-ai+bi-bi^2)+(a-bi)$
$=(a-ai+bi+b)+(a-bi)$
$=2a+b-ai$
이므로 $2a+b-ai=3+4i$
두 복소수가 서로 같을 조건에 의하여
$2a+b=3$, $-a=4$
즉, $a=-4$, $b=11$이므로 $z=-4+11i$
따라서 $z-\bar{z}=(-4+11i)-(-4-11i)=22i$

답 ③

29 $z=a+bi$이므로 $\bar{z}=a-bi$
$zi-2\bar{z}=1+7i$에서
$(a+bi)i-2(a-bi)=ai+bi^2-2a+2bi$
$=ai-b-2a+2bi$
$=-2a-b+(a+2b)i$
이므로 $-2a-b+(a+2b)i=1+7i$
두 복소수가 서로 같을 조건에 의하여
$-2a-b=1$ ⋯⋯ ㉠, $a+2b=7$ ⋯⋯ ㉡
㉠, ㉡을 연립하여 풀면
$a=-3$, $b=5$
따라서 $a+b=-3+5=2$

답 ②

30 $z=a+bi$ (a, b는 실수)라고 하면 $\bar{z}=a-bi$
조건 (가)에서 $iz=-\bar{z}$이므로
$i(a+bi)=-(a-bi)$에서
$ai+bi^2=-a+bi$, $-b+ai=-a+bi$
두 복소수가 서로 같을 조건에 의하여 $a=b$
조건 (나)에서 $z-\bar{z}=4i$이므로
$(a+bi)-(a-bi)=4i$에서
$2bi=4i$, 즉 $b=2$
따라서 $z=2+2i$이므로
$z\bar{z}=(2+2i)(2-2i)=4-4i^2=4+4=8$

답 ④

31 $i^{10}=(i^4)^2\times i^2=1^2\times(-1)=-1$

$i^{11}=(i^4)^2\times i^3=1^2\times(-i)=-i$

$i^{20}=(i^4)^5=1^5=1$

$i^{21}=(i^4)^5\times i=1^5\times i=i$

$i^{30}=(i^4)^7\times i^2=1^7\times(-1)=-1$

$i^{31}=(i^4)^7\times i^3=1^7\times(-i)=-i$

이때

$i^{10}+i^{11}+i^{20}+i^{21}+i^{30}+i^{31}$

$=-1+(-i)+1+i+(-1)+(-i)$

$=-1-i$

이므로

$-1-i=a+bi$

두 복소수가 서로 같을 조건에 의하여

$a=-1,\ b=-1$

따라서 $a+b=-1+(-1)=-2$

답 ①

32 자연수 n에 대하여

$i^{4n-3}=i,\ i^{4n-2}=-1,\ i^{4n-1}=-i,\ i^{4n}=1$

이므로

$i^{4n-3}+i^{4n-2}+i^{4n-1}+i^{4n}$

$=i+(-1)+(-i)+1=0$

따라서

$i+i^2+i^3+\cdots+i^{15}$

$=(i+i^2+i^3+i^4)+(i^5+i^6+i^7+i^8)+(i^9+i^{10}+i^{11}+i^{12})$
$+i^{13}+i^{14}+i^{15}$

$=0+0+0+i+(-1)+(-i)$

$=-1$

답 ①

33 $i^2=-1$

$i^3=-i$

$i^4=1$

$i^5=i^4\times i=1\times i=i$

$i^6=i^4\times i^2=1\times(-1)=-1$

$i^7=i^4\times i^3=1\times(-i)=-i$

$i^8=(i^4)^2=1^2=1$

이므로

$i+i^2-i^3-i^4+i^5+i^6-i^7-i^8$

$=i+(-1)-(-i)-1+i+(-1)-(-i)-1$

$=-4+4i$

$-4+4i=a+bi$에서

두 복소수가 서로 같을 조건에 의하여

$a=-4,\ b=4$

따라서 $a-b=-4-4=-8$

답 ①

34 $z^2=\left(\dfrac{1-i}{\sqrt{2}}\right)^2=\dfrac{1-2i+i^2}{2}$

$=\dfrac{1-2i+(-1)}{2}=-i$

따라서

$z^2+z^4+z^6+z^8+z^{10}$

$=z^2+(z^2)^2+(z^2)^3+(z^2)^4+(z^2)^5$

$=-i+(-i)^2+(-i)^3+(-i)^4+(-i)^5$

$=-i+i^2-i^3+i^4-i^5$

$=-i+(-1)-(-i)+1-i$

$=-i$

답 ④

35 $\dfrac{1+i}{i}=\dfrac{(1+i)i}{i^2}=\dfrac{i+i^2}{i^2}=\dfrac{i-1}{-1}=1-i$

이므로

$\left(\dfrac{1+i}{i}\right)^2=(1-i)^2=1-2i+i^2$

$=1-2i+(-1)=-2i$

$\left(\dfrac{1+i}{i}\right)^4=(-2i)^2=4i^2=4\times(-1)=-4$

$\dfrac{i}{1-i}=\dfrac{i(1+i)}{(1-i)(1+i)}=\dfrac{i+i^2}{1-i^2}$

$=\dfrac{i+(-1)}{1-(-1)}=\dfrac{-1+i}{2}$

이므로

$\left(\dfrac{i}{1-i}\right)^2=\left(\dfrac{-1+i}{2}\right)^2=\dfrac{1-2i+i^2}{4}$

$=\dfrac{1-2i+(-1)}{4}=-\dfrac{i}{2}$

$\left(\dfrac{i}{1-i}\right)^4=\left(-\dfrac{i}{2}\right)^2=\dfrac{i^2}{4}=-\dfrac{1}{4}$

따라서

$\left(\dfrac{1+i}{i}\right)^4+\left(\dfrac{i}{1-i}\right)^4=-4+\left(-\dfrac{1}{4}\right)=-\dfrac{17}{4}$

답 ④

36 $\dfrac{1+i}{1-i}=\dfrac{(1+i)^2}{(1-i)(1+i)}=\dfrac{1+2i+i^2}{1-i^2}$

$=\dfrac{1+2i+(-1)}{1-(-1)}=i$

$\dfrac{1-i}{1+i}=\dfrac{(1-i)^2}{(1+i)(1-i)}=\dfrac{1-2i+i^2}{1-i^2}$

$=\dfrac{1-2i+(-1)}{1-(-1)}=-i$

(i) $n=4k-3$ (k는 자연수)일 때

$\left(\dfrac{1+i}{1-i}\right)^n+\left(\dfrac{1-i}{1+i}\right)^n$

$=i^{4k-3}+(-i)^{4k-3}$

$=i^{4k-3}-i^{4k-3}$

$=0$

(ii) $n=4k-2$ (k는 자연수)일 때

$\left(\dfrac{1+i}{1-i}\right)^n+\left(\dfrac{1-i}{1+i}\right)^n$

$=i^{4k-2}+(-i)^{4k-2}$

$=i^{4k-2}+i^{4k-2}$

$=2\times i^{4k-2}$

$=2\times(-1)$

$=-2$

(iii) $n=4k-1$ (k는 자연수)일 때

$\left(\frac{1+i}{1-i}\right)^n+\left(\frac{1-i}{1+i}\right)^n$

$=i^{4k-1}+(-i)^{4k-1}$

$=i^{4k-1}-i^{4k-1}$

$=0$

(iv) $n=4k$ (k는 자연수)일 때

$\left(\frac{1+i}{1-i}\right)^n+\left(\frac{1-i}{1+i}\right)^n$

$=i^{4k}+(-i)^{4k}$

$=i^{4k}+i^{4k}$

$=2\times i^{4k}$

$=2\times 1$

$=2$

(i)~(iv)에서

$\left(\frac{1+i}{1-i}\right)^n+\left(\frac{1-i}{1+i}\right)^n>0$을 만족시키는 자연수 n의 값은

$4k$ (k는 자연수)의 꼴이어야 한다.

즉, n은 20 이하의 4의 배수이므로 n의 값은 4, 8, 12, 16, 20이다.

따라서 구하는 모든 자연수 n의 값의 합은

$4+8+12+16+20=60$

답 60

37 $\sqrt{-3}\times\sqrt{3}=\sqrt{3}i\times\sqrt{3}=3i$

$\frac{\sqrt{12}}{\sqrt{-3}}=\frac{\sqrt{12}}{\sqrt{3}i}=\sqrt{\frac{12}{3}}\times\frac{i}{i^2}=-2i$

따라서

$\sqrt{-3}\times\sqrt{3}+\frac{\sqrt{12}}{\sqrt{-3}}=3i-2i=i$

답 ②

38 -4의 제곱근은 $\sqrt{4}i$, $-\sqrt{4}i$

즉, $2i$, $-2i$이므로

$\alpha=2i$, $\beta=-2i$ 또는 $\alpha=-2i$, $\beta=2i$

$\alpha^2+\beta^2=(2i)^2+(-2i)^2=4i^2+4i^2$

$=8i^2=-8$

$(\alpha-\beta)^2=\{2i-(-2i)\}^2=(4i)^2$

$=16i^2=-16$

따라서

$\frac{(\alpha-\beta)^2}{\alpha^2+\beta^2}=\frac{-16}{-8}=2$

답 ④

39 $(\sqrt{-3}+\sqrt{-2})(\sqrt{-3}-\sqrt{-2})$

$=(\sqrt{3}i+\sqrt{2}i)(\sqrt{3}i-\sqrt{2}i)$

$=(\sqrt{3}i)^2-(\sqrt{2}i)^2$

$=3i^2-2i^2$

$=3\times(-1)-2\times(-1)$

$=-1$

$\frac{\sqrt{-8}+\sqrt{8}}{\sqrt{-2}}=\frac{\sqrt{-8}}{\sqrt{-2}}+\frac{\sqrt{8}}{\sqrt{-2}}$

$=\frac{\sqrt{8}i}{\sqrt{2}i}+\frac{\sqrt{8}}{\sqrt{2}i}$

$=\frac{\sqrt{8}}{\sqrt{2}}+\frac{\sqrt{8}i}{\sqrt{2}i^2}$

$=\sqrt{\frac{8}{2}}-\sqrt{\frac{8}{2}}i$

$=2-2i$

따라서

$(\sqrt{-3}+\sqrt{-2})(\sqrt{-3}-\sqrt{-2})+\frac{\sqrt{-8}+\sqrt{8}}{\sqrt{-2}}$

$=-1+(2-2i)$

$=1-2i$

답 ③

40 $ab\neq0$인 두 실수 a, b에 대하여

$\sqrt{a}\sqrt{b}=-\sqrt{ab}$에서 $a<0$, $b<0$이므로

$a+b<0$, $1-a>0$, $b-1<0$

따라서

$|a+b|+|1-a|-|b-1|$

$=-(a+b)+(1-a)+(b-1)$

$=-2a$

답 ①

41 $ab\neq0$이고 $\sqrt{a}\sqrt{b-a}=-\sqrt{a(b-a)}$이므로

$a<0$, $b-a<0$

즉, $b<a<0$ …… ㉠

또, $\frac{\sqrt{-b}}{\sqrt{-c}}=-\sqrt{\frac{b}{c}}$이고 $-b>0$이므로

$-c<0$, 즉 $c>0$ …… ㉡

㉠, ㉡에서 $b<a<c$

답 ③

42 조건 (가)에서 $\frac{\sqrt{a}}{\sqrt{b}}=-\sqrt{\frac{a}{b}}$이고

a, b가 모두 0이 아니므로 $a>0$, $b<0$이다.

조건 (나)에서

$-a+bi+(2i+b^2)i=-a+bi+(2i^2+b^2i)$

$=-a+bi+(-2+b^2i)$

$=-a-2+(b^2+b)i$

이므로

$-a-2+(b^2+b)i=-8+6i$

두 복소수가 서로 같을 조건에 의하여

$-a-2=-8$ …… ㉠, $b^2+b=6$ …… ㉡

㉠에서 $a=8-2=6$

㉡에서 $b^2+b-6=0$, $(b+3)(b-2)=0$

이때 $b<0$이므로 $b=-3$

따라서 $a+b=6+(-3)=3$

답 3

43 이차방정식 $x^2+5x+a=0$이 실근을 가지므로
이차방정식 $x^2+5x+a=0$의 판별식을 D라 하면
$D=5^2-4a\geq 0$이어야 한다.
즉, $a\leq\frac{25}{4}$
따라서 자연수 a의 값은 1, 2, 3, 4, 5, 6이고
그 개수는 6이다.

답 ④

44 이차방정식 $x^2+2ax+a^2-a+6=0$이 서로 다른 두 실근을 가지므로 이차방정식 $x^2+2ax+a^2-a+6=0$의 판별식을 D라 하면
$\frac{D}{4}=a^2-(a^2-a+6)>0$이어야 한다.
즉, $a-6>0$에서 $a>6$
따라서 정수 a의 최솟값은 7이다.

답 7

45 이차방정식 $x^2+2(k-1)x+k^2-k-3=0$이 실근을 가지므로
이차방정식 $x^2+2(k-1)x+k^2-k-3=0$의 판별식을 D라 하면
$\frac{D}{4}=(k-1)^2-(k^2-k-3)\geq 0$이어야 한다.
즉, $(k^2-2k+1)-(k^2-k-3)\geq 0$에서
$-k+4\geq 0$이므로 $k\leq 4$
따라서 자연수 k의 값은 1, 2, 3, 4이고
그 합은 $1+2+3+4=10$

답 ②

46 이차방정식 $2x^2+ax+a^2-14=0$이 중근을 가지므로 이차방정식 $2x^2+ax+a^2-14=0$의 판별식을 D라 하면
$D=a^2-4\times 2\times(a^2-14)=0$이어야 한다.
즉, $a^2-8a^2+112=0$에서 $a^2=16$
이때 $a>0$이므로 $a=4$
$a=4$일 때, 주어진 이차방정식은
$2x^2+4x+2=0$이므로 $2(x+1)^2=0$
즉, $x=-1$
따라서 $\alpha=-1$이므로
$a+\alpha=4+(-1)=3$

답 ①

47 이차방정식 $x^2-ax+a+3=0$이 중근을 가지므로
이차방정식 $x^2-ax+a+3=0$의 판별식을 D라 하면
$D=(-a)^2-4\times(a+3)=0$이어야 한다.
즉, $a^2-4a-12=0$에서
$(a+2)(a-6)=0$
따라서 $a=-2$ 또는 $a=6$이므로
구하는 모든 실수 a의 값의 합은
$-2+6=4$

답 ⑤

48 이차방정식 $x^2+2(m+a)x+m^2-8m+b=0$이 중근을 가지므로 이 이차방정식의 판별식을 D라 하면
$\frac{D}{4}=(m+a)^2-(m^2-8m+b)=0$이어야 한다.
즉, $(m^2+2am+a^2)-(m^2-8m+b)=0$에서
$(2a+8)m+a^2-b=0$ ...... ㉠
㉠이 m의 값에 관계없이 항상 성립해야 하므로
$2a+8=0$, $a^2-b=0$
따라서
$a=-4$, $b=a^2=(-4)^2=16$
이므로
$a+b=-4+16=12$

답 ①

49 이차방정식 $x^2-7x+a+2=0$이 서로 다른 두 허근을 가지므로
이차방정식 $x^2-7x+a+2=0$의 판별식을 D라 하면
$D=(-7)^2-4(a+2)<0$이어야 한다.
즉, $49-4a-8<0$에서 $a>\frac{41}{4}$
따라서 구하는 정수 a의 최솟값은 11이다.

답 ④

50 이차방정식 $x^2-3x+a=0$의 한 근이 2이므로
$4-6+a=0$에서 $a=2$
즉, 이차방정식 $x^2+2x+b-3=0$이 서로 다른 두 허근을 가지므로
이차방정식 $x^2+2x+b-3=0$의 판별식을 D라 하면
$\frac{D}{4}=1^2-(b-3)<0$이어야 한다.
즉, $1-b+3<0$에서 $b>4$
b가 정수이므로 $b=5$일 때, $a+b$의 값은 최소이다.
따라서 구하는 최솟값은
$2+5=7$

답 ③

51 이차방정식 $x^2+ax-a+\frac{5}{4}=0$이 중근을 가지므로 이차방정식
$x^2+ax-a+\frac{5}{4}=0$의 판별식을 D라 하면
$D=a^2-4\left(-a+\frac{5}{4}\right)=0$이어야 한다.
즉, $a^2+4a-5=0$이므로 $(a+5)(a-1)=0$에서
$a=-5$ 또는 $a=1$
(i) $a=-5$일 때
이차방정식 $x^2-5x+7=0$의 판별식을 D_1이라 하면
$D_1=(-5)^2-4\times1\times7=-3<0$
따라서 서로 다른 두 허근을 갖는다.
(ii) $a=1$일 때
이차방정식 $x^2+x-5=0$의 판별식을 D_2라 하면
$D_2=1^2-4\times1\times(-5)=21>0$
따라서 서로 다른 두 실근을 갖는다.
(i), (ii)에서 $a=-5$

답 -5

52 이차식 $x^2-(k+2)x+16$이 완전제곱식이 되려면

이차방정식 $x^2-(k+2)x+16=0$이 중근을 가져야 한다.
이차방정식 $x^2-(k+2)x+16=0$의 판별식을 D라 하면
$D=\{-(k+2)\}^2-4\times1\times16=0$에서
$k^2+4k-60=0$이므로
$(k+10)(k-6)=0$
즉, $k=-10$ 또는 $k=6$
따라서 실수 k의 최댓값은 6이다.

답 6

53 이차식 $x^2+4xy+3y^2+4x-4y+2-k$를 x에 대하여 내림차순으로 정리하면
$x^2+4(y+1)x+3y^2-4y+2-k$ ...... ㉠
㉠이 x, y에 대한 두 일차식의 곱으로 인수분해되려면
x에 대한 이차방정식 $x^2+4(y+1)x+3y^2-4y+2-k=0$의 판별식을 D라 할 때
$\frac{D}{4}=\{2(y+1)\}^2-(3y^2-4y+2-k)$
$=y^2+12y+2+k$
가 완전제곱식이 되어야 한다.
y에 대한 이차방정식 $y^2+12y+2+k=0$의 판별식을 D_1이라 하면
$\frac{D_1}{4}=6^2-(2+k)=0$
따라서 $k=34$

답 ②

54 이차식 $x^2+5ax+ka-2k+b$가 완전제곱식이 되려면 이차방정식 $x^2+5ax+ka-2k+b=0$이 중근을 가져야 한다.
이차방정식 $x^2+5ax+ka-2k+b=0$의 판별식을 D라 하면
$D=(5a)^2-4(ka-2k+b)=0$에서
$25a^2-4ka+8k-4b=0$이므로
$-4(a-2)k+25a^2-4b=0$ ...... ㉠
㉠이 k의 값에 관계없이 항상 성립해야 하므로
$-4(a-2)=0$, $25a^2-4b=0$
따라서 $a=2$, $b=25$이므로
$b-a=25-2=23$

답 ⑤

55 이차방정식 $x^2-2x-1=0$의 두 근이 α, β이므로
이차방정식의 근과 계수의 관계에 의하여
$\alpha+\beta=-\frac{-2}{1}=2$, $\alpha\beta=\frac{-1}{1}=-1$
따라서
$\alpha^3+\beta^3=(\alpha+\beta)^3-3\alpha\beta(\alpha+\beta)$
$=2^3-3\times(-1)\times2$
$=8+6$
$=14$

답 ④

56 이차방정식 $2x^2-16x-11=0$의 두 근을 α, β라 하면
이차방정식의 근과 계수의 관계에 의하여
$\alpha+\beta=-\frac{-16}{2}=8$

답 8

57 이차방정식 $x^2-4x+2=0$의 두 근이 α, β이므로
이차방정식의 근과 계수의 관계에 의하여
$\alpha+\beta=-\frac{-4}{1}=4$, $\alpha\beta=\frac{2}{1}=2$
따라서
$\frac{\alpha}{\beta}+\frac{\beta}{\alpha}=\frac{\alpha^2+\beta^2}{\alpha\beta}=\frac{(\alpha+\beta)^2-2\alpha\beta}{\alpha\beta}$
$=\frac{4^2-2\times2}{2}=6$

답 ①

58 이차방정식 $2x^2-6x+k+1=0$의 두 근이 α, β이므로
이차방정식의 근과 계수의 관계에 의하여
$\alpha+\beta=-\frac{-6}{2}=3$ ...... ㉠, $\alpha\beta=\frac{k+1}{2}$ ...... ㉡
$|\alpha-\beta|=\sqrt{15}$의 양변을 제곱하면
$(\alpha-\beta)^2=15$이므로
$(\alpha+\beta)^2-4\alpha\beta=15$ ...... ㉢
㉠, ㉡을 ㉢에 대입하면
$3^2-4\times\frac{k+1}{2}=15$에서
$9-2k-2=15$, $2k=-8$
따라서 $k=-4$

답 ②

59 α가 이차방정식 $x^2+2x-1=0$의 근이므로
$\alpha^2+2\alpha-1=0$, $\alpha^2+2\alpha=1$
또, β가 이차방정식 $x^2+2x-1=0$의 근이므로
$\beta^2+2\beta-1=0$, $2\beta-1=-\beta^2$
한편 이차방정식 $x^2+2x-1=0$의 두 근이 α, β이므로
이차방정식의 근과 계수의 관계에 의하여
$\alpha+\beta=-\frac{2}{1}=-2$, $\alpha\beta=\frac{-1}{1}=-1$
따라서
$2\alpha^4+4\alpha^3-4\beta+2=2\alpha^2(\alpha^2+2\alpha)-2(2\beta-1)$
$=2\alpha^2+2\beta^2$
$=2(\alpha+\beta)^2-4\alpha\beta$
$=2\times(-2)^2-4\times(-1)=12$

답 ④

60 x의 계수 b를 잘못 보고 풀었으므로 두 근의 곱은
$\frac{c}{a}=-3\times4=-12$
즉, $c=-12a$ ...... ㉠
상수항 c를 잘못 보고 풀었으므로 두 근의 합은
$-\frac{b}{a}=-3-1=-4$
즉, $b=4a$ ...... ㉡
㉠, ㉡을 이차방정식 $ax^2+bx+c=0$에 대입하면
$ax^2+4ax-12a=0$
이때 $a\neq0$이므로 $x^2+4x-12=0$에서
$(x+6)(x-2)=0$
즉, $x=-6$ 또는 $x=2$

따라서 $a=2$, $\beta=-6$이므로
$a^2-\beta^2=2^2-(-6)^2=-32$

답 ③

61 이차방정식 $x^2+ax-a-1=0$의 두 근이 α, β이므로
이차방정식의 근과 계수의 관계에 의하여

$\alpha\beta=\frac{-a-1}{1}=-a-1$

이차방정식 $x^2+4ax-5a-b=0$의 두 근이 α, γ이므로
이차방정식의 근과 계수의 관계에 의하여

$\alpha+\gamma=-\frac{4a}{1}=-4a$

$\alpha(\beta+1)=4-\gamma$에서 $\alpha\beta+\alpha+\gamma=4$이므로
$(-a-1)-4a=4$, 즉 $a=-1$
이차방정식 $x^2+ax-a-1=0$에서 $a=-1$이므로
$x^2-x=0$, $x(x-1)=0$
$x=0$ 또는 $x=1$
(i) $\alpha=0$, $\beta=1$일 때
이차방정식 $x^2+4ax-5a-b=0$, 즉 $x^2-4x+5-b=0$의 한 근이 $\alpha=0$이므로
$5-b=0$에서 $b=5$
이차방정식 $x^2-4x+5-b=0$에서 $b=5$이므로
$x^2-4x=0$, $x(x-4)=0$
$x=0$ 또는 $x=4$
$\gamma=4$이고
$\beta+\gamma=1+4=5>4$이므로 주어진 조건을 만족시킨다.
(ii) $\alpha=1$, $\beta=0$일 때
이차방정식 $x^2+4ax-5a-b=0$, 즉 $x^2-4x+5-b=0$의 한 근이 $\alpha=1$이므로
$1-4+5-b=0$에서 $b=2$
이차방정식 $x^2-4x+5-b=0$에서 $b=2$이므로
$x^2-4x+3=0$
$(x-1)(x-3)=0$
$x=1$ 또는 $x=3$
$\gamma=3$이고
$\beta+\gamma=0+3=3<4$이므로
주어진 조건을 만족시키지 못한다.
(i), (ii)에서 $b=5$
따라서 $a+b=-1+5=4$

답 ⑤

62 이차방정식 $x^2-2x+k-1=0$의 두 근의 차가 6이므로 두 근을 α, $\alpha+6$이라 하면
이차방정식의 근과 계수의 관계에 의하여

$\alpha+(\alpha+6)=-\frac{-2}{1}=2$ …… ㉠

$\alpha(\alpha+6)=\frac{k-1}{1}=k-1$ …… ㉡

㉠에서 $2\alpha+6=2$, $\alpha=-2$
$\alpha=-2$를 ㉡에 대입하면
$-2\times(-2+6)=k-1$
따라서 $k=-7$

답 -7

63 이차방정식 $x^2-(2k+1)x+2k^2+5k-12=0$의 두 근이 연속된 정수이므로
두 근을 α, $\alpha+1$ (α는 정수)로 놓으면
이차방정식의 근과 계수의 관계에 의하여
$\alpha+(\alpha+1)=2k+1$ …… ㉠
$\alpha(\alpha+1)=2k^2+5k-12$ …… ㉡
㉠에서 $\alpha=k$
$\alpha=k$를 ㉡에 대입하면
$k(k+1)=2k^2+5k-12$
$k^2+4k-12=0$
$(k+6)(k-2)=0$
$k=-6$ 또는 $k=2$
따라서 모든 실수 k의 값의 합은
$-6+2=-4$

답 ④

64 이차방정식 $x^2-2kx+12k-33=0$의 두 근이 연속된 홀수이므로 두 근을 $2\alpha-1$, $2\alpha+1$ (α는 자연수)로 놓으면
이차방정식의 근과 계수의 관계에 의하여
$(2\alpha-1)+(2\alpha+1)=2k$ …… ㉠
$(2\alpha-1)(2\alpha+1)=12k-33$ …… ㉡
㉠에서 $4\alpha=2k$, $2\alpha=k$
$2\alpha=k$를 ㉡에 대입하면
$(k-1)(k+1)=12k-33$
$k^2-12k+32=0$
$(k-4)(k-8)=0$
$k=4$ 또는 $k=8$
$k=4$일 때, 주어진 이차방정식의 두 근은 3, 5이다.
$k=8$일 때, 주어진 이차방정식의 두 근은 7, 9이다.
따라서 k의 최댓값은 8이다.

답 ⑤

65 이차방정식 $x^2-6kx+10k+12=0$의 한 근이 다른 한 근의 2배이므로
두 근을 α, 2α ($\alpha\neq0$)으로 놓으면
이차방정식의 근과 계수의 관계에 의하여
$\alpha+2\alpha=6k$ …… ㉠
$\alpha\times2\alpha=10k+12$ …… ㉡
㉠에서 $3\alpha=6k$이므로 $\alpha=2k$
$\alpha=2k$를 ㉡에 대입하면
$2k\times4k=10k+12$
$4k^2-5k-6=0$
$(4k+3)(k-2)=0$
이때 k가 정수이므로 $k=2$

답 ⑤

66 이차방정식 $x^2-kx+k-1=0$의 두 근의 비가 3 : 4이므로

두 근을 3α, 4α $(\alpha \neq 0)$으로 놓으면
이차방정식의 근과 계수의 관계에 의하여
$3\alpha+4\alpha=k$ …… ㉠
$3\alpha \times 4\alpha=k-1$ …… ㉡
㉠에서 $7\alpha=k$이므로 $\alpha=\frac{k}{7}$
$\alpha=\frac{k}{7}$를 ㉡에 대입하면
$12\times\left(\frac{k}{7}\right)^2=k-1$
$12k^2-49k+49=0$
$(4k-7)(3k-7)=0$
$k=\frac{7}{4}$ 또는 $k=\frac{7}{3}$
이때 $M=\frac{7}{3}$, $m=\frac{7}{4}$이므로
$M-m=\frac{7}{3}-\frac{7}{4}=\frac{7}{12}$
따라서 $p=12$, $q=7$이므로
$p+q=12+7=19$

답 19

67 이차방정식 $x^2-(a^2-2a-3)x-6a+2=0$의 두 실근은 절댓값이 같고 부호가 다르므로
두 근을 α, $-\alpha$ $(\alpha \neq 0)$로 놓으면
이차방정식의 근과 계수의 관계에 의하여
$\alpha+(-\alpha)=a^2-2a-3$ …… ㉠
$\alpha \times (-\alpha)=-6a+2$ …… ㉡
㉠에서 $a^2-2a-3=0$이므로
$(a+1)(a-3)=0$에서
$a=-1$ 또는 $a=3$
(i) $a=-1$일 때
㉡에서 $-\alpha^2=8$이므로
실수 α는 존재하지 않는다.
(ii) $a=3$일 때
㉡에서 $-\alpha^2=-16$
즉, $\alpha^2=16$이므로 $\alpha=-4$ 또는 $\alpha=4$
(i), (ii)에서 $a=3$이고 주어진 이차방정식의 두 실근은 -4, 4이므로
$b=-4\times4=-16$
따라서 $a-b=3-(-16)=19$

답 ②

68 이차방정식 $x^2-4x-3=0$의 두 근이 α, β이므로
이차방정식의 근과 계수의 관계에 의하여
$\alpha+\beta=4$, $\alpha\beta=-3$
이때
$(\alpha+1)+(\beta+1)=\alpha+\beta+2=4+2=6$
$(\alpha+1)(\beta+1)=\alpha\beta+\alpha+\beta+1=-3+4+1=2$
두 수 $\alpha+1$, $\beta+1$을 근으로 하고, 이차항의 계수가 1인 이차방정식은
$x^2-6x+2=0$
따라서 $a=-6$, $b=2$이므로
$ab=-6\times2=-12$

답 ②

69 두 수 -2, 5의 합은 $-2+5=3$
두 수 -2, 5의 곱은 $-2\times5=-10$
두 수 -2, 5를 근으로 하고, x^2의 계수가 1인 이차방정식은
$x^2-3x-10=0$
따라서 $a=-3$, $b=-10$이므로
$a+b=-3+(-10)=-13$

답 ①

70 이차방정식 $4x^2+x-2=0$의 두 근이 α, β이므로
이차방정식의 근과 계수의 관계에 의하여
$\alpha+\beta=-\frac{1}{4}$, $\alpha\beta=\frac{-2}{4}=-\frac{1}{2}$
이때
$\frac{1}{\alpha}+\frac{1}{\beta}=\frac{\alpha+\beta}{\alpha\beta}=\frac{-\frac{1}{4}}{-\frac{1}{2}}=\frac{1}{2}$
$\frac{1}{\alpha}\times\frac{1}{\beta}=\frac{1}{\alpha\beta}=\frac{1}{-\frac{1}{2}}=-2$
따라서 두 수 $\frac{1}{\alpha}$, $\frac{1}{\beta}$을 근으로 하고, x^2의 계수가 2인 이차방정식은
$2\left(x^2-\frac{1}{2}x-2\right)=0$, 즉 $2x^2-x-4=0$

답 $2x^2-x-4=0$

71 이차방정식 $x^2+ax+b=0$의 두 근이 -2, 1이므로
이차방정식의 근과 계수의 관계에 의하여
$-2+1=-a$, $-2\times1=b$
이때 $a=1$, $b=-2$이므로
$(a+b)+(a-b)=-1+3=2$
$(a+b)(a-b)=-1\times3=-3$
따라서 두 수 $a+b$, $a-b$를 두 근으로 하고, 이차항의 계수가 1인 이차방정식은
$x^2-2x-3=0$

답 ④

72 $x=1$이 이차방정식 $5x^2-7x+a=0$의 근이므로
$5-7+a=0$, 즉 $a=2$
이차방정식 $5x^2-7x+a=0$에서 $a=2$이므로
$5x^2-7x+2=0$
$(5x-2)(x-1)=0$
$x=1$ 또는 $x=\frac{2}{5}$이므로 $b=\frac{2}{5}$
두 수 $5a$, $5b$, 즉 10, 2를 두 근으로 하고, x^2의 계수가 1인 이차방정식은
$x^2-(10+2)x+10\times2=0$
즉, $x^2-12x+20=0$이므로
$f(x)=x^2-12x+20$
따라서 $f(1)=1-12+20=9$

답 ②

73 이차방정식 $x^2+2ax-a-1=0$의 두 근이 α, β이므로
이차방정식의 근과 계수의 관계에 의하여

$\alpha+\beta=-2a$ ...... ㉠, $\alpha\beta=-a-1$ ...... ㉡
조건 (가)에서 $\alpha\beta<0$이므로
$-a-1<0$, $a>-1$
조건 (가)에서 $\alpha^2\beta+\alpha\beta^2=12$이므로
$\alpha\beta(\alpha+\beta)=12$ ...... ㉢
㉠, ㉡을 ㉢에 대입하면
$-2a(-a-1)=12$에서
$a^2+a-6=0$, $(a+3)(a-2)=0$
이때 $a>-1$이므로 $a=2$
조건 (나)에서
두 수 $2a-1$, $2a+1$, 즉 3, 5를 근으로 하고, 이차항의 계수가 1인 이차방정식은
$x^2-8x+15=0$이므로 $b=-8$, $c=15$
따라서 $a+b+c=2+(-8)+15=9$

답 ⑤

74 이차방정식 $x^2+6x+10=0$에서 근의 공식에 의하여 두 근은
$x=-3\pm\sqrt{3^2-1\times10}=-3\pm i$
따라서
$x^2+6x+10=\{x-(-3+i)\}\{x-(-3-i)\}$
$=(x+3-i)(x+3+i)$

답 ⑤

75 이차방정식 $x^2-2x+5=0$에서 근의 공식에 의하여 두 근은
$x=-(-1)\pm\sqrt{(-1)^2-1\times5}=1\pm2i$
따라서
$x^2-2x+5=\{x-(1+2i)\}\{x-(1-2i)\}$
$=(x-1-2i)(x-1+2i)$

답 $(x-1-2i)(x-1+2i)$

76 $f(-2)=0$, $f(4)=0$이므로 이차방정식 $f(x)=0$의 두 근은 -2, 4이다.
이때 이차식 $f(x)$의 이차항의 계수가 2이므로
$f(x)=2(x+2)(x-4)$
따라서
$f(1)=2\times(1+2)\times(1-4)=-18$

답 ⑤

77 두 근이 $1+i$, $1-i$이고 이차항의 계수가 1인 이차방정식은
$\{x-(1+i)\}\{x-(1-i)\}=0$
$(x-1-i)(x-1+i)=0$
따라서 $f(x)=(x-1-i)(x-1+i)$이므로
$f(4)=(4-1-i)(4-1+i)$
$=(3-i)(3+i)$
$=3^2-i^2$
$=9-(-1)$
$=10$

답 ②

78 이차방정식 $f(x)=0$의 두 근이 α, β이므로
$f(x)=(x-\alpha)(x-\beta)$
이때
$(\alpha-1)(\beta-1)=0$, $(\alpha+2)(\beta+2)=0$
이므로
$(1-\alpha)(1-\beta)=0$, $(-2-\alpha)(-2-\beta)=0$
이차방정식 $f(x)=0$의 근은
$x=1$ 또는 $x=-2$
이므로
$f(x)=(x-1)(x+2)=x^2+x-2$
$f(x)-4=(x^2+x-2)-4=(x+3)(x-2)$
따라서 $f(x)-4$의 인수인 것은 ④이다.

답 ④

79 이차방정식 $x^2+5x-4=0$의 두 근이 α, β이므로
이차방정식의 근과 계수의 관계에 의하여
$\alpha+\beta=-5$, $\alpha\beta=-4$
이때 $f(\alpha)=\alpha$, $f(\beta)=\beta$에서
$f(\alpha)-\alpha=0$, $f(\beta)-\beta=0$
α, β는 이차방정식 $f(x)-x=0$의 두 근이고,
$f(x)$의 x^2의 계수가 1이므로
$f(x)-x=(x-\alpha)(x-\beta)$
따라서 $f(x)=(x-\alpha)(x-\beta)+x$이므로
$f(1)=(1-\alpha)(1-\beta)+1$
$=\{1-(\alpha+\beta)+\alpha\beta\}+1$
$=\{1-(-5)-4\}+1$
$=3$

답 ①

80 방정식 $f(x)=0$이 이차방정식이므로
방정식 $f(2x+1)=0$도 이차방정식이다.
이차방정식 $f(2x+1)=0$에서
$2x+1=t$라 하면 $x=\dfrac{t-1}{2}$이므로
이차방정식 $f(2x+1)=0$의 근은
$x=\dfrac{\alpha-1}{2}$ 또는 $x=\dfrac{\beta-1}{2}$
따라서 이차방정식 $f(2x+1)=0$의 두 근의 곱은
$\dfrac{\alpha-1}{2}\times\dfrac{\beta-1}{2}=\dfrac{\alpha\beta-(\alpha+\beta)+1}{4}$
$=\dfrac{-3-6+1}{4}$
$=-2$

답 ⑤

다른 풀이
이차방정식 $f(x)=0$의 두 근이 α, β이므로
0이 아닌 상수 a에 대하여
$f(x)=a(x-\alpha)(x-\beta)$로 놓을 수 있다.
$f(2x+1)=a(2x+1-\alpha)(2x+1-\beta)$이므로
$f(2x+1)=0$에서 $a(2x+1-\alpha)(2x+1-\beta)=0$
$x=\dfrac{\alpha-1}{2}$ 또는 $x=\dfrac{\beta-1}{2}$

따라서 이차방정식 $f(2x+1)=0$의 두 근의 곱은

$$\frac{\alpha-1}{2}\times\frac{\beta-1}{2}=\frac{\alpha\beta-(\alpha+\beta)+1}{4}$$
$$=\frac{-3-6+1}{4}$$
$$=-2$$

81 이차방정식 $f(x)=0$의 두 근을 α, β라 하면
두 근의 합이 16이므로 $\alpha+\beta=16$
방정식 $f(x)=0$이 이차방정식이므로
방정식 $f(2x)=0$도 이차방정식이다.
이차방정식 $f(2x)=0$에서
$2x=t$라 하면 $x=\frac{t}{2}$이므로
이차방정식 $f(2x)=0$의 근은
$x=\frac{\alpha}{2}$ 또는 $x=\frac{\beta}{2}$
따라서 이차방정식 $f(2x)=0$의 두 근의 합은
$$\frac{\alpha}{2}+\frac{\beta}{2}=\frac{\alpha+\beta}{2}=\frac{16}{2}=8$$

답 ①

82 방정식 $f(x)=0$이 이차방정식이므로
방정식 $f(4x-2)=0$도 이차방정식이다.
이차방정식 $f(x)=0$의 두 근을 α, β라 하면
$\alpha+\beta=7$, $\alpha\beta=-2$
이차방정식 $f(4x-2)=0$에서
$4x-2=t$라 하면 $x=\frac{t+2}{4}$이므로
이차방정식 $f(4x-2)=0$의 근은
$x=\frac{\alpha+2}{4}$ 또는 $x=\frac{\beta+2}{4}$
따라서 이차방정식 $f(4x-2)=0$의 두 근의 곱은
$$\frac{\alpha+2}{4}\times\frac{\beta+2}{4}=\frac{\alpha\beta+2(\alpha+\beta)+4}{16}$$
$$=\frac{-2+14+4}{16}$$
$$=1$$

답 ①

83 a, b가 실수이고 이차방정식 $x^2+ax+b=0$의 한 근이 $3+2i$이므로 다른 한 근은 $3-2i$이다.
이차방정식의 근과 계수의 관계에 의하여
$(3+2i)+(3-2i)=-a$에서 $a=-6$
$(3+2i)(3-2i)=b$에서
$b=3^2-(2i)^2=9-4i^2=9+4=13$
따라서 $a+b=-6+13=7$

답 ④

84 a, b가 유리수이고 이차방정식 $x^2+ax+b=0$의 한 근이 $4+2\sqrt{3}$이므로 다른 한 근은 $4-2\sqrt{3}$이다.
이차방정식의 근과 계수의 관계에 의하여
$(4+2\sqrt{3})+(4-2\sqrt{3})=-a$에서 $a=-8$
$(4+2\sqrt{3})(4-2\sqrt{3})=b$에서
$b=4^2-(2\sqrt{3})^2=4$
따라서 $b-a=4-(-8)=12$

답 ②

85 a, b가 실수이고 이차방정식 $2x^2+ax+b=0$의 한 근이 $1-i$이므로 다른 한 근은 $1+i$이다.
이차방정식의 근과 계수의 관계에 의하여
$(1-i)+(1+i)=-\frac{a}{2}$에서 $a=-4$
$(1-i)(1+i)=\frac{b}{2}$에서
$b=2(1^2-i^2)=4$
따라서 $ab=-4\times4=-16$

답 ③

서술형 완성하기

본문 80쪽

01 31	**02** -12
03 2	**04** 6

01 $z=\frac{1+i}{1-i}=\frac{(1+i)^2}{(1-i)(1+i)}=\frac{1+2i+i^2}{1-i^2}=\frac{2i}{2}=i$
음이 아닌 정수 n에 대하여
$z^{4n+1}=i^{4n+1}=i$
$z^{4n+2}=i^{4n+2}=i^2=-1$
$z^{4n+3}=i^{4n+3}=i^3=-i$
$z^{4n+4}=(i^4)^{n+1}=1$ …… ❶
이때
$z+2z^2+3z^3+4z^4+\cdots+30z^{30}$
$=i+2i^2+3i^3+4i^4+\cdots+30i^{30}$
$=(i-2-3i+4)+(5i-6-7i+8)+$
$\cdots+(25i-26-27i+28)+29i-30$
$=7\times(2-2i)+29i-30$
$=-16+15i$ …… ❷
이므로
$-16+15i=a+bi$
두 복소수가 서로 같을 조건에 의하여
$a=-16$, $b=15$
따라서 $b-a=15-(-16)=31$ …… ❸

답 31

단계	채점 기준	비율
❶	복소수 z를 간단히 정리한 후, z^n의 규칙을 발견한 경우	40 %
❷	$z+2z^2+3z^3+4z^4+\cdots+30z^{30}$의 값을 간단히 한 경우	40 %
❸	$b-a$의 값을 구한 경우	20 %

02 이차방정식 $x^2-4x-2=0$의 두 근이 α, β이므로
이차방정식의 근과 계수의 관계에 의하여

$\alpha+\beta=4,\ \alpha\beta=-2$ ...... ❶

이때

$\alpha^2+\beta^2=(\alpha+\beta)^2-2\alpha\beta$

$=4^2-2\times(-2)$

$=20$ ...... ❷

따라서

$\frac{\beta+1}{\alpha}+\frac{\alpha+1}{\beta}=\frac{(\beta+1)\beta+(\alpha+1)\alpha}{\alpha\beta}$

$=\frac{(\alpha^2+\beta^2)+\alpha+\beta}{\alpha\beta}$

$=\frac{20+4}{-2}$

$=-12$ ...... ❸

답 -12

단계	채점 기준	비율
❶	이차방정식의 근과 계수의 관계를 이용하여 $\alpha+\beta$, $\alpha\beta$의 값을 구한 경우	30 %
❷	$\alpha^2+\beta^2$의 값을 구한 경우	30 %
❸	$\frac{\beta+1}{\alpha}+\frac{\alpha+1}{\beta}$의 값을 구한 경우	40 %

03 이차방정식 $x^2+2ax-a+6=0$이 중근을 가지므로

이차방정식 $x^2+2ax-a+6=0$의 판별식을 D_1이라 하면

$\frac{D_1}{4}=a^2-(-a+6)=0$이어야 한다.

즉, $a^2+a-6=0$에서

$(a+3)(a-2)=0$

$a=-3$ 또는 $a=2$ ...... ㉠ ...... ❶

또, 이차방정식 $x^2+3x+a+1=0$이 서로 다른 두 허근을 가지므로

이차방정식 $x^2+3x+a+1=0$의 판별식을 D_2라 하면

$D_2=3^2-4(a+1)<0$이어야 한다.

즉, $5-4a<0$에서 $a>\frac{5}{4}$ ...... ㉡ ...... ❷

㉠, ㉡에서 $a=2$ ...... ❸

답 2

단계	채점 기준	비율
❶	이차방정식이 중근을 가질 조건을 이용하여 실수 a의 값을 구한 경우	40 %
❷	이차방정식이 서로 다른 두 허근을 가질 조건을 이용하여 실수 a의 값의 범위를 구한 경우	40 %
❸	조건을 만족시키는 실수 a의 값을 구한 경우	20 %

04 이차방정식 $x^2-2ax+a^2-2a+5=0$이 서로 다른 두 실근을 가지므로

이차방정식 $x^2-2ax+a^2-2a+5=0$의 판별식을 D라 하면

$\frac{D}{4}=(-a)^2-(a^2-2a+5)>0$이어야 한다.

즉, $2a-5>0$에서 $a>\frac{5}{2}$ ...... ㉠ ...... ❶

이차방정식 $x^2-2ax+a^2-2a+5=0$의 두 근이 α, β이므로

이차방정식의 근과 계수의 관계에 의하여

$\alpha+\beta=2a$ ...... ❷

a의 값이 최소일 때, $\alpha+\beta$의 값도 최소이다.

㉠에서 a가 정수이므로 a의 최솟값은 3이다.

따라서

$a=3$일 때 $\alpha+\beta$의 값은 최소이고, 이때 $\alpha+\beta$의 최솟값은 6이다. ...... ❸

답 6

단계	채점 기준	비율
❶	이차방정식의 판별식을 이용하여 a의 값의 범위를 구한 경우	40 %
❷	이차방정식의 근과 계수의 관계를 이용하여 $\alpha+\beta$의 값을 a로 나타낸 경우	30 %
❸	$\alpha+\beta$의 최솟값을 구한 경우	30 %

내신 + 수능 고난도 도전

본문 81쪽

01 ⑤ 02 ② 03 ④ 04 ③

01 $\frac{4a}{1+i}+i(1-2i)=\overline{6+bi}$에서

$\frac{4a}{1+i}=\frac{4a(1-i)}{(1+i)(1-i)}=\frac{4a(1-i)}{1-i^2}$

$=\frac{4a(1-i)}{1-(-1)}=2a-2ai$

$i(1-2i)=i-2i^2=i-2\times(-1)=2+i$

이므로

$\frac{4a}{1+i}+i(1-2i)=(2a-2ai)+(2+i)$

$=(2a+2)+(1-2a)i$

$\frac{4a}{1+i}+i(1-2i)=\overline{6+bi}$에서

$(2a+2)+(1-2a)i=6-bi$

두 복소수가 서로 같을 조건에 의하여

$2a+2=6,\ 1-2a=-b$

따라서 $a=2$, $b=3$이므로

$a+b=2+3=5$

답 ⑤

02 $z^2<0$이므로

$z=ai$ ($a\neq0$인 실수)로 놓을 수 있다.

$iz=i(ai)=-a>0$이므로 $a<0$

한편

$\frac{1-i}{1+i}=\frac{(1-i)^2}{(1+i)(1-i)}=\frac{1-2i+i^2}{1-i^2}=\frac{-2i}{2}=-i$

이므로

$z=\left(\frac{1-i}{1+i}\right)^n=(-i)^n$

음이 아닌 정수 k에 대하여

$(-i)^{4k+1}=-i$,
$(-i)^{4k+2}=-1$,
$(-i)^{4k+3}=i$,
$(-i)^{4k+4}=1$
이므로 주어진 조건을 만족시키려면
$z=(-i)^n=-i$
이어야 한다.
따라서 자연수 n의 값은 1, 5, 9, 13이고,
그 합은 $1+5+9+13=28$

답 ②

03 이차방정식 $x^2+(a-2)x-6=0$의 두 근이 α, β이므로
이차방정식의 근과 계수의 관계에 의하여
$\alpha+\beta=2-a$ …… ㉠, $\alpha\beta=-6$ …… ㉡
또, 이차방정식 $x^2+2ax+b=0$의 두 근이 $\alpha+\beta$, $\alpha\beta$이므로
이차방정식의 근과 계수의 관계에 의하여
$(\alpha+\beta)+\alpha\beta=-2a$ …… ㉢, $(\alpha+\beta)\alpha\beta=b$ …… ㉣
㉠, ㉡을 ㉢에 대입하면
$(2-a)+(-6)=-2a$에서 $a=4$
$a=4$를 ㉠에 대입하면 $\alpha+\beta=-2$
㉣에서 $b=-2\times(-6)=12$
따라서 $a+b=4+12=16$

답 ④

04 a, b가 실수이고 이차방정식 $x^2+ax+b=0$의 한 근이 $-1+2i$이므로 $-1-2i$도 이차방정식 $x^2+ax+b=0$의 근이다.
이차방정식의 근과 계수의 관계에 의하여
$(-1+2i)+(-1-2i)=-a$
$(-1+2i)(-1-2i)=b$
이므로 $a=2$, $b=5$
이차방정식 $x^2-10x-2+k=0$이 중근을 가질 때
이차방정식 $x^2-10x-2+k=0$의 판별식을 D라 하면
$\frac{D}{4}=(-5)^2-(-2+k)=0$
이어야 하므로
$25+2-k=0$, $k=27$
$k=27$일 때, 이차방정식 $x^2-10x-2+k=0$은
$x^2-10x+25=0$
$(x-5)^2=0$, $x=5$
따라서 $\alpha=5$이므로
$k+\alpha=27+5=32$

답 ③

05 이차방정식과 이차함수

개념 확인하기

본문 83쪽

01	$a=-2$, $b=-8$	02	$a=-6$, $b=5$
03	-4, 1	04	4
05	-1, $\frac{3}{2}$	06	2
07	0	08	1
09	2	10	(1) $k<3$ (2) $k=3$ (3) $k>3$
11	-2, 1	12	3
13	-4, 2	14	서로 다른 두 점에서 만난다.
15	서로 다른 두 점에서 만난다.	16	한 점에서 만난다. (접한다.)
17	만나지 않는다.		
18	(1) $k<\frac{27}{2}$ (2) $k=\frac{27}{2}$ (3) $k>\frac{27}{2}$		
19	최댓값: 8, 최솟값: -1	20	최댓값: 13, 최솟값: -3
21	최댓값: 3, 최솟값: -6	22	최댓값: 4, 최솟값: -20

01 이차함수 $y=x^2+ax+b$의 그래프와 x축의 교점의 x좌표가 -2, 4이므로 이차방정식 $x^2+ax+b=0$의 두 근은 -2, 4이다.
이차방정식의 근과 계수의 관계에 의하여
$-2+4=-a$, $(-2)\times4=b$
따라서 $a=-2$, $b=-8$

답 $a=-2$, $b=-8$

02 이차함수 $y=x^2+ax+b$의 그래프와 x축의 교점의 x좌표가 1, 5이므로 이차방정식 $x^2+ax+b=0$의 두 근은 1, 5이다.
이차방정식의 근과 계수의 관계에 의하여
$1+5=-a$, $1\times5=b$
따라서 $a=-6$, $b=5$

답 $a=-6$, $b=5$

03 이차함수 $y=x^2+3x-4$의 그래프와 x축의 교점의 x좌표는 이차방정식 $x^2+3x-4=0$의 실근과 같다.
$x^2+3x-4=0$에서
$(x+4)(x-1)=0$
$x=-4$ 또는 $x=1$
따라서 이차함수 $y=x^2+3x-4$의 그래프와 x축의 교점의 x좌표는 -4, 1이다.

답 -4, 1

04 이차함수 $y=x^2-8x+16$의 그래프와 x축의 교점의 x좌표는 이차방정식 $x^2-8x+16=0$의 실근과 같다.
$x^2-8x+16=0$에서
$(x-4)^2=0$, $x=4$
따라서 이차함수 $y=x^2-8x+16$의 그래프와 x축의 교점의 x좌표는 4이다.

답 4

05 이차함수 $y=-2x^2+x+3$의 그래프와 x축의 교점의 x좌표는 이차방정식 $-2x^2+x+3=0$, 즉 $2x^2-x-3=0$의 실근과 같다.
$2x^2-x-3=0$에서
$(2x-3)(x+1)=0$
$x=-1$ 또는 $x=\frac{3}{2}$
따라서 이차함수 $y=-2x^2+x+3$의 그래프와 x축의 교점의 x좌표는 -1, $\frac{3}{2}$이다.

답 -1, $\frac{3}{2}$

06 이차함수 $y=x^2+6x+8$의 그래프와 x축의 교점의 개수는 이차방정식 $x^2+6x+8=0$의 서로 다른 실근의 개수와 같다.
이차방정식 $x^2+6x+8=0$의 판별식을 D라 하면
$\frac{D}{4}=3^2-1\times8=1>0$
이므로 이차방정식 $x^2+6x+8=0$은 서로 다른 두 실근을 갖는다.
따라서 이차함수 $y=x^2+6x+8$의 그래프와 x축의 교점의 개수는 2이다.

답 2

07 이차함수 $y=2x^2-x+1$의 그래프와 x축의 교점의 개수는 이차방정식 $2x^2-x+1=0$의 서로 다른 실근의 개수와 같다.
이차방정식 $2x^2-x+1=0$의 판별식을 D라 하면
$D=(-1)^2-4\times2\times1=1-8=-7<0$
이므로 이차방정식 $2x^2-x+1=0$은 서로 다른 두 허근을 갖는다.
따라서 이차함수 $y=2x^2-x+1$의 그래프와 x축의 교점의 개수는 0이다.

답 0

08 이차함수 $y=x^2-x+\frac{1}{4}$의 그래프와 x축의 교점의 개수는 이차방정식 $x^2-x+\frac{1}{4}=0$의 서로 다른 실근의 개수와 같다.
이차방정식 $x^2-x+\frac{1}{4}=0$의 판별식을 D라 하면
$D=(-1)^2-4\times1\times\frac{1}{4}=1-1=0$
이므로 이차방정식 $x^2-x+\frac{1}{4}=0$은 서로 같은 실근 (중근)을 갖는다.
따라서 이차함수 $y=x^2-x+\frac{1}{4}$의 그래프와 x축의 교점의 개수는 1이다.

답 1

09 이차함수 $y=-4x^2-5x+1$의 그래프와 x축의 교점의 개수는 이차방정식 $-4x^2-5x+1=0$, 즉 $4x^2+5x-1=0$의 서로 다른 실근의 개수와 같다.
이차방정식 $4x^2+5x-1=0$의 판별식을 D라 하면
$D=5^2-4\times4\times(-1)=25+16=41>0$
이므로 이차방정식 $4x^2+5x-1=0$은 서로 다른 두 실근을 갖는다.
따라서 이차함수 $y=-4x^2-5x+1$의 그래프와 x축의 교점의 개수는 2이다.

답 2

10 이차함수 $y=x^2-4x+k+1$의 그래프와 x축의 교점의 개수는 이차방정식 $x^2-4x+k+1=0$의 서로 다른 실근의 개수와 같다.
이차방정식 $x^2-4x+k+1=0$의 판별식을 D라 하면
$\frac{D}{4}=(-2)^2-1\times(k+1)=3-k$
(1) 이차함수 $y=x^2-4x+k+1$의 그래프와 x축이 서로 다른 두 점에서 만나려면 $D>0$이어야 한다.
즉, $3-k>0$에서 $k<3$
(2) 이차함수 $y=x^2-4x+k+1$의 그래프와 x축이 한 점에서 만나려면 $D=0$이어야 한다.
즉, $3-k=0$에서 $k=3$
(3) 이차함수 $y=x^2-4x+k+1$의 그래프와 x축이 만나지 않으려면 $D<0$이어야 한다.
즉, $3-k<0$에서 $k>3$

답 (1) $k<3$ (2) $k=3$ (3) $k>3$

11 이차함수 $y=x^2+4x$의 그래프와 직선 $y=3x+2$의 교점의 x좌표는 이차방정식 $x^2+4x=3x+2$, 즉 $x^2+x-2=0$의 실근과 같다.
$x^2+x-2=0$에서 $(x+2)(x-1)=0$
$x=-2$ 또는 $x=1$
따라서 구하는 교점의 x좌표는
$x=-2$ 또는 $x=1$

답 -2, 1

12 이차함수 $y=x^2-5x+9$의 그래프와 직선 $y=x$의 교점의 x좌표는 이차방정식 $x^2-5x+9=x$, 즉 $x^2-6x+9=0$의 실근과 같다.
$x^2-6x+9=0$에서 $(x-3)^2=0$
$x=3$
따라서 구하는 교점의 x좌표는
$x=3$

답 3

13 이차함수 $y=-x^2+3x+2$의 그래프와 직선 $y=5x-6$의 교점의 x좌표는 이차방정식 $-x^2+3x+2=5x-6$, 즉 $x^2+2x-8=0$의 실근과 같다.
$x^2+2x-8=0$에서 $(x+4)(x-2)=0$
$x=-4$ 또는 $x=2$
따라서 구하는 교점의 x좌표는
$x=-4$ 또는 $x=2$

답 -4, 2

14 이차함수 $y=2x^2-x-1$의 그래프와 직선 $y=4x-2$의 교점의 개수는 이차방정식 $2x^2-x-1=4x-2$, 즉 $2x^2-5x+1=0$의 서로 다른 실근의 개수와 같다.
이차방정식 $2x^2-5x+1=0$의 판별식을 D라 하면
$D=(-5)^2-4\times2\times1=25-8=17>0$
이므로 이차방정식 $2x^2-5x+1=0$의 서로 다른 실근의 개수는 2이다.
따라서 이차함수 $y=2x^2-x-1$의 그래프와 직선 $y=4x-2$는 서로 다른 두 점에서 만난다.

답 서로 다른 두 점에서 만난다.

15 이차함수 $y=x^2+6x$의 그래프와 직선 $y=x-3$의 교점의 개수는 이차방정식 $x^2+6x=x-3$, 즉 $x^2+5x+3=0$의 서로 다른 실근의 개수와 같다.
이차방정식 $x^2+5x+3=0$의 판별식을 D라 하면
$D=5^2-4\times1\times3=25-12=13>0$
이므로 이차방정식 $x^2+5x+3=0$의 서로 다른 실근의 개수는 2이다.
따라서 이차함수 $y=x^2+6x$의 그래프와 직선 $y=x-3$은 서로 다른 두 점에서 만난다.

답 서로 다른 두 점에서 만난다.

16 이차함수 $y=-x^2+3x+4$의 그래프와 직선 $y=-x+8$의 교점의 개수는 이차방정식 $-x^2+3x+4=-x+8$, 즉 $x^2-4x+4=0$의 서로 다른 실근의 개수와 같다.
이차방정식 $x^2-4x+4=0$의 판별식을 D라 하면
$\frac{D}{4}=(-2)^2-1\times4=0$
이므로 이차방정식 $x^2-4x+4=0$의 서로 다른 실근의 개수는 1이다.
따라서 이차함수 $y=-x^2+3x+4$의 그래프와 직선 $y=-x+8$은 한 점에서 만난다. (접한다.)

답 한 점에서 만난다. (접한다.)

17 이차함수 $y=-3x^2+8x+8$의 그래프와 직선 $y=2x+12$의 교점의 개수는 이차방정식 $-3x^2+8x+8=2x+12$, 즉 $3x^2-6x+4=0$의 서로 다른 실근의 개수와 같다.
이차방정식 $3x^2-6x+4=0$의 판별식을 D라 하면
$\frac{D}{4}=(-3)^2-3\times4=-3<0$
이므로 이차방정식 $3x^2-6x+4=0$의 실근의 개수는 0이다.
따라서 이차함수 $y=-3x^2+8x+8$의 그래프와 직선 $y=2x+12$는 만나지 않는다.

답 만나지 않는다.

18 이차함수 $y=\frac{1}{2}x^2-4x+k$의 그래프와 직선 $y=x+1$의 교점의 개수는 이차방정식 $\frac{1}{2}x^2-4x+k=x+1$, 즉 $x^2-10x+2k-2=0$의 서로 다른 실근의 개수와 같다.
이차방정식 $x^2-10x+2k-2=0$의 판별식을 D라 하면
$\frac{D}{4}=(-5)^2-1\times(2k-2)=27-2k$

(1) 이차함수 $y=\frac{1}{2}x^2-4x+k$의 그래프와 직선 $y=x+1$이 서로 다른 두 점에서 만나려면 $D>0$이어야 한다.
즉, $27-2k>0$에서 $k<\frac{27}{2}$

(2) 이차함수 $y=\frac{1}{2}x^2-4x+k$의 그래프와 직선 $y=x+1$이 한 점에서 만나려면 $D=0$이어야 한다.
즉, $27-2k=0$에서 $k=\frac{27}{2}$

(3) 이차함수 $y=\frac{1}{2}x^2-4x+k$의 그래프와 직선 $y=x+1$이 만나지 않으려면 $D<0$이어야 한다.
즉, $27-2k<0$에서 $k>\frac{27}{2}$

답 (1) $k<\frac{27}{2}$ (2) $k=\frac{27}{2}$ (3) $k>\frac{27}{2}$

19 $f(x)=x^2-2x=(x-1)^2-1$
함수 $y=f(x)$의 그래프의 꼭짓점의 x좌표는 1이고 $-2\le1\le2$이다.
이때 $f(-2)=8$, $f(2)=0$, $f(1)=-1$이므로
구하는 최댓값은 8, 최솟값은 -1이다.

답 최댓값: 8, 최솟값: -1

20 $f(x)=2x^2-8x+3=2(x-2)^2-5$
함수 $y=f(x)$의 그래프의 꼭짓점의 x좌표는 2이고 $1<2$이다.
이때 $f(-1)=13$, $f(1)=-3$이므로
구하는 최댓값은 13, 최솟값은 -3이다.

답 최댓값: 13, 최솟값: -3

21 $f(x)=-x^2+2x+2=-(x-1)^2+3$
함수 $y=f(x)$의 그래프의 꼭짓점의 x좌표는 1이고 $-2\le1\le3$이다.
이때 $f(-2)=-6$, $f(3)=-1$, $f(1)=3$이므로
구하는 최댓값은 3, 최솟값은 -6이다.

답 최댓값: 3, 최솟값: -6

22 $f(x)=-2x^2-4x+10=-2(x+1)^2+12$
함수 $y=f(x)$의 그래프의 꼭짓점의 x좌표는 -1이고 $-1<1$이다.
이때 $f(1)=4$, $f(3)=-20$이므로
구하는 최댓값은 4, 최솟값은 -20이다.

답 최댓값: 4, 최솟값: -20

유형 완성하기

본문 84~91쪽

01 ②	02 ⑤	03 ④	04 17	05 ①
06 ③	07 ③	08 6	09 ②	10 ②
11 9	12 -6	13 ⑤	14 ②	15 25
16 ①	17 ⑤	18 32	19 ③	20 ④
21 ⑤	22 $k>4$	23 ③	24 ③	25 ⑤
26 $\frac{12}{5}$	27 ①	28 ⑤	29 ③	30 ④
31 ④	32 ①	33 20	34 ⑤	35 ①
36 ③	37 ①	38 ④	39 -6	40 ②
41 ④	42 25	43 ③	44 ④	45 -2
46 ③	47 13			

01 이차함수 $y=x^2+ax+b$의 그래프가 x축과 두 점 A(1, 0), B(4, 0)에서 만나므로 이차방정식 $x^2+ax+b=0$의 두 근은 1, 4이다.
이차방정식의 근과 계수의 관계에 의하여
$1+4=-a$, $1\times4=b$

따라서 $a=-5$, $b=4$이므로

$b-a=4-(-5)=9$

답 ②

02 이차방정식 $x^2+3x-10=0$에서

$(x+5)(x-2)=0$

$x=-5$ 또는 $x=2$

이차함수 $y=x^2+3x-10$의 그래프와 x축이 만나는 두 점의 x좌표는 -5, 2이므로

$a=-5$, $b=2$ 또는 $a=2$, $b=-5$

따라서 $ab=2\times(-5)=-10$

답 ⑤

03 이차방정식 $ax^2+bx+c=0$의 두 실근이 -4, 5이므로 이차함수 $y=ax^2+bx+c$의 그래프와 x축이 두 점에서 만나고, 만나는 두 점의 좌표는 $(-4, 0)$, $(5, 0)$이다.

따라서 이차함수 $y=ax^2+bx+c$의 그래프가 x축과 만나는 두 점 사이의 거리는

$5-(-4)=9$

답 ④

04 이차함수 $y=x^2+ax+b$의 그래프와 x축이 만나는 두 점의 x좌표가 각각 -1, 3이므로 이차방정식 $x^2+ax+b=0$의 두 실근은 -1, 3이다.

이차방정식의 근과 계수의 관계에 의하여

$-1+3=-a$, $-1\times3=b$

이므로 $a=-2$, $b=-3$

이차방정식 $x^2+bx+2a=0$에서

$x^2-3x-4=0$

$(x+1)(x-4)=0$

$x=-1$ 또는 $x=4$

따라서 $\alpha=-1$, $\beta=4$ 또는 $\alpha=4$, $\beta=-1$이므로

$\alpha^2+\beta^2=(-1)^2+4^2=17$

답 17

05 이차함수 $y=ax^2+bx+c=a\left(x+\dfrac{b}{2a}\right)^2-\dfrac{b^2-4ac}{4a}$의 그래프의 꼭짓점의 x좌표가 2이므로

$-\dfrac{b}{2a}=2$에서 $b=-4a$

이차함수 $y=ax^2+bx+c$의 그래프가 점 $(-1, 0)$을 지나므로

$0=a-b+c$

$b=-4a$를 대입하면

$0=a-(-4a)+c$, $c=-5a$

이차방정식 $ax^2+bx+c=0$에서

$ax^2-4ax-5a=0$

$a(x+1)(x-5)=0$

이때 $a\neq0$이므로

$x=-1$ 또는 $x=5$

따라서 $\alpha=-1$, $\beta=5$ 또는 $\alpha=5$, $\beta=-1$이므로

$|\alpha-\beta|=|-1-5|=6$

답 ①

06 이차함수 $y=-x^2+ax+b$의 그래프와 x축의 두 교점의 x좌표가 각각 $a-2$, $a-1$이므로 이차방정식 $-x^2+ax+b=0$의 서로 다른 두 실근은 $a-2$, $a-1$이다.

이차방정식의 근과 계수의 관계에 의하여

$(a-2)+(a-1)=a$ ⋯⋯ ㉠, $(a-2)(a-1)=-b$ ⋯⋯ ㉡

㉠에서 $a=3$

$a=3$을 ㉡에 대입하면

$1\times2=-b$, $b=-2$

이차방정식 $x^2+bx-a=0$, 즉 $x^2-2x-3=0$에서

$(x+1)(x-3)=0$

$x=-1$ 또는 $x=3$

이차함수 $y=x^2+bx-a$의 그래프와 x축이 만나는 두 교점의 좌표가 각각 $(-1, 0)$, $(3, 0)$이므로

$c=-1$, $d=3$ 또는 $c=3$, $d=-1$

따라서 $a+b+c+d=3+(-2)+(-1)+3=3$

답 ③

07 이차함수 $y=x^2+2kx+k^2+2k-8$의 그래프가 x축과 두 점에서 만나려면 이차방정식 $x^2+2kx+k^2+2k-8=0$이 서로 다른 두 실근을 가져야 한다.

이차방정식 $x^2+2kx+k^2+2k-8=0$의 판별식을 D라 하면

$\dfrac{D}{4}=k^2-(k^2+2k-8)=-2k+8>0$에서 $k<4$

따라서 자연수 k의 값은 1, 2, 3이고, 그 개수는 3이다.

답 ③

08 이차함수 $y=2x^2-2kx+k+12$의 그래프가 x축에 접하려면 이차방정식 $2x^2-2kx+k+12=0$이 중근을 가져야 한다.

이차방정식 $2x^2-2kx+k+12=0$의 판별식을 D라 하면

$\dfrac{D}{4}=(-k)^2-2(k+12)=0$에서

$k^2-2k-24=0$, $(k+4)(k-6)=0$

이때 $k>0$이므로 $k=6$

답 6

09 이차함수 $y=-x^2+3x+2-k$의 그래프가 x축과 만나지 않으려면 이차방정식 $-x^2+3x+2-k=0$이 서로 다른 두 허근을 가져야 한다.

이차방정식 $-x^2+3x+2-k=0$의 판별식을 D라 하면

$D=3^2+4(2-k)<0$에서 $k>\dfrac{17}{4}$

따라서 정수 k의 최솟값은 5이다.

답 ②

10 이차함수 $y=x^2+4kx+4k-1$의 그래프와 x축이 접하려면 이차방정식 $x^2+4kx+4k-1=0$이 중근을 가져야 한다.

이차방정식 $x^2+4kx+4k-1=0$의 판별식을 D라 하면

$\dfrac{D}{4}=(2k)^2-(4k-1)=0$에서 $4k^2-4k+1=0$

$(2k-1)^2=0$, $k=\dfrac{1}{2}$

이차방정식 $x^2+4kx+4k-1=0$에서 $k=\dfrac{1}{2}$이므로

$x^2+2x+1=0$, $(x+1)^2=0$, $x=-1$

이차함수 $y=x^2+4kx+4k-1$의 그래프와 x축이 접하는 점의 좌표는 $(-1, 0)$이므로 $p=-1$

따라서 $k+p=\frac{1}{2}+(-1)=-\frac{1}{2}$

답 ②

11 이차함수 $y=-x^2+ax+4$의 그래프와 y축이 만나는 점 C의 좌표는 C$(0, 4)$

두 점 A, B의 x좌표를 각각 α, β라 하고 원점을 O라 하면 삼각형 ABC의 넓이가 10이므로

$\frac{1}{2}\times\overline{AB}\times\overline{OC}=10$에서

$\frac{1}{2}\times\overline{AB}\times4=10$, $\overline{AB}=5$

즉, $|\alpha-\beta|=5$ ...... ㉠

한편 두 수 α, β는 이차방정식 $-x^2+ax+4=0$의 서로 다른 실근이므로 이차방정식의 근과 계수의 관계에 의하여

$\alpha+\beta=-\frac{a}{-1}=a$ ...... ㉡

$\alpha\beta=\frac{4}{-1}=-4$ ...... ㉢

㉠의 양변을 제곱하면 $(\alpha-\beta)^2=25$이므로

$(\alpha+\beta)^2-4\alpha\beta=25$ ...... ㉣

㉡, ㉢을 ㉣에 대입하면

$a^2-4\times(-4)=25$

따라서 $a^2=9$

답 9

12 이차함수 $y=x^2+kx-k+3$의 그래프가 x축에 접하므로 이차방정식 $x^2+kx-k+3=0$이 중근을 가져야 한다.

이차방정식 $x^2+kx-k+3=0$의 판별식을 D_1이라 하면

$D_1=k^2-4(-k+3)=0$에서

$k^2+4k-12=0$

$(k+6)(k-2)=0$

$k=-6$ 또는 $k=2$

(i) $k=-6$일 때

이차함수 $y=x^2-3x+k+5$에서 $y=x^2-3x-1$

이차방정식 $x^2-3x-1=0$의 판별식을 D_2라 하면

$D_2=(-3)^2-4\times1\times(-1)=13>0$

이므로 이차함수 $y=x^2-3x+k+5$의 그래프와 x축은 서로 다른 두 점에서 만난다.

(ii) $k=2$일 때

이차함수 $y=x^2-3x+k+5$에서 $y=x^2-3x+7$

이차방정식 $x^2-3x+7=0$의 판별식을 D_3이라 하면

$D_3=(-3)^2-4\times1\times7=-19<0$

이므로 이차함수 $y=x^2-3x+k+5$의 그래프와 x축은 만나지 않는다.

(i), (ii)에서 $k=-6$

답 -6

13 이차함수 $y=x^2-4x+3$의 그래프와 직선 $y=2x+k$가 서로 다른 두 점에서 만나려면 이차방정식 $x^2-4x+3=2x+k$, 즉 $x^2-6x-k+3=0$이 서로 다른 두 실근을 가져야 한다.

이차방정식 $x^2-6x-k+3=0$의 판별식을 D라 하면

$\frac{D}{4}=(-3)^2-(-k+3)>0$에서 $k>-6$

따라서 정수 k의 최솟값은 -5이다.

답 ⑤

14 이차함수 $y=-x^2+x+6$의 그래프와 직선 $y=-4x+k$가 만나려면 이차방정식 $-x^2+x+6=-4x+k$, 즉 $x^2-5x+k-6=0$이 실근을 가져야 한다.

이차방정식 $x^2-5x+k-6=0$의 판별식을 D라 하면

$D=(-5)^2-4(k-6)\geq0$에서 $k\leq\frac{49}{4}$

따라서 정수 k의 최댓값은 12이다.

답 ②

15 이차함수 $y=x^2+2x-4$의 그래프와 직선 $y=x+2$의 두 교점 A, B의 x좌표는 이차방정식 $x^2+2x-4=x+2$, 즉 $x^2+x-6=0$의 실근이다.

$x^2+x-6=0$에서

$(x+3)(x-2)=0$

$x=-3$ 또는 $x=2$

따라서 $a=-3$, $b=2$ 또는 $a=2$, $b=-3$이므로

$(a-b)^2=(-3-2)^2=25$

답 25

16 이차함수 $y=2x^2+ax-5$의 그래프와 직선 $y=-2x+a$의 두 교점 A, B의 x좌표는 이차방정식 $2x^2+ax-5=-2x+a$, 즉 $2x^2+(a+2)x-5-a=0$의 실근이다.

이차방정식의 근과 계수의 관계에 의하여

두 점 A, B의 x좌표의 합이 1이므로

$-\frac{a+2}{2}=1$에서 $a=-4$

따라서 두 점 A, B의 x좌표의 곱은

$\frac{-5-a}{2}=\frac{-5-(-4)}{2}=-\frac{1}{2}$

답 ①

17 이차함수 $y=-2x^2+ax+4$의 그래프와 직선 $y=x+b$의 교점 A의 x좌표가 $2-\sqrt{3}$이므로 이차방정식 $-2x^2+ax+4=x+b$, 즉 $2x^2-(a-1)x+b-4=0$의 한 실근은 $2-\sqrt{3}$이다.

이때 a, b가 유리수이므로 $2+\sqrt{3}$도 이차방정식 $2x^2-(a-1)x+b-4=0$의 근이다.

이차방정식의 근과 계수의 관계에 의하여

$(2-\sqrt{3})+(2+\sqrt{3})=\frac{a-1}{2}$, $(2-\sqrt{3})(2+\sqrt{3})=\frac{b-4}{2}$

이므로 $a=9$, $b=6$

따라서 $a+b=9+6=15$

답 ⑤

18 이차함수 $f(x)=x^2-4x$의 그래프와 직선 $y=-2x+3$의 교점의 x좌표는 이차방정식 $x^2-4x=-2x+3$, 즉 $x^2-2x-3=0$의 실근이므로

$(x+1)(x-3)=0$에서 $x=-1$ 또는 $x=3$
두 점 A, B의 x좌표는 각각 -1, 3이므로
$A(-1, 5)$, $B(3, -3)$
이차함수 $f(x)=x^2-4x$의 그래프와 직선 $y=5$의 교점의 x좌표는 이차방정식 $x^2-4x=5$, 즉 $x^2-4x-5=0$의 실근이므로
$(x+1)(x-5)=0$, $x=-1$ 또는 $x=5$
점 C의 좌표는 $(5, 5)$이다.
또, 이차함수 $f(x)=x^2-4x$의 그래프와 직선 $y=-3$의 교점의 x좌표는 이차방정식 $x^2-4x=-3$, 즉 $x^2-4x+3=0$의 실근이므로
$(x-1)(x-3)=0$에서 $x=1$ 또는 $x=3$
점 D의 좌표는 $(1, -3)$이다.
따라서 사각형 ADBC는 $\overline{AC}=6$, $\overline{DB}=2$이고 높이가 8인 사다리꼴이므로 그 넓이는
$\frac{1}{2}\times(6+2)\times 8=32$

답 32

19 이차함수 $y=x^2+1$의 그래프와 직선 $y=4x+k$가 접하므로 이차방정식 $x^2+1=4x+k$, 즉 $x^2-4x+1-k=0$이 중근을 가져야 한다.
이차방정식 $x^2-4x+1-k=0$의 판별식을 D라 하면
$\frac{D}{4}=(-2)^2-(1-k)=0$에서 $k=-3$

답 ③

20 이차함수 $y=-2x^2+x+4$의 그래프에 접하고 기울기가 3인 직선의 방정식을 $y=3x+n$ (n은 상수)라 하자.
이차함수 $y=-2x^2+x+4$의 그래프와 직선 $y=3x+n$이 접하므로 이차방정식 $-2x^2+x+4=3x+n$, 즉 $2x^2+2x+n-4=0$이 중근을 가져야 한다.
이차방정식 $2x^2+2x+n-4=0$의 판별식을 D라 하면
$\frac{D}{4}=1^2-2(n-4)=0$에서 $n=\frac{9}{2}$
직선 $y=3x+\frac{9}{2}$가 점 $\left(\frac{1}{2}, a\right)$를 지나므로
$a=3\times\frac{1}{2}+\frac{9}{2}=6$

답 ④

21 이차함수 $y=3x^2-12x+a$의 그래프가 x축에 접하므로 이차방정식 $3x^2-12x+a=0$은 중근을 가져야 한다.
이차방정식 $3x^2-12x+a=0$의 판별식을 D_1이라 하면
$\frac{D_1}{4}=(-6)^2-3a=0$에서 $a=12$
이차함수 $y=3x^2-12x+12$의 그래프가 직선 $y=-9x+b$에 접하므로 이차방정식 $3x^2-12x+12=-9x+b$, 즉 $3x^2-3x+12-b=0$이 중근을 가져야 한다.
이차방정식 $3x^2-3x+12-b=0$의 판별식을 D_2라 하면
$D_2=(-3)^2-4\times 3\times(12-b)=0$에서 $b=\frac{45}{4}$
따라서 $ab=12\times\frac{45}{4}=135$

답 ⑤

22 이차함수 $y=-3x^2+5x+1$의 그래프와 직선 $y=-x+k$가 만나지 않아야 하므로 이차방정식 $-3x^2+5x+1=-x+k$, 즉 $3x^2-6x+k-1=0$이 서로 다른 두 허근을 가져야 한다.
이차방정식 $3x^2-6x+k-1=0$의 판별식을 D라 하면
$\frac{D}{4}=(-3)^2-3(k-1)<0$에서 $k>4$

답 $k>4$

23 이차함수 $y=-2x^2+8x$의 그래프와 직선 $y=4x+m$이 만나지 않아야 하므로 이차방정식 $-2x^2+8x=4x+m$, 즉 $2x^2-4x+m=0$이 서로 다른 두 허근을 가져야 한다.
이차방정식 $2x^2-4x+m=0$의 판별식을 D라 하면
$\frac{D}{4}=(-2)^2-2m<0$에서 $m>2$
따라서 자연수 m의 최솟값은 3이다.

답 ③

24 조건 (가)에서 $f(2)=f(6)$이므로
이차함수 $y=f(x)$의 그래프는 직선 $x=4$에 대하여 대칭이다.
이때 $f(x)=\left(x+\frac{a}{2}\right)^2-\frac{a^2}{4}+b$이고 이차함수 $y=f(x)$의 그래프의 꼭짓점의 x좌표가 4이므로
$-\frac{a}{2}=4$, 즉 $a=-8$
조건 (나)에서 이차방정식 $x^2-8x+b=2x-4$, 즉 $x^2-10x+b+4=0$이 서로 다른 두 허근을 가져야 한다.
이 이차방정식의 판별식을 D라 하면
$\frac{D}{4}=(-5)^2-(b+4)<0$에서 $b>21$
$f(1)=1-8+b=-7+b$이고, b가 정수이므로
$b=22$일 때, $f(1)$은 최솟값을 갖는다.
따라서 $f(1)$의 최솟값은 $-7+22=15$

답 ③

25 이차함수 $y=f(x)$의 그래프와 x축이 만나는 점의 x좌표가 -2, 4이므로 이차방정식 $f(x)=0$의 근은
$x=-2$ 또는 $x=4$
이차함수 $f(x)$의 이차항의 계수를 a $(a>0)$이라 하면
$f(x)=a(x+2)(x-4)$이므로
$f(2x+3)=a(2x+5)(2x-1)$
$f(2x+3)=0$에서 $a(2x+5)(2x-1)=0$
$x=-\frac{5}{2}$ 또는 $x=\frac{1}{2}$
따라서 방정식 $f(2x+3)=0$의 서로 다른 모든 실근의 합은
$-\frac{5}{2}+\frac{1}{2}=-2$

답 ⑤

26 이차함수 $y=f(x)$의 그래프와 x축이 만나는 점의 x좌표가 1, 3이므로 이차방정식 $f(x)=0$의 근은
$x=1$ 또는 $x=3$
이차함수 $f(x)$의 이차항의 계수를 p $(p<0)$이라 하면

$f(x)=p(x-1)(x-3)$이므로

$f\left(\frac{x-a}{2}\right)=p\left(\frac{x-a}{2}-1\right)\left(\frac{x-a}{2}-3\right)$

$f\left(\frac{x-a}{2}\right)=0$에서

$p\left(\frac{x-a}{2}-1\right)\left(\frac{x-a}{2}-3\right)=0$

$x=a+2$ 또는 $x=a+6$

이차방정식 $f\left(\frac{x-a}{2}\right)=0$의 서로 다른 두 실근의 곱이 a^2+13a이므로

$(a+2)(a+6)=a^2+13a$에서 $5a=12$

따라서 $a=\frac{12}{5}$

답 $\frac{12}{5}$

27 두 이차함수 $y=f(x)$, $y=g(x)$의 그래프가 만나는 두 점의 x좌표가 각각 -2, 1이므로 이차방정식 $f(x)=g(x)$의 실근은

$x=-2$ 또는 $x=1$

$f(3x)=g(3x)$에서

$3x=t$라 하면 $x=\frac{t}{3}$

$f(3x)=g(3x)$의 근은

$x=\frac{1}{3}\times(-2)=-\frac{2}{3}$ 또는 $x=\frac{1}{3}\times1=\frac{1}{3}$

따라서 방정식 $f(3x)=g(3x)$의 서로 다른 모든 실근의 합은

$-\frac{2}{3}+\frac{1}{3}=-\frac{1}{3}$

답 ①

28 $f(x)=x^2-2x+a=(x-1)^2+a-1$이므로

이차함수 $y=f(x)$의 그래프의 꼭짓점의 x좌표는 1이다.

$-1\le1\le2$이므로

이차함수 $y=f(x)$의 그래프의 꼭짓점의 x좌표가 주어진 범위에 포함되고 $f(x)$의 최고차항의 계수가 양수이므로

이차함수 $f(x)$의 최솟값은 $f(1)$이다.

$f(1)=a-1=2$에서 $a=3$

이때 $f(x)=x^2-2x+3$에서

$f(-1)=1+2+3=6$,

$f(2)=4-4+3=3$이므로

이차함수 $f(x)$의 최댓값은 $M=6$

따라서 $a+M=3+6=9$

답 ⑤

29 $f(x)=x^2-4x+3=(x-2)^2-1$이므로

이차함수 $y=f(x)$의 그래프의 꼭짓점의 x좌표는 2이다.

$0\le2\le5$이므로

이차함수 $y=f(x)$의 그래프의 꼭짓점의 x좌표가 주어진 범위에 포함된다.

이때 $f(0)=3$, $f(2)=-1$, $f(5)=8$이므로

$M=8$, $m=-1$

따라서 $M-m=8-(-1)=9$

답 ③

30 $f(x)=-2x^2-12x+a=-2(x+3)^2+a+18$이므로

이차함수 $y=f(x)$의 그래프의 꼭짓점의 x좌표는 -3이다.

$-3<-2$이고 함수 $y=f(x)$의 최고차항의 계수가 음수이므로

이차함수 $f(x)$는 $x=-2$에서 최댓값을 갖고, $x=2$에서 최솟값을 갖는다.

이차함수 $f(x)$의 최댓값이 20이므로

$f(-2)=-8+24+a=20$에서 $a=4$

따라서 이차함수 $f(x)$의 최솟값 m은

$m=f(2)=-8-24+4=-28$

답 ④

31 이차함수 $f(x)=-3x^2+6x+a$의 그래프와 직선 $y=2$가 접하므로 이차방정식 $-3x^2+6x+a=2$, 즉 $3x^2-6x-a+2=0$이 중근을 가져야 한다.

이차방정식 $3x^2-6x-a+2=0$의 판별식을 D라 하면

$\frac{D}{4}=(-3)^2-3(-a+2)=0$에서 $a=-1$

$f(x)=-3x^2+6x-1=-3(x-1)^2+2$이므로

이차함수 $f(x)$의 그래프의 꼭짓점의 x좌표는 1이다.

$f(1)=2$, $f(-1)=-10$

따라서 $f(x)$의 최댓값은 2, 최솟값은 -10이므로

최댓값과 최솟값의 합은 $2+(-10)=-8$

답 ④

32 $f(x)=ax^2+4ax+b=a(x+2)^2-4a+b$이므로

이차함수 $f(x)$의 그래프의 꼭짓점의 x좌표는 -2이다.

$-3\le-2\le3$이므로 이차함수 $f(x)$의 그래프의 꼭짓점의 x좌표가 주어진 범위에 포함되고, 이차함수 $f(x)$의 최고차항의 계수 a가 양수이므로 이차함수 $f(x)$의 최솟값은 $f(-2)$이고 최댓값은 $f(3)$이다.

이차함수 $f(x)$의 최솟값이 1이므로

$f(-2)=-4a+b=1$ …… ㉠

이차함수 $f(x)$의 최댓값이 26이므로

$f(3)=21a+b=26$ …… ㉡

㉠, ㉡을 연립하여 풀면

$a=1$, $b=5$

따라서 $a+b=1+5=6$

답 ①

33 조건 (가)에서 이차방정식 $f(x)=0$의 두 근이 -1, 3이므로

이차함수 $f(x)$의 이차항의 계수를 a $(a>0)$이라 하면

$f(x)=a(x+1)(x-3)=a(x-1)^2-4a$

이차함수 $f(x)$의 그래프의 꼭짓점의 x좌표는 1이고

$-3\le1\le4$이므로

함수 $f(x)$는 $x=-3$에서 최댓값을 갖는다.

조건 (나)에서 이차함수 $f(x)$의 최댓값이 48이므로

$f(-3)=12a=48$, 즉 $a=4$

따라서 $f(4)=4\times(4+1)\times(4-3)=20$

답 20

34 $f(x)=2x^2-4kx=2(x-k)^2-2k^2$이므로
이차함수 $f(x)$의 그래프의 꼭짓점의 x좌표는 k이다.
(i) $k\le0$일 때
이차함수 $f(x)$는 $x=0$에서 최솟값을 갖는다.
이때 $f(0)=0$이므로 주어진 조건을 만족시키지 못한다.
(ii) $k>0$일 때
이차함수 $f(x)$는 $x=k$에서 최솟값을 갖는다.
$f(k)=-2k^2=-32$, 즉 $k^2=16$
이때 $k>0$이므로 $k=4$
(i), (ii)에서 $k=4$

답 ⑤

35 $f(x)=x^2-2x-1=(x-1)^2-2$이므로
이차함수 $f(x)$의 그래프의 꼭짓점의 x좌표는 1이다.
(i) $-2<a\le1$일 때
이차함수 $f(x)$는 $x=-2$에서 최댓값을 갖는다.
이때 $f(-2)=7$이므로 주어진 조건을 만족시키지 못한다.
(ii) $a>1$일 때
$f(-2)=7$, $f(1)=-2$, $f(a)=a^2-2a-1$
이차함수 $f(x)$의 최댓값이 14이므로 $f(a)=14$이어야 한다.
즉, $a^2-2a-1=14$에서
$a^2-2a-15=0$
$(a+3)(a-5)=0$
이때 $a>1$이므로 $a=5$
(i), (ii)에서 $a=5$
이차함수 $f(x)$는 $x=1$에서 최솟값 -2를 가지므로 $m=-2$
따라서 $a+m=5+(-2)=3$

답 ①

36 $f(x)=x^2-2ax+a^2-2a-4=(x-a)^2-2a-4$이므로
이차함수 $f(x)$의 그래프의 꼭짓점의 x좌표는 a이다.
(i) $0<a\le2$일 때
이차함수 $f(x)$는 $x=a$에서 최솟값을 갖는다.
이차함수 $f(x)$의 최솟값이 0이므로
$f(a)=-2a-4=0$, 즉 $a=-2$
이때 $0<a\le2$의 조건을 만족시키지 못한다.
(ii) $a>2$일 때
이차함수 $f(x)$는 $x=2$에서 최솟값을 갖는다.
이차함수 $f(x)$의 최솟값이 0이므로
$f(2)=a^2-6a=0$, $a(a-6)=0$
이때 $a>2$이므로 $a=6$
(i), (ii)에서 $a=6$이므로
$f(x)=x^2-12x+20$
이차함수 $f(x)$는 $x=0$에서 최댓값을 가지므로
$M=f(0)=20$
따라서 $a+M=6+20=26$

답 ③

37 함수 $y=(x^2-2x)^2+4(x^2-2x)-3$에서
$x^2-2x=t$로 놓으면
$t=(x-1)^2-1$
이때 $-1\le1\le2$이므로
t는 $x=1$일 때 최솟값을 갖고, $x=-1$일 때 최댓값을 갖는다.
$x=1$일 때 $t=-1$, $x=-1$일 때 $t=3$
이므로 $-1\le t\le3$
$y=(x^2-2x)^2+4(x^2-2x)-3$
$=t^2+4t-3$
$=(t+2)^2-7$
이때 $-2<-1$이고
$t=-1$일 때 $y=-6$, $t=3$일 때 $y=18$
이므로 $M=18$, $m=-6$
따라서 $M-m=18-(-6)=24$

답 ①

38 함수 $y=-(x^2+4x)^2+6(x^2+4x)$에서
$x^2+4x=t$로 놓으면
$t=(x+2)^2-4$
이때 $-2<0$이므로
t는 $x=0$일 때 최솟값을 갖고, $x=1$일 때 최댓값을 갖는다.
$x=0$일 때 $t=0$, $x=1$일 때 $t=5$
이므로 $0\le t\le5$
$y=-(x^2+4x)^2+6(x^2+4x)$
$=-t^2+6t$
$=-(t-3)^2+9$
이때 $0\le3\le5$이고
$t=0$일 때 $y=0$, $t=3$일 때 $y=9$, $t=5$일 때 $y=5$
이므로 최댓값은 9, 최솟값은 0이다.
따라서 최댓값과 최솟값의 합은
$9+0=9$

답 ④

39 함수 $y=(x^2-6x+5)^2+2(x^2-6x+5)+k$에서
$x^2-6x+5=t$로 놓으면
$t=(x-3)^2-4$
이때 $3>1$이므로
t는 $x=-1$일 때 최댓값을 갖고, $x=1$일 때 최솟값을 갖는다.
$x=-1$일 때 $t=12$, $x=1$일 때 $t=0$
이므로 $0\le t\le12$
$y=(x^2-6x+5)^2+2(x^2-6x+5)+k$
$=t^2+2t+k$
$=(t+1)^2+k-1$
이때 $-1<0$이므로 y는 $t=0$일 때 최솟값을 갖는다.
$t=0$일 때, $y=k$이므로 $k=-6$

답 -6

40 $x^2+6x+2y^2-4y+5$
$=(x^2+6x+9)+2(y^2-2y+1)-6$
$=(x+3)^2+2(y-1)^2-6$
$(x+3)^2\ge0$, $2(y-1)^2\ge0$이므로

주어진 식은 $x=-3$, $y=1$일 때, 최솟값 -6을 갖는다.
따라서 $\alpha=-3$, $\beta=1$, $m=-6$이므로
$\alpha+\beta+m=-3+1+(-6)=-8$

답 ②

41 $-3x^2+12x-4y^2-8y-10$
$=-3(x^2-4x+4)-4(y^2+2y+1)+6$
$=-3(x-2)^2-4(y+1)^2+6$
$-3(x-2)^2\le 0$, $-4(y+1)^2\le 0$이므로
주어진 식은 $x=2$, $y=-1$일 때, 최댓값 6을 갖는다.

답 ④

42 $2x^2-4ax+y^2+2by-b^2+3$
$=2(x^2-2ax+a^2)+(y^2+2by+b^2)-2a^2-2b^2+3$
$=2(x-a)^2+(y+b)^2-2a^2-2b^2+3$
$2(x-a)^2\ge 0$, $(y+b)^2\ge 0$이므로
주어진 식은 $x=a$, $y=-b$일 때, 최솟값 $-2a^2-2b^2+3$을 갖는다.
이때 주어진 식의 최솟값이 -47이므로
$-2a^2-2b^2+3=-47$에서 $2a^2+2b^2=50$
따라서 $a^2+b^2=25$

답 25

43 $x+y=6$에서 $y=6-x$이므로
$2x^2+y^2-10=2x^2+(6-x)^2-10$
$=3x^2-12x+26$
$=3(x^2-4x)+26$
$=3(x^2-4x+4)+14$
$=3(x-2)^2+14$
따라서 $x=2$일 때, 최솟값 14를 갖는다.

답 ③

44 $2x+3y=4$에서 $3y=4-2x$
$x^2+3xy=x^2+x(4-2x)$
$=-x^2+4x$
$=-(x-2)^2+4$
따라서 주어진 식은 $x=2$일 때, 최댓값 4를 갖는다.

답 ④

45 $2x+y=8$에서 $y=-2x+8$이므로
$xy=x(-2x+8)$
$=-2(x^2-4x)$
$=-2(x-2)^2+8$
$1\le 2\le 5$이고
$x=1$일 때 $xy=6$, $x=2$일 때 $xy=8$, $x=5$일 때 $xy=-10$
이므로 xy의 최댓값은 8, 최솟값은 -10이다.
따라서 xy의 최댓값과 최솟값의 합은
$8+(-10)=-2$

답 -2

46 점 A의 x좌표가 a이므로 $\mathrm{A}(a, -a^2+4)$
직선 $y=-a^2+4$와 이차함수 $y=f(x)$의 그래프가 만나는 점의 x좌표는 이차방정식 $-x^2+4=-a^2+4$의 실근이므로
$x=a$ 또는 $x=-a$
점 B의 좌표는 $(-a, -a^2+4)$이고
두 점 C, D의 좌표는 각각 $(-a, 0)$, $(a, 0)$이다.
이때
$\overline{\mathrm{AB}}=\overline{\mathrm{CD}}=2a$, $\overline{\mathrm{AD}}=\overline{\mathrm{BC}}=-a^2+4$
이므로 사각형 ABCD의 둘레의 길이는
$2\{2a+(-a^2+4)\}=-2a^2+4a+8=-2(a-1)^2+10$
$0<a<2$이므로 사각형 ABCD의 둘레의 길이는
$a=1$일 때, 최댓값 10을 갖는다.

답 ③

47 이차함수 $f(x)=-x^2+4x$의 그래프와 직선 $y=x$의 그래프가 만나는 점의 x좌표는 이차방정식 $-x^2+4x=x$, 즉 $x^2-3x=0$의 실근이므로
$x(x-3)=0$에서 $x=0$ 또는 $x=3$
점 A의 x좌표는 3이므로 $a=3$
두 점 P, Q의 좌표가 각각
$(t, -t^2+4t)$, (t, t)이므로
$\overline{\mathrm{PQ}}=(-t^2+4t)-t$
$=-t^2+3t$
$=-\left(t-\frac{3}{2}\right)^2+\frac{9}{4}$
$0<t<3$이고 $0<\frac{3}{2}<3$이므로
선분 PQ의 길이는 $t=\frac{3}{2}$일 때, 최댓값 $\frac{9}{4}$를 갖는다.
따라서 $p=4$, $q=9$이므로
$p+q=4+9=13$

답 13

서술형 완성하기

본문 92쪽

01 7	02 156
03 $\frac{128}{9}$	04 21

01 이차함수 $f(x)=x^2+ax+b$의 그래프와 x축이 만나는 두 점의 x좌표가 1, 4이므로 이차방정식 $x^2+ax+b=0$의 서로 다른 두 실근은 1, 4이다.
이차방정식의 근과 계수의 관계에 의하여
$1+4=-a$, $1\times 4=b$이므로
$a=-5$, $b=4$ …… ❶
이차함수 $y=f(x)$의 그래프와 직선 $y=2x$가 만나는 점의 x좌표는 이차방정식 $x^2-5x+4=2x$, 즉 $x^2-7x+4=0$의 실근이다.
이차함수 $y=f(x)$의 그래프와 직선 $y=2x$가 만나는 두 점의 x좌표를 각각 α, β라 하면
α, β는 이차방정식 $x^2-7x+4=0$의 서로 다른 두 실근이다. …… ❷

이때 이차방정식의 근과 계수의 관계에 의하여

$\alpha+\beta=7$

이므로 이차함수 $y=f(x)$의 그래프와 직선 $y=2x$가 만나는 두 점의 x좌표의 합은 7이다. …… ❸

답 7

단계	채점 기준	비율
❶	이차방정식 $f(x)=0$의 두 근이 1, 4임을 이용하여 두 상수 a, b의 값을 구한 경우	40 %
❷	이차함수 $y=f(x)$의 그래프와 직선 $y=2x$가 만나는 두 점의 x좌표가 이차방정식 $f(x)=2x$의 실근임을 설명한 경우	30 %
❸	이차함수 $y=f(x)$의 그래프와 직선 $y=2x$가 만나는 두 점의 x좌표의 합을 구한 경우	30 %

02 이차함수 $f(x)=x^2+8x+a$의 그래프가 x축에 접하므로 이차방정식 $x^2+8x+a=0$의 판별식을 D_1이라 하면

$\frac{D_1}{4}=4^2-a=0$에서 $a=16$ …… ❶

또, 이차함수 $y=f(x)$의 그래프가 직선 $y=3x+b$에 접하므로 이차방정식 $x^2+8x+16=3x+b$, 즉 $x^2+5x+16-b=0$의 판별식을 D_2라 하면

$D_2=5^2-4(16-b)=0$에서

$b=\frac{39}{4}$ …… ❷

따라서 $ab=16\times\frac{39}{4}=156$ …… ❸

답 156

단계	채점 기준	비율
❶	이차방정식 $f(x)=0$의 판별식을 이용하여 상수 a의 값을 구한 경우	40 %
❷	이차방정식 $f(x)=3x+b$의 판별식을 이용하여 상수 b의 값을 구한 경우	40 %
❸	ab의 값을 구한 경우	20 %

03 이차함수 $f(x)=x^2-ax$의 그래프와 x축이 만나는 점의 x좌표는 이차방정식 $x^2-ax=0$의 실근이므로

$x(x-a)=0$에서 $x=0$ 또는 $x=a$

$a>0$이므로 이차함수 $y=f(x)$의 그래프와 x축이 만나는 점 중 원점이 아닌 점 A의 좌표는 $(a, 0)$이다. …… ❶

이차함수 $y=f(x)$의 그래프와 직선 $y=3ax$가 만나는 점의 x좌표는 이차방정식 $x^2-ax=3ax$, 즉 $x^2-4ax=0$의 실근이므로

$x(x-4a)=0$에서 $x=0$ 또는 $x=4a$

$a>0$이므로 점 B의 x좌표는 $4a$이다.

한편 점 B는 직선 $y=3ax$ 위의 점이므로

점 B의 y좌표는 $12a^2$이다. …… ❷

점 B의 x좌표와 y좌표의 합이 $20a$이므로

$4a+12a^2=20a$에서 $4a(3a-4)=0$

$a>0$이므로 $a=\frac{4}{3}$

따라서 삼각형 OAB의 넓이는

$\frac{1}{2}\times a\times 12a^2=6a^3$

$=6\times\left(\frac{4}{3}\right)^3$

$=\frac{128}{9}$ …… ❸

답 $\frac{128}{9}$

단계	채점 기준	비율
❶	점 A의 좌표를 a에 대한 식으로 나타낸 경우	30 %
❷	점 B의 x좌표와 y좌표를 a에 대한 식으로 나타낸 경우	40 %
❸	삼각형 OAB의 넓이를 구한 경우	30 %

04 $f(x)=x^2-2x+3=(x-1)^2+2$

(i) $a=-2$일 때

$-2\le x\le 1$에서 함수 $f(x)$의 최댓값과 최솟값을 구해 보자.

함수 $f(x)$의 꼭짓점의 x좌표가 1이고

$f(-2)=4+4+3=11$, $f(1)=2$이므로

$f(x)$의 최댓값은 11, 최솟값은 2이다.

따라서 $g(-2)=11+2=13$ …… ❶

(ii) $a=0$일 때

$0\le x\le 3$에서 함수 $f(x)$의 최댓값과 최솟값을 구해 보자.

함수 $f(x)$의 꼭짓점의 x좌표가 1이고 $0\le 1\le 3$

$f(0)=3$, $f(3)=9-6+3=6$, $f(1)=2$이므로

$f(x)$의 최댓값은 6, 최솟값은 2이다.

따라서 $g(0)=6+2=8$ …… ❷

(i), (ii)에서

$g(-2)=13$, $g(0)=8$이므로

$g(-2)+g(0)=13+8=21$ …… ❸

답 21

단계	채점 기준	비율
❶	$g(-2)$의 값을 구한 경우	40 %
❷	$g(0)$의 값을 구한 경우	40 %
❸	$g(-2)+g(0)$의 값을 구한 경우	20 %

내신+수능 고난도 도전

본문 93쪽

01 ③ **02** 24 **03** ② **04** 8

01 함수 $f(x)=x^2-2x-3=(x+1)(x-3)$이므로

함수 $g(x)$의 그래프는 다음 그림과 같다.

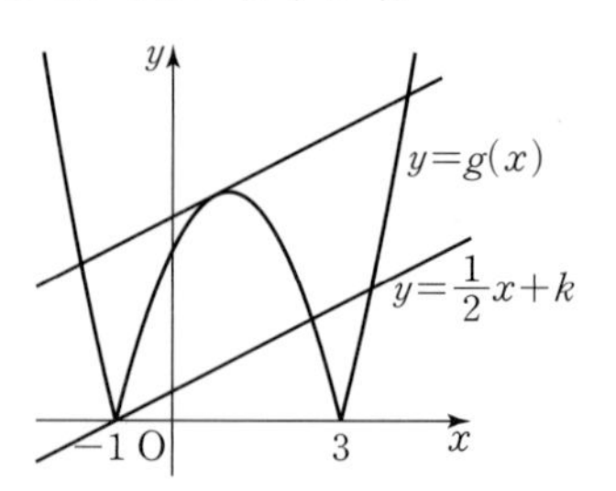

함수 $y=g(x)$의 그래프와 직선 $y=\frac{1}{2}x+k$가 만나는 점의 개수가 3이 되려면

직선 $y=\frac{1}{2}x+k$가 점 $(-1, 0)$을 지나거나

직선 $y=\frac{1}{2}x+k$가 이차함수 $y=-f(x)$의 그래프에 접해야 한다.

(i) 직선 $y=\frac{1}{2}x+k$가 점 $(-1, 0)$을 지날 때

$0=-\frac{1}{2}+k$에서 $k=\frac{1}{2}$

(ii) 직선 $y=\frac{1}{2}x+k$가 이차함수 $y=-f(x)$의 그래프에 접할 때

$-f(x)=\frac{1}{2}x+k$에서

$-x^2+2x+3=\frac{1}{2}x+k$

$x^2-\frac{3}{2}x+k-3=0$

이 이차방정식의 판별식을 D라 하면

$D=\left(-\frac{3}{2}\right)^2-4(k-3)=0$

$\frac{9}{4}-4k+12=0$에서 $k=\frac{57}{16}$

(i), (ii)에서 $k=\frac{1}{2}$ 또는 $k=\frac{57}{16}$

따라서 모든 실수 k의 값의 합은

$\frac{1}{2}+\frac{57}{16}=\frac{65}{16}$

답 ③

참고 이차함수 $y=x^2-2x-3$의 그래프 위의 점 $(3, 0)$을 지나고 기울기가 m인 직선의 방정식은 $y=m(x-3)$이다.
이차함수 $y=x^2-2x-3$의 그래프와 직선 $y=m(x-3)$이 접할 때, m의 값을 구해 보자.
이차방정식 $x^2-2x-3=m(x-3)$, 즉
$x^2-(m+2)x+3m-3=0$의 판별식을 D라 하면
$D=\{-(m+2)\}^2-4(3m-3)=0$에서
$m^2-8m+16=0$
$(m-4)^2=0$
$m=4$
마찬가지 방법으로 이차함수 $y=-x^2+2x+3$의 그래프 위의 점 $(-1, 0)$에서의 접선의 기울기는 4이다.

02 함수 $f(x)=x^2-2ax$의 그래프와 x축의 교점의 x좌표는 이차방정식 $x^2-2ax=0$의 실근이므로

$x(x-2a)=0$에서 $x=0$ 또는 $x=2a$

점 A의 좌표는 $(2a, 0)$이다.

함수 $y=f(x)$의 그래프와 직선 $y=-2ax+4$의 교점의 x좌표는 이차방정식 $x^2-2ax=-2ax+4$, 즉 $x^2-4=0$의 실근이므로

$(x+2)(x-2)=0$에서 $x=-2$ 또는 $x=2$

두 점 B, C의 좌표는 각각

$(2, -4a+4)$, $(-2, 4a+4)$

삼각형 OAB의 넓이 S_1은

$S_1=\frac{1}{2}\times 2a\times(-4a+4)=4a(-a+1)$

삼각형 OAC의 넓이 S_2는

$S_2=\frac{1}{2}\times 2a\times(4a+4)=4a(a+1)$

이때 $S_2=12S_1$이므로

$4a(a+1)=12\times 4a(-a+1)$

이때 $0<a<1$이므로

$a+1=-12a+12$에서 $a=\frac{11}{13}$

따라서 $p=13$, $q=11$이므로

$p+q=13+11=24$

답 24

03 이차함수 $f(x)$의 최고차항의 계수가 음수이고
조건 (나)에서 모든 실수 x에 대하여 $f(x)\le f(-1)$이므로
이차함수 $f(x)$의 그래프의 꼭짓점의 x좌표는 -1이다.
이때 이차함수 $f(x)$의 그래프는 직선 $x=-1$에 대하여 대칭이고
조건 (가)에서 $f(-4)=0$이므로 $f(2)=0$이다.
이차함수 $f(x)$의 그래프가 x축과 만나는 점의 x좌표가 -4, 2이므로
$f(x)=-(x+4)(x-2)$로 놓을 수 있다.
이차함수 $f(x)$의 그래프의 꼭짓점의 x좌표가 -1이고 $-2\le -1\le 3$
$f(-1)=-1\times 3\times(-3)=9$,
$f(-2)=-1\times 2\times(-4)=8$,
$f(3)=-1\times 7\times 1=-7$
이므로 이차함수 $f(x)$의 최댓값은 9, 최솟값은 -7이다.
따라서 $M=9$, $m=-7$이므로
$M+m=9+(-7)=2$

답 ②

04 조건 (가)에서 이차함수 $y=f(x)$의 그래프와 직선 $y=2$가 접하므로 이차방정식 $f(x)=2$, 즉 $x^2-2x+a-2=0$의 판별식을 D라 하면

$\frac{D}{4}=(-1)^2-(a-2)=0$에서 $a=3$

$f(x)=x^2-2x+3=(x-1)^2+2$이므로

이차함수 $f(x)$의 그래프의 꼭짓점의 x좌표는 1이다.

(i) $b\le 1$일 때

$-2\le x\le b$에서

함수 $f(x)$는 $x=-2$에서 최댓값을 갖는다.

이때 $f(-2)=4+4+3=11$

이므로 조건 (나)를 만족시키지 못한다.

(ii) $b>1$일 때

$f(-2)=11$, $f(b)=b^2-2b+3$

조건 (나)에서 함수 $f(x)$의 최댓값이 18이므로

$f(b)=18$에서 $b^2-2b+3=18$

$b^2-2b-15=0$

$(b+3)(b-5)=0$

이때 $b>1$이므로 $b=5$

(i), (ii)에서 $b=5$

따라서 $a+b=3+5=8$

답 8

06 여러 가지 방정식과 부등식

개념 확인하기

본문 95, 97쪽

01 $x=2$ 또는 $x=-1\pm\sqrt{3}i$
02 $x=-5$ 또는 $x=0$ 또는 $x=1$
03 $x=0$ 또는 $x=6$
04 $x=-1$ 또는 $x=1$ 또는 $x=3$
05 $x=-2$ 또는 $x=1$ 또는 $x=3$
06 $x=-2i$ 또는 $x=2i$ 또는 $x=-2$ 또는 $x=2$
07 $x=-1$ 또는 $x=2$
08 $x=-2$ 또는 $x=-1$ 또는 $x=3$ 또는 $x=4$
09 $x=-1$ 또는 $x=1$ 또는 $x=-2$ 또는 $x=2$
10 $x=\frac{1\pm\sqrt{13}}{2}$ 또는 $x=\frac{-1\pm\sqrt{13}}{2}$
11 (1) -1 (2) -1 (3) 0 (4) -3
12 $\begin{cases}x=-3\\y=-4\end{cases}$ 또는 $\begin{cases}x=4\\y=3\end{cases}$
13 $\begin{cases}x=2\\y=-1\end{cases}$ 또는 $\begin{cases}x=\frac{10}{7}\\y=\frac{1}{7}\end{cases}$
14 $\begin{cases}x=-2\\y=6\end{cases}$ 또는 $\begin{cases}x=6\\y=-2\end{cases}$
15 $\begin{cases}x=-1\\y=-1\end{cases}$ 또는 $\begin{cases}x=1\\y=1\end{cases}$ 또는 $\begin{cases}x=\sqrt{2}\\y=-\sqrt{2}\end{cases}$ 또는 $\begin{cases}x=-\sqrt{2}\\y=\sqrt{2}\end{cases}$
16 $\begin{cases}x=-4\\y=-2\end{cases}$ 또는 $\begin{cases}x=4\\y=2\end{cases}$ 또는 $\begin{cases}x=-2\sqrt{7}\\y=2\sqrt{7}\end{cases}$ 또는 $\begin{cases}x=2\sqrt{7}\\y=-2\sqrt{7}\end{cases}$
17 $-1<x\le4$
18 $-3\le x\le5$
19 $x>5$
20 해는 없다.
21 $-3<x<2$
22 $-1<x<5$
23 $x<-5$ 또는 $x>3$
24 $-6\le x\le1$
25 $x\le1$ 또는 $x\ge2$
26 $-4<x<2$
27 $x\le-8$ 또는 $x\ge4$
28 $-2<x<1$ 또는 $3<x<6$
29 $-\frac{11}{3}\le x\le-\frac{5}{3}$ 또는 $1\le x\le3$
30 $-2\le x\le4$
31 $x<-3$ 또는 $x>2$
32 $x\le2$
33 $-1<x<2$
34 $x<-2$ 또는 $x>5$
35 $-1\le x\le5$
36 $x\le-4$ 또는 $x\ge2$
37 모든 실수
38 $x\ne-3$인 모든 실수
39 모든 실수
40 $x=6$
41 해는 없다.
42 모든 실수
43 $-4<k<4$
44 $-3\le k\le2$
45 $-3<x<1$
46 $-5\le x<0$ 또는 $3<x\le4$
47 $-4<x<-1$ 또는 $5<x<6$

01 방정식 $x^3-8=0$에서
$(x-2)(x^2+2x+4)=0$
$x-2=0$ 또는 $x^2+2x+4=0$
따라서 $x=2$ 또는 $x=-1\pm\sqrt{3}i$

답 $x=2$ 또는 $x=-1\pm\sqrt{3}i$

02 방정식 $x^3+4x^2-5x=0$에서
$x(x^2+4x-5)=0$
$x(x+5)(x-1)=0$
따라서 $x=-5$ 또는 $x=0$ 또는 $x=1$

답 $x=-5$ 또는 $x=0$ 또는 $x=1$

03 방정식 $x^3-6x^2=0$에서
$x^2(x-6)=0$
따라서 $x=0$ 또는 $x=6$

답 $x=0$ 또는 $x=6$

04 방정식 $x^3-3x^2-x+3=0$에서
$x^2(x-3)-(x-3)=0$
$(x-3)(x^2-1)=0$
$(x-3)(x+1)(x-1)=0$
따라서 $x=-1$ 또는 $x=1$ 또는 $x=3$

답 $x=-1$ 또는 $x=1$ 또는 $x=3$

05 방정식 $x^3-2x^2-5x+6=0$에서
$f(x)=x^3-2x^2-5x+6$이라 하면
$f(1)=1-2-5+6=0$
조립제법을 이용하여 $f(x)$를 인수분해하면

1	1	−2	−5	6
		1	−1	−6
	1	−1	−6	0

$f(x)=(x-1)(x^2-x-6)$이므로
주어진 방정식은 $(x-1)(x^2-x-6)=0$
$(x-1)(x+2)(x-3)=0$
따라서 $x=-2$ 또는 $x=1$ 또는 $x=3$

답 $x=-2$ 또는 $x=1$ 또는 $x=3$

06 방정식 $x^4-16=0$에서
$(x^2+4)(x^2-4)=0$
$(x^2+4)(x+2)(x-2)=0$
$x^2=-4$ 또는 $x=-2$ 또는 $x=2$
따라서 $x=-2i$ 또는 $x=2i$ 또는 $x=-2$ 또는 $x=2$

답 $x=-2i$ 또는 $x=2i$ 또는 $x=-2$ 또는 $x=2$

07 방정식 $x^4+x^3-3x^2-5x-2=0$에서
$f(x)=x^4+x^3-3x^2-5x-2$라 하면
$f(-1)=1-1-3+5-2=0$
$f(2)=16+8-12-10-2=0$
조립제법을 이용하여 $f(x)$를 인수분해하면

−1	1	1	−3	−5	−2
		−1	0	3	2
2	1	0	−3	−2	0
		2	4	2	
	1	2	1	0	

$f(x)=(x+1)(x-2)(x^2+2x+1)$
$\quad=(x+1)^3(x-2)$
이므로 주어진 방정식은
$(x+1)^3(x-2)=0$
따라서 $x=-1$ 또는 $x=2$

답 $x=-1$ 또는 $x=2$

08 방정식 $(x^2-2x)^2-11(x^2-2x)+24=0$에서
$x^2-2x=t$로 놓으면
$t^2-11t+24=0$
$(t-3)(t-8)=0$
$t=3$ 또는 $t=8$
(i) $t=3$일 때
$x^2-2x=3$
$x^2-2x-3=0$
$(x+1)(x-3)=0$
$x=-1$ 또는 $x=3$
(ii) $t=8$일 때
$x^2-2x=8$
$x^2-2x-8=0$
$(x+2)(x-4)=0$
$x=-2$ 또는 $x=4$
(i), (ii)에서
$x=-2$ 또는 $x=-1$ 또는 $x=3$ 또는 $x=4$

답 $x=-2$ 또는 $x=-1$ 또는 $x=3$ 또는 $x=4$

09 방정식 $x^4-5x^2+4=0$에서
$x^2=t$로 놓으면
$t^2-5t+4=0$
$(t-1)(t-4)=0$
$t=1$ 또는 $t=4$
즉, $x^2=1$ 또는 $x^2=4$이므로
$x=-1$ 또는 $x=1$ 또는 $x=-2$ 또는 $x=2$

답 $x=-1$ 또는 $x=1$ 또는 $x=-2$ 또는 $x=2$

10 방정식 $x^4-7x^2+9=0$에서
$(x^4-6x^2+9)-x^2=0$
$(x^2-3)^2-x^2=0$
$(x^2-x-3)(x^2+x-3)=0$
$x^2-x-3=0$ 또는 $x^2+x-3=0$
따라서 $x=\frac{1\pm\sqrt{13}}{2}$ 또는 $x=\frac{-1\pm\sqrt{13}}{2}$

답 $x=\frac{1\pm\sqrt{13}}{2}$ 또는 $x=\frac{-1\pm\sqrt{13}}{2}$

11 방정식 $x^3=1$에서 $x^3-1=0$
$(x-1)(x^2+x+1)=0$
$x=1$ 또는 $x=\frac{-1\pm\sqrt{3}i}{2}$
(i) ω는 방정식 $x^3=1$의 근이므로 $\omega^3=1$
(ii) ω는 이차방정식 $x^2+x+1=0$의 한 허근이므로 $\overline{\omega}$도 이 이차방정식의 근이다.
이때 $\omega^2+\omega+1=0$, $\overline{\omega}^2+\overline{\omega}+1=0$이고
$\omega+\overline{\omega}=-1$, $\omega\overline{\omega}=1$이다.
(1) $\frac{1}{\omega}+\frac{1}{\overline{\omega}}=\frac{\omega+\overline{\omega}}{\omega\overline{\omega}}=\frac{-1}{1}=-1$
(2) $\omega^2+\overline{\omega}^2=(\omega+\overline{\omega})^2-2\omega\overline{\omega}=(-1)^2-2\times1=-1$
(3) $\omega^6=(\omega^3)^2=1^2=1$
$\omega^{10}=(\omega^3)^3\omega=1^3\times\omega=\omega$
이므로
$\omega^2+\omega^6+\omega^{10}=\omega^2+1+\omega=\omega^2+\omega+1=0$
(4) $(\omega-\overline{\omega})\omega+(\overline{\omega}-\omega)\overline{\omega}$
$=\omega^2-\overline{\omega}\omega+\overline{\omega}^2-\omega\overline{\omega}$
$=(\omega^2+\overline{\omega}^2)-2\omega\overline{\omega}$
$=(\omega+\overline{\omega})^2-4\omega\overline{\omega}$
$=(-1)^2-4\times1$
$=-3$

답 (1) -1 (2) -1 (3) 0 (4) -3

12 $\begin{cases} x-y=1 & \cdots\cdots ㉠ \\ x^2+y^2=25 & \cdots\cdots ㉡ \end{cases}$
㉠에서 $y=x-1$ $\cdots\cdots$ ㉢
㉢을 ㉡에 대입하면
$x^2+(x-1)^2=25$
$x^2-x-12=0$
$(x+3)(x-4)=0$
$x=-3$ 또는 $x=4$
$x=-3$일 때, ㉢에서 $y=-3-1=-4$
$x=4$일 때, ㉢에서 $y=4-1=3$
따라서 주어진 연립방정식의 해는
$\begin{cases} x=-3 \\ y=-4 \end{cases}$ 또는 $\begin{cases} x=4 \\ y=3 \end{cases}$

답 $\begin{cases} x=-3 \\ y=-4 \end{cases}$ 또는 $\begin{cases} x=4 \\ y=3 \end{cases}$

13 $\begin{cases} 2x+y=3 & \cdots\cdots ㉠ \\ x^2-2y^2=2 & \cdots\cdots ㉡ \end{cases}$
㉠에서 $y=3-2x$ $\cdots\cdots$ ㉢
㉢을 ㉡에 대입하면
$x^2-2(3-2x)^2=2$
$7x^2-24x+20=0$
$(x-2)(7x-10)=0$
$x=2$ 또는 $x=\frac{10}{7}$
$x=2$일 때, ㉢에서 $y=3-4=-1$
$x=\frac{10}{7}$일 때, ㉢에서 $y=3-\frac{20}{7}=\frac{1}{7}$
따라서 주어진 연립방정식의 해는
$\begin{cases} x=2 \\ y=-1 \end{cases}$ 또는 $\begin{cases} x=\frac{10}{7} \\ y=\frac{1}{7} \end{cases}$

답 $\begin{cases} x=2 \\ y=-1 \end{cases}$ 또는 $\begin{cases} x=\frac{10}{7} \\ y=\frac{1}{7} \end{cases}$

14 $\begin{cases} x+y=4 & \cdots\cdots ㉠ \\ xy=-12 & \cdots\cdots ㉡ \end{cases}$

㉠에서 $y=4-x$ $\cdots\cdots$ ㉢

㉢을 ㉡에 대입하면

$x(4-x)=-12$

$x^2-4x-12=0$

$(x+2)(x-6)=0$

$x=-2$ 또는 $x=6$

$x=-2$일 때, ㉢에서 $y=4-(-2)=6$

$x=6$일 때, ㉢에서 $y=4-6=-2$

따라서 주어진 연립방정식의 해는

$\begin{cases} x=-2 \\ y=6 \end{cases}$ 또는 $\begin{cases} x=6 \\ y=-2 \end{cases}$

답 $\begin{cases} x=-2 \\ y=6 \end{cases}$ 또는 $\begin{cases} x=6 \\ y=-2 \end{cases}$

다른 풀이

$x+y=4$, $xy=-12$이므로 x, y는 이차방정식 $t^2-4t-12=0$의 두 근이다.

$(t+2)(t-6)=0$에서

$t=-2$ 또는 $t=6$

따라서 주어진 연립방정식의 해는

$\begin{cases} x=-2 \\ y=6 \end{cases}$ 또는 $\begin{cases} x=6 \\ y=-2 \end{cases}$

15 $\begin{cases} x^2-y^2=0 & \cdots\cdots ㉠ \\ 4x^2+xy-y^2=4 & \cdots\cdots ㉡ \end{cases}$

㉠에서 $(x-y)(x+y)=0$이므로

$x=y$ 또는 $x=-y$

(i) $x=y$일 때

㉡에서 $4y^2+y^2-y^2=4$

즉, $y^2=1$이므로 $y=-1$ 또는 $y=1$

따라서 $y=-1$일 때 $x=-1$, $y=1$일 때 $x=1$이다.

(ii) $x=-y$일 때

㉡에서 $4y^2-y^2-y^2=4$

즉, $y^2=2$이므로 $y=-\sqrt{2}$ 또는 $y=\sqrt{2}$

따라서 $y=-\sqrt{2}$일 때 $x=\sqrt{2}$, $y=\sqrt{2}$일 때 $x=-\sqrt{2}$이다.

(i), (ii)에서 주어진 연립방정식의 해는

$\begin{cases} x=-1 \\ y=-1 \end{cases}$ 또는 $\begin{cases} x=1 \\ y=1 \end{cases}$ 또는 $\begin{cases} x=\sqrt{2} \\ y=-\sqrt{2} \end{cases}$ 또는 $\begin{cases} x=-\sqrt{2} \\ y=\sqrt{2} \end{cases}$

답 $\begin{cases} x=-1 \\ y=-1 \end{cases}$ 또는 $\begin{cases} x=1 \\ y=1 \end{cases}$ 또는 $\begin{cases} x=\sqrt{2} \\ y=-\sqrt{2} \end{cases}$ 또는 $\begin{cases} x=-\sqrt{2} \\ y=\sqrt{2} \end{cases}$

16 $\begin{cases} x^2-xy-2y^2=0 & \cdots\cdots ㉠ \\ x^2+xy+y^2=28 & \cdots\cdots ㉡ \end{cases}$

㉠에서 $(x-2y)(x+y)=0$이므로

$x=2y$ 또는 $x=-y$

(i) $x=2y$일 때

㉡에서 $4y^2+2y^2+y^2=28$

즉, $y^2=4$이므로 $y=-2$ 또는 $y=2$

따라서 $y=-2$일 때 $x=-4$, $y=2$일 때 $x=4$이다.

(ii) $x=-y$일 때

㉡에서 $y^2-y^2+y^2=28$

즉, $y^2=28$이므로 $y=-2\sqrt{7}$ 또는 $y=2\sqrt{7}$

따라서 $y=-2\sqrt{7}$일 때 $x=2\sqrt{7}$, $y=2\sqrt{7}$일 때 $x=-2\sqrt{7}$이다.

(i), (ii)에서 주어진 연립방정식의 해는

$\begin{cases} x=-4 \\ y=-2 \end{cases}$ 또는 $\begin{cases} x=4 \\ y=2 \end{cases}$ 또는 $\begin{cases} x=-2\sqrt{7} \\ y=2\sqrt{7} \end{cases}$ 또는 $\begin{cases} x=2\sqrt{7} \\ y=-2\sqrt{7} \end{cases}$

답 $\begin{cases} x=-4 \\ y=-2 \end{cases}$ 또는 $\begin{cases} x=4 \\ y=2 \end{cases}$ 또는 $\begin{cases} x=-2\sqrt{7} \\ y=2\sqrt{7} \end{cases}$ 또는 $\begin{cases} x=2\sqrt{7} \\ y=-2\sqrt{7} \end{cases}$

17 부등식 $x+3>2$에서 $x>-1$ $\cdots\cdots$ ㉠

부등식 $2x-1\geq 3x-5$에서 $x\leq 4$ $\cdots\cdots$ ㉡

㉠, ㉡의 공통부분을 구하면

$-1<x\leq 4$

답 $-1<x\leq 4$

18 부등식 $x-1\leq 3x+5$에서

$2x\geq -6$, 즉 $x\geq -3$ $\cdots\cdots$ ㉠

부등식 $-x+8\geq 2x-7$에서

$3x\leq 15$, 즉 $x\leq 5$ $\cdots\cdots$ ㉡

㉠, ㉡의 공통부분을 구하면

$-3\leq x\leq 5$

답 $-3\leq x\leq 5$

19 부등식 $4x+1\geq 3x-2$에서

$x\geq -3$ $\cdots\cdots$ ㉠

부등식 $-x+3<x-7$에서

$2x>10$, 즉 $x>5$ $\cdots\cdots$ ㉡

㉠, ㉡의 공통부분을 구하면 $x>5$

답 $x>5$

20 부등식 $x+4>2x+6$에서

$x<-2$ $\cdots\cdots$ ㉠

부등식 $-4x+5<3x-9$에서

$7x>14$, 즉 $x>2$ $\cdots\cdots$ ㉡

㉠, ㉡의 공통부분이 없으므로

주어진 연립부등식의 해는 없다.

답 해는 없다.

21 부등식 $x-2<4x+7<-2x+19$를 연립부등식으로 나타내면

$\begin{cases} x-2<4x+7 \\ 4x+7<-2x+19 \end{cases}$

부등식 $x-2<4x+7$에서

$3x>-9$, 즉 $x>-3$ $\cdots\cdots$ ㉠

부등식 $4x+7<-2x+19$에서

$6x<12$, 즉 $x<2$ $\cdots\cdots$ ㉡

㉠, ㉡의 공통부분을 구하면

$-3<x<2$

답 $-3<x<2$

22 부등식 $|x-2|<3$에서
$-3<x-2<3$
따라서 $-1<x<5$

답 $-1<x<5$

23 부등식 $|x+1|>4$에서
$x+1<-4$ 또는 $x+1>4$
따라서 $x<-5$ 또는 $x>3$

답 $x<-5$ 또는 $x>3$

24 부등식 $|2x+5|\le 7$에서
$-7\le 2x+5\le 7$
$-12\le 2x\le 2$
따라서 $-6\le x\le 1$

답 $-6\le x\le 1$

25 부등식 $|4x-6|\ge 2$에서
$4x-6\le -2$ 또는 $4x-6\ge 2$
$4x\le 4$ 또는 $4x\ge 8$
따라서 $x\le 1$ 또는 $x\ge 2$

답 $x\le 1$ 또는 $x\ge 2$

26 부등식 $|3x+6|<x+10$에서
$3x+6=0$일 때, $x=-2$이므로
다음과 같이 구간을 나누어 부등식의 해를 구한다.
(i) $x<-2$일 때
$-3x-6<x+10$이므로
$4x>-16$, 즉 $x>-4$
$x<-2$이므로 $-4<x<-2$
(ii) $x\ge -2$일 때
$3x+6<x+10$이므로
$2x<4$, 즉 $x<2$
$x\ge -2$이므로 $-2\le x<2$
(i), (ii)에서 주어진 부등식의 해는
$-4<x<2$

답 $-4<x<2$

27 부등식 $|2x-2|\ge -x+10$에서
$2x-2=0$일 때, $x=1$이므로
다음과 같이 구간을 나누어 부등식의 해를 구한다.
(i) $x<1$일 때
$-2x+2\ge -x+10$이므로
$x\le -8$
$x<1$이므로 $x\le -8$
(ii) $x\ge 1$일 때
$2x-2\ge -x+10$이므로
$3x\ge 12$, 즉 $x\ge 4$
$x\ge 1$이므로 $x\ge 4$
(i), (ii)에서 주어진 부등식의 해는
$x\le -8$ 또는 $x\ge 4$

답 $x\le -8$ 또는 $x\ge 4$

28 부등식 $1<|x-2|<4$를 연립부등식으로 나타내면
$\begin{cases} |x-2|>1 \\ |x-2|<4 \end{cases}$
부등식 $|x-2|>1$에서
$x-2<-1$ 또는 $x-2>1$
$x<1$ 또는 $x>3$ ...... ㉠
부등식 $|x-2|<4$에서
$-4<x-2<4$
$-2<x<6$ ...... ㉡
㉠, ㉡에서 주어진 부등식의 해는
$-2<x<1$ 또는 $3<x<6$

답 $-2<x<1$ 또는 $3<x<6$

29 부등식 $4\le |3x+1|\le 10$을 연립부등식으로 나타내면
$\begin{cases} |3x+1|\ge 4 \\ |3x+1|\le 10 \end{cases}$
부등식 $|3x+1|\ge 4$에서
$3x+1\le -4$ 또는 $3x+1\ge 4$
$x\le -\frac{5}{3}$ 또는 $x\ge 1$ ...... ㉠
부등식 $|3x+1|\le 10$에서
$-10\le 3x+1\le 10$
$-11\le 3x\le 9$
$-\frac{11}{3}\le x\le 3$ ...... ㉡
㉠, ㉡에서 주어진 부등식의 해는
$-\frac{11}{3}\le x\le -\frac{5}{3}$ 또는 $1\le x\le 3$

답 $-\frac{11}{3}\le x\le -\frac{5}{3}$ 또는 $1\le x\le 3$

30 부등식 $|x|+|x-2|\le 6$에서
$|x|$, $|x-2|$는 각각 $x=0$, $x=2$를 경계로 절댓값 안의 식의 부호가 변하므로 다음의 세 경우로 나누어 부등식의 해를 구한다.
(i) $x<0$일 때
$-x-(x-2)\le 6$이므로
$-2x\le 4$, 즉 $x\ge -2$
그런데 $x<0$이므로 $-2\le x<0$
(ii) $0\le x<2$일 때
$x-(x-2)\le 6$이므로 $2\le 6$
그런데 이 부등식은 항상 성립하므로
$0\le x<2$
(iii) $x\ge 2$일 때
$x+x-2\le 6$이므로
$2x\le 8$, 즉 $x\le 4$
그런데 $x\ge 2$이므로 $2\le x\le 4$
(i), (ii), (iii)에 의하여 주어진 부등식의 해는
$-2\le x\le 4$

답 $-2\le x\le 4$

31 부등식 $|x+2|+|x-1|>5$에서
$|x+2|$, $|x-1|$은 각각 $x=-2$, $x=1$을 경계로 절댓값 안의 식의

부호가 변하므로 다음의 세 경우로 나누어 푼다.

(i) $x<-2$일 때
$-(x+2)-(x-1)>5$이므로
$-2x>6$, 즉 $x<-3$

(ii) $-2\le x<1$일 때
$(x+2)-(x-1)>5$이므로 $3>5$
이 부등식은 항상 성립하지 않으므로 해가 없다.

(iii) $x\ge1$일 때
$(x+2)+(x-1)>5$이므로
$2x>4$, 즉 $x>2$

(i), (ii), (iii)에 의하여 주어진 부등식의 해는
$x<-3$ 또는 $x>2$

답 $x<-3$ 또는 $x>2$

32 부등식 $|x+1|-|x-3|\le2$에서
$|x+1|$, $|x-3|$은 각각 $x=-1$, $x=3$을 경계로 절댓값 안의 식의 부호가 변하므로 다음의 세 경우로 나누어 부등식의 해를 구한다.

(i) $x<-1$일 때
$-(x+1)+(x-3)\le2$이므로 $-4\le2$
이 부등식은 항상 성립하므로 $x<-1$

(ii) $-1\le x<3$일 때
$(x+1)+(x-3)\le2$이므로
$2x\le4$, 즉 $x\le2$
$-1\le x<3$이므로 $-1\le x\le2$

(iii) $x\ge3$일 때
$(x+1)-(x-3)\le2$이므로 $4\le2$
이 부등식은 항상 성립하지 않으므로 해가 없다.

(i), (ii), (iii)에 의하여 주어진 부등식의 해는
$x\le2$

답 $x\le2$

33 이차부등식 $x^2-x-2<0$에서
$(x+1)(x-2)<0$
따라서 $-1<x<2$

답 $-1<x<2$

34 이차부등식 $x^2-3x-10>0$에서
$(x+2)(x-5)>0$
따라서 $x<-2$ 또는 $x>5$

답 $x<-2$ 또는 $x>5$

35 이차부등식 $-x^2+4x+5\ge0$에서
$x^2-4x-5\le0$
$(x+1)(x-5)\le0$
따라서 $-1\le x\le5$

답 $-1\le x\le5$

36 이차부등식 $x^2+2x-8\ge0$에서
$(x+4)(x-2)\ge0$
따라서 $x\le-4$ 또는 $x\ge2$

답 $x\le-4$ 또는 $x\ge2$

37 이차부등식 $x^2-4x+4\ge0$에서
$(x-2)^2\ge0$
따라서 주어진 이차부등식의 해는 모든 실수이다.

답 모든 실수

38 이차부등식 $x^2+6x+9>0$에서
$(x+3)^2>0$
따라서 주어진 이차부등식의 해는 $x\ne-3$인 모든 실수이다.

답 $x\ne-3$인 모든 실수

39 이차부등식 $x^2-10x+26\ge0$에서
$x^2-10x+26=(x-5)^2+1>0$
따라서 주어진 이차부등식의 해는 모든 실수이다.

답 모든 실수

40 이차부등식 $x^2-12x+36\le0$에서
$(x-6)^2\le0$
따라서 주어진 이차부등식의 해는 $x=6$

답 $x=6$

41 이차부등식 $-x^2+8x-16>0$에서
$x^2-8x+16<0$, 즉 $(x-4)^2<0$
따라서 주어진 이차부등식의 해는 없다.

답 해는 없다.

42 이차부등식 $-x^2-2x-1\le0$에서
$x^2+2x+1\ge0$, 즉 $(x+1)^2\ge0$
따라서 주어진 이차부등식의 해는 모든 실수이다.

답 모든 실수

43 모든 실수 x에 대하여 $x^2+kx+4>0$이 성립하려면
이차방정식 $x^2+kx+4=0$의 판별식을 D라 하면 $D<0$이어야 한다.
$D=k^2-4\times1\times4<0$에서
$k^2-16<0$
$(k+4)(k-4)<0$
따라서 $-4<k<4$

답 $-4<k<4$

44 이차부등식 $x^2+2kx-k+6<0$의 해가 없으므로
이차방정식 $x^2+2kx-k+6=0$의 판별식을 D라 하면 $D\le0$이어야 한다.
$\frac{D}{4}=k^2-(-k+6)\le0$에서
$k^2+k-6\le0$
$(k-2)(k+3)\le0$
따라서 $-3\le k\le2$

답 $-3\le k\le2$

45 부등식 $4x+7>-5$에서
$4x>-12$, 즉 $x>-3$ ...... ㉠

부등식 $x^2+5x-6<0$에서
$(x+6)(x-1)<0$이므로 $-6<x<1$ ⋯⋯ ㉡
㉠, ㉡에서 주어진 연립부등식의 해는
$-3<x<1$

답 $-3<x<1$

46 부등식 $x^2-3x>0$에서
$x(x-3)>0$이므로
$x<0$ 또는 $x>3$ ⋯⋯ ㉠
부등식 $x^2+x-20\le0$에서
$(x+5)(x-4)\le0$이므로
$-5\le x\le4$ ⋯⋯ ㉡
㉠, ㉡에서 주어진 연립부등식의 해는
$-5\le x<0$ 또는 $3<x\le4$

답 $-5\le x<0$ 또는 $3<x\le4$

47 부등식 $-x^2+2x+10<x^2-6x<-4x+24$를 연립부등식으로 나타내면

$$\begin{cases}-x^2+2x+10<x^2-6x\\ x^2-6x<-4x+24\end{cases}$$

부등식 $-x^2+2x+10<x^2-6x$에서
$x^2-4x-5>0$
$(x+1)(x-5)>0$
$x<-1$ 또는 $x>5$ ⋯⋯ ㉠
부등식 $x^2-6x<-4x+24$에서
$x^2-2x-24<0$
$(x+4)(x-6)<0$
$-4<x<6$ ⋯⋯ ㉡
㉠, ㉡에서 주어진 부등식의 해는
$-4<x<-1$ 또는 $5<x<6$

답 $-4<x<-1$ 또는 $5<x<6$

유형 완성하기

본문 98~116쪽

01 ②	02 ④	03 ④	04 ①	05 ①
06 ②	07 20	08 ④	09 ⑤	10 ②
11 ①	12 ⑤	13 ③	14 −4	15 ⑤
16 ②	17 ②	18 ③	19 ④	20 ①
21 ①	22 ②	23 ③	24 ⑤	25 ④
26 44	27 ④	28 ③	29 ④	30 −1
31 ③	32 ②	33 ④	34 ①	35 ②
36 ①	37 6	38 ④	39 ②	40 ②
41 12	42 ①	43 ③	44 18	45 ②
46 ③	47 ⑤	48 4	49 ②	50 9
51 ③	52 ①	53 ④	54 96	55 ②
56 ③	57 7	58 ④	59 70	60 ⑤
61 ②	62 ③	63 ⑤	64 ④	65 ②
66 ④	67 ③	68 3	69 ②	70 ④
71 ③	72 ③	73 ⑤	74 ③	75 ④
76 ①	77 ①	78 ③	79 ②	80 ①
81 ①	82 ③	83 ②	84 ④	85 ①
86 ③	87 ④	88 ②	89 ⑤	90 ③
91 ②	92 ⑤	93 ④	94 ③	95 25
96 ④	97 ②	98 ④	99 ⑤	100 12
101 5	102 $1\le k<2$		103 ②	104 ②
105 ③	106 10	107 ⑤	108 ③	

01 삼차방정식 $x^3-2x^2-x+2=0$에서
$x^2(x-2)-(x-2)=0$
$(x-2)(x^2-1)=0$
$(x+1)(x-1)(x-2)=0$
$x=-1$ 또는 $x=1$ 또는 $x=2$
따라서 $\alpha=-1$, $\beta=1$, $\gamma=2$라고 할 수 있으므로
$\alpha^3+\beta^3+\gamma^3=(-1)^3+1^3+2^3=8$

답 ②

02 사차방정식 $x^4-x^3-2x-4=0$에서
$f(x)=x^4-x^3-2x-4$라 하면
$f(-1)=1+1+2-4=0$
조립제법을 이용하여 $f(x)$를 인수분해하면

−1	1	−1	0	−2	−4
		−1	2	−2	4
	1	−2	2	−4	0

$f(x)=(x+1)(x^3-2x^2+2x-4)$
$g(x)=x^3-2x^2+2x-4$라 하면
$g(2)=8-8+4-4=0$
조립제법을 이용하여 $g(x)$를 인수분해하면

2	1	−2	2	−4
		2	0	4
	1	0	2	0

$g(x)=(x-2)(x^2+2)$
$f(x)=(x+1)(x-2)(x^2+2)$
주어진 사차방정식은
$(x+1)(x-2)(x^2+2)=0$
이므로
$x=-1$ 또는 $x=2$ 또는 $x=-\sqrt{2}i$ 또는 $x=\sqrt{2}i$
따라서 주어진 사차방정식의 서로 다른 모든 실근의 합은
$-1+2=1$

답 ④

03 삼차방정식 $x^3+2x-12=0$에서
$f(x)=x^3+2x-12$라 하면 $f(2)=8+4-12=0$
조립제법을 이용하여 $f(x)$를 인수분해하면

2	1	0	2	−12
		2	4	12
	1	2	6	0

$f(x)=(x-2)(x^2+2x+6)$이므로
주어진 삼차방정식은 $(x-2)(x^2+2x+6)=0$
$x-2=0$ 또는 $x^2+2x+6=0$
$x=2$ 또는 $x=-1+\sqrt{5}i$ 또는 $x=-1-\sqrt{5}i$
따라서 $a=-1$, $b=\sqrt{5}$ 또는 $a=-1$, $b=-\sqrt{5}$이므로
$a^2-b^2=1-5=-4$

답 ④

04 삼차방정식 $x^3-x^2-2x+8=0$에서
$f(x)=x^3-x^2-2x+8$이라 하면
$f(-2)=-8-4+4+8=0$
조립제법을 이용하여 $f(x)$를 인수분해하면

−2	1	−1	−2	8
		−2	6	−8
	1	−3	4	0

$f(x)=(x+2)(x^2-3x+4)$
이므로 주어진 방정식은
$(x+2)(x^2-3x+4)=0$
이차방정식 $x^2-3x+4=0$의 판별식을 D라 하면
$D=(-3)^2-4\times1\times4=-7<0$
이므로 이차방정식 $x^2-3x+4=0$은 서로 다른 두 허근을 갖는다.
삼차방정식 $x^3-x^2-2x+8=0$이 한 실근 α와 서로 다른 두 허근 β, γ를 가지므로 $\alpha=-2$이고 β, γ는 이차방정식 $x^2-3x+4=0$의 서로 다른 두 허근이다.
이차방정식의 근과 계수의 관계에 의하여 $\beta+\gamma=3$
따라서 $\alpha\beta+\alpha\gamma=\alpha(\beta+\gamma)=-2\times3=-6$

답 ①

05 사차방정식 $x^4+x^3-5x^2+x-6=0$에서
$f(x)=x^4+x^3-5x^2+x-6$이라 하면
$f(2)=16+8-20+2-6=0$
조립제법을 이용하여 $f(x)$를 인수분해하면

2	1	1	−5	1	−6
		2	6	2	6
	1	3	1	3	0

$f(x)=(x-2)(x^3+3x^2+x+3)$
$=(x-2)\{x^2(x+3)+(x+3)\}$
$=(x-2)(x+3)(x^2+1)$
이므로 주어진 사차방정식은
$(x-2)(x+3)(x^2+1)=0$
$x=2$ 또는 $x=-3$ 또는 $x=i$ 또는 $x=-i$
따라서 $\alpha=i$ 또는 $\alpha=-i$이므로
$\alpha^4+\overline{\alpha}^4=i^4+(-i)^4=1+1=2$

답 ①

06 사차방정식 $x^4+2x^3-6x^2+2x+1=0$에서
$f(x)=x^4+2x^3-6x^2+2x+1$이라 하면
$f(1)=1+2-6+2+1=0$
조립제법을 이용하여 $f(x)$를 인수분해하면

1	1	2	−6	2	1
		1	3	−3	−1
	1	3	−3	−1	0

$f(x)=(x-1)(x^3+3x^2-3x-1)$
$g(x)=x^3+3x^2-3x-1$이라 하면
$g(1)=1+3-3-1=0$
조립제법을 이용하여 $g(x)$를 인수분해하면

1	1	3	−3	−1
		1	4	1
	1	4	1	0

$g(x)=(x-1)(x^2+4x+1)$
$f(x)=(x-1)^2(x^2+4x+1)$
이므로 주어진 사차방정식은
$(x-1)^2(x^2+4x+1)=0$
$x=1$ 또는 $x=-2\pm\sqrt{3}$
주어진 사차방정식의 서로 다른 실근의 개수는 3이므로
$a=3$
$1-(-2+\sqrt{3})=3-\sqrt{3}>0$,
$1-(-2-\sqrt{3})=3+\sqrt{3}>0$
이므로 $b=1$
따라서 $a+b=3+1=4$

답 ②

다른 풀이
사차방정식 $x^4+2x^3-6x^2+2x+1=0$에서
양변을 x^2으로 나누면
$$x^2+2x-6+\frac{2}{x}+\frac{1}{x^2}=0$$
$$x^2+\frac{1}{x^2}+2\left(x+\frac{1}{x}\right)-6=0$$
$$\left(x+\frac{1}{x}\right)^2+2\left(x+\frac{1}{x}\right)-8=0$$

$x+\frac{1}{x}=X$로 놓으면

$X^2+2X-8=0$

$(X+4)(X-2)=0$

$X=-4$ 또는 $X=2$

(i) $X=-4$일 때

$x+\frac{1}{x}=-4$에서

$x^2+4x+1=0$이므로

$x=-2\pm\sqrt{3}$

(ii) $X=2$일 때

$x+\frac{1}{x}=2$에서

$x^2-2x+1=0$, 즉 $(x-1)^2=0$이므로

$x=1$

(i), (ii)에서 $a=3$, $b=1$이므로

$a+b=3+1=4$

07 사차방정식 $(x^2+x)^2+2(x^2+x)-8=0$에서

$x^2+x=t$로 놓으면

$t^2+2t-8=0$

$(t+4)(t-2)=0$

$t=-4$ 또는 $t=2$

(i) $t=-4$일 때

$x^2+x=-4$, 즉 $x^2+x+4=0$

이차방정식 $x^2+x+4=0$의 판별식을 D라 하면

$D=1^2-4\times1\times4=-15<0$

이므로 이 이차방정식은 서로 다른 두 허근을 갖는다.

이 두 허근을 α, β라 하면

이차방정식의 근과 계수의 관계에 의하여

$\alpha\beta=4$

(ii) $t=2$일 때

$x^2+x=2$, 즉 $x^2+x-2=0$

$(x+2)(x-1)=0$

$x=-2$ 또는 $x=1$

(i), (ii)에서 주어진 방정식의 서로 다른 모든 실근의 곱은

$-2\times1=-2$이고 서로 다른 모든 허근의 곱은 4이므로

$a=-2$, $b=4$

따라서 $a^2+b^2=(-2)^2+4^2=20$

답 20

08 사차방정식 $(2x^2-3x-3)(2x^2-3x-4)-2=0$에서

$2x^2-3x=t$로 놓으면

$(t-3)(t-4)-2=0$

$t^2-7t+10=0$

$(t-2)(t-5)=0$

$t=2$ 또는 $t=5$

(i) $t=2$일 때

$2x^2-3x=2$, 즉 $2x^2-3x-2=0$

$(2x+1)(x-2)=0$

$x=-\frac{1}{2}$ 또는 $x=2$

(ii) $t=5$일 때

$2x^2-3x=5$, 즉 $2x^2-3x-5=0$

$(2x-5)(x+1)=0$

$x=\frac{5}{2}$ 또는 $x=-1$

(i), (ii)에서 주어진 사차방정식의 양수인 근은 2, $\frac{5}{2}$이다.

따라서 양수인 모든 실근의 합은

$2+\frac{5}{2}=\frac{9}{2}$

답 ④

09 사차방정식 $(x+1)(x+2)(x-3)(x-4)-84=0$에서

$\{(x+1)(x-3)\}\{(x+2)(x-4)\}-84=0$

$(x^2-2x-3)(x^2-2x-8)-84=0$

$x^2-2x=t$로 놓으면

$(t-3)(t-8)-84=0$

$t^2-11t-60=0$

$(t+4)(t-15)=0$

$t=-4$ 또는 $t=15$

(i) $t=-4$일 때

$x^2-2x=-4$, 즉 $x^2-2x+4=0$

이차방정식 $x^2-2x+4=0$의 판별식을 D라 하면

$\frac{D}{4}=(-1)^2-4=-3<0$

이므로 서로 다른 두 허근을 갖는다.

(ii) $t=15$일 때

$x^2-2x=15$, 즉 $x^2-2x-15=0$

$(x+3)(x-5)=0$

$x=-3$ 또는 $x=5$

(i), (ii)에서 $\alpha=-3$, $\beta=5$

따라서 $\beta-\alpha=5-(-3)=8$

답 ⑤

10 사차방정식 $x^4-10x^2+9=0$에서

$x^2=X$로 놓으면

$X^2-10X+9=0$

$(X-1)(X-9)=0$

$X=1$ 또는 $X=9$

즉, $x^2=1$ 또는 $x^2=9$이므로

$x=-3$ 또는 $x=-1$ 또는 $x=1$ 또는 $x=3$

따라서

$\alpha=-3$, $\beta=-1$, $\gamma=1$, $\delta=3$

이므로

$(\alpha+\beta)(\gamma+\delta)=(-3-1)\times(1+3)=-16$

답 ②

11 사차방정식 $x^4-3x^2-4=0$에서

$x^2=X$로 놓으면

$X^2-3X-4=0$

$(X+1)(X-4)=0$

$X=-1$ 또는 $X=4$
즉, $x^2=-1$ 또는 $x^2=4$이므로
$x=-i$ 또는 $x=i$ 또는 $x=-2$ 또는 $x=2$
따라서 $\alpha=-2$, $\beta=2$이므로
$\beta-\alpha=2-(-2)=4$

답 ①

12 $x^4-(4k^2-6)x^2+9=0$에서
$x^4+6x^2+9-4k^2x^2=0$
$(x^2+3)^2-(2kx)^2=0$
$(x^2+2kx+3)(x^2-2kx+3)=0$
$x^2+2kx+3=0$ 또는 $x^2-2kx+3=0$
이차방정식 $x^2+2kx+3=0$의 판별식을 D_1이라 하면
$\frac{D_1}{4}=k^2-3$ ...... ㉠
이차방정식 $x^2-2kx+3=0$의 판별식을 D_2라 하면
$\frac{D_2}{4}=k^2-3$ ...... ㉡
㉠, ㉡에서 $D_1=D_2$이고, $k\neq0$이므로
주어진 사차방정식의 서로 다른 실근의 개수가 2가 되려면
$D_1=D_2=0$이어야 한다.
즉, $k^2-3=0$에서
$k=-\sqrt{3}$ 또는 $k=\sqrt{3}$
따라서 구하는 서로 다른 모든 실수 k의 값의 곱은
$-\sqrt{3}\times\sqrt{3}=-3$

답 ⑤

13 삼차방정식 $x^3+ax^2-x-4=0$에서
$f(x)=x^3+ax^2-x-4$라 하면
$f(1)=1+a-1-4=0$이므로 $a=4$
이때 주어진 삼차방정식은
$x^3+4x^2-x-4=0$이므로
$x^2(x+4)-(x+4)=0$
$(x+4)(x^2-1)=0$
$(x+4)(x+1)(x-1)=0$
$x=-4$ 또는 $x=-1$ 또는 $x=1$
따라서
$\alpha=-4$, $\beta=-1$ 또는 $\alpha=-1$, $\beta=-4$
이므로
$a+\alpha\beta=4+(-4)\times(-1)=8$

답 ③

14 삼차방정식 $x^3-2x^2-4x+a=0$에서
$f(x)=x^3-2x^2-4x+a$라 하면
$f(-2)=-8-8+8+a=0$이므로 $a=8$
조립제법을 이용하여 $f(x)$를 인수분해하면

-2	1	-2	-4	8
		-2	8	-8
	1	-4	4	0

이때 주어진 삼차방정식은
$(x+2)(x^2-4x+4)=0$
$(x+2)(x-2)^2=0$
$x=-2$ 또는 $x=2$
따라서 주어진 삼차방정식의 서로 다른 모든 근의 곱은
$-2\times2=-4$

답 -4

15 사차방정식 $x^4+2x^2+ax-10=0$에서
$f(x)=x^4+2x^2+ax-10$이라 하면
$f(1)=1+2+a-10=0$이므로 $a=7$
조립제법을 이용하여 $f(x)$를 인수분해하면

1	1	0	2	7	-10
		1	1	3	10
	1	1	3	10	0

$f(x)=(x-1)(x^3+x^2+3x+10)$
$g(x)=x^3+x^2+3x+10$이라 하면
$g(-2)=-8+4-6+10=0$
조립제법을 이용하여 $g(x)$를 인수분해하면

-2	1	1	3	10
		-2	2	-10
	1	-1	5	0

$g(x)=(x+2)(x^2-x+5)$
이때 주어진 사차방정식은
$(x-1)(x+2)(x^2-x+5)=0$
이차방정식 $x^2-x+5=0$의 판별식을 D라 하면
$D=(-1)^2-4\times1\times5=-19<0$
이므로 이차방정식 $x^2-x+5=0$은 서로 다른 두 허근을 갖는다.
α는 이차방정식 $x^2-x+5=0$의 한 허근이므로
$\alpha^2-\alpha+5=0$
따라서 $\alpha^2-\alpha=-5$

답 ⑤

16 삼차방정식 $x^3-5x^2+ax+a+6=0$에서
$f(x)=x^3-5x^2+ax+a+6$이라 하면
$f(-1)=-1-5-a+a+6=0$
조립제법을 이용하여 $f(x)$를 인수분해하면

-1	1	-5	a	$a+6$
		-1	6	$-(a+6)$
	1	-6	$a+6$	0

$f(x)=(x+1)(x^2-6x+a+6)$
주어진 삼차방정식은
$(x+1)(x^2-6x+a+6)=0$이므로
$x=-1$ 또는 $x^2-6x+a+6=0$
이때 이차방정식 $x^2-6x+a+6=0$이 서로 다른 두 허근을 가져야 하므로 이차방정식 $x^2-6x+a+6=0$의 판별식을 D라 하면
$\frac{D}{4}=(-3)^2-(a+6)<0$에서

$9-a-6<0$, 즉 $a>3$
따라서 정수 a의 최솟값은 4이다.

답 ②

17 삼차방정식 $2x^3-10x^2+ax=0$에서
$x(2x^2-10x+a)=0$
$x=0$ 또는 $2x^2-10x+a=0$
주어진 삼차방정식이 서로 다른 세 실근을 가지려면 이차방정식 $2x^2-10x+a=0$이 0이 아닌 서로 다른 두 실근을 가져야 한다.
이때 a가 자연수이고
$2\times0^2-10\times0+a>0$
이므로 이차방정식 $2x^2-10x+a=0$의 판별식을 D라 하면
$\frac{D}{4}=(-5)^2-2\times a>0$에서
$2a<25$, 즉 $a<\frac{25}{2}$
따라서 자연수 a는 1, 2, 3, ⋯, 12이고, 그 개수는 12이다.

답 ②

18 삼차방정식 $x^3+ax^2+2(a-1)x+a-1=0$에서
$f(x)=x^3+ax^2+2(a-1)x+a-1$이라 하면
$f(-1)=-1+a-2(a-1)+a-1=0$
조립제법을 이용하여 $f(x)$를 인수분해하면

-1	1	a	$2(a-1)$	$a-1$
		-1	$-a+1$	$-a+1$
	1	$a-1$	$a-1$	0

$f(x)=(x+1)\{x^2+(a-1)x+a-1\}$
주어진 삼차방정식은
$(x+1)\{x^2+(a-1)x+a-1\}=0$이므로
$x=-1$ 또는 $x^2+(a-1)x+a-1=0$
이차방정식 $x^2+(a-1)x+a-1=0$에서
$(-1)^2-(a-1)+a-1=1\neq0$이므로
주어진 삼차방정식의 서로 다른 실근의 개수가 2가 되려면 이차방정식 $x^2+(a-1)x+a-1=0$이 중근을 가져야 한다.
이차방정식 $x^2+(a-1)x+a-1=0$의 판별식을 D라 하면
$D=(a-1)^2-4(a-1)=0$
$a^2-6a+5=0$
$(a-1)(a-5)=0$
$a=1$ 또는 $a=5$
따라서 a의 값은 합은
$1+5=6$

답 ③

19 삼차방정식 $x^3+5x-6=0$의 세 근이 α, β, γ이므로
$x^3+5x-6=(x-\alpha)(x-\beta)(x-\gamma)$ ⋯⋯ ㉠
㉠에 $x=2$를 대입하면
$8+10-6=(2-\alpha)(2-\beta)(2-\gamma)$
따라서 $(2-\alpha)(2-\beta)(2-\gamma)=12$

답 ④

20 삼차방정식 $2x^3-3x^2-4x+4=0$의 세 근이 α, β, γ이므로
$2x^3-3x^2-4x+4=2(x-\alpha)(x-\beta)(x-\gamma)$ ⋯⋯ ㉠
㉠에 $x=-1$을 대입하면
$-2-3+4+4=2(-1-\alpha)(-1-\beta)(-1-\gamma)$
따라서 $(1+\alpha)(1+\beta)(1+\gamma)=-\frac{3}{2}$

답 ①

21 삼차방정식 $x^3-7x^2-2x+8=0$의 세 근이 α, β, γ이므로
$x^3-7x^2-2x+8=(x-\alpha)(x-\beta)(x-\gamma)$
이때
$(x-\alpha)(x-\beta)(x-\gamma)$
$=x^3-(\alpha+\beta+\gamma)x^2+(\alpha\beta+\beta\gamma+\gamma\alpha)x-\alpha\beta\gamma$
이므로
$\alpha\beta+\beta\gamma+\gamma\alpha=-2$, $\alpha\beta\gamma=-8$
따라서
$\frac{1}{\alpha}+\frac{1}{\beta}+\frac{1}{\gamma}=\frac{\alpha\beta+\beta\gamma+\gamma\alpha}{\alpha\beta\gamma}$
$=\frac{-2}{-8}=\frac{1}{4}$

답 ①

22 삼차방정식 $x^3-x^2-4x+2=0$의 세 근이 α, β, γ이므로
$x^3-x^2-4x+2=(x-\alpha)(x-\beta)(x-\gamma)$
이때
$(x-\alpha)(x-\beta)(x-\gamma)$
$=x^3-(\alpha+\beta+\gamma)x^2+(\alpha\beta+\beta\gamma+\beta\gamma)x-\alpha\beta\gamma$
이므로
$\alpha+\beta+\gamma=1$이고
$\alpha+\beta=1-\gamma$, $\beta+\gamma=1-\alpha$, $\gamma+\alpha=1-\beta$
$(\alpha+\beta)(\beta+\gamma)(\gamma+\alpha)=(1-\gamma)(1-\alpha)(1-\beta)$ ⋯⋯ ㉠
한편
$x^3-x^2-4x+2=(x-\alpha)(x-\beta)(x-\gamma)$
이므로 $x=1$을 대입하면
$(1-\alpha)(1-\beta)(1-\gamma)=1-1-4+2=-2$ ⋯⋯ ㉡
㉠, ㉡에서
$(\alpha+\beta)(\beta+\gamma)(\gamma+\alpha)=-2$

답 ②

23 삼차식 $f(x)$에 대하여
$f(-2)=f(1)=f(3)=2$이므로
삼차방정식 $f(x)-2=0$의 세 근이 -2, 1, 3이다.
이때 $f(x)-2=(x+2)(x-1)(x-3)$이므로
$f(x)=(x+2)(x-1)(x-3)+2$
따라서 $f(0)=2\times(-1)\times(-3)+2=8$

답 ③

24 삼차방정식 $x^3+ax^2+bx+a=0$에서 a, b가 실수이고 한 근이 $1+i$이므로 $1-i$도 삼차방정식의 근이다.
삼차방정식의 나머지 한 근을 α라 하면
세 수 α, $1+i$, $1-i$를 근으로 하고, 삼차항의 계수가 1인 삼차방정식은

$(x-\alpha)(x-1-i)(x-1+i)=0$
이때
$(x-\alpha)(x-1-i)(x-1+i)$
$=(x-\alpha)(x^2-2x+2)$
$=x^3-(2+\alpha)x^2+(2+2\alpha)x-2\alpha$
이므로
$x^3+ax^2+bx+a=x^3-(2+\alpha)x^2+(2+2\alpha)x-2\alpha$
이 등식이 x에 대한 항등식이므로
$a=-(2+\alpha)$ ...... ㉠, $b=2+2\alpha$ ...... ㉡, $a=-2\alpha$ ...... ㉢
㉠, ㉢에서
$-(2+\alpha)=-2\alpha$이므로 $\alpha=2$
$\alpha=2$를 ㉠, ㉡에 대입하면
$a=-4$, $b=6$
따라서 $ab=-4\times6=-24$

답 ⑤

25 삼차방정식 $x^3+ax^2+bx+c=0$에서 a, b, c가 실수이고 한 근이 $2-3i$이므로 $2+3i$도 삼차방정식의 근이다.
세 수 -1, $2-3i$, $2+3i$를 근으로 하고, 삼차항의 계수가 1인 삼차방정식은
$(x+1)(x-2+3i)(x-2-3i)=0$
이때
$(x+1)(x-2+3i)(x-2-3i)$
$=(x+1)(x^2-4x+13)$
$=x^3-3x^2+9x+13$
이므로
$x^3+ax^2+bx+c=x^3-3x^2+9x+13$
이 등식이 x에 대한 항등식이므로
$a=-3$, $b=9$, $c=13$
따라서 $a+b+c=-3+9+13=19$

답 ④

26 사차방정식 $x^4+ax^3+bx^2+cx+d=0$에서 a, b, c, d가 유리수이고 한 근이 $2+\sqrt{3}$이므로 $2-\sqrt{3}$도 사차방정식의 근이다.
또, 사차방정식 $x^4+ax^3+bx^2+cx+d=0$의 한 근이 $2i$이므로 $-2i$도 사차방정식의 근이다.
최고차항의 계수가 1이고
네 근이 $2+\sqrt{3}$, $2-\sqrt{3}$, $2i$, $-2i$인 사차방정식은
$(x-2-\sqrt{3})(x-2+\sqrt{3})(x-2i)(x+2i)=0$
이때
$(x-2-\sqrt{3})(x-2+\sqrt{3})=x^2-4x+1$
$(x-2i)(x+2i)=x^2+4$
이므로
$(x-2-\sqrt{3})(x-2+\sqrt{3})(x-2i)(x+2i)$
$=(x^2-4x+1)(x^2+4)$
$=x^4-4x^3+5x^2-16x+4$
$x^4+ax^3+bx^2+cx+d=x^4-4x^3+5x^2-16x+4$
이 등식이 x에 대한 항등식이므로
$a=-4$, $b=5$, $c=-16$, $d=4$
따라서 $ab-cd=-4\times5-(-16)\times4=44$

답 44

27 $x^3=1$에서 $x^3-1=0$이므로
$(x-1)(x^2+x+1)=0$
$x=1$ 또는 $x^2+x+1=0$
이차방정식 $x^2+x+1=0$의 판별식을 D라 하면
$D=1^2-4\times1\times1=-3<0$이므로
ω는 이차방정식 $x^2+x+1=0$의 근이다.
즉, $\omega^2+\omega+1=0$, $\omega^3=1$이므로
$\omega+\omega^2+\omega^3+\cdots+\omega^{10}$
$=(1+\omega+\omega^2)\omega+(1+\omega+\omega^2)\omega^4+(1+\omega+\omega^2)\omega^7+(\omega^3)^3\omega$
$=\omega$
$\omega=a+b\omega$이므로 $a=0$, $b=1$
따라서 $a+b=0+1=1$

답 ④

참고 ω가 $x^2+x+1=0$의 한 근이므로 $\omega=\frac{-1+\sqrt{3}i}{2}$라 하면
$\omega=a+b\omega$에서 $-\frac{1}{2}+\frac{\sqrt{3}}{2}i=\left(a-\frac{b}{2}\right)+\frac{\sqrt{3}}{2}bi$
두 복소수가 서로 같을 조건에 의하여
$-\frac{1}{2}=a-\frac{b}{2}$, $\frac{\sqrt{3}}{2}=\frac{\sqrt{3}}{2}b$
따라서 $a=0$, $b=1$

28 $x^3=1$에서 $x^3-1=0$이므로
$(x-1)(x^2+x+1)=0$
$x=1$ 또는 $x^2+x+1=0$
$D=1^2-4\times1\times1=-3<0$이므로
ω는 이차방정식 $x^2+x+1=0$의 근이고
$\overline{\omega}$도 이차방정식 $x^2+x+1=0$의 근이다.
이때 $\omega^3=1$, $\overline{\omega}^3=1$이고 $\omega+\overline{\omega}=-1$, $\omega\overline{\omega}=1$이다.
따라서
$$\frac{\overline{\omega}^4}{\omega}+\frac{\omega^4}{\overline{\omega}}=\frac{\overline{\omega}^3\times\overline{\omega}}{\omega}+\frac{\omega^3\times\omega}{\overline{\omega}}$$
$$=\frac{\overline{\omega}}{\omega}+\frac{\omega}{\overline{\omega}}$$
$$=\frac{\overline{\omega}^2+\omega^2}{\omega\overline{\omega}}$$
$$=\frac{(\overline{\omega}+\omega)^2-2\omega\overline{\omega}}{\omega\overline{\omega}}$$
$$=\frac{(-1)^2-2\times1}{1}=-1$$

답 ③

29 $x^3=-1$에서 $x^3+1=0$이므로
$(x+1)(x^2-x+1)=0$
$x=-1$ 또는 $x^2-x+1=0$
이차방정식 $x^2-x+1=0$의 판별식을 D라 하면
$D=(-1)^2-4\times1\times1=-3<0$이므로
α는 이차방정식 $x^2-x+1=0$의 근이다.
즉, $\alpha^2-\alpha+1=0$, $\alpha^3=-1$이므로
$\frac{\alpha^2}{1-\alpha}+\frac{\alpha}{1+\alpha^2}+\frac{1}{1-\alpha^3}$

$=\frac{\alpha^2}{-\alpha^2}+\frac{\alpha}{\alpha}+\frac{1}{1-(-1)}$

$=-1+1+\frac{1}{2}=\frac{1}{2}$

답 ④

30 $x^3=1$에서 $x^3-1=0$이므로

$(x-1)(x^2+x+1)=0$

$x=1$ 또는 $x^2+x+1=0$

이차방정식 $x^2+x+1=0$의 판별식을 D라 하면

$D=1^2-4\times1\times1=-3<0$이므로

ω는 이차방정식 $x^2+x+1=0$의 근이다.

즉, $\omega^2+\omega+1=0$, $\omega^3=1$이다.

또한 $\omega=\frac{-1+\sqrt{3}i}{2}$ 또는 $\omega=\frac{-1-\sqrt{3}i}{2}$이다.

$\omega^{10}-\omega^{20}+\omega^{30}+a$

$=(\omega^3)^3\omega-(\omega^3)^6\omega^2+(\omega^3)^{10}+a$

$=\omega-\omega^2+1+a$

$=\omega-(-\omega-1)+1+a$

$=a+2+2\omega$

한편 $(\omega^{10}-\omega^{20}+\omega^{30}+a)^2<0$이므로

$\omega^{10}-\omega^{20}+\omega^{30}+a$의 실수부분은 0이고 허수부분은 0이 아니어야 한다.

이때 $a+2+2\omega=a+2+2\times\frac{-1+\sqrt{3}i}{2}=a+1+\sqrt{3}i$

또는 $a+2+2\omega=a+2+2\times\frac{-1-\sqrt{3}i}{2}=a+1-\sqrt{3}i$

이므로 $a+1=0$

따라서 $a=-1$

답 -1

31 $x^3=1$에서 $x^3-1=0$이므로

$(x-1)(x^2+x+1)=0$

$x=1$ 또는 $x^2+x+1=0$

이차방정식 $x^2+x+1=0$의 판별식을 D라 하면

$D=1^2-4\times1\times1=-3<0$이므로

ω는 이차방정식 $x^2+x+1=0$의 근이고

$\overline{\omega}$도 이차방정식 $x^2+x+1=0$의 근이다.

이때 $\omega^3=1$, $\overline{\omega}^3=1$이고 $\omega+\overline{\omega}=-1$, $\omega\overline{\omega}=1$이다.

ㄱ. $\frac{1}{\omega}+\frac{1}{\overline{\omega}}=\frac{\omega+\overline{\omega}}{\omega\overline{\omega}}=\frac{-1}{1}=-1$ (참)

ㄴ. $\omega\overline{\omega}^2+\omega^2\overline{\omega}=\omega\overline{\omega}(\overline{\omega}+\omega)$

$=1\times(-1)=-1$ (참)

ㄷ. $\omega^4+\omega^5+\omega^{40}+\omega^{50}$

$=\omega^3\omega+\omega^3\omega^2+(\omega^3)^{13}\omega+(\omega^3)^{16}\omega^2$

$=(\omega+\omega^2)+(\omega+\omega^2)$

$=-1+(-1)$

$=-2$

$\overline{\omega}^3+\overline{\omega}^{30}=\overline{\omega}^3+(\overline{\omega}^3)^{10}=1+1=2$

이므로

$\omega^4+\omega^5+\omega^{40}+\omega^{50}\neq\overline{\omega}^3+\overline{\omega}^{30}$ (거짓)

따라서 옳은 것은 ㄱ, ㄴ이다.

답 ③

32 $\begin{cases} x-3y=-2 & \cdots\cdots ㉠ \\ x^2-y^2=12 & \cdots\cdots ㉡ \end{cases}$

㉠에서 $x=3y-2$ $\cdots\cdots$ ㉢

㉢을 ㉡에 대입하면

$(3y-2)^2-y^2=12$

$2y^2-3y-2=0$

$(2y+1)(y-2)=0$

$y=-\frac{1}{2}$ 또는 $y=2$

(i) $y=-\frac{1}{2}$일 때

㉢에서 $x=3\times\left(-\frac{1}{2}\right)-2=-\frac{7}{2}$

이때 $\alpha=-\frac{7}{2}$, $\beta=-\frac{1}{2}$이므로

$\alpha+\beta=-\frac{7}{2}+\left(-\frac{1}{2}\right)=-4$

(ii) $y=2$일 때

㉢에서 $x=3\times2-2=4$

이때 $\alpha=4$, $\beta=2$이므로

$\alpha+\beta=4+2=6$

(i), (ii)에서 $\alpha+\beta$의 최댓값은 6이다.

답 ②

33 $\begin{cases} x+y=2 & \cdots\cdots ㉠ \\ x^2+xy=6 & \cdots\cdots ㉡ \end{cases}$

㉡에서 $x(x+y)=6$ $\cdots\cdots$ ㉢

㉠을 ㉢에 대입하면

$2x=6$, 즉 $x=3$

$x=3$을 ㉠에 대입하면

$3+y=2$, 즉 $y=-1$

따라서 $\alpha=3$, $\beta=-1$이므로

$\alpha-\beta=3-(-1)=4$

답 ④

34 $\begin{cases} 2x-y=1 & \cdots\cdots ㉠ \\ x^2+y^2=2 & \cdots\cdots ㉡ \end{cases}$

㉠에서 $y=2x-1$ $\cdots\cdots$ ㉢

㉢을 ㉡에 대입하면

$x^2+(2x-1)^2=2$

$5x^2-4x-1=0$

$(5x+1)(x-1)=0$

$x=-\frac{1}{5}$ 또는 $x=1$

이때 $\alpha<0$이므로 $\alpha=-\frac{1}{5}$

$x=-\frac{1}{5}$을 ㉢에 대입하면

$y=2\times\left(-\frac{1}{5}\right)-1=-\frac{7}{5}$이므로 $\beta=-\frac{7}{5}$

따라서 $\alpha+\beta=-\frac{1}{5}+\left(-\frac{7}{5}\right)=-\frac{8}{5}$

답 ①

35 $\begin{cases} 4xy-4x^2=y^2 & \cdots\cdots ㉠ \\ x^2+y^2=30 & \cdots\cdots ㉡ \end{cases}$

㉠에서 $4x^2-4xy+y^2=0$이므로

$(2x-y)^2=0$, $y=2x$ $\cdots\cdots$ ㉢

㉢을 ㉡에 대입하면 $x^2+(2x)^2=30$에서

$x^2=6$이므로 $x=\sqrt{6}$ 또는 $x=-\sqrt{6}$

$x=\sqrt{6}$일 때 $y=2\sqrt{6}$, $x=-\sqrt{6}$일 때 $y=-2\sqrt{6}$

따라서 $\alpha=\sqrt{6}$, $\beta=2\sqrt{6}$ 또는 $\alpha=-\sqrt{6}$, $\beta=-2\sqrt{6}$이므로

$\alpha\beta=\sqrt{6}\times2\sqrt{6}=-\sqrt{6}\times(-2\sqrt{6})=12$

답 ②

36 $\begin{cases} x^2+xy-2y^2=0 & \cdots\cdots ㉠ \\ x^2-y^2=24 & \cdots\cdots ㉡ \end{cases}$

㉠에서 $(x+2y)(x-y)=0$이므로

$x=-2y$ 또는 $x=y$

(i) $x=-2y$일 때

㉡에서 $(-2y)^2-y^2=24$

즉, $y^2=8$이므로

$y=2\sqrt{2}$ 또는 $y=-2\sqrt{2}$

$y=2\sqrt{2}$일 때 $x=-4\sqrt{2}$, $y=-2\sqrt{2}$일 때 $x=4\sqrt{2}$

(ii) $x=y$일 때

㉡에서 $y^2-y^2=0\neq24$이므로

해가 없다.

(i), (ii)에서

$\begin{cases} x=4\sqrt{2} \\ y=-2\sqrt{2} \end{cases}$ 또는 $\begin{cases} x=-4\sqrt{2} \\ y=2\sqrt{2} \end{cases}$

이때 $\alpha<0$이므로

$\alpha=-4\sqrt{2}$, $\beta=2\sqrt{2}$

따라서 $\alpha+\beta=-4\sqrt{2}+2\sqrt{2}=-2\sqrt{2}$

답 ①

37 $\begin{cases} 4x^2-y^2=0 & \cdots\cdots ㉠ \\ x^2-2y+y^2=12 & \cdots\cdots ㉡ \end{cases}$

㉠에서 $(2x-y)(2x+y)=0$이므로

$y=2x$ 또는 $y=-2x$

(i) $y=2x$일 때

㉡에서 $x^2-2\times2x+(2x)^2=12$

$5x^2-4x-12=0$

$(5x+6)(x-2)=0$

$x=-\frac{6}{5}$ 또는 $x=2$

$x=-\frac{6}{5}$일 때 $y=-\frac{12}{5}$, $x=2$일 때 $y=4$

(ii) $y=-2x$일 때

㉡에서 $x^2-2\times(-2x)+(-2x)^2=12$

$5x^2+4x-12=0$

$(5x-6)(x+2)=0$

$x=\frac{6}{5}$ 또는 $x=-2$

$x=\frac{6}{5}$일 때 $y=-\frac{12}{5}$, $x=-2$일 때 $y=4$

(i), (ii)에서 $\alpha=2$, $\beta=4$이므로

$\alpha+\beta=2+4=6$

답 6

38 $x+y=4$, $xy=-12$이므로

x, y는 t에 대한 이차방정식 $t^2-4t-12=0$의 두 근이다.

$(t-6)(t+2)=0$에서 $t=6$ 또는 $t=-2$

따라서 $\begin{cases} x=6 \\ y=-2 \end{cases}$ 또는 $\begin{cases} x=-2 \\ y=6 \end{cases}$이므로

$|\alpha-\beta|=|6-(-2)|=8$

답 ④

39 $x=-2$, $y=a$가

연립방정식 $\begin{cases} x-y=b \\ -x+by=-13 \end{cases}$의 해이므로

$\begin{cases} -2-a=b & \cdots\cdots ㉠ \\ 2+ba=-13 & \cdots\cdots ㉡ \end{cases}$

㉠에서 $a+b=-2$

㉡에서 $ab=-15$

a, b는 t에 대한 이차방정식 $t^2+2t-15=0$의 두 근이다.

$(t+5)(t-3)=0$에서 $t=-5$ 또는 $t=3$

이때 $a>0$이므로 $a=3$, $b=-5$

따라서 $4a+2b=4\times3+2\times(-5)=2$

답 ②

40 $\begin{cases} x+y=6 & \cdots\cdots ㉠ \\ (x-2)(2-y)=24 & \cdots\cdots ㉡ \end{cases}$

㉡에서 $2(x+y)-xy=28$ $\cdots\cdots$ ㉢

㉠을 ㉢에 대입하면

$12-xy=28$, 즉 $xy=-16$

x, y는 t에 대한 이차방정식 $t^2-6t-16=0$의 두 근이다.

$(t+2)(t-8)=0$

$t=-2$ 또는 $t=8$

$\begin{cases} x=-2 \\ y=8 \end{cases}$ 또는 $\begin{cases} x=8 \\ y=-2 \end{cases}$

$\alpha=8$, $\beta=-2$일 때, $\alpha-\beta$는 최대이다.

따라서 구하는 최댓값은

$8-(-2)=10$

답 ②

41 $\begin{cases} x-2y=4 & \cdots\cdots ㉠ \\ 2x-y^2=k & \cdots\cdots ㉡ \end{cases}$

㉠에서 $x=2y+4$ $\cdots\cdots$ ㉢

㉢을 ㉡에 대입하면

$2(2y+4)-y^2=k$

$y^2-4y+k-8=0$

이차방정식 $y^2-4y+k-8=0$의 근이 한 개이어야 하므로 이차방정식 $y^2-4y+k-8=0$의 판별식을 D라 하면

$\frac{D}{4}=(-2)^2-(k-8)=0$

따라서 $k=12$

답 12

42 $\begin{cases} 2x+y=8 & \cdots\cdots ㉠ \\ x^2-3y=k & \cdots\cdots ㉡ \end{cases}$

㉠에서 $y=-2x+8$ ...... ㉢

㉢을 ㉡에 대입하면

$x^2-3(-2x+8)=k$

$x^2+6x-24-k=0$

이차방정식 $x^2+6x-24-k=0$의 근이 한 개이어야 하므로 이차방정식 $x^2+6x-24-k=0$의 판별식을 D라 하면

$\frac{D}{4}=3^2-(-24-k)=0$에서 $k=-33$

$k=-33$일 때

이차방정식 $x^2+6x-24-k=0$에서

$x^2+6x+9=0$, $(x+3)^2=0$, $x=-3$

$x=-3$을 ㉢에 대입하면

$y=-2\times(-3)+8=14$

따라서 $\alpha=-3$, $\beta=14$이므로

$\alpha+\beta+k=-3+14+(-33)=-22$

답 ①

43 $\begin{cases} x+y=2a & \cdots\cdots ㉠ \\ (x+1)(y+1)=7+a^2 & \cdots\cdots ㉡ \end{cases}$

㉡에서 $xy+x+y+1=7+a^2$이므로

$xy+x+y=6+a^2$ ...... ㉢

㉠을 ㉢에 대입하면

$xy=a^2-2a+6$

x, y는 t에 대한 이차방정식 $t^2-2at+a^2-2a+6=0$의 근이다.

이차방정식 $t^2-2at+a^2-2a+6=0$이 실근을 가져야 하므로

이차방정식 $t^2-2at+a^2-2a+6=0$의 판별식을 D라 하면

$\frac{D}{4}=(-a)^2-(a^2-2a+6)\geq 0$에서 $a\geq 3$

따라서 정수 a의 최솟값은 3이다.

답 ③

44 두 정사각형의 둘레의 길이의 합이 120 cm이고 넓이의 차가 180 cm^2이므로

$\begin{cases} 4a+4b=120 & \cdots\cdots ㉠ \\ a^2-b^2=180 & \cdots\cdots ㉡ \end{cases}$

㉠에서 $b=30-a$ ...... ㉢

㉢을 ㉡에 대입하면

$a^2-(30-a)^2=180$이므로 $60a-900=180$

따라서 $a=18$

답 18

45 직사각형 ABCD에서 $\overline{AD}=a$, $\overline{AB}=b$ $(a>0,\ b>0)$이라 하면 직사각형 ABCD의 대각선의 길이가 $4\sqrt{13}$이므로

$a^2+b^2=(4\sqrt{13})^2$, 즉 $a^2+b^2=208$ ...... ㉠

직사각형 ABCD의 넓이는 ab

직사각형 A′B′C′D′의 가로와 세로의 길이는 각각 $a+4$, $b+4$이므로

직사각형 A′B′C′D′의 넓이는

$(a+4)(b+4)$

직사각형 A′B′C′D′의 넓이가 직사각형 ABCD의 넓이보다 96만큼 크므로

$(a+4)(b+4)=ab+96$에서

$ab+4(a+b)+16=ab+96$, 즉 $a+b=20$ ...... ㉡

㉡에서 $b=20-a$

$b=20-a$를 ㉠에 대입하면

$a^2+(20-a)^2=208$

$a^2-20a+96=0$

$(a-8)(a-12)=0$

$a=8$ 또는 $a=12$

$a=8$일 때 $b=12$, $a=12$일 때 $b=8$

따라서 $|\overline{AB}-\overline{AD}|=|12-8|=4$

답 ②

46 부등식 $3x+9>5x-3$에서

$2x<12$, 즉 $x<6$ ...... ㉠

부등식 $x+1<2x+4$에서

$x>-3$ ...... ㉡

㉠, ㉡의 공통부분을 구하면

$-3<x<6$

따라서 연립부등식을 만족시키는 정수 x는

$-2, -1, 0, 1, \cdots, 5$이고, 그 개수는 8이다.

답 ③

47 부등식 $4x-15<x+6$에서

$3x<21$, 즉 $x<7$ ...... ㉠

부등식 $x+2\geq 5$에서

$x\geq 3$ ...... ㉡

㉠, ㉡의 공통부분을 구하면

$3\leq x<7$

따라서 연립부등식을 만족시키는 정수 x는 3, 4, 5, 6이고, 그 합은

$3+4+5+6=18$

답 ⑤

48 부등식 $-3x+12\leq 4x-2$에서

$7x\geq 14$, 즉 $x\geq 2$ ...... ㉠

부등식 $5x-8\leq 2x+10$에서

$3x\leq 18$, 즉 $x\leq 6$ ...... ㉡

㉠, ㉡의 공통부분을 구하면

$2\leq x\leq 6$

따라서 $a=2$, $b=6$이므로

$b-a=6-2=4$

답 4

49 부등식 $3x-2\le10-x\le2x+7$의 해는

연립부등식 $\begin{cases}3x-2\le10-x\\10-x\le2x+7\end{cases}$의 해와 같다.

부등식 $3x-2\le10-x$에서

$4x\le12$, 즉 $x\le3$ ······ ㉠

부등식 $10-x\le2x+7$에서

$3x\ge3$, 즉 $x\ge1$ ······ ㉡

㉠, ㉡의 공통부분을 구하면

$1\le x\le3$

따라서 부등식을 만족시키는 정수 x는 1, 2, 3이고, 그 합은

$1+2+3=6$

답 ②

50 부등식 $2x+12<4x+14\le54-x$의 해는

연립부등식 $\begin{cases}2x+12<4x+14\\4x+14\le54-x\end{cases}$의 해와 같다.

부등식 $2x+12<4x+14$에서

$2x>-2$, 즉 $x>-1$ ······ ㉠

부등식 $4x+14\le54-x$에서

$5x\le40$, 즉 $x\le8$ ······ ㉡

㉠, ㉡의 공통부분을 구하면

$-1<x\le8$

따라서 부등식을 만족시키는 정수 x는 0, 1, 2, 3, ···, 8이고, 그 개수는 9이다.

답 9

51 부등식 $2-6x\le4-5x<25-8x$의 해는

연립부등식 $\begin{cases}2-6x\le4-5x\\4-5x<25-8x\end{cases}$의 해와 같다.

부등식 $2-6x\le4-5x$에서

$x\ge-2$ ······ ㉠

부등식 $4-5x<25-8x$에서

$3x<21$, 즉 $x<7$ ······ ㉡

㉠, ㉡의 공통부분을 구하면

$-2\le x<7$

따라서 $a=-2$, $b=7$이므로

$a+b=-2+7=5$

답 ③

52 부등식 $2x<x+a$에서

$x<a$ ······ ㉠

부등식 $b-3x\le3-x$에서

$2x\ge b-3$, 즉 $x\ge\frac{b-3}{2}$ ······ ㉡

㉠, ㉡의 공통부분이 $-4\le x<4$가 되려면

$a=4$, $\frac{b-3}{2}=-4$이어야 한다.

따라서 $a=4$, $b=-5$이므로

$a+b=4+(-5)=-1$

답 ①

53 부등식 $5x<7x-a$에서

$2x>a$, 즉 $x>\frac{a}{2}$ ······ ㉠

부등식 $-6+x\le30-3x$에서

$4x\le36$, 즉 $x\le9$ ······ ㉡

㉠, ㉡의 공통부분이 $1<x\le b$가 되려면

$\frac{a}{2}=1$, $b=9$이어야 한다.

따라서 $a=2$, $b=9$이므로

$a+b=2+9=11$

답 ④

54 부등식 $-4x+1\le-7$에서

$4x\ge8$, 즉 $x\ge2$ ······ ㉠

부등식 $3x+8\le2x+a$에서

$x\le a-8$ ······ ㉡

주어진 연립부등식의 해가 $x=b$이므로

㉠, ㉡에서 $2=a-8=b$이어야 한다.

따라서 $a=10$, $b=2$이므로

$a^2-b^2=10^2-2^2=96$

답 96

55 부등식 $3x+2<14$에서

$3x<12$, 즉 $x<4$ ······ ㉠

부등식 $x-2\le2x-a$에서

$x\ge a-2$ ······ ㉡

주어진 연립부등식이 해를 갖지 않아야 하므로

㉠, ㉡의 공통부분이 없어야 한다.

즉, $a-2\ge4$에서 $a\ge6$

따라서 정수 a의 최솟값은 6이다.

답 ②

56 부등식 $-x\le x+4$에서

$2x\ge-4$, 즉 $x\ge-2$ ······ ㉠

부등식 $7x-3\le6x+a$에서

$x\le a+3$ ······ ㉡

주어진 연립부등식이 해를 갖지 않아야 하므로

㉠, ㉡의 공통부분이 없어야 한다.

즉, $a+3<-2$에서 $a<-5$

따라서 정수 a의 최댓값은 -6이다.

답 ③

57 부등식 $5x+6<3x+4<6x+a$의 해는

연립부등식 $\begin{cases}5x+6<3x+4\\3x+4<6x+a\end{cases}$의 해와 같다.

부등식 $5x+6<3x+4$에서

$2x<-2$, 즉 $x<-1$ ······ ㉠

부등식 $3x+4<6x+a$에서

$3x>4-a$, 즉 $x>\frac{4-a}{3}$ ······ ㉡

주어진 연립부등식이 해를 갖지 않아야 하므로
㉠, ㉡의 공통부분이 없어야 한다.

즉, $\frac{4-a}{3} \geq -1$에서 $a \leq 7$

따라서 정수 a의 최댓값은 7이다.

답 7

58 부등식 $-2x+1<-3$에서
$2x>4$, 즉 $x>2$ …… ㉠
부등식 $10x-1 \leq 6x+a$에서
$4x \leq a+1$, 즉 $x \leq \frac{a+1}{4}$ …… ㉡
㉠, ㉡의 공통부분에서 정수 x의 개수가 2가 되려면
$4 \leq \frac{a+1}{4} < 5$이어야 한다.
즉, $16 \leq a+1 < 20$이므로 $15 \leq a < 19$
따라서 정수 a는 15, 16, 17, 18이고, 그 개수는 4이다.

답 ④

59 부등식 $5x \geq 2x-9$에서
$3x \geq -9$, 즉 $x \geq -3$ …… ㉠
부등식 $4x+1<-x+a$에서
$5x<a-1$, 즉 $x<\frac{a-1}{5}$ …… ㉡
㉠, ㉡의 공통부분에서 정수 x의 개수가 6이 되려면
$2<\frac{a-1}{5} \leq 3$이어야 한다.
즉, $10<a-1 \leq 15$이므로 $11<a \leq 16$
따라서 정수 a는 12, 13, 14, 15, 16이고, 그 합은
$12+13+14+15+16=70$

답 70

60 부등식 $3x+6>5x$에서
$2x<6$, 즉 $x<3$ …… ㉠
부등식 $x-2>-2x+a$에서
$3x>a+2$, 즉 $x>\frac{a+2}{3}$ …… ㉡
㉠, ㉡을 만족시키는 모든 정수 x의 값의 합이 -3이 되려면
$-4 \leq \frac{a+2}{3} < -3$이어야 한다.
즉, $-12 \leq a+2 < -9$이므로 $-14 \leq a < -11$
따라서 정수 a의 최댓값은 -12이다.

답 ⑤

61 각각의 상자에 공을 3개씩 담으면 4개의 공이 남으므로
$3n+4=m$ …… ㉠
공을 4개씩 상자에 담으면 공이 한 개도 들어 있지 않은 상자의 개수가 2이므로
$n-3$개의 상자에는 4개의 공이 들어 있고 1개의 상자에는 1개 이상 4개 이하의 공이 들어 있다.
즉, $4(n-3)+1 \leq m \leq 4(n-3)+4$에서
$4n-11 \leq m \leq 4n-8$ …… ㉡
㉠을 ㉡에 대입하면
$4n-11 \leq 3n+4 \leq 4n-8$이고, 이 부등식의 해는
연립부등식 $\begin{cases} 4n-11 \leq 3n+4 \\ 3n+4 \leq 4n-8 \end{cases}$의 해와 같다.
부등식 $4n-11 \leq 3n+4$에서 $n \leq 15$ …… ㉢
부등식 $3n+4 \leq 4n-8$에서 $n \geq 12$ …… ㉣
㉢, ㉣에서 $12 \leq n \leq 15$
n은 자연수이므로 $n=12$ 또는 $n=13$ 또는 $n=14$ 또는 $n=15$
$n=12$이면 ㉠에서 $m=40$
$n=13$이면 ㉠에서 $m=43$
$n=14$이면 ㉠에서 $m=46$
$n=15$이면 ㉠에서 $m=49$
따라서 $m+n$의 최솟값은 $m=40$, $n=12$일 때
$40+12=52$

답 ②

62 m자루의 볼펜을 학생 n명에게 각각 2자루씩 나누어 주면 11자루가 남으므로
$2n+11=m$ …… ㉠
학생 A를 제외한 나머지 학생 $n-1$명에게 각각 4자루씩 나누어 주고 남은 볼펜 모두를 학생 A에게 주면 학생 A는 1개 이상, 3개 이하의 볼펜을 받으므로
$4(n-1)+1 \leq m \leq 4(n-1)+3$ …… ㉡
㉠을 ㉡에 대입하면
$4(n-1)+1 \leq 2n+11 \leq 4(n-1)+3$
즉, $4n-3 \leq 2n+11 \leq 4n-1$이고, 이 부등식의 해는
연립부등식 $\begin{cases} 4n-3 \leq 2n+11 \\ 2n+11 \leq 4n-1 \end{cases}$의 해와 같다.
부등식 $4n-3 \leq 2n+11$에서
$2n \leq 14$, 즉 $n \leq 7$ …… ㉢
부등식 $2n+11 \leq 4n-1$에서
$2n \geq 12$, 즉 $n \geq 6$ …… ㉣
㉢, ㉣에서 $6 \leq n \leq 7$
n은 자연수이므로 $n=6$ 또는 $n=7$
$n=6$이면 ㉠에서 $m=23$
$n=7$이면 ㉠에서 $m=25$
따라서 $m+n$의 최댓값은 $m=25$, $n=7$일 때
$25+7=32$

답 ③

63 부등식 $|3x-4| \leq 11$에서
$-11 \leq 3x-4 \leq 11$
$-7 \leq 3x \leq 15$
$-\frac{7}{3} \leq x \leq 5$
따라서 정수 x는 -2, -1, 0, 1, …, 5이고, 그 개수는 8이다.

답 ⑤

64 부등식 $|2x-1|>5$에서
$2x-1<-5$ 또는 $2x-1>5$

$2x<-4$ 또는 $2x>6$
$x<-2$ 또는 $x>3$
따라서 $a=-2$, $b=3$이므로
$a+b=-2+3=1$

답 ④

65 부등식 $|4x-a|\le a$에서
$-a\le 4x-a\le a$
$0\le 4x\le 2a$
$0\le x\le \frac{a}{2}$ …… ㉠
부등식 ㉠을 만족시키는 정수 x의 개수가 2가 되려면
$1\le \frac{a}{2}<2$이어야 하므로
$2\le a<4$
따라서 자연수 a는 2, 3이고, 그 합은 $2+3=5$

답 ②

66 부등식 $|4x-8|\le -x+15$에서
$4x-8=0$, 즉 $x=2$이므로
다음과 같이 구간을 나누어 부등식의 해를 구한다.
(i) $x<2$일 때
$-(4x-8)\le -x+15$이므로
$3x\ge -7$, 즉 $x\ge -\frac{7}{3}$
$x<2$이므로 $-\frac{7}{3}\le x<2$
(ii) $x\ge 2$일 때
$4x-8\le -x+15$이므로
$5x\le 23$, 즉 $x\le \frac{23}{5}$
$x\ge 2$이므로 $2\le x\le \frac{23}{5}$
(i), (ii)에서 $-\frac{7}{3}\le x\le \frac{23}{5}$
따라서 정수 x는 -2, -1, 0, 1, 2, 3, 4이고, 그 개수는 7이다.

답 ④

67 부등식 $|x-1|>2x+7$에서
$x-1=0$, 즉 $x=1$이므로
다음과 같이 구간을 나누어 부등식의 해를 구한다.
(i) $x<1$일 때
$-(x-1)>2x+7$이므로
$3x<-6$, 즉 $x<-2$
(ii) $x\ge 1$일 때
$x-1>2x+7$이므로 $x<-8$
$x\ge 1$이므로 해가 없다.
(i), (ii)에서 $x<-2$이므로
정수 x의 최댓값은 -3이다.

답 ③

68 부등식 $|2x+1|<x+a$에서
$2x+1=0$, 즉 $x=-\frac{1}{2}$이므로
다음과 같이 구간을 나누어 부등식의 해를 구한다.
(i) $x<-\frac{1}{2}$일 때
$-(2x+1)<x+a$이므로
$3x>-a-1$, 즉 $x>-\frac{a+1}{3}$
이때 $a>\frac{1}{2}$이고 $x<-\frac{1}{2}$이므로
$-\frac{a+1}{3}<x<-\frac{1}{2}$
(ii) $x\ge -\frac{1}{2}$일 때
$2x+1<x+a$이므로 $x<a-1$
이때 $a>\frac{1}{2}$이고 $x\ge -\frac{1}{2}$이므로
$-\frac{1}{2}\le x<a-1$
(i), (ii)에서 부등식 $|2x+1|<x+a$의 해는
$-\frac{a+1}{3}<x<a-1$
따라서 $-\frac{a+1}{3}=-1$, $a-1=b$이므로
$a=2$, $b=1$이고
$a+b=2+1=3$

답 3

69 부등식 $|x|+|x-2|\le 6$에서
$|x|$, $|x-2|$는 각각 $x=0$, $x=2$를 경계로 절댓값 안의 식의 부호가 변하므로 다음의 세 경우로 나누어 부등식의 해를 구한다.
(i) $x<0$일 때
$-x-(x-2)\le 6$이므로
$-2x\le 4$, 즉 $x\ge -2$
$x<0$이므로 $-2\le x<0$
(ii) $0\le x<2$일 때
$x-(x-2)\le 6$이므로 $2\le 6$
이 부등식은 항상 성립하므로
$0\le x<2$
(iii) $x\ge 2$일 때
$x+(x-2)\le 6$이므로
$2x\le 8$, 즉 $x\le 4$
$x\ge 2$이므로 $2\le x\le 4$
(i), (ii), (iii)에서 $-2\le x\le 4$
따라서 정수 x는 -2, -1, 0, 1, 2, 3, 4이고, 그 개수는 7이다.

답 ②

70 부등식 $2|x+1|-|x-1|\ge 3$에서
$|x+1|$, $|x-1|$은 각각 $x=-1$, $x=1$을 경계로 절댓값 안의 식의 부호가 변하므로 다음의 세 경우로 나누어 부등식의 해를 구한다.
(i) $x<-1$일 때
$-2(x+1)+(x-1)\ge 3$이므로
$-x\ge 6$, 즉 $x\le -6$
(ii) $-1\le x<1$일 때
$2(x+1)+(x-1)\ge 3$이므로

$3x \geq 2$, 즉 $x \geq \frac{2}{3}$

$-1 \leq x < 1$이므로 $\frac{2}{3} \leq x < 1$

(iii) $x \geq 1$일 때

$2(x+1)-(x-1) \geq 3$이므로 $x \geq 0$

$x \geq 1$이므로 $x \geq 1$

(i), (ii), (iii)에서 $x \leq -6$ 또는 $x \geq \frac{2}{3}$

따라서 $a=-6$, $b=\frac{2}{3}$이므로

$ab=-6 \times \frac{2}{3}=-4$

답 ④

71 부등식 $|x+1|+|x-3| \leq 4$에서

$|x+1|$, $|x-3|$은 각각 $x=-1$, $x=3$을 경계로 절댓값 안의 식의 부호가 변하므로 다음의 세 경우로 나누어 부등식의 해를 구한다.

(i) $x < -1$일 때

$-(x+1)-(x-3) \leq 4$이므로

$-2x \leq 2$, 즉 $x \geq -1$

$x < -1$이므로 해가 없다.

(ii) $-1 \leq x < 3$일 때

$(x+1)-(x-3) \leq 4$이므로 $4 \leq 4$

이 부등식이 항상 성립하므로

$-1 \leq x < 3$

(iii) $x \geq 3$일 때

$(x+1)+(x-3) \leq 4$이므로

$2x \leq 6$, 즉 $x \leq 3$

$x \geq 3$이므로 $x=3$

(i), (ii), (iii)에서 $-1 \leq x \leq 3$

따라서 정수 x는 -1, 0, 1, 2, 3이고, 그 합은

$-1+0+1+2+3=5$

답 ③

72 이차방정식 $f(x)=0$의 해가 $x=-3$ 또는 $x=5$이므로

이차부등식 $f(x)<0$의 해는

$-3<x<5$

따라서 정수 x는 -2, -1, 0, 1, 2, 3, 4이고, 그 합은

$-2+(-1)+0+1+2+3+4=7$

답 ③

73 두 이차함수 $y=f(x)$, $y=g(x)$의 그래프가 만나는 점의 x좌표가 -1, 3이고, $-1<x<3$에서 이차함수 $y=f(x)$의 그래프가 이차함수 $y=g(x)$의 그래프보다 아래에 있으므로 이차부등식

$f(x) \leq g(x)$의 해는

$-1 \leq x \leq 3$

따라서 정수 x는 -1, 0, 1, 2, 3이고, 그 개수는 5이다.

답 ⑤

74 이차부등식 $x^2+4x-12 \leq 0$에서

$(x+6)(x-2) \leq 0$이므로 $-6 \leq x \leq 2$

따라서 정수 x는 -6, -5, -4, $\cdots$, 2이고, 그 개수는 9이다.

답 ③

75 이차부등식 $x^2-2x+4 \geq 4x-1$에서

$x^2-6x+5 \geq 0$

$(x-1)(x-5) \geq 0$

$x \leq 1$ 또는 $x \geq 5$

따라서 $\alpha=1$, $\beta=5$이므로

$\beta-\alpha=5-1=4$

답 ④

76 이차부등식 $x^2-2x-15<0$에서

$(x+3)(x-5)<0$이므로 $-3<x<5$

따라서 $M=4$, $m=-2$이므로

$M+m=4+(-2)=2$

답 ①

77 이차부등식 $x^2+ax+b<0$의 해가 $-2<x<5$이므로

$x^2+ax+b=(x+2)(x-5)$

즉, $x^2+ax+b=x^2-3x-10$이 x에 대한 항등식이므로

$a=-3$, $b=-10$

따라서 $a+b=-3+(-10)=-13$

답 ①

78 이차부등식 $x^2-2x+a>0$의 해가 $x<b$ 또는 $x>4$이므로

$x^2-2x+a=(x-b)(x-4)$

즉, $x^2-2x+a=x^2-(b+4)x+4b$가 x에 대한 항등식이므로

$-2=-(b+4)$, $a=4b$

따라서 $a=-8$, $b=-2$이므로

$ab=-8 \times (-2)=16$

답 ③

79 이차부등식 $ax^2+bx+c<0$의 해가 $1<x<5$이므로

$a>0$이고 $ax^2+bx+c=a(x-1)(x-5)$

즉, $ax^2+bx+c=ax^2-6ax+5a$가 x에 대한 항등식이므로

$b=-6a$, $c=5a$

이때 이차부등식 $ax^2-cx+b>0$에서

$ax^2-5ax-6a>0$

$a(x+1)(x-6)>0$

이때 $a>0$이므로 $x<-1$ 또는 $x>6$

답 ②

80 이차부등식 $f(x)<0$의 해가 $x<-2$ 또는 $x>6$이므로

$f(x)=a(x+2)(x-6)\ (a<0)$

으로 놓을 수 있다.

$f(2x)=a(2x+2)(2x-6)$

$\quad\quad =4a(x+1)(x-3)$

이므로 부등식 $f(2x)>0$에서

$4a(x+1)(x-3)>0$

이때 $a<0$이므로

$-4a(x+1)(x-3)<0$
따라서 $-1<x<3$이므로
정수 x는 0, 1, 2이고, 그 개수는 3이다.

답 ①

81 이차부등식 $f(x)<0$의 해가 $4<x<16$이므로
$f(x)=a(x-4)(x-16)\ (a>0)$
으로 놓을 수 있다.
$$f(-3x+1)=a(-3x+1-4)(-3x+1-16)$$
$$=9a(x+1)(x+5)$$
이차부등식 $f(-3x+1)<0$에서
$9a(x+1)(x+5)<0$
이때 $a>0$이므로 $-5<x<-1$
따라서 정수 x는 -4, -3, -2이고, 그 합은
$-4+(-3)+(-2)=-9$

답 ①

82 이차함수 $y=f(x)$의 그래프와 x축이 두 점 $(-5,\ 0)$, $(3,\ 0)$에서 만나므로
이차방정식 $f(x)=0$은 두 실근 -5, 3을 갖는다.
$f(x)=a(x+5)(x-3)\ (a\neq0)$
으로 놓으면
이차함수 $y=f(x)$의 그래프가 점 $(0,\ 15)$를 지나므로
$f(0)=-15a=15$, 즉 $a=-1$
$$f\left(\frac{x}{2}\right)=-\left(\frac{x}{2}+5\right)\left(\frac{x}{2}-3\right)$$
$$=-\frac{1}{4}(x+10)(x-6)$$
부등식 $f\left(\frac{x}{2}\right)>0$에서
$-\frac{1}{4}(x+10)(x-6)>0$이므로
$\frac{1}{4}(x+10)(x-6)<0$
따라서 $-10<x<6$이므로
정수 x는 -9, -8, -7, $\cdots$, 5이고, 그 개수는 15이다.

답 ③

83 모든 실수 x에 대하여 이차부등식 $x^2+2ax+3a+4\geq0$이 항상 성립하려면
이차방정식 $x^2+2ax+3a+4=0$의 판별식을 D라 할 때
$\frac{D}{4}=a^2-(3a+4)\leq0$
이어야 한다.
즉, $a^2-3a-4\leq0$에서
$(a+1)(a-4)\leq0$이므로
$-1\leq a\leq4$
따라서 정수 a는 -1, 0, 1, 2, 3, 4이고, 그 개수는 6이다.

답 ②

84 $a>0$이므로 모든 실수 x에 대하여
이차부등식 $ax^2-4(a+2)x+4a+18>0$이 항상 성립하려면
이차방정식 $ax^2-4(a+2)x+4a+18=0$의 판별식을 D라 할 때
$\frac{D}{4}=4(a+2)^2-a(4a+18)<0$
이어야 한다.
즉, $-2a+16<0$에서 $a>8$
따라서 자연수 a의 최솟값은 9이다.

답 ④

85 모든 실수 x에 대하여 이차부등식 $f(x)<0$이 항상 성립하려면
이차방정식 $f(x)=0$, 즉 $-x^2+2ax-8a=0$의 판별식을 D라 할 때
$\frac{D}{4}=a^2-(-1)\times(-8a)<0$
이어야 한다.
즉, $a^2-8a<0$에서
$a(a-8)<0$이므로
$0<a<8$
따라서 정수 a의 최댓값은 7이다.

답 ①

86 이차부등식 $x^2-8x+a^2-6a<0$이 해를 가지려면
이차방정식 $x^2-8x+a^2-6a=0$의 판별식을 D라 할 때
$\frac{D}{4}=(-4)^2-(a^2-6a)>0$
이어야 한다.
즉, $a^2-6a-16<0$에서
$(a+2)(a-8)<0$이므로
$-2<a<8$
따라서 정수 a는 -1, 0, 1, $\cdots$, 7이고, 그 개수는 9이다.

답 ③

87 이차부등식 $x^2-2ax-a+6\leq0$의 해가 한 개이므로
이차방정식 $x^2-2ax-a+6=0$의 판별식을 D라 할 때
$\frac{D}{4}=(-a)^2-(-a+6)=0$
이어야 한다.
즉, $a^2+a-6=0$에서
$(a+3)(a-2)=0$
이때 $a>0$이므로 $a=2$
$a=2$일 때, $x^2-4x+4\leq0$이므로
$(x-2)^2\leq0$, $x=2$
따라서 $\alpha=2$이므로
$a+\alpha=2+2=4$

답 ④

88 이차부등식 $x^2+2(a-2)x+a+10\leq0$이 해를 가지려면
이차방정식 $x^2+2(a-2)x+a+10=0$의 판별식을 D라 할 때
$\frac{D}{4}=(a-2)^2-(a+10)\geq0$
이어야 한다.
즉, $a^2-5a-6\geq0$에서
$(a+1)(a-6)\geq0$
이때 $a>0$이므로 $a\geq6$

따라서 자연수 a의 최솟값은 6이다.

답 ②

89 이차부등식 $x^2+4(a-1)x+3a^2-5a+32<0$이 해를 갖지 않으려면 이차방정식 $x^2+4(a-1)x+3a^2-5a+32=0$의 판별식을 D라 할 때

$\frac{D}{4}=4(a-1)^2-(3a^2-5a+32)\leq 0$

이어야 한다.

즉, $a^2-3a-28\leq 0$에서

$(a+4)(a-7)\leq 0$이므로

$-4\leq a\leq 7$

따라서 정수 a는 $-4, -3, -2, \cdots, 7$이고, 그 개수는 12이다.

답 ⑤

90 이차부등식 $ax^2+2(a-4)x+2a-14\geq 0$이 해를 갖지 않으려면 $a<0$이고 이차방정식 $ax^2+2(a-4)x+2a-14=0$의 판별식을 D라 할 때

$\frac{D}{4}=(a-4)^2-a(2a-14)<0$

이어야 한다.

즉, $-a^2+6a+16<0$에서 $a^2-6a-16>0$

$(a+2)(a-8)>0$, $a<-2$ 또는 $a>8$

이때 $a<0$이므로 $a<-2$

따라서 정수 a의 최댓값은 -3이다.

답 ③

91 이차부등식 $x^2-2ax-2a\leq 0$의 해가 한 개이므로

이차방정식 $x^2-2ax-2a=0$의 판별식을 D_1이라 하면

$\frac{D_1}{4}=(-a)^2-(-2a)=0$

이어야 한다.

즉, $a^2+2a=0$에서 $a(a+2)=0$

이때 $a\neq 0$이므로 $a=-2$

$a=-2$일 때, 이차부등식 $ax^2-4x+3a+b>0$, 즉

$-2x^2-4x-6+b>0$이 해를 갖지 않아야 하므로

이차방정식 $-2x^2-4x-6+b=0$의 판별식을 D_2라 하면

$\frac{D_2}{4}=(-2)^2-(-2)\times(-6+b)\leq 0$

이어야 한다.

$2b-8\leq 0$, 즉 $b\leq 4$

따라서 $a+b=-2+b\leq 2$이므로

$a+b$의 최댓값은 2이다.

답 ②

92 $-3\leq x\leq 3$에서 이차부등식 $x^2-4x+2a-1\geq 0$이 항상 성립하려면 $-3\leq x\leq 3$에서 이차함수

$f(x)=x^2-4x+2a-1=(x-2)^2+2a-5$

의 최솟값이 0 이상이어야 한다.

$-3\leq x\leq 3$에서 이차함수 $f(x)$는

$x=2$에서 최솟값 $f(2)=2a-5$를 가지므로

$2a-5\geq 0$에서 $a\geq \frac{5}{2}$

따라서 실수 a의 최솟값은 $\frac{5}{2}$이다.

답 ⑤

93 $-1\leq x\leq 1$에서 이차부등식 $x^2+4x-3k+5<0$이 항상 성립하려면 $-1\leq x\leq 1$에서 이차함수

$f(x)=x^2+4x-3k+5=(x+2)^2-3k+1$

의 최댓값이 0보다 작아야 한다.

$-1\leq x\leq 1$에서 이차함수 $f(x)$는

$x=1$에서 최댓값 $f(1)=10-3k$를 가지므로

$10-3k<0$에서 $k>\frac{10}{3}$

따라서 정수 k의 최솟값은 4이다.

답 ④

94 $-2\leq x\leq 2$에서 이차부등식 $x^2+x+k\leq -x^2-3x+2$, 즉

$2x^2+4x+k-2\leq 0$이 항상 성립하려면

$-2\leq x\leq 2$에서 이차함수

$f(x)=2x^2+4x+k-2=2(x+1)^2+k-4$

의 최댓값이 0 이하이어야 한다.

$-2\leq x\leq 2$에서 이차함수 $f(x)$는

$x=2$에서 최댓값 $f(2)=k+14$를 가지므로

$k+14\leq 0$에서

$k\leq -14$

따라서 실수 k의 최댓값은 -14이다.

답 ③

95 부등식 $x^2-6x-7\leq 0$에서

$(x+1)(x-7)\leq 0$이므로

$-1\leq x\leq 7$ …… ㉠

부등식 $3x^2+x-14>0$에서

$(3x+7)(x-2)>0$이므로

$x<-\frac{7}{3}$ 또는 $x>2$ …… ㉡

㉠, ㉡의 공통부분을 구하면

$2<x\leq 7$

따라서 정수 x는 3, 4, 5, 6, 7이고, 그 합은

$3+4+5+6+7=25$

답 25

96 부등식 $|x-1|\leq 2$에서

$-2\leq x-1\leq 2$이므로

$-1\leq x\leq 3$ …… ㉠

부등식 $x^2+2x-8\leq 0$에서

$(x+4)(x-2)\leq 0$이므로

$-4\leq x\leq 2$ …… ㉡

㉠, ㉡의 공통부분을 구하면

$-1\leq x\leq 2$

따라서 $\alpha=-1$, $\beta=2$이므로

$\alpha+\beta=-1+2=1$

답 ④

97 부등식 $2x-6\le -x^2+x\le -2x^2+5x+12$의 해는
연립부등식
$\begin{cases} 2x-6\le -x^2+x & \cdots\cdots ㉠ \\ -x^2+x\le -2x^2+5x+12 & \cdots\cdots ㉡ \end{cases}$
의 해와 같다.
㉠에서 $x^2+x-6\le 0$이므로
$(x+3)(x-2)\le 0$
$-3\le x\le 2$ $\cdots\cdots$ ㉢
㉡에서 $x^2-4x-12\le 0$이므로
$(x+2)(x-6)\le 0$
$-2\le x\le 6$ $\cdots\cdots$ ㉣
㉢, ㉣의 공통부분을 구하면
$-2\le x\le 2$
따라서 정수 x는 -2, -1, 0, 1, 2이고, 그 개수는 5이다.

답 ②

98 $\begin{cases} x^2-x-6\le 0 & \cdots\cdots ㉠ \\ (x-1)(x-k)<0 & \cdots\cdots ㉡ \end{cases}$
㉠에서 $(x+2)(x-3)\le 0$이므로
$-2\le x\le 3$
㉡에서 k의 값의 범위를 다음과 같이 나누어 해를 구해 보자.
(i) $k<1$일 때, $k<x<1$
(ii) $k=1$일 때, 해가 없다.
(iii) $k>1$일 때, $1<x<k$
(i), (ii), (iii)에 의하여 주어진 연립부등식의 해가
$1<x\le 3$이므로 $k>3$이어야 한다.
따라서 정수 k의 최솟값은 4이다.

답 ④

99 연립부등식 $\begin{cases} x^2-6x+a<0 \\ x^2-x+b\ge 0 \end{cases}$의 해가 $2\le x<5$가 되려면 두 이차방정식 $x^2-6x+a=0$, $x^2-x+b=0$이 모두 서로 다른 두 실근을 가져야 한다.
이때 $x=5$는 이차방정식 $x^2-6x+a=0$의 해이고
$x=2$는 이차방정식 $x^2-x+b=0$의 해이어야 한다.
$x=5$가 이차방정식 $x^2-6x+a=0$의 해이므로
$25-30+a=0$, 즉 $a=5$
또, $x=2$는 이차방정식 $x^2-x+b=0$의 해이므로
$4-2+b=0$, 즉 $b=-2$
$a=5$일 때
$x^2-6x+5<0$에서 $(x-1)(x-5)<0$이므로
$1<x<5$ $\cdots\cdots$ ㉠
$b=-2$일 때
$x^2-x-2\ge 0$에서 $(x+1)(x-2)\ge 0$이므로
$x\le -1$ 또는 $x\ge 2$ $\cdots\cdots$ ㉡
㉠, ㉡에서 주어진 연립부등식의 해는 $2\le x<5$이므로 주어진 조건을 만족시킨다.
따라서 $a+b=5-2=3$

답 ⑤

100 $\begin{cases} x^2-2ax<0 & \cdots\cdots ㉠ \\ x^2-(a-2)x-2a>0 & \cdots\cdots ㉡ \end{cases}$
㉠에서 $x(x-2a)<0$
$a>0$이므로 $0<x<2a$ $\cdots\cdots$ ㉢
㉡에서 $(x+2)(x-a)>0$
$a>0$이므로 $x<-2$ 또는 $x>a$ $\cdots\cdots$ ㉣
㉢, ㉣의 공통부분을 구하면
$a<x<2a$
한편 주어진 연립부등식의 해가 $b<x<b^2-24$이므로
$a=b$ $\cdots\cdots$ ㉤, $2a=b^2-24$ $\cdots\cdots$ ㉥
㉤을 ㉥에 대입하면
$2a=a^2-24$, $a^2-2a-24=0$
$(a-6)(a+4)=0$
$a>0$이므로 $a=6$, $b=6$
따라서 $a+b=6+6=12$

답 12

101 $\begin{cases} x^2-7x-8<0 & \cdots\cdots ㉠ \\ (x-1)(x-a)\ge 0 & \cdots\cdots ㉡ \end{cases}$
㉠에서 $(x+1)(x-8)<0$이므로
$-1<x<8$ $\cdots\cdots$ ㉢
㉡에서 $a>1$이므로 $x\le 1$ 또는 $x\ge a$ $\cdots\cdots$ ㉣
$-1<x\le 1$은 ㉢, ㉣의 공통부분에 포함되므로
$x=0$, $x=1$은 주어진 연립부등식의 해이다.
이때 주어진 연립부등식을 만족시키는 정수 x의 개수가 5가 되려면
$4<a\le 5$이어야 한다.
따라서 구하는 정수 a의 값은 5이다.

답 5

102 $\begin{cases} x^2+x-6<0 & \cdots\cdots ㉠ \\ |x+1|\le k & \cdots\cdots ㉡ \end{cases}$
㉠에서 $(x+3)(x-2)<0$이므로
$-3<x<2$
㉡에서 $-k\le x+1\le k$이므로
$-1-k\le x\le -1+k$

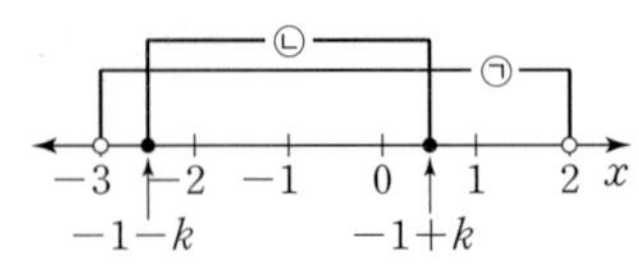

주어진 연립부등식을 만족시키는 정수 x의 개수가 3이 되려면
$-1-k\le -2$, $0\le -1+k<1$
이어야 한다.
따라서 $1\le k<2$

답 $1\le k<2$

103 $\begin{cases} x^2+2x-24\le 0 & \cdots\cdots ㉠ \\ x^2-3kx-4k^2>0 & \cdots\cdots ㉡ \end{cases}$
㉠에서 $(x+6)(x-4)\le 0$이므로
$-6\le x\le 4$
㉡에서 $(x+k)(x-4k)>0$

k가 자연수이므로
$x<-k$ 또는 $x>4k$
이때 $4k\geq4$이므로 연립부등식의 해가 존재하려면
$-k>-6$, 즉 $k<6$이어야 한다.
따라서 자연수 k는 1, 2, 3, 4, 5이고, 그 개수는 5이다.

답 ②

104 이차방정식 $x^2-2ax+a+6=0$이 서로 다른 두 허근을 가지려면 이차방정식 $x^2-2ax+a+6=0$의 판별식을 D라 할 때
$\frac{D}{4}=(-a)^2-(a+6)<0$
이어야 한다.
즉, $a^2-a-6<0$에서
$(a+2)(a-3)<0$이므로
$-2<a<3$
따라서 정수 a는 -1, 0, 1, 2이고, 그 개수는 4이다.

답 ②

105 이차방정식 $x^2+4ax+3a^2-2a+15=0$이 실근을 가지려면 이차방정식 $x^2+4ax+3a^2-2a+15=0$의 판별식을 D_1이라 할 때
$\frac{D_1}{4}=(2a)^2-(3a^2-2a+15)\geq0$
이어야 한다.
즉, $a^2+2a-15\geq0$에서
$(a+5)(a-3)\geq0$이므로
$a\leq-5$ 또는 $a\geq3$ …… ㉠
또, 이차방정식 $x^2+2ax+a+20=0$이 서로 다른 두 허근을 가지려면 이차방정식 $x^2+2ax+a+20=0$의 판별식을 D_2라 할 때
$\frac{D_2}{4}=a^2-(a+20)<0$
이어야 한다.
즉, $a^2-a-20<0$에서
$(a+4)(a-5)<0$이므로
$-4<a<5$ …… ㉡
㉠, ㉡의 공통부분을 구하면
$3\leq a<5$
따라서 정수 a는 3, 4이고, 그 합은 $3+4=7$

답 ③

106 조건 (가)에 의하여
$f(x)=(x+1)(x-2k)$로 놓을 수 있다.
즉, $f(x)=x^2-(2k-1)x-2k$
조건 (나)에 의하여
이차방정식 $x^2-(2k-1)x-2k=x-7k$, 즉 $x^2-2kx+5k=0$의 판별식을 D라 하면
$\frac{D}{4}=(-k)^2-5k<0$
이어야 한다.
즉, $k^2-5k<0$에서
$k(k-5)<0$이므로
$0<k<5$
따라서 자연수 k는 1, 2, 3, 4이고, 그 합은
$1+2+3+4=10$

답 10

107 조건 (가)에 의하여
$2a+2b=40$이므로
$a+b=20$ …… ㉠
조건 (나)에 의하여
$64\leq ab\leq96$ …… ㉡
㉠에서 $b=20-a$이고, 이를 ㉡에 대입하면
$64\leq a(20-a)\leq96$이고, 이 부등식의 해는
연립부등식 $\begin{cases}64\leq a(20-a)\\ a(20-a)\leq96\end{cases}$의 해와 같다.
$64\leq a(20-a)$에서
$a^2-20a+64\leq0$이므로
$(a-4)(a-16)\leq0$
$4\leq a\leq16$ …… ㉢
$a(20-a)\leq96$에서
$a^2-20a+96\geq0$이므로
$(a-8)(a-12)\geq0$
$a\leq8$ 또는 $a\geq12$ …… ㉣
㉢, ㉣의 공통부분을 구하면
$4\leq a\leq8$ 또는 $12\leq a\leq16$
한편 $a>b$이므로 $a>10$이다.
즉, $12\leq a\leq16$
따라서 $M=16$, $m=12$이므로
$M+m=16+12=28$

답 ⑤

108 삼각형의 세 변 중 가장 긴 변의 길이가 $a+6$이므로 삼각형의 결정 조건에 의하여
$a+6<a+(a+3)$이므로 $a>3$ …… ㉠
이 삼각형이 둔각삼각형이 되려면
$(a+6)^2>a^2+(a+3)^2$이어야 한다.
즉, $a^2-6a-27<0$에서
$(a+3)(a-9)<0$
$-3<a<9$ …… ㉡
㉠, ㉡의 공통부분을 구하면
$3<x<9$
따라서 자연수 a의 값은 4, 5, 6, 7, 8이고, 그 개수는 5이다.

답 ③

서술형 완성하기 본문 117쪽

01 8	02 -3
03 13	04 $4\leq a<5$

01 삼차방정식 $x^3+kx^2+2x+2k=0$의 한 근이 $x=2$이므로

$8+4k+4+2k=0$, 즉 $k=-2$ ······ ❶

삼차방정식 $x^3-2x^2+2x-4=0$에서

$x^2(x-2)+2(x-2)=0$

$(x-2)(x^2+2)=0$

$x=2$ 또는 $x^2=-2$

$x=2$ 또는 $x=\sqrt{2}i$ 또는 $x=-\sqrt{2}i$ ······ ❷

따라서 $\alpha=\sqrt{2}i$, $\beta=-\sqrt{2}i$ 또는 $\alpha=-\sqrt{2}i$, $\beta=\sqrt{2}i$이므로

$k(\alpha^2+\beta^2)=-2\times\{(\sqrt{2}i)^2+(-\sqrt{2}i)^2\}$

$=-2\times(2i^2+2i^2)$

$=-8i^2=8$ ······ ❸

답 8

단계	채점 기준	비율
❶	삼차방정식의 한 근이 2임을 이용하여 k의 값을 구한 경우	20 %
❷	인수분해를 이용하여 삼차방정식의 근을 구한 경우	40 %
❸	$k(\alpha^2+\beta^2)$의 값을 구한 경우	40 %

02 $\begin{cases} 2x-y=3 & \cdots\cdots ㉠ \\ x^2+ky=-10 & \cdots\cdots ㉡ \end{cases}$

㉠에서 $y=2x-3$이고, 이를 ㉡에 대입하면

$x^2+k(2x-3)=-10$

$x^2+2kx-3k+10=0$ ······ ㉢ ······ ❶

이차방정식 ㉢이 중근을 가져야 하므로

㉢의 판별식을 D라 하면

$\frac{D}{4}=k^2-(-3k+10)=0$

즉, $k^2+3k-10=0$에서

$(k+5)(k-2)=0$이므로

$k=-5$ 또는 $k=2$ ······ ❷

따라서 모든 실수 k의 값의 합은

$-5+2=-3$ ······ ❸

답 -3

단계	채점 기준	비율
❶	연립방정식에서 x에 대한 이차방정식을 구한 경우	40 %
❷	이차방정식의 판별식을 이용하여 실수 k의 값을 구한 경우	40 %
❸	모든 실수 k의 값의 합을 구한 경우	20 %

03 모든 실수 x에 대하여 이차부등식

$x^2+(m-2)x-2m+9\geq 0$이 항상 성립하려면

이차방정식 $x^2+(m-2)x-2m+9=0$의 판별식을 D라 할 때

$D=(m-2)^2-4(-2m+9)\leq 0$

이어야 한다. ······ ❶

즉, $m^2+4m-32\leq 0$에서

$(m-4)(m+8)\leq 0$이므로

$-8\leq m\leq 4$ ······ ❷

따라서 정수 m은 $-8, -7, -6, \cdots, 4$이고, 그 개수는 13이다.

······ ❸

답 13

단계	채점 기준	비율
❶	주어진 조건을 만족시키는 판별식의 부호를 구한 경우	40 %
❷	판별식을 정리한 후 m에 대한 이차부등식의 해를 구한 경우	40 %
❸	정수 m의 개수를 구한 경우	20 %

04 부등식 $x^2-8x+12\leq 0$에서

$(x-2)(x-6)\leq 0$이므로

$2\leq x\leq 6$ ······ ㉠ ······ ❶

부등식 $x^2-ax>0$에서

$x(x-a)>0$ ······ ㉡

a의 값의 범위를 다음과 같이 나누어 ㉡의 해를 구해 보자.

(i) $a<0$일 때

㉡에서 $x<a$ 또는 $x>0$

이때 ㉠, ㉡의 공통부분은

$2\leq x\leq 6$이므로

주어진 연립부등식을 만족시키는 정수 x는 2, 3, 4, 5, 6이고, 그 개수는 5이므로 주어진 조건을 만족시키지 못한다. ······ ❷

(ii) $a=0$일 때

㉡에서 $x^2>0$이므로 $x\neq 0$인 모든 실수이다.

이때 ㉠, ㉡의 공통부분은

$2\leq x\leq 6$이므로

주어진 연립부등식을 만족시키는 정수 x는 2, 3, 4, 5, 6이고, 그 개수는 5이므로 주어진 조건을 만족시키지 못한다. ······ ❸

(iii) $a>0$일 때

㉡에서 $x<0$ 또는 $x>a$

이때 ㉠, ㉡의 공통부분인 정수 x의 개수가 2가 되려면

$4\leq a<5$

(i), (ii), (iii)에서 $4\leq a<5$ ······ ❹

답 $4\leq a<5$

단계	채점 기준	비율
❶	이차부등식 $x^2-8x+12\leq 0$의 해를 구한 경우	10 %
❷	$a<0$일 때, 주어진 조건이 성립하는지를 판단한 경우	30 %
❸	$a=0$일 때, 주어진 조건이 성립하는지를 판단한 경우	30 %
❹	$a>0$일 때 주어진 조건을 만족시키는 실수 a의 값의 범위를 구한 경우	30 %

내신+수능 고난도 도전

본문 118쪽

01 ④ **02** ③ **03** 53 **04** 29

01 조건 (가)에 의하여

$x=1$이 방정식 $x^3-kx^2+16x-10=0$의 근이므로

$1-k+16-10=0$, 즉 $k=7$

$f(x)=x^3-7x^2+16x-10$이라 하면

$f(1)=0$이므로 조립제법을 이용하여 $f(x)$를 인수분해하면

1	1	−7	16	−10
		1	−6	10
	1	−6	10	0

$f(x)=(x-1)(x^2-6x+10)$이므로 주어진 삼차방정식은

$(x-1)(x^2-6x+10)=0$

$x=1$ 또는 $x^2-6x+10=0$이므로

$x=1$ 또는 $x=3+i$ 또는 $x=3-i$

조건 (가)에 의하여

복소수 z는 삼차방정식 $x^3-7x^2+16x-10=0$의 근이므로

$z=3+i$ 또는 $z=3-i$

(i) $z=3+i$일 때, $\overline{z}=3-i$이므로

$(z-\overline{z})i=\{(3+i)-(3-i)\}i=2i^2=-2<0$

즉, 조건 (나)를 만족시키지 못한다.

(ii) $z=3-i$일 때, $\overline{z}=3+i$이므로

$(z-\overline{z})i=\{(3-i)-(3+i)\}i=-2i^2=2>0$

즉, 조건 (나)를 만족시킨다.

(i), (ii)에서 $z=3-i$이므로

$a=3$, $b=-1$

따라서 $k(a+b)=7\times(3-1)=14$

답 ④

02 $\begin{cases} 2x^2+xy=y^2 & \cdots\cdots ㉠ \\ x^2-2y+6=k & \cdots\cdots ㉡ \end{cases}$

㉠에서 $2x^2+xy-y^2=0$이므로

$(2x-y)(x+y)=0$

$y=2x$ 또는 $y=-x$

$y=2x$를 ㉡에 대입하면

$x^2-2\times2x+6=k$, 즉 $x^2-4x+6-k=0$

이 이차방정식의 판별식을 D_1이라 하면

$\frac{D_1}{4}=(-2)^2-(6-k)=k-2$

$y=-x$를 ㉡에 대입하면

$x^2-2\times(-x)+6=k$, 즉 $x^2+2x+6-k=0$

이 이차방정식의 판별식을 D_2라 하면

$\frac{D_2}{4}=1^2-(6-k)=k-5$

주어진 연립방정식이 오직 한 쌍의 해 $x=\alpha$, $y=\beta$ (α, β는 실수)를 가지려면 $\frac{D_1}{4}=0$, $\frac{D_2}{4}<0$ 또는 $\frac{D_1}{4}<0$, $\frac{D_2}{4}=0$이어야 한다.

(i) $\frac{D_1}{4}=0$, $\frac{D_2}{4}<0$일 때

$\frac{D_1}{4}=k-2=0$에서 $k=2$

$\frac{D_2}{4}=k-5<0$에서 $k<5$

따라서 $k=2$

(ii) $\frac{D_1}{4}<0$, $\frac{D_2}{4}=0$일 때

$\frac{D_1}{4}=k-2<0$에서 $k<2$

$\frac{D_2}{4}=k-5=0$에서 $k=5$

따라서 실수 k는 존재하지 않는다.

(i), (ii)에서 $k=2$

이차방정식 $x^2-4x+4=0$에서 $(x-2)^2=0$

즉, $x=2$이고, $y=2\times2=4$

따라서 $\alpha=2$, $\beta=4$이므로

$k(\alpha+\beta)=2\times(2+4)=12$

답 ③

03 두 이차함수 $f(x)$, $g(x)$의 최고차항의 계수는 각각 2, 1이고 조건 (가)에 의하여 두 이차함수 $f(x)$, $g(x)$의 꼭짓점의 x좌표는 모두 1이므로

$f(x)=2(x-1)^2+p$, $g(x)=(x-1)^2+q$ (p, q는 실수)

로 놓을 수 있다.

조건 (나)에 의하여 부등식 $f(x)\le g(x)$, 즉 $f(x)-g(x)\le0$의 해가 $-2\le x\le4$이므로

$f(x)-g(x)=(x+2)(x-4)=x^2-2x-8$ $\cdots\cdots$ ㉠

한편

$f(x)-g(x)=\{2(x-1)^2+p\}-\{(x-1)^2+q\}$

$=x^2-2x+1+p-q$ $\cdots\cdots$ ㉡

㉠, ㉡에서

$1+p-q=-8$이므로 $p-q=-9$ $\cdots\cdots$ ㉢

$f(1)=p$, $g(1)=q$이므로

$f(1)+g(1)=5$에서 $p+q=5$ $\cdots\cdots$ ㉣

㉢, ㉣을 연립하여 풀면 $p=-2$, $q=7$

따라서 $\{f(1)\}^2+\{g(1)\}^2=(-2)^2+7^2=53$

답 53

04 $\begin{cases} x^2-8x-48\le0 & \cdots\cdots ㉠ \\ |2x-4|>n & \cdots\cdots ㉡ \end{cases}$

㉠에서 $(x+4)(x-12)\le0$이므로

$-4\le x\le12$

㉡에서 $2x-4<-n$ 또는 $2x-4>n$이므로

$x<2-\frac{n}{2}$ 또는 $x>2+\frac{n}{2}$

(i) $2+\frac{n}{2}\le8$일 때

$2-\frac{n}{2}\ge-4$이므로

주어진 연립부등식을 만족시키는 정수 x의 개수는 4 이상이다.

(ii) $2+\frac{n}{2}>8$일 때

$2-\frac{n}{2}<-4$이므로

주어진 연립부등식을 만족시키는 정수 x의 개수가 3이 되려면

$9\le2+\frac{n}{2}<10$이어야 하므로

$14\le n<16$

(i), (ii)에서 $14\le n<16$이므로

자연수 n은 14, 15이고, 그 합은 $14+15=29$

답 29

Ⅲ. 경우의 수

07 경우의 수

개념 확인하기

본문 121, 123쪽

01 2	02 5	03 7	04 5	05 1
06 6	07 3	08 2	09 5	10 6
11 2	12 8	13 12	14 2	15 9
16 60	17 4	18 9	19 6	20 18
21 6	22 24	23 60	24 30	25 24
26 1	27 6	28 24	29 1	30 60
31 36	32 24	33 12	34 24	35 6
36 6	37 2	38 6	39 10	40 15
41 20	42 21	43 35	44 8	45 6
46 10	47 15	48 1	49 1	50 1
51 1	52 4	53 15	54 10	55 5
56 2	57 8	58 5	59 15	60 21
61 84	62 4	63 10	64 40	65 30
66 74	67 80	68 5	69 10	70 20
71 10				

01 서로 다른 두 개의 주사위를 동시에 던질 때 나오는 눈의 수를 각각 a, b라 하고, 두 눈의 수의 합이 3인 경우를 순서쌍 (a, b)로 나타내면
$(1, 2)$, $(2, 1)$의 2가지

답 2

02 서로 다른 두 개의 주사위를 동시에 던질 때 나오는 눈의 수를 각각 a, b라 하고, 두 눈의 수의 합이 8인 경우를 순서쌍 (a, b)로 나타내면
$(2, 6)$, $(3, 5)$, $(4, 4)$, $(5, 3)$, $(6, 2)$의 5가지

답 5

03 01과 02는 동시에 일어나지 않으므로 구하는 경우의 수는 합의 법칙에 의하여
$2+5=7$

답 7

04 한 개의 주사위를 두 번 던져 나오는 눈의 수를 차례로 a, b라 하고, 두 눈의 수의 합이 6인 경우를 순서쌍 (a, b)로 나타내면
$(1, 5)$, $(2, 4)$, $(3, 3)$, $(4, 2)$, $(5, 1)$의 5가지

답 5

05 한 개의 주사위를 두 번 던져 나오는 눈의 수를 차례로 a, b라 하고, 두 눈의 수의 합이 12인 경우를 순서쌍 (a, b)로 나타내면
$(6, 6)$의 1가지

답 1

06 두 눈의 수의 합이 6의 배수인 경우는 두 눈의 수의 합이 6인 경우와 두 눈의 수의 합이 12인 경우이고, 이것은 동시에 일어나지 않으므로 구하는 경우의 수는 합의 법칙에 의하여
$5+1=6$

답 6

07 3, 6, 9의 3개

답 3

08 5, 10의 2개

답 2

09 07과 08은 동시에 일어나지 않으므로 구하는 개수는 합의 법칙에 의하여
$3+2=5$

답 5

10 3, 6, 9, 12, 15, 18의 6가지

답 6

11 7, 14의 2가지

답 2

12 10과 11은 동시에 일어나지 않으므로 구하는 경우의 수는 합의 법칙에 의하여
$6+2=8$

답 8

13 주사위 A에서 4의 약수의 눈이 나오는 경우의 수는
1, 2, 4의 3
그 각각에 대하여 주사위 B에서 6의 약수의 눈이 나오는 경우의 수는
1, 2, 3, 6의 4
따라서 구하는 경우의 수는 곱의 법칙에 의하여
$3\times4=12$

답 12

14 주사위 A에서 3의 배수의 눈이 나오는 경우의 수는
3, 6의 2
그 각각에 대하여 주사위 B에서 4의 배수의 눈이 나오는 경우의 수는
4의 1
따라서 구하는 경우의 수는 곱의 법칙에 의하여
$2\times1=2$

답 2

15 주사위 A에서 홀수의 눈이 나오는 경우의 수는
1, 3, 5의 3
그 각각에 대하여 주사위 B에서 짝수의 눈이 나오는 경우의 수는
2, 4, 6의 3
따라서 구하는 경우의 수는 곱의 법칙에 의하여
$3\times3=9$

답 9

16 음료수 1개를 택하는 경우의 수는 5,
그 각각에 대하여 빵 1개를 택하는 경우의 수는 4,
그 각각에 대하여 과일 1개를 택하는 경우의 수는 3이다.
따라서 구하는 경우의 수는 곱의 법칙에 의하여
$5\times4\times3=60$

답 60

17 $2\times2=4$

답 4

18 $3\times3=9$

답 9

19 $2\times3=6$

답 6

20 $2\times3\times3=18$

답 18

21 ${}_3P_2=3\times2=6$

답 6

22 ${}_4P_3=4\times3\times2=24$

답 24

23 ${}_5P_3=5\times4\times3=60$

답 60

24 ${}_6P_2=6\times5=30$

답 30

25 ${}_4P_4=4\times3\times2\times1=24$

답 24

26 ${}_5P_0=1$

답 1

27 $3!=3\times2\times1=6$

답 6

28 $4!=4\times3\times2\times1=24$

답 24

29 $0!=1$

답 1

30 ${}_5P_3=5\times4\times3=60$

답 60

31 일의 자리에 올 수 있는 수는 1, 3, 5의 3가지
그 각각에 대하여 백의 자리의 수와 십의 자리의 수를 정하는 경우의 수는
${}_4P_2=4\times3=12$
따라서 구하는 홀수의 개수는
$3\times12=36$

답 36

32 일의 자리에 올 수 있는 수는
2, 4의 2가지
그 각각에 대하여 백의 자리의 수와 십의 자리의 수를 정하는 경우의 수는
${}_4P_2=4\times3=12$
따라서 구하는 짝수의 개수는
$2\times12=24$

답 24

33 백의 자리에 올 수 있는 수는
5의 1가지
그 각각에 대하여 십의 자리의 수와 일의 자리의 수를 정하는 경우의 수는
${}_4P_2=4\times3=12$
따라서 구하는 자연수의 개수는
$1\times12=12$

답 12

34 백의 자리에 올 수 있는 수는
1, 2의 2가지
그 각각에 대하여 십의 자리의 수와 일의 자리의 수를 정하는 경우의 수는
${}_4P_2=4\times3=12$
따라서 구하는 자연수의 개수는
$2\times12=24$

답 24

35 백의 자리에 올 수 있는 수는 5의 1가지
그 각각에 대하여 일의 자리에 올 수 있는 수는 1, 3의 2가지
그 각각에 대하여 십의 자리에 올 수 있는 수는 3가지
따라서 구하는 홀수의 개수는
$1\times2\times3=6$

답 6

36 백의 자리에 올 수 있는 수는 1의 1가지
그 각각에 대하여 일의 자리에 올 수 있는 수는 2, 4의 2가지
그 각각에 대하여 십의 자리에 올 수 있는 수는 3가지
따라서 구하는 짝수의 개수는
$1\times2\times3=6$

답 6

37 ${}_2C_1=2$

답 2

38 ${}_4C_2=\frac{4\times3}{2\times1}=6$

답 6

39 ${}_5C_2=\frac{5\times4}{2\times1}=10$

답 10

40 ${}_6C_2=\frac{6\times5}{2\times1}=15$

답 15

41 ${}_6C_3=\frac{6\times5\times4}{3\times2\times1}=20$

답 20

42 ${}_7C_2=\frac{7\times6}{2\times1}=21$

답 21

43 ${}_7C_3=\frac{7\times6\times5}{3\times2\times1}=35$

답 35

44 ${}_8C_1=8$

답 8

45 ${}_4C_2=\frac{4\times3}{2\times1}=6$

답 6

46 ${}_5C_2=\frac{5\times4}{2\times1}=10$

답 10

47 ${}_6C_2=\frac{6\times5}{2\times1}=15$

답 15

48 ${}_{10}C_0=1$

답 1

49 ${}_4C_0=1$

답 1

50 ${}_5C_5=1$

답 1

51 ${}_{11}C_{11}=1$

답 1

52 ${}_4C_3={}_4C_1=4$

답 4

53 ${}_6C_4={}_6C_2=\frac{6\times5}{2\times1}=15$

답 15

54 ${}_nC_2=\frac{n(n-1)}{2\times1}$이므로

$\frac{n(n-1)}{2}=45$에서 $n(n-1)=90=10\times9$

n은 자연수이므로 $n=10$

답 10

55 ${}_{n+2}C_2=\frac{(n+2)(n+1)}{2\times1}$이므로

$\frac{(n+2)(n+1)}{2}=21$에서

$(n+2)(n+1)=42=7\times6$

n은 자연수이므로 $n=5$

답 5

56 ${}_7C_n={}_7C_{n+3}$에서

${}_7C_n={}_7C_{4-n}$

$n\neq n+3$이므로 $n=4-n$

따라서 $n=2$

답 2

57 ${}_nC_2={}_nC_6$에서

${}_nC_2={}_nC_{n-6}$이므로 $2=n-6$

따라서 $n=8$

답 8

58 ${}_5C_4={}_5C_1=5$

답 5

59 ${}_6C_4={}_6C_2=\frac{6\times5}{2\times1}=15$

답 15

60 ${}_7C_5={}_7C_2=\frac{7\times6}{2\times1}=21$

답 21

61 ${}_9C_3=\frac{9\times8\times7}{3\times2\times1}=84$

답 84

62 ${}_4C_3={}_4C_1=4$

답 4

63 ${}_5C_3={}_5C_2=\frac{5\times4}{2\times1}=10$

답 10

64 ${}_4C_1\times{}_5C_2=4\times\frac{5\times4}{2}=4\times10=40$

답 40

65 ${}_4C_2\times{}_5C_1=\frac{4\times3}{2\times1}\times5=6\times5=30$

답 30

66 ${}_9C_3-{}_5C_3={}_9C_3-{}_5C_2$

$=\frac{9\times8\times7}{3\times2\times1}-\frac{5\times4}{2\times1}$

$=84-10=74$

답 74

67 ${}_9C_3-{}_4C_3={}_9C_3-{}_4C_1$

$=\frac{9\times8\times7}{3\times2\times1}-4$

$=84-4=80$

답 80

68 ${}_5C_1=5$

답 5

69 ${}_5C_2=\frac{5\times4}{2\times1}=10$

답 10

70 ${}_6C_3=\frac{6\times5\times4}{3\times2\times1}=20$

답 20

71 ${}_5C_3={}_5C_2=\frac{5\times4}{2\times1}=10$

답 10

유형 완성하기 본문 124~135쪽

01 ④	02 ④	03 ②	04 ①	05 ②
06 ④	07 ③	08 16	09 14	10 ④
11 140	12 ④	13 ⑤	14 ③	15 ⑤
16 ②	17 120	18 360	19 ⑤	20 ②
21 ②	22 ③	23 58	24 ①	25 ③
26 ②	27 ①	28 ④	29 ②	30 ⑤
31 ④	32 ①	33 ②	34 12	35 ⑤
36 ④	37 ③	38 ④	39 576	40 ④
41 ⑤	42 192	43 7	44 18	45 11
46 24	47 30	48 60	49 ④	50 301
51 9	52 112	53 ①	54 36	55 ⑤
56 ②	57 792	58 ①	59 ③	60 180
61 ③	62 126	63 ③	64 ①	65 ⑤
66 50	67 50	68 ②	69 ③	70 ④
71 ③	72 ⑤	73 ⑤	74 ②	75 21
76 ①	77 ①	78 35	79 ⑤	

01 (i) 십의 자리의 수가 5인 경우

일의 자리에 올 수 있는 수는

1, 2, 3, 4, 6, 7의 6가지

(ii) 일의 자리의 수가 5인 경우

십의 자리에 올 수 있는 수는

1, 2, 3, 4, 6, 7의 6가지

(i), (ii)가 동시에 일어나지 않으므로 구하는 경우의 수는 합의 법칙에 의하여

$6+6=12$

답 ④

02 서로 다른 두 개의 주사위를 동시에 던져서 나오는 눈의 수를 각각 a, b라 하자.

$a+b$의 값이 4의 배수가 되는 경우는 $a+b=4$, $a+b=8$, $a+b=12$인 경우이다.

(i) $a+b=4$일 때

$a+b=4$를 만족시키는 순서쌍 (a, b)는

$(1, 3)$, $(2, 2)$, $(3, 1)$의 3개

(ii) $a+b=8$일 때

$a+b=8$을 만족시키는 순서쌍 (a, b)는

$(2, 6)$, $(3, 5)$, $(4, 4)$, $(5, 3)$, $(6, 2)$의 5개

(iii) $a+b=12$일 때

$a+b=12$를 만족시키는 순서쌍 (a, b)는

$(6, 6)$의 1개

(i), (ii), (iii)이 동시에 일어나지 않으므로 구하는 경우의 수는 합의 법칙에 의하여

$3+5+1=9$

답 ④

03 (i) 초코맛 우유를 선택하는 경우

딸기맛 사탕의 개수를 a, 사과맛 사탕의 개수를 b라 하면

$a+b=6$을 만족시키는 순서쌍 (a, b)는

$(1, 5)$, $(2, 4)$, $(3, 3)$의 3개

(ii) 딸기맛 우유를 선택하는 경우

초코맛 사탕의 개수를 c, 사과맛 사탕의 개수를 d라 하면

$c+d=6$을 만족시키는 순서쌍 (c, d)는

$(1, 5)$, $(2, 4)$, $(3, 3)$, $(4, 2)$의 4개

(i), (ii)가 동시에 일어나지 않으므로 구하는 경우의 수는 합의 법칙에 의하여

$3+4=7$

답 ②

04 두 자연수 a, b는 $1\le a\le6$, $1\le b\le6$이므로 다음과 같이 경우를 나누어 순서쌍 (a, b)의 개수를 구할 수 있다.

(i) $a=1$일 때

$5\le2b\le16$에서 $\frac{5}{2}\le b\le8$

즉, b는 3, 4, 5, 6이므로 순서쌍 (a, b)는 4개

(ii) $a=2$일 때

$0\le2b\le11$에서 $0\le b\le\frac{11}{2}$

즉, b는 1, 2, 3, 4, 5이므로 순서쌍 (a, b)는 5개

(iii) $a=3$일 때

$-5\le 2b\le 6$에서 $-\frac{5}{2}\le b\le 3$

즉, b는 1, 2, 3이므로 순서쌍 (a, b)는 3개

(iv) $4\le a\le 6$일 때

부등식 $10\le 5a+2b\le 21$을 만족시키는 6 이하의 자연수 b는 존재하지 않는다.

(i)~(iv)에서 모든 순서쌍 (a, b)의 개수는

$4+5+3=12$

답 ①

05 $x=1$일 때, $y=7$

$x=2$일 때, $y=5$

$x=3$일 때, $y=3$

$x=4$일 때, $y=1$

$x\ge 5$일 때, 자연수 y는 존재하지 않는다.

따라서 모든 순서쌍 (x, y)의 개수는

(1, 7), (2, 5), (3, 3), (4, 1)의 4이다.

답 ②

06 함수 $y=x^2+a$의 그래프와 직선 $y=bx$가 만나는 점의 x좌표는 이차방정식 $x^2+a=bx$, 즉 $x^2-bx+a=0$의 실근과 같다.

따라서 함수 $y=x^2+a$의 그래프와 직선 $y=bx$가 만나는 점이 존재하려면 이차방정식 $x^2-bx+a=0$이 실근을 가져야 한다.

이차방정식 $x^2-bx+a=0$의 판별식을 D라 하면

$D=b^2-4a\ge 0$에서 $b^2\ge 4a$

(i) $b=1$일 때, 6 이하의 자연수 a의 값은 존재하지 않는다.

(ii) $b=2$일 때, $a=1$이므로 순서쌍 (a, b)는 1개

(iii) $b=3$일 때, a의 값은 1, 2가 될 수 있으므로

순서쌍 (a, b)는 2개

(iv) $b=4$일 때, a의 값은 1, 2, 3, 4가 될 수 있으므로

순서쌍 (a, b)는 4개

(v) $b=5$일 때, a의 값은 1, 2, 3, 4, 5, 6이 될 수 있으므로

순서쌍 (a, b)는 6개

(vi) $b=6$일 때, a의 값은 1, 2, 3, 4, 5, 6이 될 수 있으므로

순서쌍 (a, b)는 6개

(i)~(vi)에서 조건을 만족시키는 모든 순서쌍 (a, b)의 개수는

$1+2+4+6+6=19$

답 ④

07 $x=3$이 부등식 $x^2-4ax+5b<0$을 만족시키므로

$9-12a+5b<0$

즉, $b<\frac{12a-9}{5}$

(i) $a=1$일 때, $b<\frac{3}{5}$이므로 자연수 b는 존재하지 않는다.

(ii) $a=2$일 때, $b<3$이므로 순서쌍 (a, b)는

(2, 1)의 1개

(iii) $a=3$일 때, $b<\frac{27}{5}$이므로 순서쌍 (a, b)는

(3, 1), (3, 2), (3, 4), (3, 5)의 4개

(iv) $a=4$일 때, $b<\frac{39}{5}$이므로 순서쌍 (a, b)는

(4, 1), (4, 2), (4, 3), (4, 5)의 4개

(v) $a=5$일 때, $b<\frac{51}{5}$이므로 순서쌍 (a, b)는

(5, 1), (5, 2), (5, 3), (5, 4)의 4개

(i)~(v)에서 모든 순서쌍 (a, b)의 개수는

$1+4\times 3=13$

답 ③

08 조건 (가)에서 일의 자리의 수와 십의 자리의 수는 모두 짝수이어야 하므로 십의 자리에 올 수 있는 수는 2, 4, 6, 8의 4가지이고,

그 각각에 대하여 조건 (나)에서 일의 자리의 수가 0이 아니므로

일의 자리에 올 수 있는 수도 2, 4, 6, 8의 4가지이다.

따라서 구하는 경우의 수는 곱의 법칙에 의하여

$4\times 4=16$

답 16

09 조건 (가)로부터 A지역에서 B지역으로 기차를 이용하여 가는 방법의 수는 2이고, 그 각각에 대하여 B지역에서 C지역으로 가는 방법의 수는 조건 (나)로부터 버스 또는 기차를 이용할 수 있으므로 $3+4=7$이다.

따라서 구하는 경우의 수는 곱의 법칙에 의하여

$2\times 7=14$

답 14

10 맨 앞 자리에 서는 남학생을 정하는 경우의 수는 4,

그 각각에 대하여 두 번째 자리에는 여학생이 서야 하므로 그 경우의 수는 3,

그 각각에 대하여 세 번째 자리에 설 수 있는 학생은 맨 앞 자리와 두 번째 자리의 학생을 제외한 나머지 5명의 학생이므로 그 경우의 수는 5

따라서 구하는 경우의 수는 곱의 법칙에 의하여

$4\times 3\times 5=60$

답 ④

11 (i) 첫 번째 자리에 홀수가 적힌 카드가 오는 경우

첫 번째 자리에 올 수 있는 카드는 1, 3, 5, 7, 9가 하나씩 적힌 카드로 5가지,

그 각각에 대하여 두 번째 자리에 올 수 있는 카드는 2, 4, 6, 8이 하나씩 적힌 카드로 4가지,

그 각각에 대하여 세 번째 자리에 올 수 있는 카드는 첫 번째 자리에 놓인 카드를 제외한 홀수가 적힌 카드로 4가지이므로

경우의 수는 곱의 법칙에 의하여

$5\times 4\times 4=80$

(ii) 첫 번째 자리에 짝수가 적힌 카드가 오는 경우

첫 번째 자리에 올 수 있는 카드는 2, 4, 6, 8이 하나씩 적힌 카드로 4가지,

그 각각에 대하여 두 번째 자리에 올 수 있는 카드는 1, 3, 5, 7, 9가 하나씩 적힌 카드로 5가지,

그 각각에 대하여 세 번째 자리에 올 수 있는 카드는 첫 번째 자리에 놓인 카드를 제외한 짝수가 적힌 카드로 3가지이므로

경우의 수는 곱의 법칙에 의하여

$4\times5\times3=60$

(i), (ii)가 동시에 일어나지 않으므로 구하는 경우의 수는 합의 법칙에 의하여

$80+60=140$

답 140

12 (i) 십의 자리의 수가 홀수인 경우

십의 자리에 올 수 있는 수는 1, 3, 5, 7, 9의 5가지,

그 각각에 대하여 일의 자리에 올 수 있는 수는 0, 2, 4, 6, 8의 5가지이므로

이 경우의 자연수의 개수는 곱의 법칙에 의하여

$5\times5=25$

(ii) 십의 자리의 수가 짝수인 경우

십의 자리에 올 수 있는 수는 2, 4, 6, 8의 4가지,

그 각각에 대하여 일의 자리에 올 수 있는 수는 1, 3, 5, 7, 9의 5가지이므로

이 경우의 자연수의 개수는 곱의 법칙에 의하여

$4\times5=20$

(i), (ii)가 동시에 일어나지 않으므로 구하는 두 자리의 자연수의 개수는 합의 법칙에 의하여

$25+20=45$

답 ④

13 (i) $a_1\geq1$에서 a_1이 될 수 있는 수는

1, 2, 3, 4, 5, 6의 6개

(ii) $a_2\geq2$에서 a_2가 될 수 있는 수는

2, 3, 4, 5, 6의 5개

(iii) $a_3\geq3$에서 a_3이 될 수 있는 수는

3, 4, 5, 6의 4개

(iv) $a_4\geq4$에서 a_4가 될 수 있는 수는

4, 5, 6의 3개

(i)~(iv)에서 구하는 모든 순서쌍 (a_1, a_2, a_3, a_4)의 개수는 곱의 법칙에 의하여

$6\times5\times4\times3=360$

답 ⑤

14 $1323=3^3\times7^2$이므로 양의 약수는 1, 3, 3^2, 3^3 중 하나와 1, 7, 7^2 중 하나의 곱으로 나타낼 수 있으므로 구하는 양의 약수의 개수는

$(3+1)\times(2+1)=4\times3=12$

답 ③

15 $360=2^3\times3^2\times5$이므로 양의 약수는 1, 2, 2^2, 2^3 중 하나와 1, 3, 3^2 중 하나와 1, 5 중 하나의 곱으로 나타낼 수 있으므로 구하는 양의 약수의 개수는

$(3+1)\times(2+1)\times(1+1)=4\times3\times2=24$

답 ⑤

16 $1500=2^2\times3\times5^3$이므로 1500의 양의 약수 중에서 5의 배수는 $5\times2^p\times3^q\times5^r$ ($p=0, 1, 2, q=0, 1, r=0, 1, 2$)의 형태로 나타낼 수 있다.

p의 값이 될 수 있는 수의 개수는 0, 1, 2의 3,

그 각각에 대하여 q의 값이 될 수 있는 수의 개수는 0, 1의 2,

그 각각에 대하여 r의 값이 될 수 있는 수의 개수는 0, 1, 2의 3이므로

1500의 양의 약수 중에서 5의 배수의 개수는 곱의 법칙에 의하여

$3\times2\times3=18$

답 ②

17 홀수이려면 일의 자리의 수가 홀수이어야 하므로

일의 자리에 올 수 있는 수는 1, 3, 5, 7의 4가지이고

그 각각에 대하여 나머지 6개의 수 중에서 서로 다른 2개를 뽑아 백의 자리의 수와 십의 자리의 수를 정하는 경우의 수는

${}_6P_2=6\times5=30$

따라서 홀수인 세 자리의 자연수의 개수는

$4\times30=120$

답 120

18 양 끝에 올 수 있는 카드는 2, 4, 6이 하나씩 적힌 카드로 3가지이므로 경우의 수는

${}_3P_2=3\times2=6$

그 각각에 대하여 나머지 5장의 카드 중에서 서로 다른 3장을 택해 일렬로 나열하는 경우의 수는

${}_5P_3=5\times4\times3=60$

따라서 구하는 경우의 수는

$6\times60=360$

답 360

19 (i) 일의 자리의 수가 0인 경우

1, 2, 3, 4, 5 중에서 서로 다른 3개를 택하여 천의 자리의 수, 백의 자리의 수, 십의 자리의 수로 정하는 경우의 수는

${}_5P_3=5\times4\times3=60$

(ii) 일의 자리의 수가 2인 경우

천의 자리에 올 수 있는 수는 1, 3, 4, 5의 4가지이고

그 각각에 대하여 나머지 4개의 수 중에서 서로 다른 2개를 택하여 백의 자리의 수, 십의 자리의 수로 정하는 경우의 수는

${}_4P_2=4\times3=12$이므로

$4\times12=48$

(iii) 일의 자리의 수가 4인 경우

천의 자리에 올 수 있는 수는 1, 2, 3, 5의 4가지이고

그 각각에 대하여 나머지 4개의 수 중에서 서로 다른 2개를 택하여 백의 자리의 수, 십의 자리의 수로 정하는 경우의 수는

${}_4P_2=4\times3=12$이므로

$4\times12=48$

(i), (ii), (iii)에서 구하는 짝수의 개수는

$60+48+48=156$

답 ⑤

20 양 끝에 3학년이 서는 경우의 수는

${}_4P_2=4\times3=12$

그 각각에 대하여 나머지 5명의 학생이 일렬로 서는 경우의 수는

${}_5P_5=5!$이므로 경우의 수는

$12\times5!=2\times6\times5!=2\times6!=a\times6!$

따라서 $a=2$

답 ②

21 a_1, a_2, a_3, a_4, a_5 중에서 2와 8인 것을 정하는 경우의 수는

${}_5P_2=5\times4=2^2\times5$

그 각각에 대하여 3, 4, 5, 6, 7 중에서 나머지 3개의 a_k를 정하는 경우의 수는

${}_5P_3=5\times4\times3=2^2\times3\times5$

따라서 구하는 모든 순서쌍 $(a_1, a_2, a_3, a_4, a_5)$의 개수는

$2^2\times5\times2^2\times3\times5=2^4\times3\times5^2=2^p\times3^q\times5^r$이므로

$p=4$, $q=1$, $r=2$에서

$p+q+r=4+1+2=7$

답 ②

22 (i) 처음 공연이 밴드 공연인 경우

노래 2팀과 댄스 2팀을 배열하는 경우의 수는

${}_4P_4=4!=4\times3\times2\times1=24$

(ii) 두 번째 공연이 밴드 공연인 경우

노래 2팀 중 첫 번째 공연을 하는 한 팀을 뽑는 경우의 수는 2

그 각각에 대하여 밴드 공연 후 나머지 3팀의 공연 순서를 정하는 경우의 수는

${}_3P_3=3!=3\times2\times1=6$

이므로 경우의 수는

$2\times6=12$

(iii) 세 번째 공연이 밴드 공연인 경우

밴드 공연 전 노래 2팀의 공연 순서를 정하는 경우의 수는

${}_2P_2=2!=2$

그 각각에 대하여 밴드 공연 후 댄스 2팀의 공연 순서를 정하는 경우의 수는

${}_2P_2=2!=2$

이므로 경우의 수는

$2\times2=4$

(i), (ii), (iii)에서 구하는 경우의 수는

$24+12+4=40$

답 ③

23 (i) 만의 자리의 수가 1 또는 2인 경우

나머지 4개의 숫자를 일렬로 나열하는 경우의 수는

${}_4P_4=4!=4\times3\times2\times1=24$

이므로 이때의 자연수의 개수는 $2\times24=48$

(ii) 만의 자리의 수가 3인 경우

ⓐ 천의 자리의 수가 0인 경우

1, 2, 4를 일렬로 나열하는 경우의 수는

${}_3P_3=3!=3\times2\times1=6$

ⓑ 천의 자리의 수가 1인 경우

31024, 31042, 31204, 31240

ⓐ, ⓑ에서 이때의 자연수의 개수는 $6+4=10$

(i), (ii)에서 $48+10=58$이므로

31240은 58번째 수이다.

따라서 $n=58$

답 58

24 (i) 천의 자리의 수가 3인 경우

0, 1, 2를 일렬로 나열하는 경우의 수는

${}_3P_3=3!=3\times2\times1=6$

이때의 자연수의 개수는 6

(ii) 천의 자리의 수가 2인 경우

ⓐ 백의 자리의 수가 3인 경우

0, 1을 일렬로 나열하는 경우의 수는

${}_2P_2=2!=2\times1=2$

ⓑ 백의 자리의 수가 1인 경우

2130

ⓐ, ⓑ에서 이때의 자연수의 개수는 $2+1=3$

(i), (ii)에서 2103보다 큰 수의 개수는

$6+3=9$

답 ①

25 맨 앞에 a 또는 b 또는 c가 오도록 5개의 문자를 일렬로 나열하는 경우의 수는

$3\times{}_4P_4=3\times4!=3\times24=72$

그 다음에 오는 문자열을 나열하면

$dabce$, $dabec$, $dacbe$, $daceb$, $daebc$, $\cdots$

이므로 $daebc$는

$72+5=77$에서 77번째 문자열이다.

따라서 $n=77$

답 ③

다른 풀이

5개의 문자 a, b, c, d, e를 일렬로 나열하는 경우의 수는

${}_5P_5=5!=5\times4\times3\times2\times1=120$

(i) e로 시작한 경우

나머지 4개의 문자 a, b, c, d를 일렬로 나열하는 경우의 수는

${}_4P_4=4!=4\times3\times2\times1=24$

이때의 문자열의 개수는 24

(ii) d로 시작한 경우

ⓐ de○○○, dc○○○, db○○○인 경우

나머지 3개의 문자를 일렬로 나열하는 경우의 수는

${}_3P_3=3!=3\times2\times1=6$이므로

$3\times6=18$

ⓑ da○○○인 경우

$daecb$

ⓐ, ⓑ에서 이때의 문자열의 개수는 $18+1=19$

(i), (ii)에서 $daebc$ 뒤에 나오는 문자열의 개수는

$24+19=43$이므로

$n=120-43=77$

26 ${}_{2n}P_2=2n(2n-1)$, ${}_nP_2=n(n-1)$이므로

${}_{2n}P_2=2\times{}_nP_2+32$에서

$2n(2n-1)=2n(n-1)+32$

$2n^2=32$, $n^2=16$
이때 n이 2 이상의 자연수이므로 $n=4$

답 ②

27 ${}_nP_2=n(n-1)$, ${}_nP_1=n$, ${}_9P_2=9\times8=72$이므로
$4\times{}_nP_2+16\times{}_nP_1={}_9P_2$에서
$4n(n-1)+16n=72$
$n^2+3n-18=0$
$(n+6)(n-3)=0$
이때 n은 2 이상의 자연수이므로 $n=3$

답 ①

28 ${}_nP_3=n(n-1)(n-2)$, ${}_{n-1}P_3=(n-1)(n-2)(n-3)$,
${}_{10}P_2=10\times9=90$이므로
${}_nP_3={}_{n-1}P_3+{}_{10}P_2$에서
$n(n-1)(n-2)=(n-1)(n-2)(n-3)+90$
$3(n-1)(n-2)=90$
$(n-1)(n-2)=30$
$(n-1)(n-2)=6\times5$
이때 n은 4 이상의 자연수이므로 $n=7$

답 ④

29 1학년 2명, 2학년 3명, 3학년 3명을 각각 한 명으로 생각하여 3명을 일렬로 세우는 경우의 수는
$3!=3\times2\times1=6$
그 각각에 대하여 1학년 2명이 자리를 바꾸는 경우의 수는
$2!=2\times1=2$
2학년 3명을 일렬로 세우는 경우의 수는
$3!=3\times2\times1=6$
3학년 3명을 일렬로 세우는 경우의 수는
$3!=3\times2\times1=6$
따라서 구하는 경우의 수는
$6\times2\times6\times6=432$

답 ②

30 6개의 문자 F, L, O, W, E, R에서 두 개의 문자 O, E를 한 개의 문자로 생각하여 5개의 문자를 일렬로 나열하는 경우의 수는
$5!=5\times4\times3\times2\times1=120$
그 각각에 대하여 두 개의 문자 O, E가 서로 자리를 바꾸는 경우의 수는
$2!=2\times1=2$
따라서 구하는 경우의 수는
$120\times2=240$

답 ⑤

31 여학생 2명 사이에 오는 남학생을 정하는 경우의 수는 n
그 각각에 대하여 여학생 2명과 그 사이의 남학생 1명을 묶어 한 명으로 생각하여 n명을 일렬로 세우는 경우의 수는 $n!$
그 각각에 대하여 여학생 2명이 자리를 바꾸는 경우의 수는
$2!=2\times1=2$
이므로 $n\times n!\times2=192$
$n\times n!=96=2^5\times3=2^2\times2^2\times3\times2\times1=4\times4!$
따라서 $n=4$

답 ④

32 3개의 모음 O, U, E를 일렬로 나열하는 경우의 수는
$3!=3\times2\times1=6$

∨	모음	∨	모음	∨	모음	∨

그 각각에 대하여 3개의 모음 사이와 양 끝에 ∨로 표시된 4개의 자리에 자음 4개를 일렬로 나열하는 경우의 수는
${}_4P_4=4\times3\times2\times1=24$
따라서 구하는 경우의 수는 $6\times24=144$

답 ①

33 여학생 2명을 일렬로 세우는 경우의 수는
$2!=2\times1=2$

∨	여	∨	여	∨

그 각각에 대하여 2명의 여학생 사이와 양 끝에 ∨로 표시된 3개의 자리에 남학생 3명을 일렬로 세우는 경우의 수는
${}_3P_3=3\times2\times1=6$
따라서 구하는 경우의 수는 $2\times6=12$

답 ②

34 홀수 1, 3, 5가 하나씩 적힌 3장의 카드를 일렬로 나열하는 경우의 수는
$3!=3\times2\times1=6$

홀수	∨	홀수	∨	홀수

그 각각에 대하여 홀수 사이에 있는 ∨로 표시된 2개의 자리에 짝수 2, 4가 하나씩 적힌 2장의 카드를 일렬로 나열하는 경우의 수는
$2!=2\times1=2$
따라서 구하는 경우의 수는 $6\times2=12$

답 12

35 3개의 문자 a, b, c를 일렬로 나열하는 경우의 수는
$3!=3\times2\times1=6$

∨	문자	∨	문자	∨	문자	∨

그 각각에 대하여 3개의 문자 사이와 양 끝에 ∨로 표시된 4개의 자리 중 숫자 1, 2, 3이 들어갈 자리를 정하는 경우의 수는
${}_4P_3=4\times3\times2=24$
따라서 구하는 경우의 수는 $6\times24=144$

답 ⑤

36 7명의 학생 중에서 회장 1명, 부회장 1명을 뽑는 경우의 수는
${}_7P_2=7\times6=42$
남학생 3명 중에서 회장 1명, 부회장 1명을 뽑는 경우의 수는
${}_3P_2=3\times2=6$
따라서 구하는 경우의 수는
$42-6=36$

답 ④

37 6개의 문자를 일렬로 나열하는 경우의 수는

${}_6\mathrm{P}_6=6!$

양 끝에 모두 자음이 오도록 나열하는 경우의 수는

${}_4\mathrm{P}_2\times4!=4\times3\times4!=12\times4!$

따라서 구하는 경우의 수는

$6!-12\times4!=6\times5\times4!-12\times4!=(30-12)\times4!=18\times4!$

이므로 $k=18$

답 ③

38 1부터 7까지의 자연수가 하나씩 적혀 있는 7장의 카드를 일렬로 나열하는 경우의 수는

${}_7\mathrm{P}_7=7!$

양 끝에 모두 짝수가 적힌 카드가 오는 경우의 수는

2, 4, 6이 하나씩 적힌 3장의 카드 중 서로 다른 2장을 택해 양 끝에 나열하고 나머지 5장의 카드를 일렬로 나열하는 경우의 수이므로

${}_3\mathrm{P}_2\times5!=3\times2\times5!=6\times5!=6!$

따라서 구하는 경우의 수는

$N=7!-6!=(7-1)\times6!=6\times6!$이므로

$\frac{N}{6!}=\frac{6\times6!}{6!}=6$

답 ④

39 6명을 일렬로 세우는 경우의 수는

${}_6\mathrm{P}_6=6!=6\times5\times4\times3\times2\times1=720$

∨	남	∨	남	∨	남	∨

여학생 3명이 서로 이웃하지 않도록 6명을 일렬로 세우는 경우의 수는 남학생 3명을 일렬로 세우고 그 각각에 대하여 3명의 남학생 사이와 양 끝에 ∨로 표시된 4개의 자리 중 3개의 자리에 여학생 3명을 세우는 경우의 수이므로

$3!\times{}_4\mathrm{P}_3=3!\times4\times3\times2=144$

따라서 구하는 경우의 수는

$720-144=576$

답 576

40 $(n+4)$명 중에서 회장 1명, 부회장 1명, 총무 1명을 뽑는 경우의 수는

${}_{n+4}\mathrm{P}_3=(n+4)(n+3)(n+2)$

여학생 4명 중에서 회장 1명, 부회장 1명, 총무 1명을 뽑는 경우의 수는

${}_4\mathrm{P}_3=4\times3\times2=24$

이므로

$(n+4)(n+3)(n+2)-24=696$

$(n+4)(n+3)(n+2)=720=10\times9\times8$

이때 $n\geq3$이므로 $n=6$

답 ④

41 세 수 a_1, a_2, a_3 중 최댓값이 10인 모든 순서쌍 (a_1, a_2, a_3)의 개수는 10 이하의 자연수 중에서 서로 다른 3개를 뽑아 일렬로 나열한 경우의 수에서 9 이하의 자연수 중에서 서로 다른 3개를 뽑아 일렬로 나열한 경우의 수를 뺀 것이므로

$M={}_{10}\mathrm{P}_3-{}_9\mathrm{P}_3=10\times9\times8-9\times8\times7=216$

세 수 a_1, a_2, a_3 중 최솟값이 5인 모든 순서쌍 (a_1, a_2, a_3)의 개수는 5 이상 12 이하의 8개의 자연수 중에서 서로 다른 3개를 뽑아 일렬로 나열한 경우의 수에서 6 이상 12 이하의 7개의 자연수 중에서 서로 다른 3개를 뽑아 일렬로 나열한 경우의 수를 뺀 것이므로

$m={}_8\mathrm{P}_3-{}_7\mathrm{P}_3=8\times7\times6-7\times6\times5=126$

따라서 $M-m=216-126=90$

답 ⑤

42 A, B를 한 명으로 생각하여 5명을 일렬로 세우는 경우의 수는

$5!=5\times4\times3\times2\times1=120$

그 각각에 대하여 A, B가 서로 자리를 바꾸는 경우의 수는

$2!=2\times1=2$이므로

A, B가 서로 이웃하는 경우의 수는

$120\times2=240$

한편 A, B가 서로 이웃하고 B, C가 서로 이웃하는 경우는 A, B, C가 ABC로 서거나 CBA로 서는 경우이므로 그 경우의 수는 2이고, 그 각각에 대하여 A, B, C를 한 명으로 생각하여 4명을 일렬로 세우는 경우의 수는 $4!=4\times3\times2\times1=24$이므로

A, B가 서로 이웃하고 B, C가 서로 이웃하는 경우의 수는

$2\times24=48$

따라서 구하는 경우의 수는 $240-48=192$

답 192

43 ${}_{n+2}\mathrm{C}_n={}_{n+2}\mathrm{C}_2=\frac{(n+2)(n+1)}{2}$, ${}_n\mathrm{C}_2=\frac{n(n-1)}{2}$,

${}_{n-1}\mathrm{C}_{n-3}={}_{n-1}\mathrm{C}_2=\frac{(n-1)(n-2)}{2}$이므로

${}_{n+2}\mathrm{C}_n={}_n\mathrm{C}_2+{}_{n-1}\mathrm{C}_{n-3}$에서

$(n+2)(n+1)=n(n-1)+(n-1)(n-2)$

$n^2-7n=0$

$n(n-7)=0$

이때 $n\geq3$이므로 $n=7$

답 7

44 ${}_4\mathrm{C}_2=\frac{4\times3}{2\times1}=6$, ${}_4\mathrm{P}_2=4\times3=12$이므로

${}_4\mathrm{C}_2+{}_4\mathrm{P}_2=6+12=18$

답 18

45 ${}_n\mathrm{C}_{n-3}={}_n\mathrm{C}_3=\frac{n(n-1)(n-2)}{3\times2\times1}\geq130$에서

$n(n-1)(n-2)\geq780$

$n=10$일 때, $10\times9\times8=720$

$n=11$일 때, $11\times10\times9=990$이므로

부등식을 만족시키는 n의 최솟값은 11이다.

답 11

46 ${}_9\mathrm{C}_3=\frac{9\times8\times7}{3\times2\times1}=84$, ${}_9\mathrm{C}_4=\frac{9\times8\times7\times6}{4\times3\times2\times1}=126$,

${}_{10}\mathrm{P}_4=10\times9\times8\times7=5040$

이므로

$({}_9C_3+{}_9C_4)\times k={}_{10}P_4$에서

$(84+126)k=5040$, $210k=5040$

따라서 $k=24$

답 24

다른 풀이

${}_9C_3=\frac{9!}{3!\times 6!}$, ${}_9C_4=\frac{9!}{4!\times 5!}$, ${}_{10}P_4=\frac{10!}{6!}$이므로

$({}_9C_3+{}_9C_4)\times k={}_{10}P_4$에서

$\left(\frac{9!}{3!\times 6!}+\frac{9!}{4!\times 5!}\right)\times k=\frac{10!}{6!}$

$\frac{9!}{4!\times 6!}\times(4+6)\times k=\frac{10!}{6!}$

$\frac{10!}{4!\times 6!}\times k=\frac{10!}{6!}$

따라서 $k=4!=4\times 3\times 2\times 1=24$

참고 ${}_{n-1}C_{r-1}+{}_{n-1}C_r={}_nC_r$ (단, $1\le r<n$)

47 11 이하의 홀수 1, 3, 5, 7, 9, 11 중에서 서로 다른 3개를 택하는 경우의 수는

${}_6C_3=\frac{6\times 5\times 4}{3\times 2\times 1}=20$

11 이하의 짝수 2, 4, 6, 8, 10 중에서 서로 다른 3개를 택하는 경우의 수는

${}_5C_3={}_5C_2=\frac{5\times 4}{2\times 1}=10$

따라서 구하는 경우의 수는

$20+10=30$

답 30

48 대표 4명의 남학생과 여학생의 비가 1 : 1이므로 대표 4명 중에서 남학생은 2명이고 여학생도 2명이다.

남학생 5명 중에서 2명을 뽑는 경우의 수는

${}_5C_2=\frac{5\times 4}{2\times 1}=10$

그 각각에 대하여 여학생 4명 중에서 2명을 뽑는 경우의 수는

${}_4C_2=\frac{4\times 3}{2\times 1}=6$

따라서 구하는 경우의 수는

$10\times 6=60$

답 60

49 (i) 4개의 수가 모두 짝수인 경우

2, 4, 6, 8의 4개의 짝수 중에서 서로 다른 4개의 수를 택하는 경우의 수는

${}_4C_4=1$

(ii) 짝수의 개수가 2이고 홀수의 개수가 2인 경우

2, 4, 6, 8의 4개의 짝수 중에서 서로 다른 2개의 수를 택하고 그 각각에 대하여 1, 3, 5, 7, 9의 5개의 홀수 중에서 서로 다른 2개의 수를 택하는 경우의 수는

${}_4C_2\times{}_5C_2=\frac{4\times 3}{2\times 1}\times\frac{5\times 4}{2\times 1}=60$

(iii) 4개의 수가 모두 홀수인 경우

1, 3, 5, 7, 9의 5개의 홀수 중에서 서로 다른 4개의 수를 택하는 경우의 수는

${}_5C_4={}_5C_1=5$

(i), (ii), (iii)에서 구하는 경우의 수는 $1+60+5=66$

답 ④

50 꺼낸 사탕의 개수를 a, 꺼낸 초콜릿의 개수를 b라 하면

$a+b=5$

이때 $b\le 4$이므로 $1\le a\le 3$이다.

(i) $a=3$, $b=2$인 경우

${}_7C_3\times{}_4C_2=\frac{7\times 6\times 5}{3\times 2\times 1}\times\frac{4\times 3}{2\times 1}=210$

(ii) $a=2$, $b=3$인 경우

${}_7C_2\times{}_4C_3={}_7C_2\times{}_4C_1=\frac{7\times 6}{2\times 1}\times 4=84$

(iii) $a=1$, $b=4$인 경우

${}_7C_1\times{}_4C_4=7$

(i), (ii), (iii)에서 구하는 경우의 수는

$210+84+7=301$

답 301

51 남학생 n명과 여학생 $(9-n)$명 중에서

남학생만 2명이 뽑히는 경우의 수는

${}_nC_2=\frac{n(n-1)}{2}$

여학생만 2명이 뽑히는 경우의 수는

${}_{9-n}C_2=\frac{(9-n)(8-n)}{2}$

$\frac{n(n-1)}{2}+\frac{(9-n)(8-n)}{2}=16$이므로

$n^2-9n+20=0$

$(n-4)(n-5)=0$

$n=4$ 또는 $n=5$

따라서 가능한 모든 자연수 n의 값의 합은

$4+5=9$

답 9

52 8개의 상자 중에서 책에 적힌 수와 상자에 적힌 수가 같은 5개의 상자를 택하는 경우의 수는

${}_8C_5={}_8C_3=\frac{8\times 7\times 6}{3\times 2\times 1}=56$

그 각각에 대하여 나머지 3개의 상자에는 책에 적힌 수와 상자에 적힌 수가 달라야 하므로 경우의 수는 2이다.

따라서 구하는 경우의 수는

$56\times 2=112$

답 112

참고 책에 적힌 수가 (a, b, c)이면 책에 적힌 수와 상자에 적힌 수가 다르기 위해서는 상자에 적힌 수가 (b, c, a) 또는 (c, a, b)이어야 하므로 경우의 수는 2이다.

53 10개의 자연수에서 서로 다른 2개를 택하는 경우의 수는

$_{10}C_2=\frac{10\times9}{2\times1}=45$

10 이하의 자연수 중에서
2의 배수는 2, 4, 6, 8, 10의 5개
3의 배수는 3, 6, 9의 3개
5의 배수는 5, 10의 2개
이므로 2의 배수 중에서 2개 뽑는 경우의 수는

$_5C_2=\frac{5\times4}{2\times1}=10$

3의 배수 중에서 2개 뽑는 경우의 수는

$_3C_2={}_3C_1=3$

5의 배수 중에서 2개 뽑는 경우의 수는

$_2C_2=1$

따라서 구하는 경우의 수는

$45-(10+3+1)=31$

답 ①

54 A가 반드시 포함되도록 택하는 경우의 수는 A를 제외한 9개의 아이스크림 중에서 서로 다른 2개를 택하는 경우의 수와 같으므로

$_9C_2=\frac{9\times8}{2\times1}=36$

답 36

55 1부터 11까지의 5의 배수 5, 10을 포함하여 4개를 택하는 경우의 수는 5, 10을 제외한 나머지 9개의 자연수 중에서 서로 다른 2개를 택하는 경우의 수와 같으므로

$_9C_2=\frac{9\times8}{2\times1}=36$

답 ⑤

56 택한 5개의 수 중에서 최댓값이 8이 되려면 1부터 7까지의 자연수 중에서 서로 다른 4개와 8을 택하면 되므로 그 경우의 수는

$_7C_4={}_7C_3=\frac{7\times6\times5}{3\times2\times1}=35$

답 ②

57 두 학생 A, B가 모두 포함되지 않도록 뽑는 경우의 수는 두 학생 A, B를 제외한 나머지 12명의 학생 중에서 5명을 뽑는 경우의 수와 같으므로

$_{12}C_5=\frac{12\times11\times10\times9\times8}{5\times4\times3\times2\times1}=792$

답 792

58 10 이하의 자연수 중에서 5의 배수는 5, 10의 2개이고,
8의 약수는 1, 2, 4, 8의 4개이다.
따라서 구하는 경우의 수는 10장의 카드 중에서 5의 배수가 적힌 카드와 8의 약수가 적힌 카드를 제외한 나머지 4장의 카드 중에서 3장을 뽑는 경우의 수이므로

$_4C_3={}_4C_1=4$

답 ①

59 1학년 학생 2명 중에서 1명을 뽑는 경우의 수는

$_2C_1=2$

그 각각에 대하여 나머지 학년 학생 8명 중에서 2명을 뽑는 경우의 수는

$_8C_2=\frac{8\times7}{2\times1}=28$

따라서 구하는 경우의 수는

$2\times28=56$

답 ③

60 A와 B가 선택한 서로 다른 메뉴의 개수가 5가 되려면 A와 B가 공통으로 선택한 메뉴의 개수가 1이 되어야 한다.
A가 6개의 메뉴 중에서 서로 다른 3개의 메뉴를 선택하는 경우의 수는

$_6C_3=\frac{6\times5\times4}{3\times2\times1}=20$

그 각각에 대하여 B는 A가 선택한 3개의 메뉴 중에서 1개를 택하고 A가 선택하지 않은 3개의 메뉴 중에서 2개를 선택해야 하므로 그 경우의 수는

$_3C_1\times{}_3C_2={}_3C_1\times{}_3C_1=3\times3=9$

따라서 구하는 경우의 수는

$20\times9=180$

답 180

61 $a<b<c$인 세 자리의 자연수는 백의 자리에 0이 올 수 없으므로 1, 2, 3, 4, 5의 5개의 수 중에서 서로 다른 3개를 뽑아 작은 수부터 차례로 a, b, c로 정하면 되므로 그 개수는

$m={}_5C_3={}_5C_2=\frac{5\times4}{2\times1}=10$

$a>b>c$인 세 자리의 자연수는 0, 1, 2, 3, 4, 5의 6개의 수 중에서 서로 다른 3개를 뽑아 큰 수부터 차례로 a, b, c로 정하면 되므로 그 개수는

$n={}_6C_3=\frac{6\times5\times4}{3\times2\times1}=20$

따라서 $m+n=10+20=30$

답 ③

62 a_i $(i=1, 2, 3, 4)$의 값은 1부터 9까지의 자연수 중에서 서로 다른 4개의 수를 택하여 작은 수부터 크기순으로 차례로 a_1, a_2, a_3, a_4로 정하면 된다.
따라서 구하는 경우의 수는

$_9C_4=\frac{9\times8\times7\times6}{4\times3\times2\times1}=126$

답 126

63 조건 (가)에서 $a_3=5$이므로 a_1, a_2는 1부터 4까지의 자연수 중에서 서로 다른 2개의 수를 택하여 작은 수를 a_1, 큰 수를 a_2로 정하면 된다.
그러므로 경우의 수는

$_4C_2=\frac{4\times3}{2\times1}=6$

그 각각에 대하여 a_4, a_5는 6부터 8까지의 자연수 중에서 서로 다른 2개의 수를 택하여 작은 수를 a_4, 큰 수를 a_5로 정하면 되므로 그 경우의 수는

${}_3C_2={}_3C_1=3$

따라서 구하는 경우의 수는

$6\times1\times3=18$

답 ③

64 7명 중에서 3명을 뽑는 경우의 수는

${}_7C_3=\frac{7\times6\times5}{3\times2\times1}=35$

남학생 4명 중에서 3명을 뽑는 경우의 수는

${}_4C_3={}_4C_1=4$

따라서 구하는 경우의 수는

$35-4=31$

답 ①

65 9개의 자연수 중에서 서로 다른 3개의 수를 택하는 경우의 수는

${}_9C_3=\frac{9\times8\times7}{3\times2\times1}=84$

9 이하의 자연수 중에서 짝수는 2, 4, 6, 8의 4개이므로

4개의 짝수 중에서 서로 다른 3개의 수를 택하는 경우의 수는

${}_4C_3={}_4C_1=4$

따라서 구하는 경우의 수는

$84-4=80$

답 ⑤

66 전체 8명 중에서 5명을 뽑는 경우의 수는

${}_8C_5={}_8C_3=\frac{8\times7\times6}{3\times2\times1}=56$

회장과 부회장을 제외한 나머지 6명 중에서 5명을 뽑는 경우의 수는

${}_6C_5={}_6C_1=6$

따라서 구하는 경우의 수는

$56-6=50$

답 50

67 전체 13명의 학생 중에서 대표 2명을 뽑는 경우의 수는

${}_{13}C_2=\frac{13\times12}{2\times1}=78$

남학생 n명 중에서 2명을 뽑는 경우의 수는

${}_nC_2=\frac{n(n-1)}{2}$

$78-\frac{n(n-1)}{2}=68$이므로

$n(n-1)=20$, $n(n-1)=5\times4$

이때 $n\geq2$이므로 $n=5$

따라서 여학생은 8명이므로 남학생이 한 명 이상 포함되도록 대표 2명을 뽑는 경우의 수는

$78-{}_8C_2=78-\frac{8\times7}{2\times1}=78-28=50$

답 50

68 A, B를 모두 포함하여 5명을 뽑는 경우의 수는 A, B를 제외한 나머지 8명의 학생 중에서 3명을 뽑는 경우의 수이므로

${}_8C_3=\frac{8\times7\times6}{3\times2\times1}=56$

그 각각에 대하여 A, B를 한 명으로 생각하여 4명을 일렬로 세우는 경우의 수는

$4!=4\times3\times2\times1=24$

그 각각에 대하여 A, B가 서로 자리를 바꾸는 경우의 수는

$2!=2$

따라서 구하는 경우의 수는

$56\times24\times2=(7\times2^3)\times(3\times2^3)\times2=21\times2^7$이므로

$a=21$

답 ②

69 1, 3, 5, 7, 9가 하나씩 적힌 5장의 카드 중에서 서로 다른 2장을 택하는 경우의 수는

${}_5C_2=\frac{5\times4}{2\times1}=10$

그 각각에 대하여 2, 4, 6, 8이 하나씩 적힌 4장의 카드 중에서 서로 다른 2장을 택하는 경우의 수는

${}_4C_2=\frac{4\times3}{2\times1}=6$

그 각각에 대하여 4장의 카드를 일렬로 나열하는 경우의 수는

$4!=4\times3\times2\times1=24$

따라서 구하는 경우의 수는

$10\times6\times24=(2\times5)\times(2\times3)\times(2^3\times3)=2^5\times3^2\times5$이므로

$p=5$, $q=2$, $r=1$에서

$p+q+r=5+2+1=8$

답 ③

70 0을 반드시 포함하여 서로 다른 3개의 숫자를 택하는 경우의 수는 0을 제외한 5개의 숫자 중에서 서로 다른 2개를 택하는 경우의 수이므로

${}_5C_2=\frac{5\times4}{2\times1}=10$

그 각각에 대하여 백의 자리에 올 수 있는 수는 0을 제외한 2가지이고 십의 자리에 올 수 있는 수는 백의 자리의 수를 제외한 2가지, 일의 자리에 올 수 있는 수는 1가지이므로 구하는 세 자리의 자연수의 개수는

$10\times2\times2\times1=40$

답 ④

71 원의 지름인 선분 1개와 그 선분 위에 있지 않은 점 1개를 택하면 직각삼각형 1개를 만들 수 있으므로 구하는 직각삼각형의 개수는

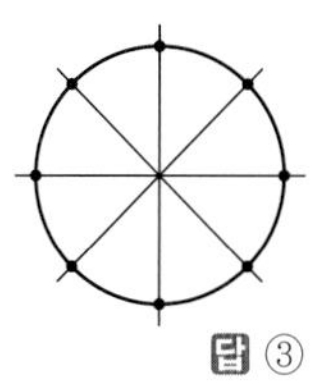

${}_4C_1\times{}_6C_1=4\times6=24$

답 ③

72 만들 수 있는 전체 삼각형의 개수는

${}_{10}C_3=\frac{10\times9\times8}{3\times2\times1}=120$

원의 지름인 선분 1개와 그 선분 위에 있지 않은 점 1개를 택하면 직각

삼각형 1개를 만들 수 있으므로 만들 수 있는 직각삼각형의 개수는

$5\times{}_8C_1=40$

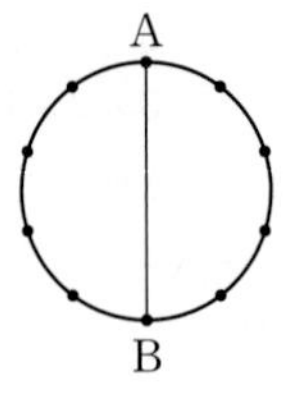

지름 AB를 기준으로 왼쪽에 있는 4개의 점 중에서 서로 다른 2개의 점을 택하거나 오른쪽에 있는 4개의 점 중에서 서로 다른 2개의 점을 택하여 점 A와 연결하면 둔각삼각형 1개를 만들 수 있고, 꼭짓점이 10개인데 2개씩 중복되므로 만들 수 있는 둔각삼각형의 개수는

$({}_4C_2+{}_4C_2)\times10\times\frac{1}{2}=60$

따라서 만들 수 있는 예각삼각형의 개수는

$120-(40+60)=20$

답 ⑤

73 정십각형의 10개의 꼭짓점 중 서로 다른 3개의 점을 택하여 만들 수 있는 삼각형의 개수는

${}_{10}C_3=\frac{10\times9\times8}{3\times2\times1}=120$

정십각형의 특정한 한 변만 공유하는 삼각형의 개수는 6이고 정십각형의 변의 개수가 10이므로 정십각형의 한 변만 공유하는 삼각형의 개수는 $6\times10=60$

또한 정십각형의 두 변을 공유하는 삼각형의 개수는 10

따라서 구하는 삼각형의 개수는

$120-(60+10)=50$

답 ⑤

74 5개의 평행선 중에서 서로 다른 2개의 직선을 택하고, 6개의 평행선 중에서 서로 다른 2개의 직선을 택하면 4개의 직선으로 둘러싸인 평행사변형이 한 개 만들어진다.

따라서 구하는 평행사변형의 개수는

${}_5C_2\times{}_6C_2=\frac{5\times4}{2\times1}\times\frac{6\times5}{2\times1}=150$

답 ②

75 원에 내접하는 직사각형의 두 대각선은 원의 지름이다.

14개의 점을 연결하여 만들 수 있는 서로 다른 지름의 개수는 7이므로 직사각형의 개수는

${}_7C_2=\frac{7\times6}{2\times1}=21$

답 21

76 선분 위의 5개의 점 중에서 2개의 점을 택하여 만들 수 있는 선분의 길이는 1, 2, 3, 4의 4가지이고, 길이가 1인 선분의 개수는 4, 길이가 2인 선분의 개수는 3, 길이가 3인 선분의 개수는 2, 길이가 4인 선분의 개수는 1이다.

따라서 평행사변형이 되려면 윗변과 아랫변의 길이가 같아야 하므로

${}_4C_1\times{}_4C_1+{}_3C_1\times{}_3C_1+{}_2C_1\times{}_2C_1+{}_1C_1\times{}_1C_1$

$=16+9+4+1=30$

답 ①

77 (i) A, B가 4명으로 이루어진 조에 포함되는 경우

A, B를 제외한 나머지 7명 중에서 A, B와 같은 조가 되는 2명을 택하는 경우의 수는

${}_7C_2=\frac{7\times6}{2\times1}=21$

(ii) A, B가 5명으로 이루어진 조에 포함되는 경우

A, B를 제외한 나머지 7명 중에서 A, B와 같은 조가 되는 3명을 택하는 경우의 수는

${}_7C_3=\frac{7\times6\times5}{3\times2\times1}=35$

따라서 구하는 경우의 수는

$21+35=56$

답 ①

78 ${}_7C_3\times{}_4C_4=\frac{7\times6\times5}{3\times2\times1}\times1=35$

답 35

79 남학생 6명을 4명, 2명으로 나누는 경우의 수는

${}_6C_4\times{}_2C_2={}_6C_2\times{}_2C_2=\frac{6\times5}{2\times1}\times1=15$

그 각각에 대하여 여학생 2명을 배정하는 경우의 수는

$2!=2\times1=2$

따라서 구하는 경우의 수는

$15\times2=30$

답 ⑤

서술형 완성하기

본문 136쪽

01 9	02 27
03 34	04 720
05 7	06 8

01 서로 다른 두 개의 주사위를 동시에 던져서 나오는 두 눈의 수를 각각 a, b라 하자.

이때 $a+b$의 최솟값은 2이고 최댓값은 12이므로 $a+b$의 값이 8의 약수가 되는 경우는 $a+b=2$ 또는 $a+b=4$ 또는 $a+b=8$일 때이다. …… ❶

(i) $a+b=2$인 경우

$a+b=2$를 만족시키는 두 수 a, b의 순서쌍 (a, b)는 $(1, 1)$의 1개 …… ❷

(ii) $a+b=4$인 경우

$a+b=4$를 만족시키는 두 수 a, b의 순서쌍 (a, b)는 $(1, 3)$, $(2, 2)$, $(3, 1)$의 3개 …… ❸

(iii) $a+b=8$인 경우

$a+b=8$을 만족시키는 두 수 a, b의 순서쌍 (a, b)는 $(2, 6)$, $(3, 5)$, $(4, 4)$, $(5, 3)$, $(6, 2)$의 5개 …… ❹

(i), (ii), (iii)이 동시에 일어나지 않으므로 구하는 경우의 수는 합의 법칙에 의하여

$1+3+5=9$ …… ❺

답 9

단계	채점 기준	비율
❶	$a+b$의 값이 8의 약수가 되는 경우를 나눈 경우	20 %
❷	$a+b=2$인 경우의 수를 구한 경우	20 %
❸	$a+b=4$인 경우의 수를 구한 경우	20 %
❹	$a+b=8$인 경우의 수를 구한 경우	20 %
❺	합의 법칙을 이용하여 조건을 만족시키는 경우의 수를 구한 경우	20 %

02 (i) ab의 값이 홀수인 경우의 수는 두 수 a, b가 모두 홀수인 경우의 수와 같으므로

$m=3\times3=9$ …… ❶

(ii) $a+b$의 값이 짝수인 경우의 수는 두 수 a, b가 모두 홀수이거나 모두 짝수인 경우의 수와 같다.

두 수 a, b가 모두 홀수인 경우의 수는

$3\times3=9$이고

두 수 a, b가 모두 짝수인 경우의 수는

$3\times3=9$이므로

$a+b$의 값이 짝수인 경우의 수는

$n=9+9=18$ …… ❷

(i), (ii)에서

$m+n=9+18=27$ …… ❸

답 27

단계	채점 기준	비율
❶	ab의 값이 홀수인 경우의 수를 구한 경우	40 %
❷	$a+b$의 값이 짝수인 경우의 수를 구한 경우	40 %
❸	$m+n$의 값을 구한 경우	20 %

03 일의 자리에 올 수 있는 수는 2, 4, 6, 8이다. …… ❶

(i) 일의 자리의 수가 2인 경우

조건을 만족시키는 세 자리의 자연수를 만들 수 없다.

(ii) 일의 자리의 수가 4인 경우

백의 자리와 십의 자리에 올 수 있는 수는 1, 2, 3 중 서로 다른 2개이므로 ${}_3C_2={}_3C_1=3$ …… ❷

(iii) 일의 자리의 수가 6인 경우

백의 자리와 십의 자리에 올 수 있는 수는 1, 2, 3, 4, 5 중 서로 다른 2개이므로

${}_5C_2=\frac{5\times4}{2\times1}=10$ …… ❸

(iv) 일의 자리의 수가 8인 경우

백의 자리와 십의 자리에 올 수 있는 수는 1, 2, 3, 4, 5, 6, 7 중 서로 다른 2개이므로

${}_7C_2=\frac{7\times6}{2\times1}=21$ …… ❹

(i)~(iv)에서 구하는 짝수의 개수는

$3+10+21=34$ …… ❺

답 34

단계	채점 기준	비율
❶	짝수가 되는 경우를 바르게 나눈 경우	20 %
❷	일의 자리의 수가 4인 자연수의 개수를 구한 경우	20 %
❸	일의 자리의 수가 6인 자연수의 개수를 구한 경우	20 %
❹	일의 자리의 수가 8인 자연수의 개수를 구한 경우	20 %
❺	합의 법칙을 이용하여 조건을 만족시키는 짝수의 개수를 구한 경우	20 %

04 7개의 공연 팀 중 A, B를 모두 포함하여 5개의 팀을 뽑는 경우의 수는 A, B를 제외한 5개의 공연 팀 중에서 3개의 팀을 뽑는 경우의 수와 같으므로

${}_5C_3={}_5C_2=\frac{5\times4}{2\times1}=10$ …… ❶

A, B가 서로 이웃하지 않도록 A, B를 포함한 5개의 팀을 일렬로 배열하는 방법은

∨	팀	∨	팀	∨	팀	∨

A, B를 제외한 나머지 3개의 팀을 일렬로 배열하고 그 각각에 대하여 3개의 팀 사이와 양 끝에 ∨로 표시된 4개의 자리에 A, B의 자리를 정하면 된다.

A, B를 제외한 나머지 3개의 팀을 일렬로 배열하는 경우의 수는

$3!=3\times2\times1=6$

그 각각에 대하여 3개의 팀 사이와 양 끝의 ∨로 표시된 4개의 자리에 A, B의 자리를 정하는 경우의 수는

${}_4P_2=4\times3=12$

이므로 5개의 팀을 일렬로 배열하는 경우의 수는

$6\times12=72$ …… ❷

따라서 구하는 경우의 수는

$10\times72=720$ …… ❸

답 720

단계	채점 기준	비율
❶	5개의 공연팀을 뽑는 경우의 수를 구한 경우	40 %
❷	5개 팀의 공연 순서를 정하는 경우의 수를 구한 경우	50 %
❸	조건을 만족시키는 경우의 수를 구한 경우	10 %

05 n개의 교양과목 중 두 학생 A, B가 공통으로 택한 한 과목을 정하는 경우의 수는

${}_nC_1=n$

그 각각에 대하여 공통으로 정한 한 과목을 제외한 나머지 $(n-1)$개 교양과목 중에서 서로 다른 2개를 골라 두 학생 A, B에게 각각 1개씩 정해 주는 경우의 수는

${}_{n-1}P_2=(n-1)(n-2)$

따라서 $n(n-1)(n-2)=210$이므로 …… ❶

$n(n-1)(n-2)=7\times6\times5$에서

n은 $n\geq3$인 자연수이므로 $n=7$ …… ❷

답 7

단계	채점 기준	비율
❶	n에 대한 식으로 나타낸 경우	50 %
❷	n의 값을 구한 경우	50 %

참고 $n(n-1)(n-2)=210$
$n^3-3n^2+2n-210=0$
$(n-7)(n^2+4n+30)=0$
$n=7$ 또는 $n^2+4n+30=0$
이때 $n^2+4n+30=(n+2)^2+26>0$이므로
$n^2+4n+30=0$을 만족시키는 자연수 n은 존재하지 않는다.
따라서 $n=7$

06 300보다 큰 세 자리의 자연수이므로 백의 자리에 올 수 있는 수는 3, 4의 2가지이다. …… ❶
(i) 백의 자리의 수가 3인 경우
3의 배수가 되려면 십의 자리와 일의 자리에 올 수 있는 수는 1, 2 또는 2, 4이고
십의 자리와 일의 자리를 정하는 경우의 수는 $2!$이므로
이 경우 세 자리의 자연수의 개수는
$2\times2!=4$ …… ❷
(ii) 백의 자리의 수가 4인 경우
3의 배수가 되려면 십의 자리와 일의 자리에 올 수 있는 수는 0, 2 또는 2, 3이고
십의 자리와 일의 자리를 정하는 경우의 수는 $2!$이므로
이 경우 세 자리의 자연수의 개수는
$2\times2!=4$ …… ❸
(i), (ii)에서 구하는 3의 배수의 개수는
$4+4=8$ …… ❹

답 8

단계	채점 기준	비율
❶	백의 자리에 올 수 있는 수를 구한 경우	20 %
❷	백의 자리의 수가 3일 때, 3의 배수의 개수를 구한 경우	30 %
❸	백의 자리의 수가 4일 때, 3의 배수의 개수를 구한 경우	30 %
❹	300보다 큰 3의 배수의 개수를 구한 경우	20 %

내신+수능 고난도 도전

본문 137~138쪽

01 ②	02 ④	03 109	04 ②
05 ②	06 70	07 336	08 ②

01 $a+b$의 양의 약수의 개수가 3이 되려면 $a+b=4$, $a+b=9$이어야 한다.
(i) $a+b=4$인 경우
$a+b=4$를 만족시키는 순서쌍 (a, b)는
$(1, 3)$, $(2, 2)$, $(3, 1)$의 3개
(ii) $a+b=9$인 경우
$a+b=9$를 만족시키는 순서쌍 (a, b)는
$(3, 6)$, $(4, 5)$, $(5, 4)$, $(6, 3)$의 4개
(i), (ii)가 동시에 일어나지 않으므로 구하는 모든 순서쌍 (a, b)의 개수는 합의 법칙에 의하여
$3+4=7$

답 ②

02 다항식 $(x+a)(x+b)$를 $x-1$로 나눈 나머지를 R이라 하면 나머지정리에 의하여 $R=(1+a)(1+b)$이다.
이때 R가 짝수이므로 $1+a$, $1+b$ 중 적어도 한 개는 짝수이어야 하고, 그 경우의 수는 전체 경우의 수에서 $1+a$, $1+b$가 모두 홀수인 경우의 수를 뺀 것이다.
$1+a$, $1+b$가 모두 홀수인 경우의 수는 a, b가 모두 짝수인 경우의 수와 같으므로
$3\times3=9$
따라서 구하는 경우의 수는
$36-9=27$

답 ④

다른 풀이
다항식 $(x+a)(x+b)$를 $x-1$로 나눈 나머지를 R이라 하면 나머지정리에 의하여 $R=(1+a)(1+b)$이다.
이때 $R=1+a+b+ab$가 짝수이므로 $a+b+ab$는 홀수이고,
$a+b+ab$가 홀수이려면 a와 b가 모두 홀수이거나 a와 b 중에서 한 개는 홀수, 다른 한 개는 짝수이어야 한다.
a와 b가 모두 홀수인 경우의 수는 $3\times3=9$이고,
a와 b 중에서 한 개는 홀수, 다른 한 개는 짝수인 경우의 수는
$2\times3\times3=18$
따라서 구하는 경우의 수는 합의 법칙에 의하여
$9+18=27$

03 조건 (가)로부터 $a\neq b$, $b\neq c$, $c\neq a$이므로 세 수 a, b, c 중 같은 수는 없다.
(i) $a=0$, $b\neq0$인 경우
조건 (나)로부터 b의 값이 될 수 있는 수는 1, 2, 3, 4, 5의 5가지이고, 그 각각에 대하여 c의 값이 될 수 있는 수는 b의 값을 제외한 나머지 5개의 수이므로
이 경우 세 자리의 자연수의 개수는 $1\times5\times5=25$
(ii) $a\neq0$, $b=0$인 경우
조건 (나)로부터 a의 값이 될 수 있는 수는 b의 값 0을 제외한 나머지 4개의 수이고, 그 각각에 대하여 c의 값이 될 수 있는 수는 a의 값을 제외한 나머지 5개의 수이므로
이 경우 세 자리의 자연수의 개수는 $1\times4\times5=20$
(iii) $a\neq0$, $b\neq0$인 경우
조건 (나)로부터 a의 값이 될 수 있는 수는 1, 2, 3, 4의 4가지이고, 그 각각에 대하여 b의 값이 될 수 있는 수는 0과 a의 값을 제외한 나머지 4개의 수이고, 그 각각에 대하여 c의 값이 될 수 있는 수는 a와 b의 값을 제외한 나머지의 4개의 수이므로
이 경우 세 자리의 자연수의 개수는 $4\times4\times4=64$
(i), (ii), (iii)에서 구하는 세 자리의 자연수의 개수는
$25+20+64=109$

답 109

04 6장의 카드에 적혀 있는 6개의 수의 합이 홀수가 되려면 홀수가 적힌 카드가 1장 또는 3장 또는 5장이 나와야 한다.
(i) 홀수가 적힌 카드가 1장 나오는 경우
1, 3, 5, 7, 9가 적혀 있는 5장의 카드에서 1장을 택하는 경우의 수는

${}_5C_1=5$

그 각각에 대하여 2, 4, 6, 8, 10이 적혀 있는 5장의 카드에서 5장을 택하는 경우의 수는

${}_5C_5=1$

이때의 경우의 수는

$5\times1=5$

(ii) 홀수가 적힌 카드가 3장 나오는 경우

1, 3, 5, 7, 9가 적혀 있는 5장의 카드에서 3장을 택하는 경우의 수는

${}_5C_3={}_5C_2=\frac{5\times4}{2\times1}=10$

그 각각에 대하여 2, 4, 6, 8, 10이 적혀 있는 5장의 카드에서 3장을 택하는 경우의 수는

${}_5C_3={}_5C_2=\frac{5\times4}{2\times1}=10$

이때의 경우의 수는

$10\times10=100$

(iii) 홀수가 적힌 카드가 5장 나오는 경우

1, 3, 5, 7, 9가 적혀 있는 5장의 카드에서 5장을 택하는 경우의 수는

${}_5C_5=1$

그 각각에 대하여 2, 4, 6, 8, 10이 적혀 있는 5장의 카드에서 1장을 택하는 경우의 수는

${}_5C_1=5$

이때의 경우의 수는

$1\times5=5$

(i), (ii), (iii)에서 구하는 경우의 수는

$5+100+5=110$

답 ②

다른 풀이

1부터 10까지의 자연수의 합은 55로 홀수이고, 택한 6장의 카드에 적혀 있는 6개의 수의 합이 홀수이므로 나머지 4장의 카드에 적혀 있는 4개의 수의 합은 짝수이어야 한다.

(i) 4장의 카드에 적혀 있는 수가 모두 짝수인 경우

2, 4, 6, 8, 10이 적혀 있는 5장의 카드에서 서로 다른 4장의 카드를 택하는 경우의 수는

${}_5C_4={}_5C_1=5$

(ii) 짝수가 적혀 있는 카드 2장, 홀수가 적혀 있는 카드 2장을 뽑는 경우

2, 4, 6, 8, 10이 적혀 있는 5장의 카드에서 서로 다른 2장의 카드를 택하고, 그 각각에 대하여 1, 3, 5, 7, 9가 적혀 있는 5장의 카드에서 서로 다른 2장의 카드를 택하는 경우의 수는

${}_5C_2\times{}_5C_2=10\times10=100$

(iii) 4장의 카드에 적혀 있는 수가 모두 홀수인 경우

1, 3, 5, 7, 9가 적혀 있는 5장의 카드에서 서로 다른 4장의 카드를 택하는 경우의 수는

${}_5C_4={}_5C_1=5$

(i), (ii), (iii)에서 구하는 경우의 수는

$5+100+5=110$

05 세 자리의 자연수가 6의 배수이려면 2의 배수이면서 3의 배수이어야 한다.

2의 배수가 되려면 일의 자리에 올 수 있는 수는 0, 2, 4이고, 그 각각에 대하여 세 자리의 자연수가 3의 배수가 되는 경우는 다음과 같다.

(i) 일의 자리의 수가 0인 경우

백의 자리와 십의 자리에 올 수 있는 수는 1, 2 또는 2, 4이므로

이 경우 세 자리의 자연수의 개수는 $2!+2!=4$

(ii) 일의 자리의 수가 2인 경우

ⓐ 십의 자리의 수가 0일 때, 백의 자리에 올 수 있는 수는 1과 4이므로 6의 배수가 되는 세 자리의 자연수의 개수는 2

ⓑ 십의 자리의 수가 0이 아닐 때, 백의 자리와 십의 자리에 올 수 있는 수는 1, 3 또는 3, 4이므로 6의 배수가 되는 세 자리의 자연수의 개수는 $2!+2!=4$

ⓐ, ⓑ에서 이 경우 세 자리의 자연수의 개수는 $2+4=6$

(iii) 일의 자리의 수가 4인 경우

ⓒ 십의 자리의 수가 0일 때, 백의 자리에 올 수 있는 수는 2이므로 6의 배수가 되는 세 자리의 자연수의 개수는 1

ⓓ 십의 자리의 수가 0이 아닐 때, 백의 자리와 십의 자리에 올 수 있는 수는 2, 3이므로 6의 배수가 되는 세 자리의 자연수의 개수는 $2!=2$

ⓒ, ⓓ에서 이 경우 세 자리의 자연수의 개수는 $1+2=3$

(i), (ii), (iii)에서 구하는 6의 배수의 개수는

$4+6+3=13$

답 ②

06 (i) A가 운전자인 차에 A를 제외한 3명이 타는 경우

A, B를 제외한 나머지 7명 중에서 A와 함께 탈 3명을 뽑는 경우의 수는 ${}_7C_3$이고,

그 각각에 대하여 A 옆에 앉거나 운전자 뒷자리에 앉는 경우의 수는

${}_4P_3$

그 각각에 대하여 B가 운전하는 차에 타는 B를 제외한 나머지 4명의 자리를 정하는 경우의 수는

${}_4P_4=4!$

그러므로 이 경우 자리를 정하는 경우의 수는

${}_7C_3\times{}_4P_3\times4!$

(ii) A가 운전자인 차에 A를 제외한 4명이 타는 경우

A, B를 제외한 나머지 7명 중에서 A와 함께 탈 4명을 뽑는 경우의 수는 ${}_7C_4$이고,

그 각각에 대하여 자리를 정하는 경우의 수는

${}_4P_4=4!$

그 각각에 대하여 B가 운전하는 차에 타는 B를 제외한 나머지 3명의 자리를 정하는 경우의 수는

${}_4P_3$

그러므로 이 경우 자리를 정하는 경우의 수는

${}_7C_4\times4!\times{}_4P_3$

(i), (ii)에서

$N={}_7C_3\times{}_4P_3\times4!+{}_7C_4\times4!\times{}_4P_3=2\times{}_7C_3\times4!\times{}_4P_3$이므로

$\frac{N}{4!\times4!}=\frac{2\times{}_7C_3\times4!\times{}_4P_3}{4!\times4!}=2\times\frac{7\times6\times5}{3\times2\times1}=70$

답 70

07 조건 (가)로부터 a_2의 값은 2, 4, 6, 8 중 하나이므로 경우의 수는 4이고, 그 각각에 대하여 조건 (나)로부터 $a_2=a_4$이므로 a_4의 값은 a_2의 값에 의해서 정해지므로 경우의 수는 1

그 각각에 대하여 조건 (다)로부터 $a_1<a_3<a_5$이므로

$a_i\ (i=1,\ 3,\ 5)$의 값은 1부터 9까지의 자연수 중에서 서로 다른 3개의 수를 택하여 작은 수부터 차례로 a_1, a_3, a_5로 정하면 되므로 경우의 수는

$_9C_3=\frac{9\times8\times7}{3\times2\times1}=84$

따라서 구하는 모든 순서쌍 $(a_1,\ a_2,\ a_3,\ a_4,\ a_5)$의 개수는

$4\times1\times84=336$

답 336

08

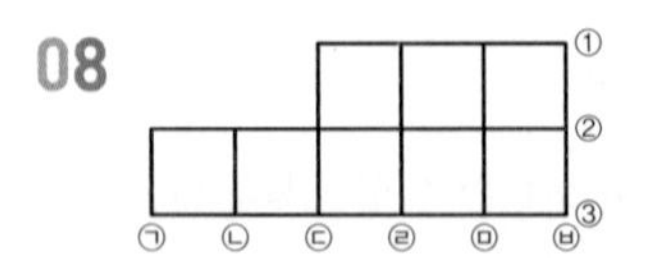

(i) ①, ②를 택하는 경우

㉢, ㉣, ㉤, ㉥ 4개 중에서 서로 다른 두 개를 택하는 경우의 수는

$_4C_2=\frac{4\times3}{2\times1}=6$이고

그 중 정사각형의 개수는 3이므로

정사각형이 아닌 직사각형의 개수는 3이다.

(ii) ①, ③을 택하는 경우

㉢, ㉣, ㉤, ㉥ 4개 중에서 서로 다른 두 개를 택하는 경우의 수는

$_4C_2=\frac{4\times3}{2\times1}=6$이고

그 중 정사각형의 개수는 2이므로

정사각형이 아닌 직사각형의 개수는 4이다.

(iii) ②, ③을 택하는 경우

㉠~㉥ 6개 중에서 서로 다른 두 개를 택하는 경우의 수는

$_6C_2=\frac{6\times5}{2\times1}=15$이고

그 중 정사각형의 개수는 5이므로

정사각형이 아닌 직사각형의 개수는 10이다.

(i), (ii), (iii)에서 구하는 직사각형의 개수는

$3+4+10=17$

답 ②

Ⅳ. 행렬

08 행렬과 그 연산

개념 확인하기

본문 141, 143쪽

01 $m=1,\ n=2$	02 $m=2,\ n=1$	03 $m=2,\ n=3$
04 $m=3,\ n=2$	05 2	06 -2
07 -1	08 3	09 6
10 $x=-2,\ y=2$	11 $x=-3,\ y=5$	12 $x=2,\ y=3$
13 $x=-4,\ y=1$	14 $x=3,\ y=1$	
15 $x=3,\ y=-1$	16 $x=-1,\ y=2$	17 $x=2,\ y=3$
18 $\begin{pmatrix}4\\1\end{pmatrix}$	19 $(2\ \ 2)$	20 $\begin{pmatrix}4\\2\end{pmatrix}$
21 $(-2\ \ 1\ \ 1)$	22 $\begin{pmatrix}2&-1\\3&3\end{pmatrix}$	23 $\begin{pmatrix}2&4\\2&2\end{pmatrix}$
24 $\begin{pmatrix}2&6\\6&1\end{pmatrix}$	25 $\begin{pmatrix}10&6\\10&-1\end{pmatrix}$	26 $\begin{pmatrix}11&-9\\-2&-5\end{pmatrix}$
27 $\begin{pmatrix}-2&3\\1&1\end{pmatrix}$	28 $\begin{pmatrix}5&-1\\5&-1\end{pmatrix}$	29 $\begin{pmatrix}-4&5\\1&1\end{pmatrix}$
30 $\begin{pmatrix}0&0\\-2&4\end{pmatrix}$	31 $\begin{pmatrix}4&2\\-4&5\end{pmatrix}$	32 $\begin{pmatrix}-1&4\\-1&2\end{pmatrix}$
33 $\begin{pmatrix}7&-9\\-2&-10\end{pmatrix}$	34 $\begin{pmatrix}9&-3\\-6&0\end{pmatrix}$	35 $\begin{pmatrix}-1&3\\-2&6\end{pmatrix}$
36 $(5\ \ 10)$	37 $\begin{pmatrix}-1\\-7\end{pmatrix}$	38 $\begin{pmatrix}-1&4\\1&14\end{pmatrix}$
39 $\begin{pmatrix}-1&1\\-9&3\end{pmatrix}$	40 $\begin{pmatrix}-7&9\\1&3\end{pmatrix}$	41 $\begin{pmatrix}-1&3\\4&9\end{pmatrix}$
42 $\begin{pmatrix}5&-9\\-4&3\end{pmatrix}$	43 $\begin{pmatrix}2&4\\4&11\end{pmatrix}$	44 $\begin{pmatrix}10&-12\\-2&3\end{pmatrix}$
45 $\begin{pmatrix}1&2\\-3&-4\end{pmatrix}$	46 $\begin{pmatrix}1&2\\-3&-4\end{pmatrix}$	47 $\begin{pmatrix}1&0\\2&1\end{pmatrix}$
48 $\begin{pmatrix}1&0\\3&1\end{pmatrix}$	49 $\begin{pmatrix}1&0\\4&1\end{pmatrix}$	50 $\begin{pmatrix}1&0\\6&1\end{pmatrix}$
51 $\begin{pmatrix}1&0\\8&1\end{pmatrix}$	52 $\begin{pmatrix}1&0\\12&1\end{pmatrix}$	53 $\begin{pmatrix}1&0\\0&1\end{pmatrix}$
54 $\begin{pmatrix}1&0\\0&1\end{pmatrix}$	55 $\begin{pmatrix}1&0\\0&1\end{pmatrix}$	56 4
57 8	58 16	59 $\begin{pmatrix}1&0\\0&1\end{pmatrix}$
60 $\begin{pmatrix}1&-1\\0&-1\end{pmatrix}$	61 $\begin{pmatrix}1&0\\0&1\end{pmatrix}$	62 $\begin{pmatrix}1&-1\\0&-1\end{pmatrix}$
63 $\begin{pmatrix}1&8\\2&7\end{pmatrix}$	64 $\begin{pmatrix}-7&8\\-2&-5\end{pmatrix}$	65 $\begin{pmatrix}-5&11\\-8&16\end{pmatrix}$
66 $\begin{pmatrix}2&1\\14&-13\end{pmatrix}$	67 $\begin{pmatrix}-1&8\\-2&1\end{pmatrix}$	68 $\begin{pmatrix}-11&10\\-8&3\end{pmatrix}$

01 1×2 행렬이므로

$m=1$, $n=2$

답 $m=1$, $n=2$

02 2×1 행렬이므로
$m=2$, $n=1$

답 $m=2$, $n=1$

03 2×3 행렬이므로
$m=2$, $n=3$

답 $m=2$, $n=3$

04 3×2 행렬이므로
$m=3$, $n=2$

답 $m=3$, $n=2$

05 답 2

06 답 -2

07 답 -1

08 $0+4+(-1)=3$

답 3

09 $3+(-1)+4=6$

답 6

10 $x=-2$, $2y=4$이므로
$x=-2$, $y=2$

답 $x=-2$, $y=2$

11 $3x=-9$, $y=5$이므로
$x=-3$, $y=5$

답 $x=-3$, $y=5$

12 답 $x=2$, $y=3$

13 $2x=-8$, $3y=3$이므로
$x=-4$, $y=1$

답 $x=-4$, $y=1$

14 $2x=6$, $x+y=4$를 연립하여 풀면
$x=3$, $y=1$

답 $x=3$, $y=1$

15 $2x+y=5$, $x-y=4$를 연립하여 풀면
$x=3$, $y=-1$

답 $x=3$, $y=-1$

16 $x=-1$, $x+3y=5$를 연립하여 풀면
$x=-1$, $y=2$

답 $x=-1$, $y=2$

17 $x+2y=8$, $x-y=-1$을 연립하여 풀면
$x=2$, $y=3$

답 $x=2$, $y=3$

18 $\begin{pmatrix} 3 \\ -1 \end{pmatrix}+\begin{pmatrix} 1 \\ 2 \end{pmatrix}=\begin{pmatrix} 4 \\ 1 \end{pmatrix}$

답 $\begin{pmatrix} 4 \\ 1 \end{pmatrix}$

19 $(2\ \ -1)+(0\ \ 3)=(2\ \ 2)$

답 $(2\ \ 2)$

20 $\begin{pmatrix} 2 \\ 3 \end{pmatrix}-\begin{pmatrix} -2 \\ 1 \end{pmatrix}=\begin{pmatrix} 4 \\ 2 \end{pmatrix}$

답 $\begin{pmatrix} 4 \\ 2 \end{pmatrix}$

21 $(1\ \ 2\ \ 5)-(3\ \ 1\ \ 4)=(-2\ \ 1\ \ 1)$

답 $(-2\ \ 1\ \ 1)$

22 $\begin{pmatrix} 3 & -2 \\ 1 & 3 \end{pmatrix}+\begin{pmatrix} -1 & 1 \\ 2 & 0 \end{pmatrix}=\begin{pmatrix} 2 & -1 \\ 3 & 3 \end{pmatrix}$

답 $\begin{pmatrix} 2 & -1 \\ 3 & 3 \end{pmatrix}$

23 $\begin{pmatrix} 0 & 1 \\ -3 & -2 \end{pmatrix}+\begin{pmatrix} 2 & 3 \\ 5 & 4 \end{pmatrix}=\begin{pmatrix} 2 & 4 \\ 2 & 2 \end{pmatrix}$

답 $\begin{pmatrix} 2 & 4 \\ 2 & 2 \end{pmatrix}$

24 $A+2B=\begin{pmatrix} 4 & 0 \\ 2 & -1 \end{pmatrix}+2\begin{pmatrix} -1 & 3 \\ 2 & 1 \end{pmatrix}$
$=\begin{pmatrix} 4 & 0 \\ 2 & -1 \end{pmatrix}+\begin{pmatrix} -2 & 6 \\ 4 & 2 \end{pmatrix}$
$=\begin{pmatrix} 2 & 6 \\ 6 & 1 \end{pmatrix}$

답 $\begin{pmatrix} 2 & 6 \\ 6 & 1 \end{pmatrix}$

25 $3A+2B=3\begin{pmatrix} 4 & 0 \\ 2 & -1 \end{pmatrix}+2\begin{pmatrix} -1 & 3 \\ 2 & 1 \end{pmatrix}$
$=\begin{pmatrix} 12 & 0 \\ 6 & -3 \end{pmatrix}+\begin{pmatrix} -2 & 6 \\ 4 & 2 \end{pmatrix}$
$=\begin{pmatrix} 10 & 6 \\ 10 & -1 \end{pmatrix}$

답 $\begin{pmatrix} 10 & 6 \\ 10 & -1 \end{pmatrix}$

26 $2A-3B=2\begin{pmatrix} 4 & 0 \\ 2 & -1 \end{pmatrix}-3\begin{pmatrix} -1 & 3 \\ 2 & 1 \end{pmatrix}$

$=\begin{pmatrix} 8 & 0 \\ 4 & -2 \end{pmatrix}-\begin{pmatrix} -3 & 9 \\ 6 & 3 \end{pmatrix}$

$=\begin{pmatrix} 11 & -9 \\ -2 & -5 \end{pmatrix}$

답 $\begin{pmatrix} 11 & -9 \\ -2 & -5 \end{pmatrix}$

27 $\begin{pmatrix} 3 & 1 \\ 1 & 2 \end{pmatrix}+X=\begin{pmatrix} 1 & 4 \\ 2 & 3 \end{pmatrix}$에서

$X=\begin{pmatrix} 1 & 4 \\ 2 & 3 \end{pmatrix}-\begin{pmatrix} 3 & 1 \\ 1 & 2 \end{pmatrix}=\begin{pmatrix} -2 & 3 \\ 1 & 1 \end{pmatrix}$

답 $\begin{pmatrix} -2 & 3 \\ 1 & 1 \end{pmatrix}$

28 $X+\begin{pmatrix} -2 & 2 \\ -1 & 3 \end{pmatrix}=\begin{pmatrix} 3 & 1 \\ 4 & 2 \end{pmatrix}$에서

$X=\begin{pmatrix} 3 & 1 \\ 4 & 2 \end{pmatrix}-\begin{pmatrix} -2 & 2 \\ -1 & 3 \end{pmatrix}=\begin{pmatrix} 5 & -1 \\ 5 & -1 \end{pmatrix}$

답 $\begin{pmatrix} 5 & -1 \\ 5 & -1 \end{pmatrix}$

29 $\begin{pmatrix} -1 & 1 \\ 2 & 3 \end{pmatrix}-X=\begin{pmatrix} 3 & -4 \\ 1 & 2 \end{pmatrix}$에서

$X=\begin{pmatrix} -1 & 1 \\ 2 & 3 \end{pmatrix}-\begin{pmatrix} 3 & -4 \\ 1 & 2 \end{pmatrix}=\begin{pmatrix} -4 & 5 \\ 1 & 1 \end{pmatrix}$

답 $\begin{pmatrix} -4 & 5 \\ 1 & 1 \end{pmatrix}$

30 $X-\begin{pmatrix} 1 & 0 \\ 2 & 3 \end{pmatrix}=\begin{pmatrix} -1 & 0 \\ -4 & 1 \end{pmatrix}$에서

$X=\begin{pmatrix} -1 & 0 \\ -4 & 1 \end{pmatrix}+\begin{pmatrix} 1 & 0 \\ 2 & 3 \end{pmatrix}=\begin{pmatrix} 0 & 0 \\ -2 & 4 \end{pmatrix}$

답 $\begin{pmatrix} 0 & 0 \\ -2 & 4 \end{pmatrix}$

31 $A-(A-B)+C$

$=A-A+B+C=B+C$

$=\begin{pmatrix} 1 & 3 \\ -2 & 5 \end{pmatrix}+\begin{pmatrix} 3 & -1 \\ -2 & 0 \end{pmatrix}$

$=\begin{pmatrix} 4 & 2 \\ -4 & 5 \end{pmatrix}$

답 $\begin{pmatrix} 4 & 2 \\ -4 & 5 \end{pmatrix}$

32 $2A+(B-A)+O$

$=2A+B-A+O=A+B+O=A+B$

$=\begin{pmatrix} -2 & 1 \\ 1 & -3 \end{pmatrix}+\begin{pmatrix} 1 & 3 \\ -2 & 5 \end{pmatrix}$

$=\begin{pmatrix} -1 & 4 \\ -1 & 2 \end{pmatrix}$

답 $\begin{pmatrix} -1 & 4 \\ -1 & 2 \end{pmatrix}$

33 $-2A+2(A-B)+3C$

$=-2A+2A-2B+3C=-2B+3C$

$=-2\begin{pmatrix} 1 & 3 \\ -2 & 5 \end{pmatrix}+3\begin{pmatrix} 3 & -1 \\ -2 & 0 \end{pmatrix}$

$=\begin{pmatrix} -2 & -6 \\ 4 & -10 \end{pmatrix}+\begin{pmatrix} 9 & -3 \\ -6 & 0 \end{pmatrix}$

$=\begin{pmatrix} 7 & -9 \\ -2 & -10 \end{pmatrix}$

답 $\begin{pmatrix} 7 & -9 \\ -2 & -10 \end{pmatrix}$

34 $3B-3(B-C+O)$

$=3B-3B+3C+O=3C+O=3C$

$=3\begin{pmatrix} 3 & -1 \\ -2 & 0 \end{pmatrix}=\begin{pmatrix} 9 & -3 \\ -6 & 0 \end{pmatrix}$

답 $\begin{pmatrix} 9 & -3 \\ -6 & 0 \end{pmatrix}$

35 $\begin{pmatrix} 1 \\ 2 \end{pmatrix}\begin{pmatrix} -1 & 3 \end{pmatrix}=\begin{pmatrix} 1\times(-1) & 1\times3 \\ 2\times(-1) & 2\times3 \end{pmatrix}$

$=\begin{pmatrix} -1 & 3 \\ -2 & 6 \end{pmatrix}$

답 $\begin{pmatrix} -1 & 3 \\ -2 & 6 \end{pmatrix}$

36 $\begin{pmatrix} -1 & 2 \end{pmatrix}\begin{pmatrix} 1 & -2 \\ 3 & 4 \end{pmatrix}$

$=\begin{pmatrix} (-1)\times1+2\times3 & (-1)\times(-2)+2\times4 \end{pmatrix}$

$=\begin{pmatrix} 5 & 10 \end{pmatrix}$

답 $\begin{pmatrix} 5 & 10 \end{pmatrix}$

37 $\begin{pmatrix} 0 & 1 \\ -1 & 5 \end{pmatrix}\begin{pmatrix} 2 \\ -1 \end{pmatrix}=\begin{pmatrix} 0\times2+1\times(-1) \\ (-1)\times2+5\times(-1) \end{pmatrix}$

$=\begin{pmatrix} -1 \\ -7 \end{pmatrix}$

답 $\begin{pmatrix} -1 \\ -7 \end{pmatrix}$

38 $\begin{pmatrix} 1 & 0 \\ 3 & -2 \end{pmatrix}\begin{pmatrix} -1 & 4 \\ -2 & -1 \end{pmatrix}$

$=\begin{pmatrix} 1\times(-1)+0\times(-2) & 1\times4+0\times(-1) \\ 3\times(-1)+(-2)\times(-2) & 3\times4+(-2)\times(-1) \end{pmatrix}$

$=\begin{pmatrix} -1 & 4 \\ 1 & 14 \end{pmatrix}$

답 $\begin{pmatrix} -1 & 4 \\ 1 & 14 \end{pmatrix}$

39 $\begin{pmatrix} 2 & -1 \\ 0 & -3 \end{pmatrix}\begin{pmatrix} 1 & 0 \\ 3 & -1 \end{pmatrix}$

$=\begin{pmatrix} 2\times1+(-1)\times3 & 2\times0+(-1)\times(-1) \\ 0\times1+(-3)\times3 & 0\times0+(-3)\times(-1) \end{pmatrix}$

$=\begin{pmatrix} -1 & 1 \\ -9 & 3 \end{pmatrix}$

답 $\begin{pmatrix} -1 & 1 \\ -9 & 3 \end{pmatrix}$

40 $\begin{pmatrix} 3 & -1 \\ 1 & 3 \end{pmatrix}\begin{pmatrix} -2 & 3 \\ 1 & 0 \end{pmatrix}$

$=\begin{pmatrix} 3\times(-2)+(-1)\times1 & 3\times3+(-1)\times0 \\ 1\times(-2)+3\times1 & 1\times3+3\times0 \end{pmatrix}$

$=\begin{pmatrix} -7 & 9 \\ 1 & 3 \end{pmatrix}$

답 $\begin{pmatrix} -7 & 9 \\ 1 & 3 \end{pmatrix}$

41 $AB=\begin{pmatrix} 1 & 0 \\ 2 & -3 \end{pmatrix}\begin{pmatrix} -1 & 3 \\ -2 & -1 \end{pmatrix}$

$=\begin{pmatrix} 1\times(-1)+0\times(-2) & 1\times3+0\times(-1) \\ 2\times(-1)+(-3)\times(-2) & 2\times3+(-3)\times(-1) \end{pmatrix}$

$=\begin{pmatrix} -1 & 3 \\ 4 & 9 \end{pmatrix}$

답 $\begin{pmatrix} -1 & 3 \\ 4 & 9 \end{pmatrix}$

42 $BA=\begin{pmatrix} -1 & 3 \\ -2 & -1 \end{pmatrix}\begin{pmatrix} 1 & 0 \\ 2 & -3 \end{pmatrix}$

$=\begin{pmatrix} (-1)\times1+3\times2 & (-1)\times0+3\times(-3) \\ (-2)\times1+(-1)\times2 & (-2)\times0+(-1)\times(-3) \end{pmatrix}$

$=\begin{pmatrix} 5 & -9 \\ -4 & 3 \end{pmatrix}$

답 $\begin{pmatrix} 5 & -9 \\ -4 & 3 \end{pmatrix}$

43 $AC=\begin{pmatrix} 1 & 0 \\ 2 & -3 \end{pmatrix}\begin{pmatrix} 2 & 4 \\ 0 & -1 \end{pmatrix}$

$=\begin{pmatrix} 1\times2+0\times0 & 1\times4+0\times(-1) \\ 2\times2+(-3)\times0 & 2\times4+(-3)\times(-1) \end{pmatrix}$

$=\begin{pmatrix} 2 & 4 \\ 4 & 11 \end{pmatrix}$

답 $\begin{pmatrix} 2 & 4 \\ 4 & 11 \end{pmatrix}$

44 $CA=\begin{pmatrix} 2 & 4 \\ 0 & -1 \end{pmatrix}\begin{pmatrix} 1 & 0 \\ 2 & -3 \end{pmatrix}$

$=\begin{pmatrix} 2\times1+4\times2 & 2\times0+4\times(-3) \\ 0\times1+(-1)\times2 & 0\times0+(-1)\times(-3) \end{pmatrix}$

$=\begin{pmatrix} 10 & -12 \\ -2 & 3 \end{pmatrix}$

답 $\begin{pmatrix} 10 & -12 \\ -2 & 3 \end{pmatrix}$

45 $\begin{pmatrix} 1 & 2 \\ -3 & -4 \end{pmatrix}\begin{pmatrix} 1 & 0 \\ 0 & 1 \end{pmatrix}$

$=\begin{pmatrix} 1\times1+2\times0 & 1\times0+2\times1 \\ (-3)\times1+(-4)\times0 & (-3)\times0+(-4)\times1 \end{pmatrix}$

$=\begin{pmatrix} 1 & 2 \\ -3 & -4 \end{pmatrix}$

답 $\begin{pmatrix} 1 & 2 \\ -3 & -4 \end{pmatrix}$

46 $\begin{pmatrix} 1 & 0 \\ 0 & 1 \end{pmatrix}\begin{pmatrix} 1 & 2 \\ -3 & -4 \end{pmatrix}$

$=\begin{pmatrix} 1\times1+0\times(-3) & 1\times2+0\times(-4) \\ 0\times1+1\times(-3) & 0\times2+1\times(-4) \end{pmatrix}$

$=\begin{pmatrix} 1 & 2 \\ -3 & -4 \end{pmatrix}$

답 $\begin{pmatrix} 1 & 2 \\ -3 & -4 \end{pmatrix}$

47 $A^2=AA=\begin{pmatrix} 1 & 0 \\ 1 & 1 \end{pmatrix}\begin{pmatrix} 1 & 0 \\ 1 & 1 \end{pmatrix}$

$=\begin{pmatrix} 1\times1+0\times1 & 1\times0+0\times1 \\ 1\times1+1\times1 & 1\times0+1\times1 \end{pmatrix}$

$=\begin{pmatrix} 1 & 0 \\ 2 & 1 \end{pmatrix}$

답 $\begin{pmatrix} 1 & 0 \\ 2 & 1 \end{pmatrix}$

48 $A^3=A^2A=\begin{pmatrix} 1 & 0 \\ 2 & 1 \end{pmatrix}\begin{pmatrix} 1 & 0 \\ 1 & 1 \end{pmatrix}$

$=\begin{pmatrix} 1\times1+0\times1 & 1\times0+0\times1 \\ 2\times1+1\times1 & 2\times0+1\times1 \end{pmatrix}$

$=\begin{pmatrix} 1 & 0 \\ 3 & 1 \end{pmatrix}$

답 $\begin{pmatrix} 1 & 0 \\ 3 & 1 \end{pmatrix}$

49 $A^4=A^3A=\begin{pmatrix} 1 & 0 \\ 3 & 1 \end{pmatrix}\begin{pmatrix} 1 & 0 \\ 1 & 1 \end{pmatrix}$

$=\begin{pmatrix} 1\times1+0\times1 & 1\times0+0\times1 \\ 3\times1+1\times1 & 3\times0+1\times1 \end{pmatrix}$

$=\begin{pmatrix} 1 & 0 \\ 4 & 1 \end{pmatrix}$

답 $\begin{pmatrix} 1 & 0 \\ 4 & 1 \end{pmatrix}$

다른 풀이

$A^4=A^2A^2=\begin{pmatrix} 1 & 0 \\ 2 & 1 \end{pmatrix}\begin{pmatrix} 1 & 0 \\ 2 & 1 \end{pmatrix}$

$=\begin{pmatrix} 1\times1+0\times2 & 1\times0+0\times1 \\ 2\times1+1\times2 & 2\times0+1\times1 \end{pmatrix}$

$=\begin{pmatrix} 1 & 0 \\ 4 & 1 \end{pmatrix}$

50 $A^6=A^4A^2=\begin{pmatrix} 1 & 0 \\ 4 & 1 \end{pmatrix}\begin{pmatrix} 1 & 0 \\ 2 & 1 \end{pmatrix}$

$=\begin{pmatrix} 1\times1+0\times2 & 1\times0+0\times1 \\ 4\times1+1\times2 & 4\times0+1\times1 \end{pmatrix}$

$=\begin{pmatrix} 1 & 0 \\ 6 & 1 \end{pmatrix}$

답 $\begin{pmatrix} 1 & 0 \\ 6 & 1 \end{pmatrix}$

다른 풀이

$A^6=A^3A^3=\begin{pmatrix} 1 & 0 \\ 3 & 1 \end{pmatrix}\begin{pmatrix} 1 & 0 \\ 3 & 1 \end{pmatrix}$

$=\begin{pmatrix} 1\times1+0\times3 & 1\times0+0\times1 \\ 3\times1+1\times3 & 3\times0+1\times1 \end{pmatrix}$

$=\begin{pmatrix} 1 & 0 \\ 6 & 1 \end{pmatrix}$

51 $A^8=A^6A^2=\begin{pmatrix} 1 & 0 \\ 6 & 1 \end{pmatrix}\begin{pmatrix} 1 & 0 \\ 2 & 1 \end{pmatrix}$

$=\begin{pmatrix} 1\times1+0\times2 & 1\times0+0\times1 \\ 6\times1+1\times2 & 6\times0+1\times1 \end{pmatrix}$

$=\begin{pmatrix} 1 & 0 \\ 8 & 1 \end{pmatrix}$

답 $\begin{pmatrix} 1 & 0 \\ 8 & 1 \end{pmatrix}$

다른 풀이

$A^8=A^4A^4=\begin{pmatrix} 1 & 0 \\ 4 & 1 \end{pmatrix}\begin{pmatrix} 1 & 0 \\ 4 & 1 \end{pmatrix}$

$=\begin{pmatrix} 1\times1+0\times4 & 1\times0+0\times1 \\ 4\times1+1\times4 & 4\times0+1\times1 \end{pmatrix}$

$=\begin{pmatrix} 1 & 0 \\ 8 & 1 \end{pmatrix}$

52 $A^{12}=A^8A^4=\begin{pmatrix} 1 & 0 \\ 8 & 1 \end{pmatrix}\begin{pmatrix} 1 & 0 \\ 4 & 1 \end{pmatrix}$

$=\begin{pmatrix} 1\times1+0\times4 & 1\times0+0\times1 \\ 8\times1+1\times4 & 8\times0+1\times1 \end{pmatrix}$

$=\begin{pmatrix} 1 & 0 \\ 12 & 1 \end{pmatrix}$

답 $\begin{pmatrix} 1 & 0 \\ 12 & 1 \end{pmatrix}$

다른 풀이

$A^{12}=A^6A^6=\begin{pmatrix} 1 & 0 \\ 6 & 1 \end{pmatrix}\begin{pmatrix} 1 & 0 \\ 6 & 1 \end{pmatrix}$

$=\begin{pmatrix} 1\times1+0\times6 & 1\times0+0\times1 \\ 6\times1+1\times6 & 6\times0+1\times1 \end{pmatrix}$

$=\begin{pmatrix} 1 & 0 \\ 12 & 1 \end{pmatrix}$

53 $E^2=EE=\begin{pmatrix} 1 & 0 \\ 0 & 1 \end{pmatrix}\begin{pmatrix} 1 & 0 \\ 0 & 1 \end{pmatrix}$

$=\begin{pmatrix} 1\times1+0\times0 & 1\times0+0\times1 \\ 0\times1+1\times0 & 0\times0+1\times1 \end{pmatrix}$

$=\begin{pmatrix} 1 & 0 \\ 0 & 1 \end{pmatrix}$

답 $\begin{pmatrix} 1 & 0 \\ 0 & 1 \end{pmatrix}$

54 $E^3=E^2E=\begin{pmatrix} 1 & 0 \\ 0 & 1 \end{pmatrix}\begin{pmatrix} 1 & 0 \\ 0 & 1 \end{pmatrix}$

$=\begin{pmatrix} 1\times1+0\times0 & 1\times0+0\times1 \\ 0\times1+1\times0 & 0\times0+1\times1 \end{pmatrix}$

$=\begin{pmatrix} 1 & 0 \\ 0 & 1 \end{pmatrix}$

답 $\begin{pmatrix} 1 & 0 \\ 0 & 1 \end{pmatrix}$

55 $E^4=E^3E=\begin{pmatrix} 1 & 0 \\ 0 & 1 \end{pmatrix}\begin{pmatrix} 1 & 0 \\ 0 & 1 \end{pmatrix}$

$=\begin{pmatrix} 1\times1+0\times0 & 1\times0+0\times1 \\ 0\times1+1\times0 & 0\times0+1\times1 \end{pmatrix}$

$=\begin{pmatrix} 1 & 0 \\ 0 & 1 \end{pmatrix}$

답 $\begin{pmatrix} 1 & 0 \\ 0 & 1 \end{pmatrix}$

56 $(2E)^2=2E\times2E=4E^2=4E=kE$

따라서 $k=4$

답 4

57 $(2E)^3=(2E)^2\times2E=4E^2\times2E=8E^3$

$=8E=kE$

따라서 $k=8$

답 8

58 $(2E)^4=(2E)^3\times 2E=8E^3\times 2E=16E^4$
$=16E=kE$
따라서 $k=16$

답 16

59 $A^2=AA=\begin{pmatrix}1&-1\\0&-1\end{pmatrix}\begin{pmatrix}1&-1\\0&-1\end{pmatrix}$
$=\begin{pmatrix}1\times1+(-1)\times0 & 1\times(-1)+(-1)\times(-1)\\0\times1+(-1)\times0 & 0\times(-1)+(-1)\times(-1)\end{pmatrix}$
$=\begin{pmatrix}1&0\\0&1\end{pmatrix}$

답 $\begin{pmatrix}1&0\\0&1\end{pmatrix}$

60 $A^3=A^2A=EA=A=\begin{pmatrix}1&-1\\0&-1\end{pmatrix}$

답 $\begin{pmatrix}1&-1\\0&-1\end{pmatrix}$

61 $A^4=A^3A=AA=A^2=\begin{pmatrix}1&0\\0&1\end{pmatrix}$

답 $\begin{pmatrix}1&0\\0&1\end{pmatrix}$

다른 풀이

$A^4=A^2A^2=E^2=E=\begin{pmatrix}1&0\\0&1\end{pmatrix}$

62 $A^5=A^4A=EA=A=\begin{pmatrix}1&-1\\0&-1\end{pmatrix}$

답 $\begin{pmatrix}1&-1\\0&-1\end{pmatrix}$

63 $AB=\begin{pmatrix}2&-1\\4&3\end{pmatrix}\begin{pmatrix}1&2\\0&-1\end{pmatrix}$
$=\begin{pmatrix}2\times1+(-1)\times0 & 2\times2+(-1)\times(-1)\\4\times1+3\times0 & 4\times2+3\times(-1)\end{pmatrix}$
$=\begin{pmatrix}2&5\\4&5\end{pmatrix}$
이므로
$AB+C=\begin{pmatrix}2&5\\4&5\end{pmatrix}+\begin{pmatrix}-1&3\\-2&2\end{pmatrix}=\begin{pmatrix}1&8\\2&7\end{pmatrix}$

답 $\begin{pmatrix}1&8\\2&7\end{pmatrix}$

64 $BC=\begin{pmatrix}1&2\\0&-1\end{pmatrix}\begin{pmatrix}-1&3\\-2&2\end{pmatrix}$
$=\begin{pmatrix}1\times(-1)+2\times(-2) & 1\times3+2\times2\\0\times(-1)+(-1)\times(-2) & 0\times3+(-1)\times2\end{pmatrix}$
$=\begin{pmatrix}-5&7\\2&-2\end{pmatrix}$
이므로
$BC-A=\begin{pmatrix}-5&7\\2&-2\end{pmatrix}-\begin{pmatrix}2&-1\\4&3\end{pmatrix}=\begin{pmatrix}-7&8\\-2&-5\end{pmatrix}$

답 $\begin{pmatrix}-7&8\\-2&-5\end{pmatrix}$

65 $A+B=\begin{pmatrix}2&-1\\4&3\end{pmatrix}+\begin{pmatrix}1&2\\0&-1\end{pmatrix}=\begin{pmatrix}3&1\\4&2\end{pmatrix}$이므로
$(A+B)C=\begin{pmatrix}3&1\\4&2\end{pmatrix}\begin{pmatrix}-1&3\\-2&2\end{pmatrix}$
$=\begin{pmatrix}3\times(-1)+1\times(-2) & 3\times3+1\times2\\4\times(-1)+2\times(-2) & 4\times3+2\times2\end{pmatrix}$
$=\begin{pmatrix}-5&11\\-8&16\end{pmatrix}$

답 $\begin{pmatrix}-5&11\\-8&16\end{pmatrix}$

66 $B-C=\begin{pmatrix}1&2\\0&-1\end{pmatrix}-\begin{pmatrix}-1&3\\-2&2\end{pmatrix}=\begin{pmatrix}2&-1\\2&-3\end{pmatrix}$이므로
$A(B-C)=\begin{pmatrix}2&-1\\4&3\end{pmatrix}\begin{pmatrix}2&-1\\2&-3\end{pmatrix}$
$=\begin{pmatrix}2\times2+(-1)\times2 & 2\times(-1)+(-1)\times(-3)\\4\times2+3\times2 & 4\times(-1)+3\times(-3)\end{pmatrix}$
$=\begin{pmatrix}2&1\\14&-13\end{pmatrix}$

답 $\begin{pmatrix}2&1\\14&-13\end{pmatrix}$

67 $AB+X=C$에서 $X=C-AB$
$AB=\begin{pmatrix}0&2\\3&-1\end{pmatrix}\begin{pmatrix}1&0\\-1&-2\end{pmatrix}$
$=\begin{pmatrix}0\times1+2\times(-1) & 0\times0+2\times(-2)\\3\times1+(-1)\times(-1) & 3\times0+(-1)\times(-2)\end{pmatrix}$
$=\begin{pmatrix}-2&-4\\4&2\end{pmatrix}$
이므로
$X=C-AB=\begin{pmatrix}-3&4\\2&3\end{pmatrix}-\begin{pmatrix}-2&-4\\4&2\end{pmatrix}=\begin{pmatrix}-1&8\\-2&1\end{pmatrix}$

답 $\begin{pmatrix}-1&8\\-2&1\end{pmatrix}$

68 $CA+X=B^2$에서 $X=B^2-CA$
이때
$B^2=BB=\begin{pmatrix}1&0\\-1&-2\end{pmatrix}\begin{pmatrix}1&0\\-1&-2\end{pmatrix}$
$=\begin{pmatrix}1\times1+0\times(-1) & 1\times0+0\times(-2)\\(-1)\times1+(-2)\times(-1) & (-1)\times0+(-2)\times(-2)\end{pmatrix}$
$=\begin{pmatrix}1&0\\1&4\end{pmatrix}$

$$CA=\begin{pmatrix} -3 & 4 \\ 2 & 3 \end{pmatrix}\begin{pmatrix} 0 & 2 \\ 3 & -1 \end{pmatrix}$$
$$=\begin{pmatrix} (-3)\times0+4\times3 & (-3)\times2+4\times(-1) \\ 2\times0+3\times3 & 2\times2+3\times(-1) \end{pmatrix}$$
$$=\begin{pmatrix} 12 & -10 \\ 9 & 1 \end{pmatrix}$$

이므로

$$X=B^2-CA=\begin{pmatrix} 1 & 0 \\ 1 & 4 \end{pmatrix}-\begin{pmatrix} 12 & -10 \\ 9 & 1 \end{pmatrix}=\begin{pmatrix} -11 & 10 \\ -8 & 3 \end{pmatrix}$$

답 $\begin{pmatrix} -11 & 10 \\ -8 & 3 \end{pmatrix}$

유형 완성하기

본문 144~149쪽

01 ③	02 55	03 ④	04 ⑤	05 2
06 52	07 ①	08 ③	09 ②	10 ③
11 ①	12 ①	13 ⑤	14 ④	15 ③
16 10	17 9	18 ⑤	19 ①	20 26
21 ④	22 15	23 ④	24 10	25 ②
26 ③	27 256	28 21	29 17	30 16
31 8	32 ③	33 17	34 ④	35 ②
36 60	37 ①			

01 이차정사각행렬 A를 $A=\begin{pmatrix} a_{11} & a_{12} \\ a_{21} & a_{22} \end{pmatrix}$로 나타내면

$a_{11}=1\times(1+1)=2$, $a_{12}=1\times(2+1)=3$,
$a_{21}=(1+1)^2=4$, $a_{22}=2\times(2+1)=6$

따라서 $A=\begin{pmatrix} 2 & 3 \\ 4 & 6 \end{pmatrix}$이므로 행렬 A의 모든 성분의 합은

$2+3+4+6=15$

답 ③

02 2×3 행렬 A를 $A=\begin{pmatrix} a_{11} & a_{12} & a_{13} \\ a_{21} & a_{22} & a_{23} \end{pmatrix}$으로 나타내면

$a_{11}=(1-2)^2=1$, $a_{12}=(1-4)^2=9$, $a_{13}=(1-6)^2=25$,
$a_{21}=(2-2)^2=0$, $a_{22}=(2-4)^2=4$, $a_{23}=(2-6)^2=16$

따라서 $A=\begin{pmatrix} 1 & 9 & 25 \\ 0 & 4 & 16 \end{pmatrix}$이므로 행렬 A의 모든 성분의 합은

$1+9+25+0+4+16=55$

답 55

03 이차정사각행렬 A를 $A=\begin{pmatrix} a_{11} & a_{12} \\ a_{21} & a_{22} \end{pmatrix}$로 나타내면

$a_{11}=2+3-k=5-k$, $a_{12}=2+6-k=8-k$,
$a_{21}=4+3-k=7-k$, $a_{22}=4+6-k=10-k$

따라서 $A=\begin{pmatrix} 5-k & 8-k \\ 7-k & 10-k \end{pmatrix}$이므로 행렬 A의 모든 성분의 합은

$(5-k)+(8-k)+(7-k)+(10-k)=30-4k$

$30-4k=14$이므로 $4k=16$
따라서 $k=4$

답 ④

04 $\begin{pmatrix} 1 & a+1 \\ b-2 & c \end{pmatrix}=\begin{pmatrix} 1 & b+2 \\ -b & -c \end{pmatrix}$이므로

$a+1=b+2$, $b-2=-b$, $c=-c$에서
$a=b+1$, $b=1$, $c=0$
따라서 $a=2$, $b=1$, $c=0$이므로
$a+b+c=2+1+0=3$

답 ⑤

05 $\begin{pmatrix} 1 & a^2 \\ a & 0 \end{pmatrix}=\begin{pmatrix} 1 & 2a \\ 6-a^2 & 0 \end{pmatrix}$이므로

$a^2=2a$, $a=6-a^2$
$a^2=2a$에서 $a^2-2a=0$, $a(a-2)=0$
$a=0$ 또는 $a=2$ …… ㉠
$a=6-a^2$에서 $a^2+a-6=0$, $(a+3)(a-2)=0$
$a=-3$ 또는 $a=2$ …… ㉡
㉠, ㉡에서 $a=2$

답 2

06 $\begin{pmatrix} a & -1 \\ 2 & 1 \end{pmatrix}=\begin{pmatrix} 4-b & -1 \\ 2 & ab \end{pmatrix}$이므로

$a=4-b$, $1=ab$
$a+b=4$, $ab=1$이므로
$a^3+b^3=(a+b)^3-3ab(a+b)$
$=4^3-3\times1\times4=52$

답 52

07 $\begin{pmatrix} a^2 & b-5 \\ 1 & b \end{pmatrix}=\begin{pmatrix} a & -a \\ 1 & a^2+3 \end{pmatrix}$에서

$a^2=a$, $b-5=-a$, $b=a^2+3$
$a^2=a$에서 $a^2-a=0$, $a(a-1)=0$, $a=0$ 또는 $a=1$
$a+b=5$이므로 $\begin{cases} a=0 \\ b=5 \end{cases}$ 또는 $\begin{cases} a=1 \\ b=4 \end{cases}$
$b=a^2+3$이므로 $a=1$, $b=4$
따라서 $a^2+b^2=1^2+4^2=17$

답 ①

08 $$A+2B=\begin{pmatrix} 1 & -2 & 3 \\ 2 & 1 & -1 \end{pmatrix}+2\begin{pmatrix} -1 & 0 & -2 \\ 3 & 2 & -1 \end{pmatrix}$$
$$=\begin{pmatrix} 1 & -2 & 3 \\ 2 & 1 & -1 \end{pmatrix}+\begin{pmatrix} -2 & 0 & -4 \\ 6 & 4 & -2 \end{pmatrix}$$
$$=\begin{pmatrix} -1 & -2 & -1 \\ 8 & 5 & -3 \end{pmatrix}$$

따라서 행렬 $A+2B$의 모든 성분의 합은
$-1+(-2)+(-1)+8+5+(-3)=6$

답 ③

09 $\begin{pmatrix} x & -1 \\ 5 & 2 \end{pmatrix}+\begin{pmatrix} 2 & 1 \\ 2y & -1 \end{pmatrix}=\begin{pmatrix} 6 & 0 \\ -5 & 1 \end{pmatrix}$에서

$\begin{pmatrix} x+2 & 0 \\ 5+2y & 1 \end{pmatrix}=\begin{pmatrix} 6 & 0 \\ -5 & 1 \end{pmatrix}$

즉, $x+2=6$, $5+2y=-5$이므로

$x=4$, $y=-5$

따라서 $x+y=4+(-5)=-1$

답 ②

10 $A+B=\begin{pmatrix} x & 2 \\ 3y & 1 \end{pmatrix}+\begin{pmatrix} 3y & x \\ 6 & 1 \end{pmatrix}$

$=\begin{pmatrix} x+3y & 2+x \\ 3y+6 & 2 \end{pmatrix}=\begin{pmatrix} 1 & 6 \\ 3 & 2 \end{pmatrix}$

즉, $x+3y=1$, $2+x=6$, $3y+6=3$이므로

$x=4$, $y=-1$

따라서 $x+y=4+(-1)=3$

답 ③

11 $2A-B=2\begin{pmatrix} -2 & 1 \\ 0 & -1 \\ 3 & 2 \end{pmatrix}-\begin{pmatrix} 0 & 2 \\ -1 & 3 \\ 4 & 1 \end{pmatrix}$

$=\begin{pmatrix} -4 & 2 \\ 0 & -2 \\ 6 & 4 \end{pmatrix}-\begin{pmatrix} 0 & 2 \\ -1 & 3 \\ 4 & 1 \end{pmatrix}$

$=\begin{pmatrix} -4 & 0 \\ 1 & -5 \\ 2 & 3 \end{pmatrix}$

따라서 행렬 $2A-B$의 모든 성분의 합은

$-4+0+1+(-5)+2+3=-3$

답 ①

12 $pA+qB=p\begin{pmatrix} -1 & 2 \\ 2 & -1 \end{pmatrix}+q\begin{pmatrix} -5 & 3 \\ 3 & -5 \end{pmatrix}$

$=\begin{pmatrix} -p & 2p \\ 2p & -p \end{pmatrix}+\begin{pmatrix} -5q & 3q \\ 3q & -5q \end{pmatrix}$

$=\begin{pmatrix} -p-5q & 2p+3q \\ 2p+3q & -p-5q \end{pmatrix}=\begin{pmatrix} 7 & 0 \\ 0 & 7 \end{pmatrix}$

즉, $-p-5q=7$, $2p+3q=0$이므로

두 식을 연립하여 풀면

$p=3$, $q=-2$

따라서 $p+q=3+(-2)=1$

답 ①

13 $A+2B=\begin{pmatrix} 7 & 2 \\ -2 & 3 \end{pmatrix}$에서 $A=\begin{pmatrix} 1 & -2 \\ 0 & 1 \end{pmatrix}$이므로

$\begin{pmatrix} 1 & -2 \\ 0 & 1 \end{pmatrix}+2B=\begin{pmatrix} 7 & 2 \\ -2 & 3 \end{pmatrix}$

$2B=\begin{pmatrix} 7 & 2 \\ -2 & 3 \end{pmatrix}-\begin{pmatrix} 1 & -2 \\ 0 & 1 \end{pmatrix}=\begin{pmatrix} 6 & 4 \\ -2 & 2 \end{pmatrix}$

즉, $B=\begin{pmatrix} 3 & 2 \\ -1 & 1 \end{pmatrix}$

따라서 행렬 B의 모든 성분의 합은

$3+2+(-1)+1=5$

답 ⑤

14 $A+2X=3(A-B)$에서 $A+2X=3A-3B$이므로

$2X=2A-3B=2\begin{pmatrix} 3 & 2 \\ 1 & 4 \end{pmatrix}-3\begin{pmatrix} -2 & 4 \\ 6 & -2 \end{pmatrix}$

$=\begin{pmatrix} 6 & 4 \\ 2 & 8 \end{pmatrix}-\begin{pmatrix} -6 & 12 \\ 18 & -6 \end{pmatrix}$

$=\begin{pmatrix} 12 & -8 \\ -16 & 14 \end{pmatrix}$

즉, $X=\begin{pmatrix} 6 & -4 \\ -8 & 7 \end{pmatrix}$

따라서 행렬 X의 모든 성분의 합은

$6+(-4)+(-8)+7=1$

답 ④

15 $X-3B=2(A-B)$에서 $X-3B=2A-2B$이므로

$X=2A+B=2\begin{pmatrix} 2 & 1 \\ -1 & 3 \end{pmatrix}+\begin{pmatrix} -1 & 4 \\ 2 & -2 \end{pmatrix}$

$=\begin{pmatrix} 4 & 2 \\ -2 & 6 \end{pmatrix}+\begin{pmatrix} -1 & 4 \\ 2 & -2 \end{pmatrix}$

$=\begin{pmatrix} 3 & 6 \\ 0 & 4 \end{pmatrix}$

따라서 행렬 X의 모든 성분의 합은

$3+6+0+4=13$

답 ③

16 $3(A-B)=X-B$에서 $3A-3B=X-B$이므로

$X=3A-2B$

$=3\begin{pmatrix} 3 & -1 & 0 \\ 2 & 1 & -1 \end{pmatrix}-2\begin{pmatrix} 1 & 0 & -1 \\ 3 & -1 & 2 \end{pmatrix}$

$=\begin{pmatrix} 9 & -3 & 0 \\ 6 & 3 & -3 \end{pmatrix}-\begin{pmatrix} 2 & 0 & -2 \\ 6 & -2 & 4 \end{pmatrix}$

$=\begin{pmatrix} 7 & -3 & 2 \\ 0 & 5 & -7 \end{pmatrix}=\begin{pmatrix} a & -b & b-1 \\ 0 & b+2 & -a \end{pmatrix}$

따라서 $a=7$, $b=3$이므로

$a+b=7+3=10$

답 10

17 $3(X-2B)+A=X-A$에서

$3X-6B+A=X-A$이므로 $2X=-2A+6B$

$X=-A+3B$

$=-\begin{pmatrix} k & k+1 \\ 2k & 0 \end{pmatrix}+3\begin{pmatrix} -1 & k \\ 0 & 1 \end{pmatrix}$

$=\begin{pmatrix} -k-3 & 2k-1 \\ -2k & 3 \end{pmatrix}$

행렬 X의 모든 성분의 합은

$(-k-3)+(2k-1)-2k+3=-10$이므로

$-k-1=-10$
따라서 $k=9$

답 9

18 $2A+B=\begin{pmatrix} 8 & 7 \\ 4 & 6 \end{pmatrix}$ ······ ㉠

$A-2B=\begin{pmatrix} -1 & 6 \\ 2 & -7 \end{pmatrix}$ ······ ㉡

㉠$-2\times$㉡을 하면

$5B=\begin{pmatrix} 8 & 7 \\ 4 & 6 \end{pmatrix}-\begin{pmatrix} -2 & 12 \\ 4 & -14 \end{pmatrix}=\begin{pmatrix} 10 & -5 \\ 0 & 20 \end{pmatrix}$

즉, $B=\begin{pmatrix} 2 & -1 \\ 0 & 4 \end{pmatrix}$이므로 ㉡에서

$A=\begin{pmatrix} -1 & 6 \\ 2 & -7 \end{pmatrix}+2B$

$=\begin{pmatrix} -1 & 6 \\ 2 & -7 \end{pmatrix}+2\begin{pmatrix} 2 & -1 \\ 0 & 4 \end{pmatrix}=\begin{pmatrix} 3 & 4 \\ 2 & 1 \end{pmatrix}$

따라서 $A-B=\begin{pmatrix} 3 & 4 \\ 2 & 1 \end{pmatrix}-\begin{pmatrix} 2 & -1 \\ 0 & 4 \end{pmatrix}=\begin{pmatrix} 1 & 5 \\ 2 & -3 \end{pmatrix}$이므로

행렬 $A-B$의 모든 성분의 합은

$1+5+2+(-3)=5$

답 ⑤

19 $3A-B=\begin{pmatrix} -5 \\ 6 \\ 10 \end{pmatrix}$ ······ ㉠, $2A-3B=\begin{pmatrix} -8 \\ 4 \\ 9 \end{pmatrix}$ ······ ㉡

㉠$\times3-$㉡을 하면

$7A=\begin{pmatrix} -15 \\ 18 \\ 30 \end{pmatrix}-\begin{pmatrix} -8 \\ 4 \\ 9 \end{pmatrix}=\begin{pmatrix} -7 \\ 14 \\ 21 \end{pmatrix}$

즉, $A=\begin{pmatrix} -1 \\ 2 \\ 3 \end{pmatrix}$이므로 ㉠에서

$B=3A-\begin{pmatrix} -5 \\ 6 \\ 10 \end{pmatrix}=3\begin{pmatrix} -1 \\ 2 \\ 3 \end{pmatrix}-\begin{pmatrix} -5 \\ 6 \\ 10 \end{pmatrix}=\begin{pmatrix} 2 \\ 0 \\ -1 \end{pmatrix}$

따라서

$A+B=\begin{pmatrix} -1 \\ 2 \\ 3 \end{pmatrix}+\begin{pmatrix} 2 \\ 0 \\ -1 \end{pmatrix}=\begin{pmatrix} 1 \\ 2 \\ 2 \end{pmatrix}=\begin{pmatrix} a \\ a+1 \\ 2a \end{pmatrix}$

이므로 $a=1$

답 ①

20 $AB=\begin{pmatrix} 1 & 2 \\ -3 & 4 \end{pmatrix}\begin{pmatrix} -2 & 1 \\ 1 & 3 \end{pmatrix}=\begin{pmatrix} 0 & 7 \\ 10 & 9 \end{pmatrix}$이므로

행렬 AB의 모든 성분의 합은

$0+7+10+9=26$

답 26

21 $AB=\begin{pmatrix} 2 & -3 \\ 4 & 1 \end{pmatrix}\begin{pmatrix} 2 \\ 1 \end{pmatrix}=\begin{pmatrix} 1 \\ 9 \end{pmatrix}=\begin{pmatrix} a \\ b \end{pmatrix}$이므로

$a=1$, $b=9$

따라서 $\frac{b}{a}=9$

답 ④

22 $AB=\begin{pmatrix} a & 2 \\ 4 & b \end{pmatrix}\begin{pmatrix} -2 & 3 \\ 2 & -3 \end{pmatrix}=\begin{pmatrix} -2a+4 & 3a-6 \\ -8+2b & 12-3b \end{pmatrix}$

이때 $AB=B$이므로

$\begin{pmatrix} -2a+4 & 3a-6 \\ -8+2b & 12-3b \end{pmatrix}=\begin{pmatrix} -2 & 3 \\ 2 & -3 \end{pmatrix}$

즉, $-2a+4=-2$, $3a-6=3$, $-8+2b=2$, $12-3b=-3$이므로

$a=3$, $b=5$

따라서 $ab=3\times5=15$

답 15

23 $A+2B=\begin{pmatrix} 1 & 2 \\ -1 & 0 \end{pmatrix}$ ······ ㉠

$A-B=\begin{pmatrix} -2 & -1 \\ 5 & 0 \end{pmatrix}$ ······ ㉡

㉠$-$㉡을 하면

$3B=\begin{pmatrix} 1 & 2 \\ -1 & 0 \end{pmatrix}-\begin{pmatrix} -2 & -1 \\ 5 & 0 \end{pmatrix}=\begin{pmatrix} 3 & 3 \\ -6 & 0 \end{pmatrix}$

즉, $B=\begin{pmatrix} 1 & 1 \\ -2 & 0 \end{pmatrix}$이므로 ㉡에서

$A=\begin{pmatrix} -2 & -1 \\ 5 & 0 \end{pmatrix}+B$

$=\begin{pmatrix} -2 & -1 \\ 5 & 0 \end{pmatrix}+\begin{pmatrix} 1 & 1 \\ -2 & 0 \end{pmatrix}$

$=\begin{pmatrix} -1 & 0 \\ 3 & 0 \end{pmatrix}$

따라서 $AB=\begin{pmatrix} -1 & 0 \\ 3 & 0 \end{pmatrix}\begin{pmatrix} 1 & 1 \\ -2 & 0 \end{pmatrix}=\begin{pmatrix} -1 & -1 \\ 3 & 3 \end{pmatrix}$이므로

행렬 AB의 $(2, 1)$ 성분은 3이다.

답 ④

24 $AB=\begin{pmatrix} 3 & 4 \\ 0 & 0 \end{pmatrix}\begin{pmatrix} a & -8 \\ -3 & b \end{pmatrix}$

$=\begin{pmatrix} 3a-12 & -24+4b \\ 0 & 0 \end{pmatrix}=\begin{pmatrix} 0 & 0 \\ 0 & 0 \end{pmatrix}$

즉, $3a-12=0$, $-24+4b=0$이므로

$a=4$, $b=6$

따라서 $a+b=4+6=10$

답 10

25 B식당의 돈가스 2개와 우동 3개의 가격의 합은

$10\times2+9\times3$

① $\begin{pmatrix} 11 & 8 \\ 10 & 9 \end{pmatrix}\begin{pmatrix} 2 \\ 3 \end{pmatrix}=\begin{pmatrix} 11\times2+8\times3 \\ 10\times2+9\times3 \end{pmatrix}$이므로

행렬 $\begin{pmatrix} 11 & 8 \\ 10 & 9 \end{pmatrix}\begin{pmatrix} 2 \\ 3 \end{pmatrix}$의 (1, 1) 성분은 A식당의 돈가스 2개와 우동 3개의 가격의 합을 나타낸 것이다.

② 행렬 $\begin{pmatrix} 11 & 8 \\ 10 & 9 \end{pmatrix}\begin{pmatrix} 2 \\ 3 \end{pmatrix}$의 (2, 1) 성분은 B식당의 돈가스 2개와 우동 3개의 가격의 합을 나타낸 것이다.

③ $\begin{pmatrix} 11 & 8 \\ 10 & 9 \end{pmatrix}\begin{pmatrix} 3 \\ 2 \end{pmatrix}=\begin{pmatrix} 11\times3+8\times2 \\ 10\times3+9\times2 \end{pmatrix}$이므로

행렬 $\begin{pmatrix} 11 & 8 \\ 10 & 9 \end{pmatrix}\begin{pmatrix} 3 \\ 2 \end{pmatrix}$의 (1, 1) 성분은 A식당의 돈가스 3개와 우동 2개의 가격의 합을 나타낸 것이다.

④ $(2 \quad 3)\begin{pmatrix} 11 & 8 \\ 10 & 9 \end{pmatrix}=(2\times11+3\times10 \quad 2\times8+3\times9)$이므로

행렬 $(2 \quad 3)\begin{pmatrix} 11 & 8 \\ 10 & 9 \end{pmatrix}$의 (1, 1) 성분은 A식당의 돈가스 2개와 B식당의 돈가스 3개의 가격의 합을 나타낸 것이다.

⑤ 행렬 $(2 \quad 3)\begin{pmatrix} 11 & 8 \\ 10 & 9 \end{pmatrix}$의 (1, 2) 성분은 A식당의 우동 2개와 B식당의 우동 3개의 가격의 합을 나타낸 것이다.

따라서 구하는 가격의 합을 나타낸 것은 ②이다.

답 ②

26 $A=\begin{pmatrix} 1 & 2 \\ 0 & 1 \end{pmatrix}$에서

$A^2=AA=\begin{pmatrix} 1 & 2 \\ 0 & 1 \end{pmatrix}\begin{pmatrix} 1 & 2 \\ 0 & 1 \end{pmatrix}=\begin{pmatrix} 1 & 4 \\ 0 & 1 \end{pmatrix}$

$A^3=A^2A=\begin{pmatrix} 1 & 4 \\ 0 & 1 \end{pmatrix}\begin{pmatrix} 1 & 2 \\ 0 & 1 \end{pmatrix}=\begin{pmatrix} 1 & 6 \\ 0 & 1 \end{pmatrix}$

$A^4=A^3A=\begin{pmatrix} 1 & 6 \\ 0 & 1 \end{pmatrix}\begin{pmatrix} 1 & 2 \\ 0 & 1 \end{pmatrix}=\begin{pmatrix} 1 & 8 \\ 0 & 1 \end{pmatrix}$

이므로

행렬 A^4의 모든 성분의 합은 10이고,

$n\geq5$인 자연수 n에 대하여 행렬 A^n의 모든 성분의 합은 10보다 크다.

따라서 $n=4$

답 ③

27 $A=\begin{pmatrix} 1 & 1 \\ -1 & 1 \end{pmatrix}$에서

$A^2=AA=\begin{pmatrix} 1 & 1 \\ -1 & 1 \end{pmatrix}\begin{pmatrix} 1 & 1 \\ -1 & 1 \end{pmatrix}=\begin{pmatrix} 0 & 2 \\ -2 & 0 \end{pmatrix}$

$A^4=A^2A^2=\begin{pmatrix} 0 & 2 \\ -2 & 0 \end{pmatrix}\begin{pmatrix} 0 & 2 \\ -2 & 0 \end{pmatrix}$

$=\begin{pmatrix} -4 & 0 \\ 0 & -4 \end{pmatrix}=-4\begin{pmatrix} 1 & 0 \\ 0 & 1 \end{pmatrix}=-4E$

$A^8=A^4A^4=(-4E)(-4E)=16E^2=16E$

$A^{16}=A^8A^8=16E16E=256E^2=256E$

따라서 $k=256$

답 256

28 $A+B=\begin{pmatrix} 3 & 3 \\ -2 & -1 \end{pmatrix}$ …… ㉠

$A-B=\begin{pmatrix} 1 & -1 \\ 4 & -1 \end{pmatrix}$ …… ㉡

㉠+㉡을 하면

$2A=\begin{pmatrix} 3 & 3 \\ -2 & -1 \end{pmatrix}+\begin{pmatrix} 1 & -1 \\ 4 & -1 \end{pmatrix}=\begin{pmatrix} 4 & 2 \\ 2 & -2 \end{pmatrix}$

즉, $A=\begin{pmatrix} 2 & 1 \\ 1 & -1 \end{pmatrix}$이므로 ㉠에서

$B=\begin{pmatrix} 3 & 3 \\ -2 & -1 \end{pmatrix}-A$

$=\begin{pmatrix} 3 & 3 \\ -2 & -1 \end{pmatrix}-\begin{pmatrix} 2 & 1 \\ 1 & -1 \end{pmatrix}=\begin{pmatrix} 1 & 2 \\ -3 & 0 \end{pmatrix}$

$A^2=AA=\begin{pmatrix} 2 & 1 \\ 1 & -1 \end{pmatrix}\begin{pmatrix} 2 & 1 \\ 1 & -1 \end{pmatrix}=\begin{pmatrix} 5 & 1 \\ 1 & 2 \end{pmatrix}$

$B^2=BB=\begin{pmatrix} 1 & 2 \\ -3 & 0 \end{pmatrix}\begin{pmatrix} 1 & 2 \\ -3 & 0 \end{pmatrix}=\begin{pmatrix} -5 & 2 \\ -3 & -6 \end{pmatrix}$

따라서 $A^2-B^2=\begin{pmatrix} 5 & 1 \\ 1 & 2 \end{pmatrix}-\begin{pmatrix} -5 & 2 \\ -3 & -6 \end{pmatrix}=\begin{pmatrix} 10 & -1 \\ 4 & 8 \end{pmatrix}$이므로

행렬 A^2-B^2의 모든 성분의 합은

$10+(-1)+4+8=21$

답 21

29 $A=\begin{pmatrix} 0 & 2 \\ 2 & 0 \end{pmatrix}$에서

$A^2=AA=\begin{pmatrix} 0 & 2 \\ 2 & 0 \end{pmatrix}\begin{pmatrix} 0 & 2 \\ 2 & 0 \end{pmatrix}=\begin{pmatrix} 4 & 0 \\ 0 & 4 \end{pmatrix}=4\begin{pmatrix} 1 & 0 \\ 0 & 1 \end{pmatrix}=4E$

$A^4=A^2A^2=4E4E=16E^2=16E$

따라서 $A^4B+B=16EB+B=16B+B=17B$이고,

행렬 B의 모든 성분의 합이 $-2+(-4)+4+3=1$이므로

행렬 A^4B+B의 모든 성분의 합은 17이다.

답 17

다른 풀이

$A=\begin{pmatrix} 0 & 2 \\ 2 & 0 \end{pmatrix}$에서

$A^2=AA=\begin{pmatrix} 0 & 2 \\ 2 & 0 \end{pmatrix}\begin{pmatrix} 0 & 2 \\ 2 & 0 \end{pmatrix}=\begin{pmatrix} 4 & 0 \\ 0 & 4 \end{pmatrix}$

$A^4=A^2A^2=\begin{pmatrix} 4 & 0 \\ 0 & 4 \end{pmatrix}\begin{pmatrix} 4 & 0 \\ 0 & 4 \end{pmatrix}=\begin{pmatrix} 16 & 0 \\ 0 & 16 \end{pmatrix}$

이므로

$A^4B+B=\begin{pmatrix} 16 & 0 \\ 0 & 16 \end{pmatrix}\begin{pmatrix} -2 & -4 \\ 4 & 3 \end{pmatrix}+\begin{pmatrix} -2 & -4 \\ 4 & 3 \end{pmatrix}$

$=\begin{pmatrix} -32 & -64 \\ 64 & 48 \end{pmatrix}+\begin{pmatrix} -2 & -4 \\ 4 & 3 \end{pmatrix}$

$=\begin{pmatrix} -34 & -68 \\ 68 & 51 \end{pmatrix}$

따라서 행렬 A^4B+B의 모든 성분의 합은

$-34+(-68)+68+51=17$

30 $A=\begin{pmatrix} 0 & 1 \\ -3 & 0 \end{pmatrix}$에서

$A^2=AA=\begin{pmatrix} 0 & 1 \\ -3 & 0 \end{pmatrix}\begin{pmatrix} 0 & 1 \\ -3 & 0 \end{pmatrix}=\begin{pmatrix} -3 & 0 \\ 0 & -3 \end{pmatrix}$

$=-3\begin{pmatrix} 1 & 0 \\ 0 & 1 \end{pmatrix}=-3E$

$A^3=A^2A=-3EA=-3A$

$A^4=A^3A=-3A^2=9E$

이므로

$X=A+A^2+A^3+A^4$

$=A-3E-3A+9E$

$=-2A+6E$

$=-2\begin{pmatrix} 0 & 1 \\ -3 & 0 \end{pmatrix}+6\begin{pmatrix} 1 & 0 \\ 0 & 1 \end{pmatrix}$

$=\begin{pmatrix} 0 & -2 \\ 6 & 0 \end{pmatrix}+\begin{pmatrix} 6 & 0 \\ 0 & 6 \end{pmatrix}$

$=\begin{pmatrix} 6 & -2 \\ 6 & 6 \end{pmatrix}$

따라서 행렬 X의 모든 성분의 합은

$6+(-2)+6+6=16$

답 16

31 $A=\begin{pmatrix} a & 0 \\ a-1 & 1 \end{pmatrix}$에서

$A^2=AA=\begin{pmatrix} a & 0 \\ a-1 & 1 \end{pmatrix}\begin{pmatrix} a & 0 \\ a-1 & 1 \end{pmatrix}=\begin{pmatrix} a^2 & 0 \\ a^2-1 & 1 \end{pmatrix}$

$A^4=A^2A^2=\begin{pmatrix} a^2 & 0 \\ a^2-1 & 1 \end{pmatrix}\begin{pmatrix} a^2 & 0 \\ a^2-1 & 1 \end{pmatrix}=\begin{pmatrix} a^4 & 0 \\ a^4-1 & 1 \end{pmatrix}$

$A^8=A^4A^4=\begin{pmatrix} a^4 & 0 \\ a^4-1 & 1 \end{pmatrix}\begin{pmatrix} a^4 & 0 \\ a^4-1 & 1 \end{pmatrix}=\begin{pmatrix} a^8 & 0 \\ a^8-1 & 1 \end{pmatrix}$

$A^{10}=A^8A^2=\begin{pmatrix} a^8 & 0 \\ a^8-1 & 1 \end{pmatrix}\begin{pmatrix} a^2 & 0 \\ a^2-1 & 1 \end{pmatrix}=\begin{pmatrix} a^{10} & 0 \\ a^{10}-1 & 1 \end{pmatrix}$

$A^{11}=A^{10}A=\begin{pmatrix} a^{10} & 0 \\ a^{10}-1 & 1 \end{pmatrix}\begin{pmatrix} a & 0 \\ a-1 & 1 \end{pmatrix}=\begin{pmatrix} a^{11} & 0 \\ a^{11}-1 & 1 \end{pmatrix}$

따라서 행렬 A^{11}의 모든 성분의 합은

$a^{11}+(a^{11}-1)+1=2a^{11}=2^{34}$이므로

$a^{11}=2^{33}=(2^3)^{11}=8^{11}$

즉, $a=8$

답 8

32 $A+B=\begin{pmatrix} 3 & 1 \\ -1 & -2 \end{pmatrix}+\begin{pmatrix} -1 & 2 \\ 3 & 0 \end{pmatrix}=\begin{pmatrix} 2 & 3 \\ 2 & -2 \end{pmatrix}$

$A-B=\begin{pmatrix} 3 & 1 \\ -1 & -2 \end{pmatrix}-\begin{pmatrix} -1 & 2 \\ 3 & 0 \end{pmatrix}=\begin{pmatrix} 4 & -1 \\ -4 & -2 \end{pmatrix}$

이므로

$(A+B)(A-B)=\begin{pmatrix} 2 & 3 \\ 2 & -2 \end{pmatrix}\begin{pmatrix} 4 & -1 \\ -4 & -2 \end{pmatrix}=\begin{pmatrix} -4 & -8 \\ 16 & 2 \end{pmatrix}$

따라서 행렬 $(A+B)(A-B)$의 모든 성분의 합은

$-4+(-8)+16+2=6$

답 ③

33 $A-B=\begin{pmatrix} 2 & 1 \\ 3 & -1 \end{pmatrix}-\begin{pmatrix} 0 & -1 \\ 1 & 2 \end{pmatrix}=\begin{pmatrix} 2 & 2 \\ 2 & -3 \end{pmatrix}$

이므로

$(A-B)^2=(A-B)(A-B)$

$=\begin{pmatrix} 2 & 2 \\ 2 & -3 \end{pmatrix}\begin{pmatrix} 2 & 2 \\ 2 & -3 \end{pmatrix}$

$=\begin{pmatrix} 8 & -2 \\ -2 & 13 \end{pmatrix}$

따라서 행렬 $(A-B)^2$의 모든 성분의 합은

$8+(-2)+(-2)+13=17$

답 17

34 $AB-X=B$에서

$X=AB-B=\begin{pmatrix} 2 & 3 \\ -1 & 0 \end{pmatrix}\begin{pmatrix} 1 & -2 \\ 3 & 4 \end{pmatrix}-\begin{pmatrix} 1 & -2 \\ 3 & 4 \end{pmatrix}$

$=\begin{pmatrix} 11 & 8 \\ -1 & 2 \end{pmatrix}-\begin{pmatrix} 1 & -2 \\ 3 & 4 \end{pmatrix}=\begin{pmatrix} 10 & 10 \\ -4 & -2 \end{pmatrix}=\begin{pmatrix} a & a \\ b & c \end{pmatrix}$

따라서 $a=10$, $b=-4$, $c=-2$이므로

$a+b+c=10+(-4)+(-2)=4$

답 ④

35 $AB=\begin{pmatrix} 3 & 1 \\ 2 & -1 \end{pmatrix}\begin{pmatrix} 1 & -2 \\ -3 & 4 \end{pmatrix}=\begin{pmatrix} 0 & -2 \\ 5 & -8 \end{pmatrix}$

$BA=\begin{pmatrix} 1 & -2 \\ -3 & 4 \end{pmatrix}\begin{pmatrix} 3 & 1 \\ 2 & -1 \end{pmatrix}=\begin{pmatrix} -1 & 3 \\ -1 & -7 \end{pmatrix}$

이므로

$AB+BA=\begin{pmatrix} 0 & -2 \\ 5 & -8 \end{pmatrix}+\begin{pmatrix} -1 & 3 \\ -1 & -7 \end{pmatrix}=\begin{pmatrix} -1 & 1 \\ 4 & -15 \end{pmatrix}$

따라서 행렬 $AB+BA$의 모든 성분의 합은

$-1+1+4+(-15)=-11$

답 ②

36 $AB=\begin{pmatrix} 4 & 1 \\ 0 & -3 \end{pmatrix}\begin{pmatrix} 1 & 1 \\ 0 & -6 \end{pmatrix}=\begin{pmatrix} 4 & -2 \\ 0 & 18 \end{pmatrix}$

$A-B=\begin{pmatrix} 4 & 1 \\ 0 & -3 \end{pmatrix}-\begin{pmatrix} 1 & 1 \\ 0 & -6 \end{pmatrix}=\begin{pmatrix} 3 & 0 \\ 0 & 3 \end{pmatrix}=3\begin{pmatrix} 1 & 0 \\ 0 & 1 \end{pmatrix}=3E$

따라서 $AB(A-B)=AB(3E)=3AB$이므로

행렬 $AB(A-B)$의 모든 성분의 합은

$3\{4+(-2)+0+18\}=60$

답 60

다른 풀이

$AB=\begin{pmatrix} 4 & 1 \\ 0 & -3 \end{pmatrix}\begin{pmatrix} 1 & 1 \\ 0 & -6 \end{pmatrix}=\begin{pmatrix} 4 & -2 \\ 0 & 18 \end{pmatrix}$

$A-B=\begin{pmatrix} 4 & 1 \\ 0 & -3 \end{pmatrix}-\begin{pmatrix} 1 & 0 \\ 0 & -6 \end{pmatrix}=\begin{pmatrix} 3 & 0 \\ 0 & 3 \end{pmatrix}$

따라서 $AB(A-B)=\begin{pmatrix} 4 & -2 \\ 0 & 18 \end{pmatrix}\begin{pmatrix} 3 & 0 \\ 0 & 3 \end{pmatrix}=\begin{pmatrix} 12 & -6 \\ 0 & 54 \end{pmatrix}$이므로

행렬 $AB(A-B)$의 모든 성분의 합은

$12+(-6)+0+54=60$

37 행렬 B를 $B=\begin{pmatrix} a & b \\ c & d \end{pmatrix}$라 하면

$AB=\begin{pmatrix} -1 & 1 \\ -1 & 4 \end{pmatrix}\begin{pmatrix} a & b \\ c & d \end{pmatrix}$
$=\begin{pmatrix} -a+c & -b+d \\ -a+4c & -b+4d \end{pmatrix}$
$=\begin{pmatrix} -2 & -1 \\ 1 & -7 \end{pmatrix}$

$-a+c=-2,\ -a+4c=1$ ...... ㉠
$-b+d=-1,\ -b+4d=-7$ ...... ㉡
㉠에서 $a=3,\ c=1$
㉡에서 $b=-1,\ d=-2$
$B=\begin{pmatrix} 3 & -1 \\ 1 & -2 \end{pmatrix}$이므로

$A+B=\begin{pmatrix} -1 & 1 \\ -1 & 4 \end{pmatrix}+\begin{pmatrix} 3 & -1 \\ 1 & -2 \end{pmatrix}=\begin{pmatrix} 2 & 0 \\ 0 & 2 \end{pmatrix}$

따라서 행렬 $A+B$의 모든 성분의 합은
$2+0+0+2=4$

답 ①

서술형 완성하기 본문 150쪽

01 (1) $A=\begin{pmatrix} 1 & 2 \\ 9 & 4 \end{pmatrix}$, $B=\begin{pmatrix} 1 & 9 \\ 2 & 4 \end{pmatrix}$ (2) 11
02 23 **03** 6
04 (1) 2 (2) 6 **05** 6
06 16

01 (1) 이차정사각행렬 A를 $A=\begin{pmatrix} a_{11} & a_{12} \\ a_{21} & a_{22} \end{pmatrix}$로 나타내면

$a_{11}=1\times1=1,\ a_{12}=1\times2=2,\ a_{21}=(2+1)^2=9,$
$a_{22}=2\times2=4$이므로

$A=\begin{pmatrix} 1 & 2 \\ 9 & 4 \end{pmatrix}$ ...... ❶

이차정사각행렬 B를 $B=\begin{pmatrix} b_{11} & b_{12} \\ b_{21} & b_{22} \end{pmatrix}$로 나타내면

$b_{11}=a_{11}=1,\ b_{12}=a_{21}=9,\ b_{21}=a_{12}=2,\ b_{22}=a_{22}=4$이므로

$B=\begin{pmatrix} 1 & 9 \\ 2 & 4 \end{pmatrix}$ ...... ❷

답 $A=\begin{pmatrix} 1 & 2 \\ 9 & 4 \end{pmatrix}$, $B=\begin{pmatrix} 1 & 9 \\ 2 & 4 \end{pmatrix}$

단계	채점 기준	비율
❶	행렬 A를 구한 경우	50 %
❷	행렬 B를 구한 경우	50 %

(2) $2A-B=2\begin{pmatrix} 1 & 2 \\ 9 & 4 \end{pmatrix}-\begin{pmatrix} 1 & 9 \\ 2 & 4 \end{pmatrix}$
$=\begin{pmatrix} 2 & 4 \\ 18 & 8 \end{pmatrix}-\begin{pmatrix} 1 & 9 \\ 2 & 4 \end{pmatrix}$
$=\begin{pmatrix} 1 & -5 \\ 16 & 4 \end{pmatrix}$ ...... ❶

따라서 $M=16,\ m=-5$이므로
$M+m=16+(-5)=11$ ...... ❷

답 11

단계	채점 기준	비율
❶	행렬 $2A-B$를 구한 경우	70 %
❷	$M+m$의 값을 구한 경우	30 %

02 이차방정식 $x^2-2ix+j=0$ $(i=1,\ 2,\ j=1,\ 2)$의 판별식을 D라 하면

$\frac{D}{4}=i^2-j$

$i=1,\ j=1$일 때, $\frac{D}{4}=1-1=0$이므로 서로 다른 실근의 개수는 1

$i=1,\ j=2$일 때, $\frac{D}{4}=1-2=-1<0$이므로 서로 다른 실근의 개수는 0

$i=2,\ j=1$일 때, $\frac{D}{4}=4-1=3>0$이므로 서로 다른 실근의 개수는 2

$i=2,\ j=2$일 때, $\frac{D}{4}=4-2=2>0$이므로 서로 다른 실근의 개수는 2

이차정사각행렬 A를 $A=\begin{pmatrix} a_{11} & a_{12} \\ a_{21} & a_{22} \end{pmatrix}$로 나타내면

$a_{11}=1,\ a_{12}=0,\ a_{21}=2,\ a_{22}=2$

즉, $A=\begin{pmatrix} 1 & 0 \\ 2 & 2 \end{pmatrix}$이므로 ...... ❶

$A^2=\begin{pmatrix} 1 & 0 \\ 2 & 2 \end{pmatrix}\begin{pmatrix} 1 & 0 \\ 2 & 2 \end{pmatrix}=\begin{pmatrix} 1 & 0 \\ 6 & 4 \end{pmatrix}$

$A^3=A^2A=\begin{pmatrix} 1 & 0 \\ 6 & 4 \end{pmatrix}\begin{pmatrix} 1 & 0 \\ 2 & 2 \end{pmatrix}=\begin{pmatrix} 1 & 0 \\ 14 & 8 \end{pmatrix}$ ...... ❷

따라서 행렬 A^3의 모든 성분의 합은
$1+0+14+8=23$ ...... ❸

답 23

단계	채점 기준	비율
❶	행렬 A를 구한 경우	50 %
❷	행렬 A^3을 구한 경우	40 %
❸	행렬 A^3의 모든 성분의 합을 구한 경우	10 %

03 $X+2Y=A$ ...... ㉠
$2X-Y=B$ ...... ㉡
㉠$\times2-$㉡을 하면
$5Y=2A-B$
$=2\begin{pmatrix} 3 & 2 \\ -1 & 4 \end{pmatrix}-\begin{pmatrix} 1 & -1 \\ 8 & -7 \end{pmatrix}$

$$=\begin{pmatrix} 6 & 4 \\ -2 & 8 \end{pmatrix}-\begin{pmatrix} 1 & -1 \\ 8 & -7 \end{pmatrix}$$

$$=\begin{pmatrix} 5 & 5 \\ -10 & 15 \end{pmatrix}$$

이므로 $Y=\begin{pmatrix} 1 & 1 \\ -2 & 3 \end{pmatrix}$

㉠에서

$X=A-2Y$

$$=\begin{pmatrix} 3 & 2 \\ -1 & 4 \end{pmatrix}-2\begin{pmatrix} 1 & 1 \\ -2 & 3 \end{pmatrix}$$

$$=\begin{pmatrix} 3 & 2 \\ -1 & 4 \end{pmatrix}-\begin{pmatrix} 2 & 2 \\ -4 & 6 \end{pmatrix}$$

$$=\begin{pmatrix} 1 & 0 \\ 3 & -2 \end{pmatrix} \quad \cdots\cdots ❶$$

따라서

$$XY=\begin{pmatrix} 1 & 0 \\ 3 & -2 \end{pmatrix}\begin{pmatrix} 1 & 1 \\ -2 & 3 \end{pmatrix}=\begin{pmatrix} 1 & 1 \\ 7 & -3 \end{pmatrix} \quad \cdots\cdots ❷$$

이므로 행렬 XY의 모든 성분의 합은

$1+1+7+(-3)=6$ ⋯⋯ ❸

답 6

단계	채점 기준	비율
❶	두 행렬 X, Y를 구한 경우	60 %
❷	행렬 XY를 구한 경우	30 %
❸	행렬 XY의 모든 성분의 합을 구한 경우	10 %

04 (1) $AB=\begin{pmatrix} a & 4 \\ -2 & b \end{pmatrix}\begin{pmatrix} -2 & c \\ 2 & 0 \end{pmatrix}$

$$=\begin{pmatrix} -2a+8 & ac \\ 4+2b & -2c \end{pmatrix}=\begin{pmatrix} 0 & 0 \\ 0 & 0 \end{pmatrix} \quad \cdots\cdots ❶$$

즉, $-2a+8=0$, $ac=0$, $4+2b=0$, $-2c=0$이므로

$a=4$, $b=-2$, $c=0$ ⋯⋯ ❷

따라서 $a+b+c=4+(-2)+0=2$ ⋯⋯ ❸

답 2

단계	채점 기준	비율
❶	행렬 AB를 구한 경우	60 %
❷	a, b, c의 값을 구한 경우	30 %
❸	$a+b+c$의 값을 구한 경우	10 %

(2) $BA=\begin{pmatrix} -2 & c \\ 2 & 0 \end{pmatrix}\begin{pmatrix} a & 4 \\ -2 & b \end{pmatrix}=\begin{pmatrix} -2a-2c & -8+bc \\ 2a & 8 \end{pmatrix}$ ⋯⋯ ❶

$AB=\begin{pmatrix} -2a+8 & ac \\ 4+2b & -2c \end{pmatrix}$이고, $AB=BA$이므로

$$\begin{pmatrix} -2a+8 & ac \\ 4+2b & -2c \end{pmatrix}=\begin{pmatrix} -2a-2c & -8+bc \\ 2a & 8 \end{pmatrix}$$

즉, $-2a+8=-2a-2c$, $ac=-8+bc$, $4+2b=2a$, $-2c=8$이므로

$c=-4$, $a-b=2$ ⋯⋯ ❷

따라서 $a-b-c=2-(-4)=6$ ⋯⋯ ❸

답 6

단계	채점 기준	비율
❶	행렬 BA를 구한 경우	60 %
❷	$a-b$, c의 값을 구한 경우	30 %
❸	$a-b-c$의 값을 구한 경우	10 %

05 $A^2=AA=\begin{pmatrix} 1 & -2 \\ 3 & 1 \end{pmatrix}\begin{pmatrix} 1 & -2 \\ 3 & 1 \end{pmatrix}=\begin{pmatrix} -5 & -4 \\ 6 & -5 \end{pmatrix}$ ⋯⋯ ❶

$A^2=pB+qE$이므로

$$\begin{pmatrix} -5 & -4 \\ 6 & -5 \end{pmatrix}=p\begin{pmatrix} -4 & -2 \\ 3 & -4 \end{pmatrix}+q\begin{pmatrix} 1 & 0 \\ 0 & 1 \end{pmatrix}$$

$$=\begin{pmatrix} -4p & -2p \\ 3p & -4p \end{pmatrix}+\begin{pmatrix} q & 0 \\ 0 & q \end{pmatrix}$$

$$=\begin{pmatrix} -4p+q & -2p \\ 3p & -4p+q \end{pmatrix} \quad \cdots\cdots ❷$$

즉, $-4p+q=-5$, $-2p=-4$, $3p=6$이므로

$p=2$, $q=3$

따라서 $pq=2\times3=6$ ⋯⋯ ❸

답 6

단계	채점 기준	비율
❶	행렬 A^2을 구한 경우	40 %
❷	$pB+qE$를 구한 경우	40 %
❸	pq의 값을 구한 경우	20 %

06 $A+B=\begin{pmatrix} 3 & 4 \\ -5 & 2 \end{pmatrix}$에서

$$B=\begin{pmatrix} 3 & 4 \\ -5 & 2 \end{pmatrix}-A$$

$$=\begin{pmatrix} 3 & 4 \\ -5 & 2 \end{pmatrix}-\begin{pmatrix} 2 & 0 \\ 1 & 1 \end{pmatrix}$$

$$=\begin{pmatrix} 1 & 4 \\ -6 & 1 \end{pmatrix} \quad \cdots\cdots ❶$$

$$A^2=AA=\begin{pmatrix} 2 & 0 \\ 1 & 1 \end{pmatrix}\begin{pmatrix} 2 & 0 \\ 1 & 1 \end{pmatrix}=\begin{pmatrix} 4 & 0 \\ 3 & 1 \end{pmatrix} \quad \cdots\cdots ❷$$

$$AB=\begin{pmatrix} 2 & 0 \\ 1 & 1 \end{pmatrix}\begin{pmatrix} 1 & 4 \\ -6 & 1 \end{pmatrix}=\begin{pmatrix} 2 & 8 \\ -5 & 5 \end{pmatrix} \quad \cdots\cdots ❸$$

$A^2-AB=\begin{pmatrix} 4 & 0 \\ 3 & 1 \end{pmatrix}-\begin{pmatrix} 2 & 8 \\ -5 & 5 \end{pmatrix}=\begin{pmatrix} 2 & -8 \\ 8 & -4 \end{pmatrix}$이므로

$M=8$, $m=-8$

따라서 $M-m=8-(-8)=16$ ⋯⋯ ❹

답 16

단계	채점 기준	비율
❶	행렬 B를 구한 경우	30 %
❷	행렬 A^2을 구한 경우	30 %
❸	행렬 AB를 구한 경우	30 %
❹	$M-m$의 값을 구한 경우	10 %

내신+수능 고난도 도전			본문 151쪽
01 36	02 12	03 ④	04 22

01 이차함수 $y=x^2+1$의 그래프와 직선 $y=kx$ (k는 실수)의 교점의 개수는 이차방정식 $x^2+1=kx$의 서로 다른 실근의 개수와 같다.

$x^2+1=kx$에서 $x^2-kx+1=0$

이 이차방정식의 판별식을 D라 하면 $D=k^2-4$

$D>0$, 즉 $k>2$ 또는 $k<-2$일 때, 서로 다른 실근의 개수는 2

$D=0$, 즉 $k=2$ 또는 $k=-2$일 때, 서로 다른 실근의 개수는 1

$D<0$, 즉 $-2<k<2$일 때, 서로 다른 실근의 개수는 0

이차함수 $y=x^2+1$의 그래프와 세 직선 $y=x$, $y=2x$, $y=3x$의 서로 다른 교점의 개수는 각각 0, 1, 2이고

마찬가지로 이차함수 $y=x^2+1$의 그래프와 세 직선 $y=-x$, $y=-2x$, $y=-3x$의 서로 다른 교점의 개수는 각각 0, 1, 2이다.

한편 삼차정사각행렬 A를 $A=\begin{pmatrix} a_{11} & a_{12} & a_{13} \\ a_{21} & a_{22} & a_{23} \\ a_{31} & a_{32} & a_{33} \end{pmatrix}$으로 나타내면

$a_{11}=0$, $a_{22}=2$, $a_{33}=4$

$a_{12}=a_{21}=1$, $a_{13}=a_{31}=2$, $a_{23}=a_{32}=3$이므로

$A=\begin{pmatrix} 0 & 1 & 2 \\ 1 & 2 & 3 \\ 2 & 3 & 4 \end{pmatrix}$이고, $A=B$이므로

$$A+B=2A=2\begin{pmatrix} 0 & 1 & 2 \\ 1 & 2 & 3 \\ 2 & 3 & 4 \end{pmatrix}=\begin{pmatrix} 0 & 2 & 4 \\ 2 & 4 & 6 \\ 4 & 6 & 8 \end{pmatrix}$$

따라서 행렬 $A+B$의 모든 성분의 합은

$(0+2+4)+(2+4+6)+(4+6+8)=6+12+18=36$

답 36

02 $A^2=AA=\begin{pmatrix} a & b \\ b & a+8 \end{pmatrix}\begin{pmatrix} a & b \\ b & a+8 \end{pmatrix}$

$=\begin{pmatrix} a^2+b^2 & 2b(a+4) \\ 2b(a+4) & b^2+(a+8)^2 \end{pmatrix}$

$A^2=20E$이므로

$\begin{pmatrix} a^2+b^2 & 2b(a+4) \\ 2b(a+4) & b^2+(a+8)^2 \end{pmatrix}=\begin{pmatrix} 20 & 0 \\ 0 & 20 \end{pmatrix}$

즉, $a^2+b^2=20$, $2b(a+4)=0$, $b^2+(a+8)^2=20$이다.

$2b(a+4)=0$에서 $b=0$ 또는 $a=-4$

(i) $b=0$일 때

$a^2+b^2=20$에서 $a^2=20$

이때 $b^2+(a+8)^2=(a+8)^2\neq20$이므로 조건을 만족시키지 않는다.

(ii) $a=-4$일 때

$a^2+b^2=20$에서 $b^2=4$

이때 $b^2+(a+8)^2=4+16=20$이므로 조건을 만족시킨다.

(i), (ii)에서 $a=-4$, $b^2=4$이므로

$a^2-b^2=(-4)^2-4=16-4=12$

답 12

참고 $b^2+(a+8)^2=20$에서

$b^2+(a^2+16a+64)=20$

$(a^2+b^2)+16a+64=20$

$20+16a+64=20$

$16a=-64$

즉, $a=-4$이므로 $a^2+b^2=20$에서

$b^2=4$

따라서 $a^2-b^2=(-4)^2-4=16-4=12$

03 $A=\begin{pmatrix} -1 & 0 \\ a & -1 \end{pmatrix}$에서

$A^2=AA=\begin{pmatrix} -1 & 0 \\ a & -1 \end{pmatrix}\begin{pmatrix} -1 & 0 \\ a & -1 \end{pmatrix}=\begin{pmatrix} 1 & 0 \\ -2a & 1 \end{pmatrix}$

$A+A^2=\begin{pmatrix} -1 & 0 \\ a & -1 \end{pmatrix}+\begin{pmatrix} 1 & 0 \\ -2a & 1 \end{pmatrix}=\begin{pmatrix} 0 & 0 \\ -a & 0 \end{pmatrix}$

$A^3+A^4=A^2(A+A^2)$

$=\begin{pmatrix} 1 & 0 \\ -2a & 1 \end{pmatrix}\begin{pmatrix} 0 & 0 \\ -a & 0 \end{pmatrix}$

$=\begin{pmatrix} 0 & 0 \\ -a & 0 \end{pmatrix}$

$A^5+A^6=A^2(A^3+A^4)$

$=\begin{pmatrix} 1 & 0 \\ -2a & 1 \end{pmatrix}\begin{pmatrix} 0 & 0 \\ -a & 0 \end{pmatrix}$

$=\begin{pmatrix} 0 & 0 \\ -a & 0 \end{pmatrix}$

$X=A+A^2+A^3+A^4+A^5+A^6$

$=(A+A^2)+(A^3+A^4)+(A^5+A^6)$

$=\begin{pmatrix} 0 & 0 \\ -a & 0 \end{pmatrix}+\begin{pmatrix} 0 & 0 \\ -a & 0 \end{pmatrix}+\begin{pmatrix} 0 & 0 \\ -a & 0 \end{pmatrix}$

$=\begin{pmatrix} 0 & 0 \\ -3a & 0 \end{pmatrix}$

따라서 행렬 X의 모든 성분의 합은 $-3a=12$이므로

$a=-4$

답 ④

다른 풀이

$A=\begin{pmatrix} -1 & 0 \\ a & -1 \end{pmatrix}$에서

$A^2=AA=\begin{pmatrix} -1 & 0 \\ a & -1 \end{pmatrix}\begin{pmatrix} -1 & 0 \\ a & -1 \end{pmatrix}=\begin{pmatrix} 1 & 0 \\ -2a & 1 \end{pmatrix}$

$A^3=A^2A=\begin{pmatrix} 1 & 0 \\ -2a & 1 \end{pmatrix}\begin{pmatrix} -1 & 0 \\ a & -1 \end{pmatrix}=\begin{pmatrix} -1 & 0 \\ 3a & -1 \end{pmatrix}$

$A^4=A^3A=\begin{pmatrix} -1 & 0 \\ 3a & -1 \end{pmatrix}\begin{pmatrix} -1 & 0 \\ a & -1 \end{pmatrix}=\begin{pmatrix} 1 & 0 \\ -4a & 1 \end{pmatrix}$

$A^5=A^4A=\begin{pmatrix} 1 & 0 \\ -4a & 1 \end{pmatrix}\begin{pmatrix} -1 & 0 \\ a & -1 \end{pmatrix}=\begin{pmatrix} -1 & 0 \\ 5a & -1 \end{pmatrix}$

$A^6=A^5A=\begin{pmatrix} -1 & 0 \\ 5a & -1 \end{pmatrix}\begin{pmatrix} -1 & 0 \\ a & -1 \end{pmatrix}=\begin{pmatrix} 1 & 0 \\ -6a & 1 \end{pmatrix}$

$X=A+A^2+A^3+A^4+A^5+A^6=\begin{pmatrix} 0 & 0 \\ -3a & 0 \end{pmatrix}$

따라서 행렬 X의 모든 성분의 합은 $-3a=12$이므로

$a=-4$

04 이차정사각행렬 A를 $A=\begin{pmatrix} a & b \\ c & d \end{pmatrix}$라 하면

조건 (가)에서

$$A\begin{pmatrix} 1 & 2 \\ -1 & 1 \end{pmatrix}=\begin{pmatrix} a & b \\ c & d \end{pmatrix}\begin{pmatrix} 1 & 2 \\ -1 & 1 \end{pmatrix}$$

$$=\begin{pmatrix} a-b & 2a+b \\ c-d & 2c+d \end{pmatrix}=\begin{pmatrix} 0 & k \\ 0 & 2k \end{pmatrix}$$

$a-b=0$, $c-d=0$에서 $a=b$, $c=d$

$2a+b=k$, $2c+d=2k$에서 $3a=k$, $3c=2k$

$3c=6a$이므로 $c=2a$

즉, $A=\begin{pmatrix} a & b \\ c & d \end{pmatrix}=\begin{pmatrix} a & a \\ 2a & 2a \end{pmatrix}$

한편 $k>0$이므로 $a>0$이다.

이차정사각행렬 B를 $B=\begin{pmatrix} p & q \\ r & s \end{pmatrix}$라 하면

조건 (나)에서

$B\begin{pmatrix} -1 \\ 1 \end{pmatrix}=\begin{pmatrix} p & q \\ r & s \end{pmatrix}\begin{pmatrix} -1 \\ 1 \end{pmatrix}=\begin{pmatrix} -p+q \\ -r+s \end{pmatrix}=\begin{pmatrix} 0 \\ 0 \end{pmatrix}$이므로

$p=q$, $r=s$

즉, $B=\begin{pmatrix} p & q \\ r & s \end{pmatrix}=\begin{pmatrix} p & p \\ r & r \end{pmatrix}$

조건 (다)에서

$AB=\begin{pmatrix} a & a \\ 2a & 2a \end{pmatrix}\begin{pmatrix} p & p \\ r & r \end{pmatrix}=\begin{pmatrix} a(p+r) & a(p+r) \\ 2a(p+r) & 2a(p+r) \end{pmatrix}$이고

$5A=5\begin{pmatrix} a & a \\ 2a & 2a \end{pmatrix}=\begin{pmatrix} 5a & 5a \\ 10a & 10a \end{pmatrix}$이므로

$$\begin{pmatrix} a(p+r) & a(p+r) \\ 2a(p+r) & 2a(p+r) \end{pmatrix}=\begin{pmatrix} 5a & 5a \\ 10a & 10a \end{pmatrix}$$

$a(p+r)=5a$에서 $a>0$이므로 $p+r=5$

$BA=\begin{pmatrix} p & p \\ r & r \end{pmatrix}\begin{pmatrix} a & a \\ 2a & 2a \end{pmatrix}=\begin{pmatrix} 3ap & 3ap \\ 3ar & 3ar \end{pmatrix}$이고

$6B=6\begin{pmatrix} p & p \\ r & r \end{pmatrix}=\begin{pmatrix} 6p & 6p \\ 6r & 6r \end{pmatrix}$이므로

$$\begin{pmatrix} 3ap & 3ap \\ 3ar & 3ar \end{pmatrix}=\begin{pmatrix} 6p & 6p \\ 6r & 6r \end{pmatrix}$$

$3ap=6p$, $3ar=6r$

이때 $p>0$, $r>0$이므로 $a=2$

따라서 $A+B=\begin{pmatrix} a & a \\ 2a & 2a \end{pmatrix}+\begin{pmatrix} p & p \\ r & r \end{pmatrix}=\begin{pmatrix} a+p & a+p \\ 2a+r & 2a+r \end{pmatrix}$이므로

행렬 $A+B$의 모든 성분의 합은

$$2(a+p)+2(2a+r)=6a+2(p+r)$$
$$=6\times2+2\times5=22$$

답 22

EBS

올림포스 유형편

공통수학1

올림포스 고교 수학 커리큘럼

내신기본	올림포스
유형기본	올림포스 유형편
기출	올림포스 전국연합학력평가 기출문제집
심화	올림포스 고난도

고1~2, 내신 중점

구분	고교 입문		기초	기본	특화	단기
국어	고등예비 과정	내 등급은?	윤혜정의 개념의 나비효과 입문 편 + 워크북 어휘가 독해다! 수능 국어 어휘	기본서 올림포스	국어 특화: 국어 독해의 원리, 국어 문법의 원리	단기 특강
영어			정승익의 수능 개념 잡는 대박구문 주혜연의 해석공식 논리 구조편	올림포스 전국연합 학력평가 기출문제집	영어 특화: Grammar POWER, Listening POWER, Reading POWER, Voca POWER 영어 특화: 고급영어독해	
수학			기초: 50일 수학 + 기출 워크북 매쓰 디렉터의 고1 수학 개념 끝장내기	유형서 올림포스 유형편	고급: 올림포스 고난도 수학 특화: 수학의 왕도	
한국사 사회				기본서 개념완성	고등학생을 위한 多담은 한국사 연표	
과학			50일 과학	개념완성 문항편	인공지능: 수학과 함께하는 고교 AI 입문, 수학과 함께하는 AI 기초	

과목	시리즈명	특징	난이도	권장 학년
전 과목	고등예비과정	예비 고등학생을 위한 과목별 단기 완성		예비 고1
국/영/수	내 등급은?	고1 첫 학력평가 + 반 배치고사 대비 모의고사		예비 고1
	올림포스	내신과 수능 대비 EBS 대표 국어·수학·영어 기본서		고1~2
	올림포스 전국연합학력평가 기출문제집	전국연합학력평가 문제 + 개념 기본서		고1~2
	단기 특강	단기간에 끝내는 유형별 문항 연습		고1~2
한/사/과	개념완성&개념완성 문항편	개념 한 권 + 문항 한 권으로 끝내는 한국사·탐구 기본서		고1~2
국어	윤혜정의 개념의 나비효과 입문 편 + 워크북	윤혜정 선생님과 함께 시작하는 국어 공부의 첫걸음		예비 고1~고2
	어휘가 독해다! 수능 국어 어휘	학평·모평·수능 출제 필수 어휘 학습		예비 고1~고2
	국어 독해의 원리	내신과 수능 대비 문학·독서(비문학) 특화서		고1~2
	국어 문법의 원리	필수 개념과 필수 문항의 언어(문법) 특화서		고1~2
영어	정승익의 수능 개념 잡는 대박구문	정승익 선생님과 CODE로 이해하는 영어 구문		예비 고1~고2
	주혜연의 해석공식 논리 구조편	주혜연 선생님과 함께하는 유형별 지문 독해		예비 고1~고2
	Grammar POWER	구문 분석 트리로 이해하는 영어 문법 특화서		고1~2
	Reading POWER	수준과 학습 목적에 따라 선택하는 영어 독해 특화서		고1~2
	Listening POWER	유형 연습과 모의고사·수행평가 대비 올인원 듣기 특화서		고1~2
	Voca POWER	영어 교육과정 필수 어휘와 어원별 어휘 학습		고1~2
	고급영어독해	영어 독해력을 높이는 영미 문학/비문학 읽기		고2~3
수학	50일 수학 + 기출 워크북	50일 만에 완성하는 초·중·고 수학의 맥		예비 고1~고2
	매쓰 디렉터의 고1 수학 개념 끝장내기	스타강사 강의, 손글씨 풀이와 함께 고1 수학 개념 정복		예비 고1~고1
	올림포스 유형편	유형별 반복 학습을 통해 실력 잡는 수학 유형서		고1~2
	올림포스 고난도	1등급을 위한 고난도 유형 집중 연습		고1~2
	수학의 왕도	직관적 개념 설명과 세분화된 문항 수록 수학 특화서		고1~2
한국사	고등학생을 위한 多담은 한국사 연표	연표로 흐름을 잡는 한국사 학습		예비 고1~고2
과학	50일 과학	50일 만에 통합과학의 핵심 개념 완벽 이해		예비 고1~고1
기타	수학과 함께하는 고교 AI 입문/AI 기초	파이선 프로그래밍, AI 알고리즘에 필요한 수학 개념 학습		예비 고1~고2